JN256510

デカルト
数学・自然学論集

山田弘明／中澤 聡／池田真治
武田裕紀／三浦伸夫／但馬 亨
［訳・解説］

フレデリック・ド・ビュゾン
［序］

法政大学出版局

デカルト 数学・自然学論集／目次

目　次

凡　例

1）本書で使用したテキストは次の書である．欄外に AT 版の巻数と頁数を入れた．

Œuvres de Descartes, publiées par Ch. Adam & P. Tannery, Paris, Nouvelle édition, 1996.（＝AT 版）

Descartes Correspondance, publiée par Ch. Adam et G. Milhaud, Paris, 1936–1963.（＝AM 版）

René Descartes, Opere Postume 1650–2009, Testo francese e latino a fronte, a cura de G. Belgioioso, Milano, 2009.（＝B 版）

2）それらの源泉となるのは次の書であり，適宜参照した．

A. Baillet, *La vie de Monsieur Descartes,* Paris, 1691.（＝Baillet）

R. Des-Cartes, *Opuscula posthuma physica et mathematica,* Amstelodami, 1701

L.-A. Foucher de Careil, *Œuvres inédites de Descartes*, Paris, 1859–1860.

C. de Waard（éd.）, *Journal de Beeckman*, 4 tomes, La Haye, 1939–1953.（＝JB.）

C. de Waard（éd.）, *Correspondance du P. Marin Mersenne, religieux minime*, 17 tomes, Paris, 1932–1988.（＝CM.）

3）『デカルト氏の『幾何学』のための計算論集』については，オランダ・ハーグ王立図書館所蔵の Marcus Meibom の写本によった．

"Recueil du calcul, qui sert à la geometrie du Sieur Des-Cartes" en *"Trigonometriae compendium"*, Den Haag, Koninklijke Bibliotheek : 73J17.

4）テキストの源泉がライプニッツ写本であるものについては，ドイツ・ハノーファーのライプニッツ文書室（Leibniz-Archiv）の写本を参照・確認した．現在ではその多くがインターネットによって閲覧できる．

5) 『立体の諸要素のための練習帳』については，ライプニッツ写本と，次のコスタベルの注釈書によった．AT 版との間には異同がある．

R. Descartes, Exercices pour les éléments des solides, Essai en complément d'Euclide, Progymnasmata de solidorum elementis, Edition critique avec introduction, traduction, notes et commentaires par P. Costabel, Paris, 1987.（＝C.）

6) 以下のガリマール版の『デカルト全集』も参照した．

Œuvres Complètes, III, *Discours de la Méthode*, sous la direction de J.-M. Beyssade et D. Kambouchner, Paris, 2009.（『数学摘要』を含む．）

Œuvres Complètes, VIII, Correspondance, éditée par J.-R. Armogathe, vol. 1 et 2, Paris, 2013.

Œuvres Complètes, I, Premiers écrits, *Règles pour la direction de l'esprit*, Paris, 2016.（『ベークマンの日記』，『思索私記』，『立体の諸要素のための練習帳』を含む．）

7) 本文中の〔　〕は訳者による補語である．

8) 脚注はAT 版・B 版および各種の研究書によるが，訳者独自の注も多い．

9) 脚注などにおいて，『方法序説』を『序説』と，『精神指導の規則』を『規則論』と略記した場合がある．また『デカルト全書簡集』（知泉書館，2016 年）を『全書簡集』と略記し，巻数と頁を III, 211 のように記した．

10) 脚注において，山田［2000］のような略号で文献の参照を促している場合は，当該章についての本書の「解説」末尾に示された「参考文献」に対応しているので，そちらを参照されたい．

フランス・ファン・スホーテンによる肖像
『幾何学』第3版 巻頭に掲載

他の肖像画とは異なり，描かれた前後の経緯が明確で，実際のデカルトに近いとも言われてきた．スホーテンについては本書264，321頁を参照．

はじめに

本書の趣旨は，数学・自然学に関するデカルトの関連文書のうちでも，あまり知られていないマイナーなものを全訳することである．

周知のように，デカルトは若いころから数学や自然学が好きな少年であった．ラフレーシュ学院ではパッポスによって古代の幾何学を，クラヴィウスによって近世の代数学を学び，アリストテレスの自然学を習ったと思われる．卒業後はオランダでベークマンと協同で，角の三等分，三次方程式，物体の落下，水圧などの研究をした．そして，このオランダ人から自然学研究に数学を応用するという新しいアイディアを得た．それ以来，デカルトは多くの数学・自然学的著作を書き残した．その主要なものは次の通りである．『音楽提要』*Compendium musicæ,* 1618；『精神指導の規則』*Regulae ad directionem ingenii,* 1628；『世界論』*Le Monde,* 1633；『人間論』*L'Homme,* 1633；『方法序説および屈折光学，気象学，幾何学』*Discours de la Méthode* suivi de *La Dioptrique, Les Météores et La Géométrie,* 1637；『哲学原理』*Principia philosophiæ,* 1644．これらにはすべて邦訳があり，十分研究対象にされてきた[1]．

1） 邦訳には野田又夫訳『精神指導の規則』（岩波文庫，1950年），野田又夫編『デカルト』（世界の名著・中央公論社，1967年），『デカルト著作集』（白水社，1973，1993年），原亨吉訳『幾何学』（ちくま学芸文庫，2013年），井上庄七・小林道夫編『デカルト・哲学の原理』（科学の名著，朝日出版社，1988年）などがある．なお，自然学のうち医学についての邦訳文献としては，本書の姉妹篇『デカルト 医学論集』（法政大学出版局，2017年）がある．

日本語の研究書としては次のものがある．近藤洋逸『デカルトの自然像』（岩波書店，1959年），石井忠厚『哲学者の誕生――デカルト初期思想の研究』（東海大学出版会，1992年），小林道夫『デカルト哲学の体系』（勁草書房，1995年），同『デカルトの自然哲学』（岩波書店，1996年），名須川学『デカルトにおける〈比例〉思想の研究』（哲学書房，2002年），佐々木力『デカルトの数学思想』（東京大学出版会，2003年），所雄章『知られざるデカルト』（知泉書館，2008年），武田裕紀『デカルト

しかし，その他にも一般にはあまり知られていない数学・自然学についての関連文書が残されており，研究の手がまだ及んでいない．われわれはその 11 編を取り上げて邦訳を試み，脚注を施すことにした．ここで「関連文書」の意味は多義的である．

(a) デカルト自身の筆によるもの——『思索私記』，『立体の諸要素のための練習帳』，『ストックホルム・アカデミーの企画』．

(b) ほぼデカルトの真筆であるが，別人が書いた文章を一部含むと思われるもの——『二項数の立方根の考案』，『カルテシウス』，『デカルト氏が書いたと思われる『哲学原理』注記』．

(c) デカルトが他者の論文（その一部コピーも含まれる）について書いたメモ——(『数学摘要』，『屈折について』，『キルヒャー神父の『磁石論』摘要』．

(d) 第三者がデカルトの主張を引用・解説したもの——『ベークマンの日記』，『デカルト氏の『幾何学』のための計算論集』．

このカテゴリー順にテキストを配列するなら，書物として煩雑になるであろう．ここではテキストの配列は一律に執筆年代順（推定を含む）とした．なかには数学・自然学と直接関係しないものも含まれるが，テキストがひとまとまりになっていることもあって，それらもすべて訳すことにした．これらのテキストに関してあまり研究が進んでいない理由は，それらがさまざまな時期に書かれたメモの集積であり，他者の手が入った断章であり，あるいは第三者による文書であったりするからである．当然ながらテキストに乱れがあり，校訂が困難である．しかし，幸いにして最近その難点を克服した研究やテキスト校訂[2)]がイタリアやフランスで出はじめており，本書はその順風をとらえることとした．

の運動論』（昭和堂，2009 年）など．

2） *René Descartes, Opere Postume 1650–2009, Testo francese e latino a fronte*, a cura de G. Belgioioso, Milano, 2009 ; V. Carraud et G. Olivo, *René Descartes: Étude du bon sens, La recherche de la vérité et autres écrits de jeunesse (1616–1631)*, Paris, 2013 ; *Œuvres Complètes,* sous la direction de J.-M. Beyssade et D. Kambouchner, I, Premiers écrits, *Règles pour la direction de l'esprit,* Paris, 2016.

以下，それぞれについておおよその執筆年代，AT 版（場合によって AM 版）および B 版の巻と頁，そしてコメントを付した．詳しい説明については「序」および「解説」を参照していただきたい．

1.『ベークマンの日記』*Journal de Beeckman*（I・II・III），1618–19, 1628–29, AT. X, 46–63, 67–78, 331–348 ; B. 1316–1379. 出典は Middelbourg, Provinciale Bibliotheek Zeeland 所蔵の *Journal de Beeckman* による（本書 34 頁の図版 1 を参照）．それを校訂した C. de Waard による 4 冊の刊本 *Journal de Beeckman,* 1939–1953 が出ている．初期デカルトの数学・自然学思想についての間接的だが重要な証言である．

2.『思索私記』*Cogitationes privatæ*, 1618–21, AT. X, 213–276 ; B. 1060–1095. これはライプニッツの写本に基づくものである．出典は Foucher de Careil, *Œuvres inédites de Descartes* による．前半はよく知られたテキストだが，その後半（「パルナッソス」と呼ばれる）が数学・自然学に関係し，上の『日記』とも関連している．本書では前半・後半を通して全訳しておいた．テキストの構成については困難な点が多く，最近さまざまな提案がなされている．問題となる箇所はそのつど脚注に示したが，断章全体の配列については，従来の AT 版に従っている．

3.『立体の諸要素のための練習帳』*Progymnasmata de Solidorum Elementis*, 1619–1630, AT. X, 264–276 ; B. 1224–1239. これもライプニッツによる「デカルトの自筆原稿からの摘要」であり（本書 110 頁の図版 2 を参照），出典は上記の *Œuvres inédites de Descartes* による．

4.『二項数の立方根の考案』*Invention de la racine cubique des nombres binômes*, 1639–1640, AT. V, 612–615, III, 188–190 ; B. 1440–1447. このテキストは P. コスタベルが 1969 年に確定したものである．前半はデンマークの音楽学者 M. メイボムの写本による可能性が高いと考えられる．これは本論集における新発見であり，詳しくは「解説」を参照していただきたい．後半ではメルセンヌ宛 1640 年 9 月 30 日付書簡の一部が転載されている．その部分も一緒に全訳した．

5.『デカルト氏の『幾何学』のための計算論集』*Recueil du calcul, qui sert à la Geometrie du Sieur Des-Cartes,* 1638–1640, AT. X, 659–680 ; AM. III,

323–352 ; B. 1472–1529. これはタイトルの通りデカルトの真筆ではなく，おそらく友人のハーストレヒト[3]による『幾何学』の解説書である．しかし，デカルトはこれを「私の幾何学への入門」と評価してしばしば言及しており，数学史的に見ても当時の数学の水準を示す重要な資料である．テキストは三つあり，AT版（ハノーファー写本），AM版（ロンドン写本），B版（ハーグ写本）によってかなり異同がある．B版は最近ハーグで発見された写本によるものである．「凡例」に述べたように，われわれはこの写本を取り寄せて底本とした（本書134頁の図版3を参照）．テキストの異同の詳細は脚注において示した．『幾何学』の翌年1638年から1640年にかけて執筆されたものと考えられる．

6.『ルネ・デカルトの手稿摘要』*Excerpta ex MSS R. Des-cartes,* 1638–1640, AT. X, 285–324 ; B. 994–1051. この書名を慣例により，以下『数学摘要』と記す．出典はR. Des-Cartes, *Opuscula posthuma physica et mathematica,* Amstelodami, 1701であるが，その刊行の詳細は明らかでない．数学者フェルマの論文の引き写しが一部ある．

7.『屈折について』*De Refractione*, 1639 ? AT. XI, 645–646 ; B. 1390–1393. 同じくライプニッツの写本による断章である．内容からしてデカルトが，ド・ボーヌやウィテロの実験結果をメモしたものと考えられる．年代についてはド・ボーヌ宛ての礼状[4]からして1639年ごろと推定される．

8.『カルテシウス』*Cartesius*, 1642 ? AT. XI, 647–653 ; B. 1394–1405. これもライプニッツの写本による断章集である．奔放な思索が入り乱れ，これがデカルトのものであるかどうかは長らく疑問視されてきた（AT版も疑問視していた）．だが1970年代にG. ロディス－レヴィスは疑を残しながらも，

---

3) その著者については，「私の友人」「この地方（オランダ）の貴族」としか分っていないが，B版は数学者ハーストレヒト（Godefroot Haestrecht, 1592–1656）と明記している．なお，先駆的な邦訳（部分訳）として，中村幸四郎『数学史――形成の立場から』共立出版，1981年，pp. 146–152がある．そこでは「デカルト氏の計算法」と題され，「デカルトが書いたと推定された文書」とされているが，これは今日では訂正されなければならない．

4) ド・ボーヌ宛1639年4月30日（AT. II, 542 ;『全書簡集』III, 211）．

若い時代のデカルトの著作でありうると考証した[5)]．V. カローはその全訳・注解をし，最近出た初期著作集でも『思索私記』と同格の扱いをしている[6)]．B 版もそれを踏まえている．本書は，疑問の余地も残されているが，そのうちの少なからぬ断章はデカルトの思想と一致すると判断した．執筆年代としては 1642 年（これを執筆年の一例として上に挙げておいた）の数字が入った断章もあり，そのすべてが若い時代のものではない．さまざまな時代に書かれた文書の複合と見るべきであろう．この断章集において，自然学関連の記事は最後の部分に少し出てくるのみであるが，貴重な文書であるので全訳することとした．

9.『キルヒャー神父の『磁石論』摘要』*Excerpta ex P. Kircher de Magnete,* 1643 ? AT. XI, 635–639 ; B. 1386–1405. これもライプニッツの写本による断章である．文字通りキルヒャーの書からの摘要である．1643 年という年代は，ホイヘンス宛ての書簡[7)]でキルヒャーに触れていることが根拠になっている．

10.『デカルト氏が書いたと思われる『哲学原理』注記』*Annotationes quas videtur D. des Cartes in sua* Principia Philosophiæ *scripsisse*. 1644 ? AT. XI, 654–657 ; B. 1096–1103. 同じくライプニッツの写本による断章集である．出典は Foucher de Careil, *Œuvres inédites de Descartes* による．題名が示すように，デカルト自身によるものかどうかは確定できず，AT 版も参考資料として採用しているのみである．しかし，内容的にみてデカルトの思想と正確に符合する所があり，本人でなければ書きえない表現も多々ある．またテキスト的には，ライプニッツ写本の第一部が上の『カルテシウス』であり，第二部がこの文書であった（本書 228 頁の図版 4 を参照）．フーシェ・ド・カレイユは第二部のみ採用し第一部を採用していないが，第一部がデカルトの真筆の可能性があるなら，この文書もそれに準じたものと考えるべきであ

5） G. Rodis-Lewis, *L'Œuvre de Descartes*, Paris, 1971, pp. 105–112.

6） V. Carraud, Cartesius ou les pilleries de Mr. Descartes, in *Philosophie*, mai 1985, pp. 3–19 ; V. Carraud et G. Olivo, *René Descartes: Étude du bon sens, La recherche de la vérité et autres écrits de jeunesse (1616–1631)*, Paris, 2013, pp. 52–65.

7） ホイヘンス宛 1643 年 1 月 14 日（AT. III, 803 ;『全書簡集』V, 218）.

ろう．内容的には自然学に関するものはわずかであり，形而上学が話題の中心であるが，これも全訳した．1644年という年代推定の根拠は，少なくとも『哲学原理』以降であろうというだけの理由である．

11．『ストックホルム・アカデミーの企画』*Projet d'une Académie à Stockholm*, 1650, AT. XI, 663–665 ; B. 924–929．出典はバイエの伝記 *La vie de Monsieur Descartes,* 1691, II. 412–413 である．数学・自然学には直接関係しないが，学問研究や学会のありかたについての考えがまとまって示されているので翻訳の対象とした[8]．

ここに集めた「論集」が，現代のわれわれから見てどういう意味があるかは議論のあるところだろう．だがそれが数学史・科学史の第一級資料である

8）他方，数学・自然学関連のテキストではあるが，本書が翻訳の対象としなかったものは次の通りである．『剣術論』*L'Art de l'Escrime,* AT. X, 535, 536–537 ; B. 916–917 および『工芸学校の企画』*Projet d'une école des Arts et Métiers*, XI, 659–660 ; B. 918–921．これらはバイエによる『伝記』が伝えるものであるが，断片的であり，テキストの形をなしていない．数学・自然学には直接関係しないが，『良識の研究』*Studium bonae mentis*, AT, X, 191–204 ; B. 896–915）にも訳がある（山田弘明『デカルト哲学の根本問題』pp. 285–299，知泉書館，2009年）．また，近年発見された『法学士論文』*Licence en droit,* B. 1454–1461 は，その一部が邦訳されている（塩川徹也『発見術としての学問』岩波書店 2010 pp. 57–65）．他方，『機械学』*Traité de Mécanique* および『デカルト氏により論証された命題』*Propositio Demonstrata a D. Descartes* と名付けられた文書があり，ガリマール版はそれらを独立した文書として収録している（J.-M. Beyssade et D. Kambouchner (éd.), *Œuvres complètes,* III, *Discours de la Méthode*, Paris, 2009）．しかし，これらはいずれも書簡からの転載である．すなわち，前者は1637年10月5日付ホイヘンス宛 AT. I, 435–447，後者は1641年6月16日付メルセンヌを介した某氏宛 AT. III, 708–714 によるものである．それぞれ『デカルト全書簡集』（知泉書館）第2巻および第4巻に収められている．最後に，数学・自然学に関連した膨大な『往復書簡』Correspondance の存在を忘れてはならない．自然学に関しては，メルセンヌ，ホイヘンス，レギウスらと交わした多くの論争の記録がそこに残されている．数学に関しては，ゴリウス，メルセンヌ，フェルマ，ミドルジュ，ド・ボーヌ，デザルグらとのやり取りのなかで，デカルトの数学思想が披露されている．特に数学関連の書簡をまとめて把握するには，同じガリマール版（J.-R. Armogathe (éd.), *Œuvres complètes,* IX, Correspondance, vol. 1, pp. 643–774, Paris, 2013）が便利である．だがこれらの書簡についても，上記の『デカルト全書簡集』に訳があるので，本書の対象とはしなかった．

ことは間違いない．とくに，あまり論じられる機会がない初期デカルトの数学・自然学上の業績，および幾何学や代数学の発想の細部（それはラテン語，フランス語，一部オランダ語で書かれている）が日本語で読めることは，一般の研究者や読者に水路を開く意味でも貴重であろう．筆者はこの方面にけっして明るい者ではなく，気鋭の専門家の方々のご協力を多としたい．本書に含まれる文書は本邦初訳となるものがほとんどである．『デカルト全書簡集』（知泉書館，2016 年）は完結しており，本書の姉妹篇『デカルト 医学論集』（法政大学出版局，2017 年）もすでに刊行されている．これを以ってデカルトの科学関係のほぼ全テキストが日本語に訳されたことになり，その意味は少なくないであろう．

ストラスブール大学のフレデリック・ド・ビュゾン教授（Professeur Frédéric de Buzon）は本書の趣旨に賛同し，さまざまな助言を惜しまれなかった．ご自身の『計算論集』の原稿も閲覧させていただいた．そして 2016 年 9 月にはわれわれの求めに応じて来日し，メンバーとのセミナーに参加いただいた．とりわけ本書のために「序」を執筆してくださったことは大変な光栄である．また，ベルリン・ライプニッツ編纂室研究員のセバスティアン・シュトルク博士（Dr. Sebastian Stork）は，本書の進捗を見守りライプニッツの手稿に関する豊富な情報をつねに与えてくださった．この翻訳プロジェクトの総帥の一人である山梨大学の香川知晶名誉教授からは，本書の原稿段階において適切かつ貴重なご批判をいただいた．この訳業の出版を快諾され，つねに適切なナビゲーションをしてくださった法政大学出版局の郷間雅俊・編集部長にも御礼もうしあげたい．本書は平成 27 年度科学研究費（基盤研究（B）研究課題番号 15 H 03152，研究代表者・香川知晶）による研究成果の一部であるが，平成 29 年度科学研究費補助金（研究成果公開促進費）の助成も受けることができた．記して感謝する次第である．

2017 年初夏

訳者を代表して

山田弘明

序

フレデリック・ド・ビュゾン

デカルトが自ら出版した主要な著作や，クロード・クレルスリエの『デカルト書簡集』三巻とは別に，彼の著作の総体は，死後も数多くの未刊の著作によって内容豊かなものにされてきた．そのなかで，あるものは自然学・数学に関するもの，あるいはもっと一般的な射程をもつものであり，また他のものは生理学に関するものである．これら未刊の著作においては，『精神指導の規則』，『音楽提要』あるいは『世界論』，『人間論』のようにデカルトの死後 17 世紀に出版された著作と，もっと断片的である文書とを区分しなければならない．後者には必ずしもデカルトが著者あるいは単独の著者ではないもの，あるいは確実にそうではないものが含まれている．だが，それらはデカルトの哲学および科学についての活動を理解するためには不可欠な要素となっており，広い意味での著作の位置を占めている．これらの文書こそが，（生理学・医学的文書を除いて）本書の内容をなしている．それらは，つねにオリジナルなテキストというわけではないが，いずれにせよ興味深い文書であると見なされるべきである．それらはどれもデカルト自筆の手稿によっては知られていない．しかし，その大部分が真作であることはまったく議論の余地がない．これらのテキストの体系的な出版は，アダン＝タヌリによる全集の 10 巻と 11 巻にその起源の一つを置いている．この全集は明らかに 1905 年のコルネリス・デ・ワールトによって発見されたベークマンの『日記』の手稿の恩恵を受けている．アダン＝タヌリは，ワールトの四巻からなる全集より以前に，デカルトに関する文言の本質的部分を出版していた．もちろん，これらのテキストは大部分が，シャルル・アダンの作業以降にも，数多くの改訂と充実した再解釈の恩恵を受けてきたし，J. ボードやP. コスタベルによるATの再版の際に，確かなものとして導入された．以下で私は，ここに取り上げられた著作の全体を，翻訳された順にざっと見て行くが，日本のデカルト研究の専門家全員に心より賞賛を送りたい．彼らは，科学や哲学におけるデカルトの思想がもつ多様な側面のきわめて豊穣なイメージを補完することに貢献しているからである．それによって，真理探究をしているデカルトという人について知りうるほとんどすべてのことは示される．だが，彼が真理を発見するのはつねに直接的にというわけではなく，自分を正しながら，ためらいながらである．「パルナッソス」に直面したときのベークマンの『日記』の構成要素がそのことを示している．

1．『ベークマンの日記』

これは1637年のベークマンの死後に残されたものである．彼がつけた日記は，デカルトと出会った2つの時期に起源をもつ3系列の文書を含んでいる．すなわち1618–1619年のノート，同時期の科学関係のエッセー3篇，そして10年後の新しい系列のノート，である．「パルナッソス」と併せて読むと，このテキストの総体は，数学，自然学，そしてまた音楽美学の問題として桁外れの豊穣さをもち合わせており，方法論的に意義深い着眼を含んでいる．

1618年11月のイサーク・ベークマンとデカルトとの出会いは，哲学的にも科学的にも第一級の重要な出来事である．ベークマンはある学院の院長であったが，科学に好奇心をもち，自然学における機械論の推進者でもあった．彼がたまたまポワトゥのル・ペロン氏（デカルトの別名）と出会った時，彼はデカルトと実験的な研究に着手し，数学・自然学だけでなく音楽学（その大部分は数学に依存する）の主題についても，デカルトに自身の諸仮説を提起した．

この研究は1619年1月まで継続し，デカルトによって起草された3本の論文に結実する．それらの手稿はベークマンに委ねられた．すなわち，『音楽提要』（年末の贈り物），流体静力学のエッセー，そして物体の落下についてのエッセーである．周知のように，『音楽提要』は最初に出版されたデカルトの遺稿[1]であり，現在は所在不明となっているが弟子による写本に基づいている．ベークマンと不和になったデカルトは自分の手稿[2]を取り戻したが，ベークマンはその写しを作成させ，保存していた．1650 年版の『音楽提要』に役立ったのはこの写しではない．まったくデカルト自身のものであるこのテキストには，ベークマンの『日記』に転記されたメモが混在している．周知のように，ベークマンは生前なにも出版しなかったが，彼は自分の思想，読書ノート，出会った学者たちとの議論を手稿に恒常的に書きとめていた．彼には秘密を保つ風があり，その手稿をごく限られた読者[3]（それがデカルトであった）だけにしか見せなかった．このことからして，ベークマンの証言の誠実さには疑う余地がない．

デカルトのこれらのテキストとベークマンの『日記』とは，デカルトの知的資質に関して知られている最初の文書である．それは，自然学と数学を結びつけるという科学革命の主要な主題を明示している．最初に出会ったとき以来，ベークマンがデカルトの独創的才能に気づき，自分と同じくデカルトも「自然学－数学者」の称号にふさわしいと判断したのは，疑いもなく彼の偉大な功績である．「自然学－数学者はほとんどいない」と題された最初の断章の一つで彼はそのことを指摘している．

自然学－数学者はほとんどいない．

このポワトゥの人〔デカルト〕は，多くのイエズス会士や他の学問好きで学識ある人々とよく交際していた．しかし彼が言うには，私〔ベークマン〕が好むこの研究方法を用いて，自然学を数学に精密に結びつけるよう

1） Renati Des-Cartes, *Musicæ Compendium*, Utrecht, 1650.

2） 少なくとも『音楽提要』の手稿．メルセンヌ宛書簡 1629 年 12 月 18 日（AT. I, 100）およびベークマン宛書簡 1630 年 9 月または 10 月（AT. I, 154）〔『全書簡集』I, 100, 144〕を参照．

3） 1634 年，デカルトとメルセンヌに次いで，アムステルダムの数学教授ホルテンシウスが『日記』の三番目の読者であったと，ベークマンは記している（JB. III, 354 ; cf. II, 377）．

な者は，私以外に見出さなかったとのことである．私もまた彼以外には，誰にもこの種の研究について話してはいなかった[4]．

デカルトと出会う前の『日記』を通読すれば分かるように，ベークマンは理論的・実践的な目的の下に，いくつかの明確な諸問題を，すなわち科学的宇宙論，天文学，純粋数学および応用数学の諸問題を扱おうと目論んでいた．彼は早くから――デカルトは少し遅れてであったが――すべての学問を一般的な諸原理に従属させようとの考えを表明し，自然学においても，その対象はまるで違うにせよ数学と同じ確実性を獲得することを目ざしていた[5]．しかしベークマンは，音楽の協和音の理論に関する問題，発音体の振動の理由（その理由として，とくにメルセンヌが再びとりあげることになる解法を提示している）と結びついた問題など，より技術的な問題も扱っている．デカルトが音響学の問題に関心をもつようになったのはおそらくベークマンに負う．他方ベークマンは，個別的であるがきわめて重要な現象の説明，すなわち五度の音程が共鳴に関して四度にはない特性を有するのはなぜか，という理由の説明をデカルトに負っている．これは長三度の理論とともに，調性と呼ばれる和音構成の本質的な理論の要素であり，音響学の基礎における協和音の階層構成の本質的な理論の要素である．『音楽提要』は今日ではよく研究されている論考である．それはルネサンス（ザルリーノとサリナス）の偉大な教本と，ラモーの諸論考との中間に位置し，音楽理論史においてきわめて重要である．そこで展開されている萌芽的段階の方法は注目に値する．和声的な関係やリズム的な関係についてのここでの評価の仕方と，後に規則XIVで展開される次元についての理論との間には大いなる連続性がある．ベークマンが書いたノートを読むとき，読者はデカルトの発見が出生した現場，すなわちこの発見のきっかけとなったリュートやフルートの実験に立ち会うことになる[6]．『音楽提要』が組み立てているような[7]，弦の二分割から始めて

4）AT. X, 52. JB. I, 244.
5）JB. I, 1.『日記』の第一部が問題になっている．
6）AT. X, 53–54, JB. I, 246–247.
7）AT. X, 102.

長三度と四度の伝統的な順序を逆にした協和音の分類方法は，音の本性についてのベークマンの考察とデカルトの実験とを結びつけた断章において，ベークマンによってまさしく記されているのである[8]．

落体に関する覚書は，『思索私記』（「パルナッソス」の項[9]）で公表された同時期の他の断章と関連づけるべきものである．彼はそこで，真空のなかを同じ力で大地に引き寄せられた物体が，どれだけの時間で与えられた空間を経過するのかを知りたいと提起している．提起された解法のうちで，デカルトが，「真空中を動く物体はつねに動く」[10]というベークマンの大原則と，物体の速さの増大を四角形を使って図式的に表す方法とを使っていることが分かる．デカルトはここで「幾何学的代数の計画」[11]に，知られているかぎり最初に言及しており，それは1619年3月26日のベークマン宛書簡[12]でさらに説明される．

「パルナッソス」[13]のノートが示しているように，流体静力学の断章は，自然学のこの部門を主題とするデカルトの唯一のテキストである．とはいえ流動性と固形性に結びついたこれらの問題は，ある意味で後の自然学とりわけ宇宙論を構成する役割を有している（渦動論は天界の流動性というテーゼから発展したものである）．しかしここでは問題はもっと限定されている．「パルナッソス」によってわれわれが問題の意味を理解できるのは，シモン・ステヴィンを読んだ後のことである．つまり，それはロバート・ボイル以来「流体静力学のパラドックス」と名付けられたものを説明することに関している．すなわち，容器の底にかかる流体の圧力は，他のすべての要因を除外すれば，その流体の円柱の高さのみに依存する，ということである．デカルトの解法は，四つの容器から成るかなり複雑な実験装置に訴えるものであることが分かるであろう．デカルトは，この問題の完全な解決は「彼の機械学

8） AT. X, 56–57 ; JB. I, 258–259.
9） AT. X, 219.
10） AT. X, 78.
11） AT. X, 78.
12） AT. X, 154–157.
13） AT. X, 228.

の基礎」に依存しているとするが，それをここでは展開していない．彼は（ベークマンと共に自分も間違っていたことを思い起こして）躊躇すると同時に，「これは私個人による新しい意見である」という事実を強調している．

それゆえ，1619 年に二人の友人が別れた時点で，デカルトはすべてが描かれた仕事のプログラムをもっていたと思われる．その仕事を示唆したベークマンの役割は小さいものではない．それは少なくとも機械学と代数学を含み，それらが二つの基礎的な学問ではあるが技術に応用できることは明白である．デカルトはその基礎（彼自身がそれを完全にもっていたとすればだが）を明らかにしていない．だが容易に理解できることは，この第一の時期以来，彼はまさに一つの新しい学問を基礎づけようとしており，実際それは自然学と数学の研究の最先端で見出されるということである．

第二の交流時期は，約十年という長い中断の後，1628 年 10 月 8 日にデカルトがベークマンを訪ねたことをきっかけに始まる．ベークマンは〔書物の〕出版に先立って考えを温め続けたデカルトの慎みを讃え（実際 1619 年に予告したものは公刊されなかった），かなり長い断章のなかで瞠目すべき成果を提示している．その結果の多くは，他のより完成されたテキストと関連づけることができる点からも，いっそう注目に値するのである．とりわけ代数学の見本（AT. X, 333–335）についてそれが言える．それは，線や平面といった次元を図形で表現するやり方で（たとえば正方形が単位を表す），そしてこの方式で代数式を表現するのである．この断章は，まさしく『精神指導の規則』（規則 XV[14]）に対応するもの，一般的には規則 XIV から XVIII の全体よりも前のものばかりであり，そこには生成的な要素が認められる．

ベークマンの注記によれば，デカルトはいかにして「次元」の概念が伝統的な三次元空間を越えて拡張されうるかを示しているのだが，そのやり方は相当に奇妙である．たとえば，立方の三次元に，第四の次元として用いられている素材を加えることができるとするテキストの規定は，はなはだ曖昧である．デカルトが次元の概念を幾何学的空間の三次元にまで広げなければならないとすでに理解しているにしても，次元を規則 XIV でデカルトが定義

14）　AT. X, 453–454.

しているもの，すなわち「ある主体が，それによって測りうるものと見なされる場合の方式ないし比率」[15]と理解するなら，素材（その例として木，鉄，あるいは金）が厳密に第四の次元であると考えることは困難である．規則XIVで挙げられた例は，要するにまったく別の性質のものである．デカルトは錘（おもり）（重さの次元）あるいは速さ（運動の次元）を提起しているし，規則XIVがそうした次元が無数にあることを提示しているにしても，ベークマンのノートにおいて，アリストテレスの影響によるスコラの「質料的原因」の残滓と思われるものをそこに入れることは，素材を入れることが困難であるように，困難である．他方，デカルトは規則XVのなかで，『規則論』およびもっと後の研究において実践したような代数的表記法に，一歩を踏み出していたようには思われない．なぜなら，この断章のなかで，図形による線分や点などの大きさの表現と並行して，コス式表記法を扱っているからである．

続く断章は正弦の法則の起源に関して教えてくれるが，この法則を表現するために1637年に出版されたものとは異なる比喩を提示することにデカルトは関心があった．腕の一方が空気中に，他方が水中にある天秤を譬えに用いているが，後に彼はよく知られたテニスの譬えを採用し，こちらは『屈折光学』の最初の2講（その執筆は遅くとも1632年までさかのぼる）で公表されることになる．

ベークマンとデカルトとの関係の総括を短い言葉で再現するのは難しい．ベークマン側からの文書に関する正確な知識が，デカルトだけがベークマンに与えていたイメージ――深刻な不和によって汚されたイメージ――を大きく修正したことは確かである．『日記』の内容が知られる以前には，デカルトからベークマンに宛てた1630年の二通の書簡は，ベークマンにとってはのっぴきならないものであった．デカルトが自分のものであると思っているある発見の功績を，ベークマンが彼自身に帰していることを――それに根拠があるにせよないにせよ――デカルトは恐れから生じた怒りによってしか説

15） AT. X, 447.

明しえていないのだから[16]．結局のところデカルトは，メルセンヌやホルテンシウスらと並んで，ベークマンの『日記』を読むことを許された限られた人びとの一人であった．彼が読んだ『日記』の断章以外でのベークマンの最も重要な研究テーマは，彼が自然学の原理として構想した運動法則を体系化する試みであった．デカルトは「パルナッソス」の一節で，落体に関するベークマンの偉大な原理「真空中で動くものはつねに動く」[17]を再述している．ベークマンは，保存に関する他の一般原理，とくに物体の衝突あるいは方向の保存に関する原理を定式化しようとしている．それゆえ，しばしばそう思われてきたように，デカルトがベークマンを模倣したというわけではなく，むしろデカルトは，二人の交友期間を通じて，ベークマンが提出した問題により適切な解を提示しようとした，と言うことができる．ベークマンの諸原理に多くの点で不備があることは大変容易に見てとれる．たとえば，運動の保存の原理において，彼は，物体はその速さを自発的に変えないというはなはだ見事に定式化された原理を自分の偉大な発見と見なしていても，方向の保存の問題（場合によって直線運動あるいは円運動が保存される）については躊躇するところが大きいのである．それだけでなくさらに，物体の衝突における運動の交換の問題はほとんど乗り越えることができないほど困難なものとなる．実際，質量が同じ二物体が同じ速度で出会う時，それらの速度は双方ともなくなり運動もゼロになることによって，ベークマンがこの原理を定式化したすぐ後で気付いたように，結局すべての運動は排除され，宇宙には静止への一般的な傾向があるとせざるをえなくなる．こうしてベークマンは4つめの原理を認める．それは「等周図形」の原理であり，それによって，局地的な運動の喪失があっても宇宙全体における運動の保存が救済されるのである．

彼によれば，この原理によって，静止に向かう小さな物体の運動が，いかにして天体のような大きな物体によって活性化されるかが理解されることに

16）　ベークマン宛書簡1630年9月または10月（AT. I, 154–156）および1630年10月17日（AT. I, 156–170）を見よ．それらはクレルスリエの *Lettres de Mr Descartes*, II, Paris, 1666, pp. 55–68において出版された〔『全書簡集』I, 144–145, 146–157〕．

17）　AT. X, 219.

なる．こうしてベークマンが，古典力学のいくつかの基礎的問題を最初に定義し，運動の全体が保存されるという考えをきわめて独創的な仕方で，かついくつかの典型的な視点から要請として定式化したことは否定できないだろう．だが，デカルトの功績そのものは，これらの問題をより効果的で徹底的なやり方で探求し，法則つまり仮説の数を4つから3つにし，古典力学の決定的な枠組みを，天文学の問題から絶縁させながら描いたことにある．

2．『思索私記』

『思索私記』は，フーシェ・ド・カレイユがライプニッツのテキストを探索したときに，雑多な断章の集まりに付けた題である．それはパリでライプニッツによって筆写され，現在はハノーファーの図書館の書類箱のなかにある．おそらくデカルトのテキストのうちで満足のいく編集が最も難しいものであろう．なぜなら，フーシェ・ド・カレイユが使った最初の手稿（1676年にライプニッツが筆写あるいは筆写させたもの）は失われており，彼が出した版には欠陥が多いからである．デカルトがストックホルムで死ぬ際に作成された自筆の『遺稿目録』は，重要な手掛かりを与えてくれる．それによれば，1619年の元の手稿（これも失われた）は一冊のノートに書かれていた．そのノートは「パルナッソス」という題の下に科学に関する18葉のメモ――そこには1619年1月の日付がある――から始まっていた．つぎに「オリュンピカ」は，有名な「11月10日，私は驚くべき発見の基礎を理解しはじめた」という文章で始まっていた．それに続いて，代数学のメモを含んだ数葉の「デモクリティカ」という断章があり，つぎに「エクスペリメンタ」と「プレアンビュラ」という文書がきている．言い換えれば，文書の配置と題の相違が示しているのは，それがただ一冊のノートに関するのではなく，さまざまな問題系に属する多くの手始めあるいは計画に関しているということである．

最初の手稿が失われ，その写本も不正確であることにより，謎に満ちたものとなったこの文書に対して，編集者はさまざまな方法を採用したが，どれも完全に満足のいくものではない．とくにストックホルム『遺稿目録』が言及し，明らかに疑いえないと思われた，題目別の断章配分に関してはそうである．AT 版（X. 213–276）は，その順序に関しては細かい点を修正するもののフーシェ・ド・カレイユのテキストを採録している．つまり，AT 版はテキストの諸要素を振り分けようとしないのであるが，そもそもライプニッツの筆写が原本のありのままの姿を正確に守っている保証はない．それはおそらく最も単純な方法であり，それゆえベルジョイオーゾのイタリア語版[18]も同じ順序で同じテキストを採録している．この二つの版においては，欠陥があるにせよ原典に忠実であるということが最も確実な方法であるように思われる．他方でアダンは全集において，さまざまなタイトルに対応するバイエの『デカルト殿の生涯』からの抜粋を載せている．しかし，これらの抜粋が，間接的な典拠によるこれらの断章を，もっと確実にデカルトのものと言える他の断章から切り離してしまった．

これとは逆に，ヴァンサン・カローとジル・オリヴォは正反対の側に立つ．彼らは最近出したデカルトの若い時期のテキスト集[19]で，1619 年の『目録』の全体を再構成しようとした．そして H. グイエに従って，「プレアンビュラ」「エクスペリメンタ」「オリュンピカ」という異なったラベルによってテキストを再配分しようとした．彼らは，「パルナッソス」という名で知られた最も厳密な意味での科学的な断章を，基本的にすこぶる逆説的な仕方で除外した．

最後に，最近パリで出版された版[20]では，「パルナッソス」は，最も同定しやすいものの総体として，「ノートと計画」という他のものとは別に置かれた．私はそれをアンドレ・ヴァルスフェルとともに，ベークマンの『日記』のノートと厳密に同じ態度で訳した．これらのノートの大部分が，ベークマンとともに遂行あるいは計画した仕事に関する一種の日記であることは確かである．たとえば，物体の落下，協和音の決定，流体静力学という三つ

---

18) René Descartes, *Opere postume*, Milan, 2009, pp. 1055–1095.

19) René Descartes, *Étude du bon sens, La recherche de la vérité et autres écrits de jeunesse (1616–1631)*, édité par V. Carraud et G. Olivo, Paris, 2013.

20) René Descartes, *Œuvres complètes*, sous la direction de Jean-Marie Beyssade et Denis Kambouchner, vol. 1 Premiers écrits, *Règles pour la direction de l'esprit*, Paris, 2016.

の主題については,『日記』の断章,デカルトの手記,そして「パルナッソス」のノート,の三つの別々のテキストがある.これによって,個々の場合についてデカルトとベークマンとの対立があったことが分かり(個々のケースについての仮説がすべてデカルトによって立てられたわけではない),デカルトがなにを重要だと判断しているかを見てとることができる.

これらのノートはアフォリズム的性格をもっており,それによって(「デモクリティカ」のように)タイトルだけしか知られていない別の諸論文をなすこともありえたであろう.だがその身分は実際にはきわめて不明確であるので,多くの解釈を惹き起すことになった.「仮面の哲学者」は自身に対しても自らの思想の秘密をあらわにしなかったのではなかろうか.私はドゥニ・カンブシュネルがこの新版の序文で注意していることを取り上げておこう.すなわち,これらのノートがバイエのテキストと関連しているに相違ないことは明らかである.たとえば,バイエは三つの夢などの,科学的ではないが哲学的な最初の仕事を記述している.しかし,あらゆる復元の試みは推測の域を出ない.そのことが意味しているのは,とにかくデカルトは最初から,その大きさにおいて,自然学・数学的な計画や厳密に数学的な計画を越える哲学的な野心をもっていたということである.

しかし,哲学的な計画をこれら自然学・数学的な計画に対立させて,この哲学と科学的・認識論的探究との間に距離があることを見出すことができるかどうかは確かでない.忘れてはならないことは,これらのノートがしばしば古代人についての読書や単なる仮説にすぎなかったものの回想録であって,デカルトのテキスト総体との間には連続性がないことである.ときとしてこれらのノートの主張は,きちんと完成されたデカルトの教説とは正反対でさえある.とくに重要な例を引いておこう.「高所から見られた」哲学を霊感のなかで予告する「オリュンピカ」は,世界を象徴的に読み,物体的なことがらを霊的なことがらで表すことで機能している.たとえば,

> 想像力が物体を把握するために図形を使うように,知性は精神的なものを思い描くために風や光のような感覚される物体を使う.このようにわれわれはより高く哲学することを通して,精神を思考によって崇高な

ところにまで高めることができる[21].

また少し先では，次のようにある.

事物のなかには一なる活動力がある．愛，慈悲，調和.

感覚的なものはオリュンポス的なものを理解するのに適している．風は霊を表し，時間を伴った運動は生命を，光は認識を，熱は愛を，瞬間的な活動は創造を，それぞれ表している．あらゆる物体の形相は調和を保ちながらはたらいている．乾よりも湿が，熱よりも冷が多くある．なぜなら，さもなければある活動的なものがあまりに速く勝利を収めてしまい，世界は長く持続しなかったであろうから[22].

こうした一種の新プラトン主義的で，ルネサンス的な象徴に関する要素ほどデカルトの後の哲学と無縁なものはない．『規則論』以来の，たとえば物質的な単純本性と精神的な単純本性との類の区別がそうである．そういうわけで，もしこれらのノートがある時期のデカルト思想を忠実に反映しているとするならば，後のデカルトの真正な思想は，これと根本的に対立すると考えることができる．実際のところ，もしデカルトがあえて科学で比較やモデルを用いるなら，それは比較するものと比較されるものとが等質であるという厳格な条件の下においてである．たとえば1638年モラン宛書簡でデカルトは言っている.

たしかに学院で使い慣れている比較というものは，物体的なものによって知的なものを，偶有性によって実体を，あるいは少なくともある性質を別の種の性質によって説明するので，ほとんど何も教えてはくれません．しかし私が用いている比較においては，ある運動を別の運動と比

21） AT. X, 217.
22） AT. X, 218.

較したり，ある図形を別の図形と比較するなど，要するに，それが小さいためにわれわれの感覚には感知できないものを，感知できる別のものと比較しているだけで，そもそも大きい円が小さい円と異なるくらいにしか違わないのです．したがってそれは，人間の精神が手にしうるかぎり，自然学上の真理を説明するための最適な手段であると主張いたします[23]．

このことが意味しているのは，デカルトは学問的に成熟した時期においては，1619年の目録に書かれたことにまったく反対していることである．なぜなら，彼は自然学的な比較の領域を自然学そのものに限定し，世界のあらゆる象徴的な読み方をその外に置くからである．

3.『立体の諸要素のための練習帳』

これは若いデカルトの最も革新的な数学のテキストの一つである．そこでは，オイラーによって定式化された関係に接近する，凸多面体がもつ辺，面，頂点の数のあいだに成り立つある関係が確立されている．すなわち，a を凸多面体の頂点の数，f を面の数，r を辺の数とするとき，その関係は $a+f=r+2$ で表される．このテキストを編集したばかりのアンドレ・ヴァルスフェル（2016年6月6日逝去）は，前版の編者ピエール・コスタベル（1987）の〔デカルトへの〕熱狂的支持とは少し趣が異なっている．コスタベルは，アダンによって改善されていたとはいえ，フーシェ・ド・カレイユによる欠点だらけの版から，実際にテキストを真の意味で再生させた．しかし，ヴァルスフェルはオイラーの定理をオイラー＝デカルトの定理のように改名するべきではない，と考える（われわれは〔デカルトの定理から〕オイラーの定理に〔計算で容易に〕達するのではあるが）．デカルトはその定理を明示的には描いておらず，多面体の諸事例に関する研究は未完成のものである．

このことに加えて，このテキストではコス式記法と最も近代的な代数的記法とが同時に機能している．ここから，われわれがデカルトの手続きの正体を明らかにするにあたって最も興味深い要素を指摘することができる．すな

23） AT. II, 367-368〔『全書簡集』III, 74〕．

わち，デカルトは「われわれの数学における数列」について語るが，その数列を x，x^2，x^3（むろん実際はコス記号を用いて）のように描く．しかしこのようにしているのは，この数列が，

> 直線，平方，立方といった図形に完全に結びついているのではなく，それらによって一般的な仕方で異なる種の尺度を描くためである[24)]

ことを，直接的に示すためである．

もしこのテキストが『規則論』に先立つことが非常に確かであるならば，規則 XVI[25)] にまさに現れているような，幾何学的図形に結びついていない冪（べき）の考えへの非常に重要な一歩を明白に示すであろう．まさに『規則論』のこの箇所でデカルトは，自分は通常の代数学で使われている名称にずっと欺かれてきたが，根，平方，立方などを単位からはじめて連続的な比例における大きさと見なすべきである，と明言している．したがって『立体の諸要素』は，数学の一般的概念の観点からすれば，古くからの概念の難点を表出したままにしつつも，完全とまではいかなくとも新しい解法を垣間見させる過渡期のテキストと思われる．この意味で，それは純粋に数学的テクニックの問題を越えて，注目すべき哲学的な重要性をもっている．

4.『二項数の立方根の考案』

この短文書は P. コスタベルによって増補された AT 版に付け加えられた（とりわけ 1640 年 9 月 30 日メルセンヌ宛書簡との関係においてである）．コスタベルは，草稿の素性を明らかにし，1969 年にそれまで未刊であったこの文書を刊行した．この文書は明らかに，スタンピウン＝ワーセナール論争の枠内に位置し，それゆえ上記の書簡に加えて，1640 年 2 月 1 日ワーセナール宛書簡[26)] の内容も検討する必要がある．さらに，これは以下に述べる

24） AT. X, 271.

25） AT. X, 456–457.

26） AT. III, 21–28. オランダ語およびフランス語書簡．

『計算論集』の続きにもなりうるだろう．この文書と，よく似た題をもつ『数学摘要』の第5断章「二項数の立方根」とを混同してはならない．

5.『デカルト氏の『幾何学』のための計算論集』

この小品は1638年に執筆され，デカルトが『幾何学』で用いている計算について読者にいくつかの手掛かりと手引を与えることを意図している．『幾何学』はそれが斬新であることによって古代の技法に馴染んだ数学者を当惑させていたようであったからである．実際，デカルトは1638年3月1日付のミドルジュ宛書簡で言っている，「計算の難しさ」がまず読者をうんざりさせるかもしれないことは承知していたが，「しかしそれを克服するには数日しか要せず，その後はそれ〔デカルトの計算〕がヴィエトの計算よりも，より簡潔で便利であることが分かるだろう」[27]．このテキストを書いたのはおそらくゴドフロート・ファン・ハーストレヒトである．デカルトの口述ではないにせよ，デカルトの監査の下で書かれた．さらにデカルトは，手紙のやり取りによって段階的にその普及を準備している．彼はこれが，（弟子の）ジロがそうしたように，口頭で教える代わりになるものと見なしている[28]．

この小品の目的とその進行ぶりはきわめて明らかである．第一段階で，著者は代数記号を文字で説明し，乗数と累乗を示すための指数として数字を用いる方法を説明する．そして算術の四則演算が，単純な量，次いで分数さらには平方根の抽出に適用できることを示す．引き続いて著者は四則演算を不言量つまり無理量に適用させることに移っていき，そして$a + \sqrt{bc}$という形の二項数の平方根を抽出する手続きを開陳する．第二段階で，彼は方程式論をざっと開陳し，問題の次元（線，面，立体）や，問題を解くのに必要な未知数の数を強調する．最後に，四つあるいは五つの例（手稿によって異なる）によって，この方法が個別の問題の解決に際して応用されうることが実際に示される．最初の二つの例は初歩的なものであるが，三番目の例はもっ

27） AT. II, 22〔『全書簡集』II, 148〕.

28） メルセンヌ宛書簡1638年5月27日（AT. II, 146, 152），1638年7月13日（AT. II, 246），7月27日（AT. II, 275）〔『全書簡集』II, 251, 255, 334, 355〕.

と難しく，アポロニオス『平面軌跡論』第2巻命題5に由来する．フェルマはその問題を「幾何学のうちで最も美しい問題のひとつ」と見なしている．第四の例は，マリヌス・ゲタルドゥスの意見を反駁している．第五は五つの球に関する古典的な問題を提起している．

このテキストは，手稿の形である程度普及した．フランスの数学者（ミドルジュやデザルグ）以外に，ホッブズやその他にも知られていた．それゆえ，キャヴェンディッシュの諸文書に含まれているロンドン写本をわれわれは手にすることができるのであるが，さらにまた別の写本，すなわち古代音楽の専門家であるM. メイボムの文書のなかにあるハーグ写本を，幸運にも私は発見することができた．おそらく他の写本も存在するだろうが，それらの写本は今日では知られていない．これらの原典とライプニッツによるハノーファー写本との間には，テキスト上の些細な相違があるが，それ以外にも例題についての相違がある．

このテキストは，数学についてデカルトが教示した最初のものの一つである．それはデカルトによって書かれたものではないにせよ，彼の著作の一部をなすものとするのにまったく値する．さらにそれは，その後にとって代わられるもの――エラスムス・バルトリンが1651年および1661年に刊行した，Fr. ファン・スホーテンの『普遍数学の原理』――に，方法の点でも目的の点でもきわめて近いのである．

6．『数学摘要』

重要度としては不等である12の諸篇がここで問題になっている．これらは1701年にアムステルダムで出版された『遺稿集』の最後部に加えられている（編者不明の序文によれば，これはその巻末の飾りであるとされている[29]）．この文書のうちの2篇，第7・8断片はフェルマからほとんどそのまま筆写された一節である．取り上げられている主題としては，第1・2断片は三角形における弦，三角法について，第3・4断片は整数論，第5断片は二項数（$a+\sqrt{b}$ の形式）の立方根を抽出する方法についての短い説明で

29） AT. X, 280. *Opuscula*, 1701. 序文には頁数の記載なし．

ある．これは同じタイトルをもつ他の文書（『二項数の立方根の考案』）よりもさらに短い．第6断片は円の方形化（円積問題）に関連する幾何学的作図であるが，それは連続的二分法によるものである．第9断片は方程式に含まれる無理量の除去と，標準的公式を提唱している．そして，最後の3章は光学的卵形線の記述に関してである．これらのテキストはすべて，純粋数学あるいは応用数学（ここでは主として光学）への関心に結びつくものである．ライデン大学図書館には写本の一部が現存しており，それはいくつかの異文と重要な加筆とともに，最初の3問題を扱っている．アンドレ・ヴァルスフェルによって記された序文の終わりの部分を，この『摘要』を性格づけるために引用しよう．

> おそらくかなり恣意的に切りとってこられた12の断片のうちにある種の序列をつけなければならないとするならば，明らかに最初の二断片ととりわけ最後の三断片に優先的に関心を向けるのがよかろう．つまりこれらの下書き（すなわち印刷業者には原則的にはけっして知られていなかったに違いないであろう文章）を細心の注意で読解するなら，われわれは数学者デカルトの関心の幅についての貴重な情報を得ることができる．この下書きは，彼が隠された計算を詳らかにすることなく，一般的に結果を与えることだけで満足していた書簡の内容を補完するのである．この『摘要』の中に，単純な下書きのレヴェルを超えた，多かれ少なかれ完成状態に近いテクニカルなことがらを見出すことができ，とりわけ宝石のいくつかを探し出すことができるのである（円の方形化についての一節のように）．つまりデカルトはここでは，その天才の唯一ではなくとも主たる証拠でありつづける論文『幾何学』の統合者・実力者，という本来の性格から明らかに遠く離れているのである[30]．

7.『屈折について』

この断章は，1676年2月24日にライプニッツによってパリで筆写された．

30） Descartes, *Œuvres complètes*, édition Beyssade-Kambouchner, vol. 3, p. 529.

『治療法と薬の効能』という別の断章に引き続いて筆写されている．さまざまな屈折の測定値を提示していて，ウィテロの著作から得られた数値表を掲載している．他方でフロリモン・ド・ボーヌへの言及があり，これは実際に同じ主題に関する書簡1639年2月20日と1639年4月30日[31]とに直接対応している．その書簡でデカルトは，ド・ボーヌに「屈折を正確に計測くださってありがとうございます」と述べている．ここに転記された表は，ウィテロの『光学の書　十巻』[32]で提示されている，もっと完全な表からの抜粋である．デカルトが書き写したもののなかで，いくつかの数値は異常であることに気付くだろう．入射角が50度から60度に移るとき，この表によれば42度から30度を通過することになってしまうが，実際には，ガラス容器の水の屈折光線は必ず42度を越えていなければならない．しかし，ウィテロの元のテキストはこの大きな誤りを含んでおらず，最初の数値に対しては42.30度，第2の数値に対しては49.30度であることは容易に検証される．転記の誤り（表における線と度数の分との混同）であることは明白である．デカルトは自ら転写したこの表において，ガラスと水との間で，光線の入射と出射の数値の間に明らかに筋が通らないところがあることを正しく見抜いており，「この表はすべて誤りである」と結論している．デカルトが見たのはリスナーによって出版された通りのウィテロの表ではなく，ただその間違った写しであることが実情であるように思われる．

もっと一般的に言えば，この断章は屈折線を計算する新旧の方式の差異の好例である．新しい方法とは，ある一つの量のみを決定したのちに，正弦の法則によって求めていくというやり方である．つまりデカルトは，『屈折光学』の原理によって，一つの比率（ここでは$7/\sqrt{113}$）を用いてガラスの屈折を算定し，ついでこれを応用することで，ガラスの厚さとその直径との関係をひとつの方程式によって示し，そのうえでこの方程式を近似的に解釈して，こうして研磨機の調整法を導きだしているわけである．彼はF.ド・ボ

31） AT. II, 512, 542.

32） Vitellion, *Opticae libri decem*, in F. Risner（éd.）, *Opticae Thesaurus*, Bâle, 1572, p. 412.

ーヌが測定したように，その指標の正しい数値（1181/768）を示している．

8.『カルテシウス』

『カルテシウス』は，長らくそう思われていたように，おそらくチルンハウスによって筆写されたノートの集まりにつけた題である．あるいはもっと正確にいえば，助手の一人によって筆写され，ライプニッツが添削したものである．それは原本ではなく写本を元にしていると思われる[33]．ライプニッツが1676年のはじめ，チルンハウスを伴ってクレルスリエを訪問したときに作成したデカルトの手稿コレクションの記述は，この題についてもその内容についても何も言及していない．ただ綴じられた「雑録」[34]というのみである．筆写された手稿（ハノーファーに今も現存する）には，『哲学原理』に関する「注記」（本書第10文書を見よ）の写本も含まれている．このテキストは，多くの点でつねに読者を困惑させてきた．その題は明らかにデカルトのものでもなければ（彼は自分の名前をラテン語風に書くことを好まなかった[35]），ライプニッツのものでもない．G. ロディス－レヴィス[36]は，議論の素材からしてそれがデカルトのものではないかとするが，これはあまり説得力がないし，決定的ではないと思われる．その内容を検討してみればそれは確かめられる．

それは一方で，しばしば相互に関連のない多様な科学的メモであり，他方で，もっと形而上学的で一般的な主題がある．その主題は，デカルトのテキストであることが明白である文書と両立しがたいと思われる．仮にそれが人間の自由，心身の関係，意志の知性への従属のように，デカルト的テーマを説明するものであっても，である．しかしこれらのテーマはむろんデカルトだけのものではない．そのテーマによって惹き起された考察は，同じ主題についての他の文章とあまり同質的とは思われない．たとえば二つめのメモで

33） V. Carraud, Les pilleries de Mr. Descartes, *Philosophie*, n° 6, 1985 を見よ．

34） G. W. Leibniz, *Sämtliche Schriften und Briefe*, Reihe VI, Bd. 3, pp. 386–387.

35） レギウス宛書簡 1640年5月24日，AT. III, 68 を参照〔『全集簡集』IV, 67〕.

36） G. Rodis-Lewis, *Cartesius*, *Revue philosophique de la France et de l'étranger*, 1971, n° 2, pp. 211–220.

は，「思惟が精神に対する関係は，運動が物体に対するのと，また意志が形象に対するのと，同じ関係である．われわれはある思惟から別の思惟へと移り行くが，それは，ある運動から他の運動へと移り行くのと同じであり」（AT. XI, 647），これは物体の様態と魂の様態との比較（同 650）によって補強されている．もし仮に，成熟したデカルトの哲学において，知性・意志の組み合わせと，形象・運動の組み合わせの間に類比があるはずだとするならば，知性の受動性というデカルトの見解は，形象を思惟のアナロジーとしてしまい（実際デカルトは初期の著作では，『人間論』までは有効な物質的観念の理論によってこのことをはっきりとやっている），意志を運動に結びつけることにもなってしまうであろう．他方で，（たとえば「ハルモニア」の用語例のように）成熟期の教説とはいいがたい語彙も，ときとしてあるように思われる．主題や語彙が『思索私記』のある一節と似ているということから，最近の編集者は手稿『カルテシウス』のあるノートを，1619 年に遡って真正と想定される若い時期の著作に組み入れようとした[37)]．この選択が正しいとしても（実際その接近はしばしば明らかである），これらのノートがなぜ 1642 年 9 月 20 日の観察を報告する他のノートと同じ集まりのなかにあるのかを説明する必要があろう．

9．『キルヒャー神父の『磁石論』摘要』

ほとんど研究が手つかずのままに残されているこの文書は，ライプニッツによって，『解剖学摘要』に引き続いて，同じ用紙に記載されている．1641 年にローマで刊行されたキルヒャーの『磁石論』についての読書ノートであるが，全体としてはきわめて批判的である．このメモが書かれた事情を示すのは比較的容易である．デカルトが『哲学原理』を執筆するさい，もちろん，それが遠くから引き付ける力であるところの隠れた能力によらずに磁石の問題を論じるわけだが（第四部 133–183 項で磁石について，184–186 項ですべての「引き付ける」現象が論じられる），そのさい彼は，その問題について

37） Carraud-Olivo, *Étude du bon sens, La recherche de la vérité et autres écrits de jeunesse (1616–1631)*, 2013, pp. 52–56, 122, 130–132 を参照.

書誌を調べなければならなかった．そこで彼は，コンスタンティン・ホイヘンスから教わったキルヒャーを参照した．ホイヘンスは1643年1月7日の書簡のなかで「あなた〔デカルト〕は，優れた内容よりもむしろ，イエズス会士の常であるしかめ面をご覧になるでしょう」[38]と淡々とした評価を添えている．これより以前に，デカルトはW. ギルバートの『磁石論』（『規則論』[39]以来想起されている）と，その他におそらく，自分ではそれを否認してはいるものの，カベウスの『磁石哲学』[40]をすでに読んでいる．磁石の特性の列挙については，キルヒャーの著作とデカルトの著作の間に近しいものがあることはすでに指摘されている[41]．しかし，列挙されたこれらの特性は双方において同一ではない．こうした磁石の問題について，目下のところ文献がほとんど存在しないことは残念であり，まさしく欠落なのである．磁石は実際のところ機械論哲学のつまずきの石である．デカルトは初期の仕事以来それに着手しており，『原理』における彼の対応の仕方に見られる複雑さは，徹底的な研究の価値がある．キルヒャーについてのこの断章はその点において重要である．

10.『デカルト氏が書いたと思われる『哲学原理』注記』

このノートは本論集の第8文書『カルテシウス』で取り上げられた手稿の第二部をなしている．それを筆記したライプニッツは，それがデカルトのものかどうかをまったく保証していないので（「思われる」がそれを示す），その身分も不明である．だが，ライプニッツはすでに筆写されたものを複写したと推察できる．多くの観点から，このノートが素性の明らかなテキストと一致していることは，『カルテシウス』の断章よりもはるかに明確である．実際，このノートは内容的に首尾一貫しており，理路整然とした主題をもち，一人称の著者が登場するので，デカルト以外の人が書いたとはほとんど考えられない．それは順序の上で『哲学原理』第一部から第三部のいくつかの一

38） AT. III, 802〔『全書簡集』V, 216〕.
39） 規則 XIII, AT. X, 431.
40） メルセンヌ宛書簡1630年11月25日，AT. I, 180〔『全書簡集』I, 166〕.
41）『原理』第4部145項.

節に関係している．第一部76項のなどは直接取り上げられている．ざっと見るかぎり，第一部については，概念の理解可能性，心身の合一，自由意志，神の観念の本性などの問題である．第二部については，運動における相対的なものと絶対的なものとを明らかにしている．それは世界の無際限性とも関連して，どういう点で運動と静止とが互いに背反するかを理解させる．そして運動と静止との違いは，場合によって，様態的な相違であったり概念的な相違であったりする，とする．地球の運動に関するティコ・ブラーエとコペルニクスの詳細な説明は，唯一，第三部の天文学の部分についてのものである．一般的に言えば，このノートは科学と聖書および宗教とを和解させようとする配慮に動かされている．この短い文書の注目すべき点のうちでも，生得観念の潜在的性格と意志的運動を詳述していることは特記すべきである．意志的運動については，「場所的運動へのわれわれの意志の決定は，運動を決定する物体的原因とつねに一致する」とされる．これは『人体の記述』の議論に近いものである．そこでは次のことが示されている．意志が身体に運動を惹き起すのは，それに必要な器官のすべてが十分に配置されている場合のみである．そして器官が十分に配置されているならば，魂の作用は必要ではなく，かくして「運動を決定するのは精神であるにしても，どれほどわれわれがその意志を持っていようと，運動は器官の配置がなければ起こりえないので，「意志的」と呼ばれる運動でさえも，基本的には器官のこうした配置に由来する」[42]と結論することになるのである．

文体的に見て，このテキストは『ビュルマンとの対話』とある意味で似ている．『哲学原理』についての（可能的あるいは現実的な）反論への答えになっているからである．おそらくそれゆえデカルト——もし彼がこのノートの著者であるなら——は，神の観念について「私はこれとは別のようには理解していない」と，あるいは魂すなわち精神の活動について「私は魂の本性について……と考えている」と書いているのである．こうした言い方は，自らの思想を説明するためではなく，誤った解釈を正すために用いられるのである．

42） AT. XI, 225.

11.『ストックホルム・アカデミーの企画』

本論集の最後のテキストは，デカルトの絶筆として知られる科学アカデミーの規定である．こうした規定はルネサンス以来，存在する．彼はこれを1650年2月11日の死の前日に宛先に届けた．この文書は本論集の最後を飾るにふさわしいものである．なぜなら，それは学問についてのデカルトの考えに，個人的な努力も往復書簡も達しえない次元を，つまりアカデミックな制度的な方向性を与えているからである．デカルトは，しばしばそう思われていたような，孤独な学者でもなければ世間に無関心なエゴイストでもなかった．彼は『方法序説』第六部以来，学問を進歩させて公衆の役に立てるには実験が必要であると言っている．その実験は「たった一人の人間ではそのすべてをやり遂げるには十分ではありえない」[43]のである．

しかし彼は，学問研究が大学の討論の仕方で行われることを基本的に拒んでいる．討論では，蓋然的なもっともらしい議論が，真理探究よりもしばしば重きをなしているからである．アカデミーの企画は，きわめて厳密な仕方での議論を組織しているがゆえに，ある意味でデカルトの思想の進化を示している．それはデカルトの死後すぐに実現された．このアカデミーは1650年2月から日曜ごとに招集された．この規定では，学問的な議論が生産的かつ快適な仕方でなされるよう決められている．たとえば「(VI) 協会で話されることについて，人はけっして軽蔑を表すことなく，優しさと敬意をもって互いに話に耳を傾けること．(VII) 人が研究する目的は，けっして反論し合うことにあるのではなく，ただ真理を探究することのみにあること」．すべての学問的な集会がこうありたいものである！

（中澤 聡，山田弘明，池田真治，武田裕紀，三浦伸夫，但馬 亨 訳）

43） AT. VI, 72.

デカルト 数学・自然学論集

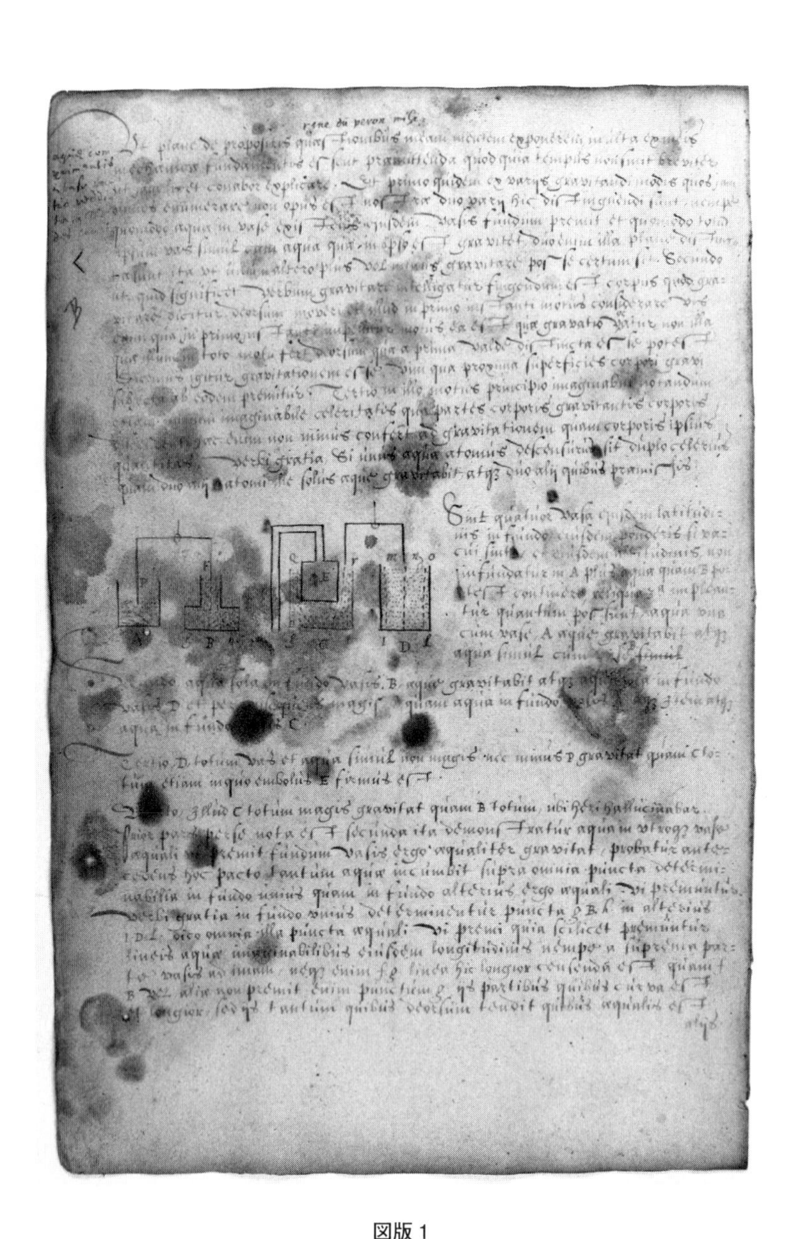

図版 1

『ベークマンの日記』第Ⅱ部草稿（本書 51–52 頁）

ゼーラント図書館所蔵

ベークマンの日記

46

［AT. X, 46–47, 51–65, 67–78, 331–348］

第Ⅰ部 〔雑 編〕

I

角が存在しないことをデカルトは誤って証明した[1]

昨日（1618年）11月10日[2]，ブレダにいるポワトゥ出身のフランス人〔デカルト〕は，「角というものが本当は存在しないこと」を以下の議論によって証明しようとした．

角とは二線が一点で交わることであり，たとえば *ab* と *cb* は点 *b* で交わる．

ところで角 *abc* を線 *de* によって切るなら，点 *b* を二つの部分に分けることになり，その半分が *ab* に，もう半分が *bc* につながるということになる．これは点にはいかなる部分もないという定義[3]に反している．

ところで彼は点を実在する大きさと解したが，点は線 *ab* および *cb* の末端に他ならないのである．また点は〔大きさをもつ〕全体を満たすこともなく，かくして千個の点が同じ場所に存在しうるのである．したがって線 *de* は確

47

1） JB. I, 237．ベークマンの『日記』中，デカルトが最初に登場する記事．1618年11月11日に書かれたと推定される．デカルトとベークマンの出会いに関するバイエの有名なエピソードに出てくる問題との関係については，石井［1992］，pp. 144–151を参照．

2） ベークマンの『日記』中の記事によれば，この日付はグレゴリオ暦に従ったものである．JB. II, 152–153を参照．

3） エウクレイデス『原論』第一巻定義一．

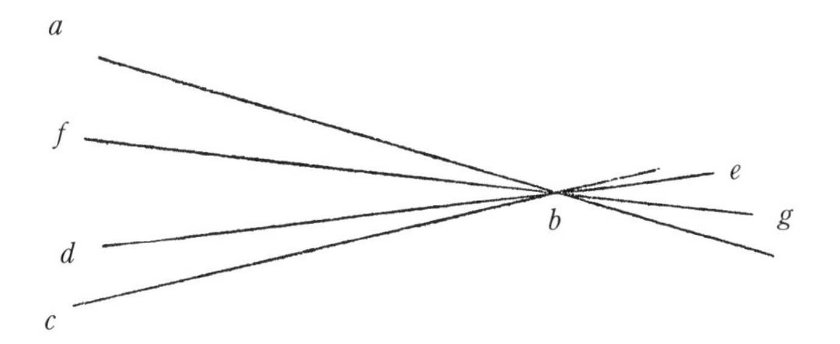

かに点 b を通るが，それを切ることはないのであって，線には幅がなくとも，それは〔点の〕全体を満たすのである．それゆえ，線 de 上には点 b があるのと同じ場所に点が存在する．そのような点はまた fg 上にもある．したがって線 fg，de は，角を切るにあたって，鋸で何かを切るときのように線 ab と cb を短くするのではなく，単に一方を他方から分離するに過ぎないのである．

II

少年たちのコマ，すなわち投げゴマは回転している間なぜ直立しているのか[4)]

51　コマが回転するとき，それが直立している原因は，直接それ自身の「重心」[5)]上での回転にあるのではなく，私が以前から長い間，地面に安定しているピンに帰していた回転によって起こる．なぜならその回転は，ピンの先端と一致する垂線を廻るものであり，コマが下がると，それが最初にあった場所は空となり，それによってコマは上側でも，下側でと同様に，摩擦することも衝突することもなく，むしろ「真空の忌避のため」[6)]起き上がることを補助されるということになる．このとき，その二重の回転が両方ともコマを助け上げることを補助するということに注意せよ．その同じ理由のため皿は包丁の先端の上で回転するとき直立したままであり，屋根裏から落下すると

4)　JB. I, 242–243（1618 年 11 月 17 日と 23 日の間）. これより以下の原文はオランダ語.
5)　ラテン語で centrum gravitatis.
6)　ラテン語で propter fugam vacui.

きも，回転していれば，回転していないものほど速くは下降しないだろう[7]．

ここでポワトゥのルネ〔デカルト〕は私に，人が空中にとどまることができるか考える機会を与えた．なんとなれば，もし〔人が〕丸い器の中に座り，その器がそのために精巧に作られた器具によって回転させられるか，中に座る人が両手のみで動かす――それは抵抗がわずかなため容易になされるだろう――とすれば，器はゆっくりと下降するので，別の器具で空気を適度に軽く打つことで器全体が浮揚するだろう．しかし人は，自分が器とともに回転しないように器の底の中心から一本の鉄線でぶら下がって，器の下すなわち重心の下に座るべきである．

III

より太い弦が弾かれると，弾かれていない協和音のより細い弦を動かす[8]

ポワトゥの人ルネ〔デカルト〕が観察したところによれば，リュートの低い方の，すなわちより低音の弦が弾かれると，明らかにその協和音でもっと高い方を動かすが，高い方を弾いても，低い方はそれほど明らかには動かされない[9]．このことは私の諸仮説[10]から推論される．すなわち，低い音が作り出すより密な小球は，より大きな間隔を置いて投げ出され，強く接触し，何かを突き動かすのにより適しているのである． 52

7) これより以下の原文はラテン語.

8) JB. I, 244（1618年11月23日と12月26日の間）.

9) 『音楽提要』(5)「協和音について」（AT. X, 97）を参照.

10) 原語はὑπothesibus. ベークマンの理論によれば，音の高さは振動が作り出す空気の小球の大きさによって決まり，小球が小さくなるほど高く聞こえるとされた. Cohen［1984］, p. 146.

IV

自然学–数学者[11]はほとんどいない[12]

このポワトゥの人〔デカルト〕は多くのイエズス会士や他の学問好きな人々，学識ある人々と交遊している．しかし彼が言うには，私が好むこの研究方法を用い，そして精密に自然学を数学に結びつけるような者は，私以外に見出さなかったとのことである．私もやはり，彼以外には，誰にもこの種の研究について話してはいなかった．

V

より強く吹かれた笛は，なぜオクターヴを放つか[13]

53　例のポワトゥの人〔デカルト〕は，同一の笛が，より多く息を吹き込むと，オクターヴ高い音を出すが，単に息を吹く力だけでは，五度ないし四度等々も高くできないということを経験した，と言う[14]．これもまた不思議ではない．すなわち，空気が，希薄だったり，濃密だったり，速かったりする多様な部分に分かれるということは笛の内部の形に由来するので，その形が変わらなければ，空気はまったく同じ壁の内部に閉じこめられているので，開口部を開くことによって，もしくは別のやり方で，それが別様に分裂するということは生じえない．しかし，これらの諸部分の各々を二つの部分に分割することは〔息の〕力のみでもできる．というのもその分割はきわめて容易であり，そして，息は諸部分を貫き分離するのだが，力だけを除きすべてが同様にふるまうならば，それはそれぞれの部分を二つより多くの数に分ける理

11）科学史上において「自然学–数学」(physico-mathematica）という概念が登場する最初の例としてしばしば引用される．17 世紀における自然学–数学という学問の特徴についてはディア［2012］を参照．

12）JB. I, 244（1618 年 11 月 23 日と 12 月 26 日の間）．

13）JB. I, 246（1618 年 11 月 23 日と 12 月 26 日の間）．

14）『音楽提要』(6)「オクターヴについて」（AT. X, 99）を参照．

由にはならないからである[15].

VI

弦楽器（リュート）の弦を調律すること[16]

例のポワトゥの人〔デカルト〕は私に（われわれが「リュート」[17]と呼ぶところの）弦楽器は次のような仕方で調律されると述べた[18]．すなわち，一番下の，最も細い弦はその隣のものと四度異なり，後者はその隣のものとやはり四度異なる．後者は四番目の位置の弦からディトヌス[19]異なる．四番目のものは五番目のものから四度異なり，六番目は七番目から全音一つ分異なり，七番目は八番目から全音一つ分異なり，八番目は九番目の，最も太く，一番上にあって，最も低音のバスから短三度異なる．

VII

協和する弦から四度の離れた〔もう一方の弦は〕振動しない[20]

ポワトゥの人ルネ・デカルトは，互いに四度異なる弦楽器の弦では，一方に触れても，他方は振動しないが，五度離れている場合，一方に触れると，他方も目に見えて明白に振動する[21]，ということを実験して確かめた．このことを私も見た．　54

弦と弦とが下に四度離れているのか，上に五度離れているのか，調べるやり方を私は知らなかったのだが，その疑問はこれによって解かれる．すなわち，もし弦が振動するなら，真に五度異なっている．ゆえにわれわれが，あ

15）いわゆるオーバーブローの説明．Cohen［1984］, p. 148 を参照．

16）JB. I, 246（1618 年 11 月 23 日と 12 月 26 日の間）．

17）原語はオランダ語で“een luyte”．

18）『思索私記』（本書 pp. 90–91，AT. X, 227）．以下次の段落の原文はオランダ語で書かれている．

19）Ditonus．二全音，長三度．

20）JB. I, 247（1618 年 11 月 23 日と 12 月 26 日の間）．

21）『音楽提要』（6）「オクターヴについて」（AT. X, 103）を参照．

る弦から第五音上昇して他方に至るのであればその最初の弦はより低いが，それから下降することによって〔他方に至る〕なら，それはより高い．これに対し，ある弦から四つの音を下降することによって他方に至るならば，最初の弦はより低く，他方のより低いと思われる弦の方が高くなり，上昇することによってなら，それはより高くなるが，これは思われているところとは反対である[22]．

VIII

根に等しい正方形が与えられる[23]

ルネ・デカルトは私に次の問題を提案した．

「ある正方形の根に等しい正方形を作図せよ」．また「平方根」という概念についてもいくつかの問題を彼が解説したので，以下のように解いた．

正方形の面積のみ，たとえば，9が知られている．この面積は9つの正方形を含んでいるが，その一つを幾何学的に表さなければならない．したがってこれは正方形全体の九分の一になるであろう．ところで第一の正方形が1に対するように，第一の正方形の辺（やはりこれは数ではなく，線の作図でもって知られる）はある線分，すなわちその辺の九分の一に対する．もし今

55

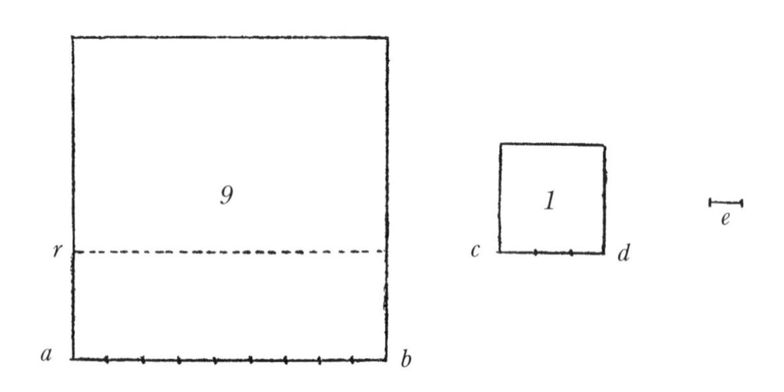

22）Cf. Cohen［1984］, p. 132.

23）JB. I, 255–256（1618年11月23日と12月26日の間）．

これと前述の辺との間に比例中項を立てるとすれば，比例する三つの線分があるだろう，すなわち前述の正方形の辺が見出された比例中項に対するように，この比例中項は，与えられた辺の九分の一であったところの，前に見出された線分に対する．しかし与えられた正方形はその辺が求められているところの正方形に対して，これら比例する線分どもの第一のものが第三のものに対するようにあり，それゆえ比例中項が求める辺となるだろう．

9が1に対するように，ab は e に対するが，cd は ab と e の間の比例中項であり，それゆえ第二の正方形の辺である．

同様に k は fg の五分の一であり hi は正方形 ft の五分の一である正方形の辺である．

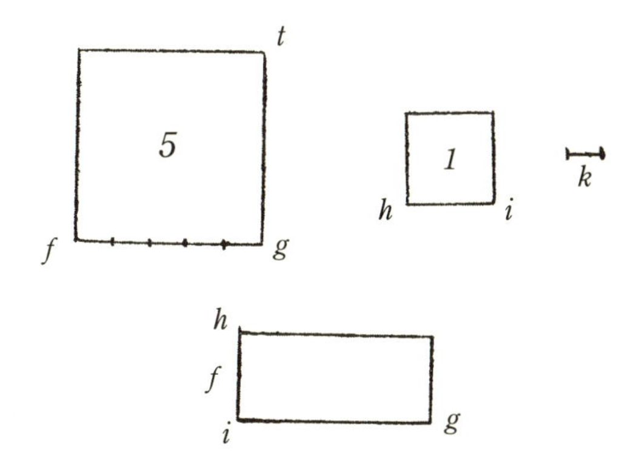

つづいて fg と hi より長方形をなせば，5である正方形の根を得るだろう．それら fg と hi の比例中項は正方形の辺であり，それは与えられた正方形の根に等しいが，これが作図されるべきことであった． 56

前の図において，ab は9に，e は1に等しく，比例中項 cd は3に等しいが，この3に等しく ar をとれば，それは辺〔ab〕の三分の一である．3に9である ab を乗ずれば，27の長方形 rb をなすが，それは正方形の三分の一をふくみ，またその根である[24]．

24）正方形の面積は9だったので，その三分の一は正方形の本来の面積の平方根に等しい．

IX[25)]

ルネ・デカルトは，彼が今私のために書いている『音楽論』のなかではポワトゥのデュペロン氏と名乗っている．

X

音楽において二等分は最も容易であり，最も快い[26)]

デュ・ペロン氏は弦を二等分する．たとえば*gf*を*a*で二等分すると，*gf*

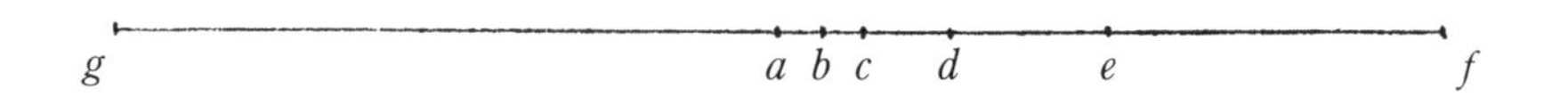

57 対*ga*はディアパソン[27)]である．それから*af*を*e*で二等分すると，*ge*対*ga*は五度である．それから*ae*を*d*で二等分すると，*gd*対*ga*は長三度である．それから*ad*を*c*で二等分すると，*gc*対*ga*は大全音である．それから*ac*を*b*で二等分すると，*gb*対*ga*は大半音である．ところで*gf*対*ge*は完全四度，*ge*対*gd*は短三度，*gd*対*gc*は小全音，*gc*対*gb*は小半音である．しかし二分割から生じる協和音「ディアパソン，五度，長三度，大全音，大半音」はより優れたものである[28)]．

このことも，二分割が最も容易であり，同様に最も快いと主張する私の議論に調和している[29)]．ところでこの二分割は耳において以下のように生じる．オクターヴ低い弦*gf*の単一の打撃は，弦*ga*の単一の打撃の二倍の時間長く耳に留まる．なぜなら，前者が一つの打撃を行う時間に，後者は二つの打撃

25) JB. I, 257（1618年11月23日と12月26日の間）．

26) JB. I, 258–259（1618年11月23日と12月26日の間）．

27) ギリシア語の διά πασῶν に由来し，オクターヴを意味する．平松訳『音楽提要』注17（p. 503）を参照．

28) 『音楽提要』(6)「オクターヴについて」（AT. X, 102）を参照．

29) 人間の精神が二分法を好むというのはベークマンの持論であった．Cohen [1984], 130．ただしベークマンはデカルトによるオクターヴの分割への評価を後に改める．本書 pp. 76–77（AT. X, 348）および Cohen [1984], pp. 188–189 を参照．

を行い，高い方が二度聞かれる間に，低い方はそれだけ長く持続するということをわれわれが論証したからである．したがって耳にとっては，より低い方の打撃の時間をより高い方の時間で二等分するより容易なことはない．しかしもし耳がより低い方の残り半分の行程を二等分したなら，この半分の時間は，より高い方の時間と結合されると，高い方の打撃の時間に対して一倍半になるだろう．ところでこの二分割は自ずから生じる．なぜなら，より高い弦が弾かれると，そのオクターヴ下の音も聞こえ，二つの打撃は一つに，あるいは四つは二つに融合し，しかもなおそれぞれの打撃の区別のいくらかの残りも依然として聞こえるとわれわれは述べたからである．そこからより低い音は，より高い音によって二等分され，諸部分に分かれるようになるが，それらもまた難なく二等分できる．しかしもしより低い弦が弾かれたなら，オクターヴ高い音は聞こえず，そのため完全四度である *gf* 対 *ge* は，適切な分割ではなく，打撃そのものによって予示されたものでもないということになる．それに対して *ga* が弾かれると，*gf* が聞こえ，四つの打撃 *ga* は二つの *gf* に帰着する．二つの打撃 *ga* の時間が二つの打撃 *gf* の時間から取られると，その後には一つの打撃の時間が残り，そのため後者の音は前者からオクターヴ離れている．しかし残っていたより低音の弦の一つの打撃の時間が再び二分割されると——それはより高い弦のただ一回の打撃によって容易に生じるが——分割は *e* で起こる．しかし再び二分割された時間 *ea* において，分割は *d* で起こるが，*da* と *ag*，つまり *dg* は *ag* に対して四分の五であり，それゆえ長三度であるが，*ge* 対 *gd* の時間は短三度である． 58

XI

石が真空の中を落下するなら，つねにより速く落下するのはなぜか[30]

モノは地球の中心に向かって下方へ運動するが，中間の隔たりが真空である場合，それは次のような仕方になる[31]．

30） JB. I, 260–261（1618年11月23日と12月26日の間）．
31） 本章第II部および『思索私記』（本書 pp. 85–87，AT. X, 219–220）．

第一のモメント[32]では，地球の牽引によって為されうる限りの距離を進む．次に，維持されるべきこの運動の上に牽引の新たな運動が付け加わるので，第二のモメントでは二倍の距離を通過する．第三のモメントでは，二倍の距離は維持されつつ，それに地球の牽引によって第三のものが付け加わるので，一モメントの間に最初の距離の三倍を通過することになる[33]．

XI *bis*

石の落下時間が計算される[34]

59 ところでこれらのモメントは不可分であるから，モノが一時間で落下する距離を*ADE*とせよ．二時間で落下する距離は時間の比の二倍，つまり*ADE*対*ACB*となるが，これは*AD*対*AC*の二倍比[35]である．

というのもモノが一時間で落下する距離のモメントがある大きさ，すなわち*ADEF*であるとせよ．二時間ではそうしたモメント三つ分，つまり*AFEGBHCD*を通過するであろう．しかし*AFED*は*ADE*と*AFE*から成り，*AFEGBHCD*は*ACB*に*AFE*と*EGB*，つまり*AFE*の二倍を加えたものから成る．このようにして，モメントが*AIRS*になれば，距離と距離との比は，*ADE*に**klmn**を加えたものと，

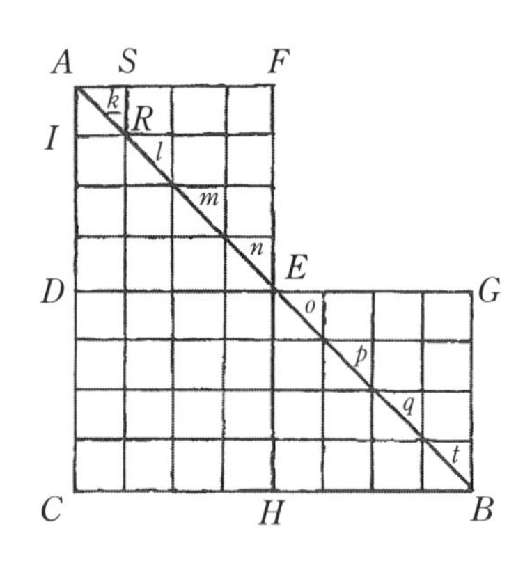

60 *ACB*に**klmnopqt**，すなわちやはり**klmn**

32） 原語はmomentum．運動の最小要素を指し，転じて時間や空間の最小要素を指すのにも用いられた．以下の第II部II節（本書pp. 56–59）では同義語として「最小量」（minimum）が用いられている．Damerow *et al*.［1992］, 13, 25を参照.

33） ベークマンの『日記』写本では，ここに挿入箇所を示す（4）の記号が記され，以下オランダ語の文章が続く．次注を参照.

34） JB. I, 262–263（1618年11月23日と12月26日の間）．ベークマンの『日記』写本では前の段落との間にオランダ語の文章が挟まっているが，この冒頭に（4）の記号が記され，前の文章からの続きであることが示されている.

35） $a:b$の二倍比とは前項と後項の二乗の比，つまり$a^2:b^2$のことをいう.

の二倍を加えたものとの比となるだろう．けれども $klmn$ は AFE よりはるかに小さい．したがって通過された距離と通過された距離との比は三角形〔ADE〕と三角形〔ACB〕との比から成り，比のどちらの項にも等しい大きさの〔三角形ども〕[36]が付加されているが，この付加された等しい大きさの〔三角形ども〕は距離のモメントが小さくなるに応じてつねにより小さくなるため，モメントが無に等しい量とされるとき，これら付加された〔三角形ども〕は無に等しい量となるだろうことが帰結する．ところでモノが落下する距離のモメントはそのように小さいものである．したがってモノが一時間で落下する距離は二時間で落下する距離に対して，三角形 ADE 対三角形 ACB となることが依然として成り立つのである[37]．

これらのことをかくのごとくペロン氏は論証したのであったが，私がかれにその機会を与えていたのであって，落体が二時間にどれだけの距離を通過するかわかれば，それが単一の時間にどれだけの距離を通過するかを，私の原理，すなわち「真空の中では，いったん動かされたものは，つねに動かされている」[38]ことに則って，そして地球と落下する石との間に真空があると仮定することで，知ることができるだろうかと問いかけたのであった．

したがって実験により石が二時間で千ピエ落下するということが確認されれば，三角形 ABC は 1000 ピエを含むだろう．この根は線 AC に対して 100 であり[39]，AC は二時間に相当している．それを D で等分すれば AD は一時間に相当する．したがって AC 対 AD の二倍比，すなわち四対一が，1000 対 250，すなわち ACB 対 ADE に比例しているのである．

61

しかし距離の最小のモメントにいくらかの量があれば，算術〔等差〕数列ができるだろう．一つの事例から単一の時間にどれだけ通過するかを知ること

36）原語は aequalibus〔triangulis〕.

37）第 II 部（本書 pp. 56–59，AT. X, 75–78）および『思索私記』（本書 pp. 85–87，AT. X, 219–220）.

38）ベークマンが定式化した形の慣性原理である．彼は遅くとも 1613 年以来これを力学の基礎と考えていた．

39）なぜ 100 になるのかは不明．B 版その他でも特に注はない．コイレ［1988］の訳注（pp. 445–446）ではいくつか可能な解釈を検討している．

はできず，そこから最初のモメントの量を知るには，二つの事例が必要である．ところで私はそのように仮定していたのだが，不可分のモメントの仮定のほうが良いと思われるので，これらのことはこれ以上敷衍しないことにする．

やり方を変えて，算術数列において，諸項の半分までに含まれる「すべての数」対「すべての項の数」は1対4に決して比例しないが，比はつねに増大する[40]ということを考察しても，一時間の落下距離 対 二時間の落下距離はやはり *ADE* 対 *ACB* に比例するということがわかる．たとえば，1，2という二つの項の数列は1対3に比例する．同様に，1，2，3，4，5，6，7，8は10対36に比例する．同様にこれらの八つの項は16までの項に対して36対136になるが，これはいまだに1対4にではない．したがってもし石の落下が，物体的な精気を通じて地球が牽引するとき，確定した間隔をおいて生ずるとしても，これらの間隔すなわちモメントは僅少であって，それらの算術比は，項が多数になるに従って，1対4より目立って小さくはならないであろう．それゆえ既述の三角形の証明は保持されるべきである．

XII

不協和の旋法と打撃が証言により立証される[41]

62 音の打撃と，偽四度のため甘美でない四つの旋法について，および六つの音について私が書いたことを見て，デュペロン氏はそれを彼の『音楽論』に付け加えた[42]．私のそれらの考察が彼の気に入ったことを示している．〔1619

40） 現代の用語法では，比の値が1/3から1/4に近づくことは「減少する」と表現するところ．

41） JB. I, 269（1619年1月2日）．

42） Cohen（[1984], pp. 166, 190）は音の「打撃」を論じている『音楽提要』(9)「長三度，短三度および長・短六度について」（AT. X, 110）がその追加箇所だとしている．なお，偽四度とは三全音（増四度）のことであり，『音楽提要』(13)「旋法について」（AT. X, 139）には三全音のため優雅さで劣る四つの旋法への言及がある．また（11）「不協和音について」（AT. X, 129）では，スキスマのために生ずる第二類の不協和音として，増四度を含む六つの音程が挙げられているが，これは現存の写本にはなく，印刷本で追加された箇所である．

年〕1月2日.

XIII

旋法の諸法が議論により立証された[43)]

デュ・ペロン氏の省察から詩篇歌90では，ラ，ミ，レでのレは揺動しないということが帰結する．ゆえにレ－ウト，およびラ－ソ，はつねに小全音である．

しかしこの詩篇歌において全音は大きいことが証明される．なぜなら，いたるところで見ることはラ－レ，そして最終基準音程[44)]においてソ－レである．3：2から4：3を引く[45)]と残りは9：8であり，これは大全音である．ゆえにラ－ソないしレ－ウトは，彼の見解に反して，大全音である．そこから私の旋法の諸法[46)]が凡庸でないやり方で確証される．

XIII *bis*[47)]

以前私は（詩篇歌90で），ソ－レがラ－レから取り去られるので，ラ－ソは大全音であることを証明した．しかしレが揺動する音，つまり可動音であり，ラとソが不動音でつねに小全音で互いから隔てられていても，ソ－レにおいてはラ－レにおいてより高く歌えることには気づいていなかった[48)].

---

43) JB. I, 269–270（1619年1月10日と3月2日の間）.

44) 原語はultima regula.

45) つまりラ－レの五度からソ－レの四度を引く．

46) 「旋法の諸法」については「解説」を参照.

47) 以下の段落はJB. I, 271（1619年1月10日と3月2日の間）．前の段落（VIII）への注として後から書き加えられたもの．

48) レ－ラが完全五度 $\frac{2}{3}$ であるが，ソ－ラが小全音 $\frac{9}{10}$ であるとすると，レ－ソは $\frac{2}{3} \div \frac{9}{10} = \frac{20}{27}$ で不協和となる．しかしレ－ソを歌うときのレをレ－ラのときのレよりもシントニック・コンマ $\frac{80}{81}$ だけ高くすれば，$\frac{20}{27} \div \frac{80}{81} = \frac{3}{4}$ となり，純正な四度が保たれる．本章「解説」，pp. 245–248を参照.

XIV

旋法の諸法が異論から擁護される[49]

63 音がきわめてしばしば半音上げられることに異論を唱える人がいるとせよ．大全音もまた小全音になりえないのはなぜだろうか？

ペロン氏の議論から，半音とは，和音が和音から異なるところの差であるとお答えしよう．加えて，たとえそれが起こりうるとしても，われわれが互いに関係する一連の音符を続けて歌うときには，一つひとつの音符は，ただひとつの声によってもたらされねばならないのであり，つまりある旋律のなかで同じ音が大全音かつ小全音であることはありえないのである．そこから，この音は，ある協和音や別の協和音が，一致するおよび一致しない音とともに，そこから出現するので，ある音が大全音であるのと同じところで小全音である場合とは別の形の音律であるということになる．

そういうわけで，ある場所で大全音をとったものは，その場所で小全音をとったものとは調子が異なる形になる．なぜならさまざまな協和音や不協和音を伴ったさまざまな和音がそこから生ずるからである．

XIV[50]

ルルスの術が論理学と比較される

64 ルルス[51]の『短い術』は,（アグリッパ[52]の『注釈』の一時間かせいぜい二

49） JB. I, 270（1619年1月10日と3月2日の間）.

50） JB. I, 294–295（1619年5月2日と5月14日の間）.

51） Raymundus Lullus（c. 1232–1316）. 中世スペインの神秘主義的神学者・哲学者．あらゆる問題を解くための普遍的方法，通称ルルスの術を提唱した．その概要を記した『短い術』（*Ars Brevis*）は1308年に執筆され，1481年の初版以降17世紀に至るまで繰り返し出版された．

52） Heinrich Cornelius Agrippa von Nettesheim（1486–1535）. ドイツの神秘主義思想家．『ライムンドゥス・ルルスの短い術に対する注釈』（*In Artem brevem Raymondi Lullij Commentaria*, Cologne, 1533）を執筆した．デカルトが参照したのは1600年出版の『全集』に収められたものである．

時間の読書から私に結論できた限りでは)，あらゆる事柄の要点を簡潔に示すのに役立つだろう．すなわちそれは分類のいずれかの部分に帰着できないものがなくなるまであらゆる事柄を分割する．かくして事柄はまずありうる6つか7つの部分に分割され，含まれているそれぞれの部分は明白かつ有益に相互から分離される．これら個々の諸部分を再び，それぞれを9つの部分へと細分し，容易さのためにいたるところで同じ数の部分を維持するが，これらの部分を彼は「内なる用語」，すなわち『術』のなかで明確に説明されているところの用語と呼んでいる．ところで，これら9つの部分のそれぞれは，各人の好むところに従って，好きなだけ他の部分へと細分することができる．そして彼はこれらの部分を「外なる用語」と呼んでいる．このようにあらゆる事柄が分割されれば，容易い労であらゆる事柄を組み合わせ，そしてあることがあることについて何度言われうるかを計算することができる；確かに，そして三つないし四つの円を結合し，そこから，あらゆるものに合致するあらゆるものを見てとることができるとすれば，言われうるものすべてを集めんと欲する者が何かを見落とすことは不可能であり，それらすべてを数え上げることができるようになるだろう． 65

一方ラムスの論理学の目的は異なっている（この論理学はルルスの術によって滅ぼされつつあるように見えるかもしれないが)．すなわち後者は短い術によって組み合わされたこれらすべての事物が相互に関係し合っていること，さらにはあるものが他のものと，発見の十の場に従って，どのように関係しているかを示すのであり，かようにしてルルスの術は諸学の範疇ないしは体系のごときものであろう．一方論理学は個々の学問に精通し，事柄の親近性を示すのである．したがって個別の諸学はルルスの術の代わりになるが，ルルスの術が論理学に代わりうるものではないことは明白である．

第II部〔自然学・数学〕

67　ルネ・デュ・ペロンが私に[53]

I

容器の中で水が圧迫することについてデカルト氏によってなされた説明[54]

提示された問題について私の考えるところを明瞭に示すためには，私の機
68　械学の多くの基礎を先に述べておくべきであったが，そのことを，時間が許さないため，今可能な限り簡潔に，説明するべく努めよう[55].

さて第一に，重みをかけることのさまざまな様態のすべてを今枚挙することはわれわれにとって必要ではないので，ここではそのうち二つの異なった様態，すなわち水が，容器の中に存在するとき，どのようにその容器の底面を圧迫するのかということと，容器自体がそれの内にある水と一緒に全体でどのように重みをかけるのかということとを区別するべきである．なんとなればそれら二つの事柄は，一方が他方よりも多くあるいは少なく重みをかけることができることが確実であるので，明瞭に区別されるからである．

---

53)　JB. IV, 52（注 2）によれば，本文の上に書かれたこの表題の筆跡は写字生のもの．

54)　JB. IV, 52–55（1618 年 11 月もしくは 12 月）. JB. IV, 52 注 2 によれば，この欄外の小見出しはベークマン自身の筆跡で書かれている．

55)　オランダの数学者シモン・ステヴィン（1548–1620）は 1586 年に出版した著作『流体静力学の原理』（*De Beghinselen des waterwichts*）のなかで，容器内の静水が平衡状態にあるという前提からアルキメデスの原理を導き，さらに命題 10 で，静水圧の大きさは容器内の水の全重量によらず，深さに比例するといういわゆる「流体静力学のパラドックス」を導いた．以下で論じられるのはこの問題である．ベークマンはステヴィンと直接の面識はなかったが，彼の死後にその未亡人を訪れ，遺稿の一部を『日記』に書き写している．『思索私記』（本書 pp. 92–93，AT. X, 228）も参照．

第二に，「重みをかける」[56]という言葉が何を意味するかを理解するためには，重みをかけると言われる物体が下方へ運動するのを思い描くべきであり，そして運動の最初の瞬間でのその物体を考察すべきである．なぜなら運動の最初の瞬間において物体を駆り立てる力が「重さ」[57]と呼ばれる力なのであり，物体を運動全体において下方へ運ぶ力ではないのであって，後者は前者とは大いに区別されうるからである．それゆえ重さとは，それによって重さのある物体の下に近接する面が圧迫されるところの力であると定めよう．

第三に，運動のその想定されうる端緒においては，重みをかける物体の諸部分が下降する速さの想定されうる始まりにも注意されるべきである．というのは，物体自体の量と同様に，速さも重さに寄与しているからである[58]．たとえば，水の一原子[59]が他の二原子より二倍速く下降するとすれば，前者のみで他の二つと同様に重みをかけることになるであろう．

以上が前提されたとし，四つの容器があって底部が同じ広さで，空のときは同じ重さで，同じ高さであるとせよ．AにはBに入るだけの水が注入され，残りの三つは入るだけの水で満たされているとする． 69

第一に，容器Aは中の水と一体となって，容器Bとその中の水とを一緒にした場合と等しく重みをかけるだろう．

第二に，水のみが容器Bの底面に及ぼす重みは水のみが容器Dの底面に及ぼす重みに等しく，したがって水が容器Aの底面に及ぼすそれより大き

56）原語は gravitare.

57）原語は gravitatio.

58）物体即延長というデカルト哲学の基本テーゼは後の『哲学原理』で明示され，「物体の本性は，重さに存するのではなく「ただ延長にのみ存する」」（第2部4項，AT. VIII-1, 42）とされる．「重さ」は物体に固有の内在的性質ではなく，他の物体との関係から測定される相対的な性質であり，「それを有する物体の大きさや……，運動の速度や，さまざまな物体が相互に衝突する仕方」（『哲学原理』第2部43項，AT. VIII-1, 67）によって測定されねばならない．武田［2009］，pp. 117–123参照.

59）このテキストでは原子（atomus）という語が用いられているが，後の『哲学原理』では本性上不可分な物質部分という意味での「原子」の存在が否定される（第2部20項，AT. VIII-1, 51）．完成されたデカルト哲学の用語法に倣うならば，ここは水を構成している粒子と考えるべきであろう．

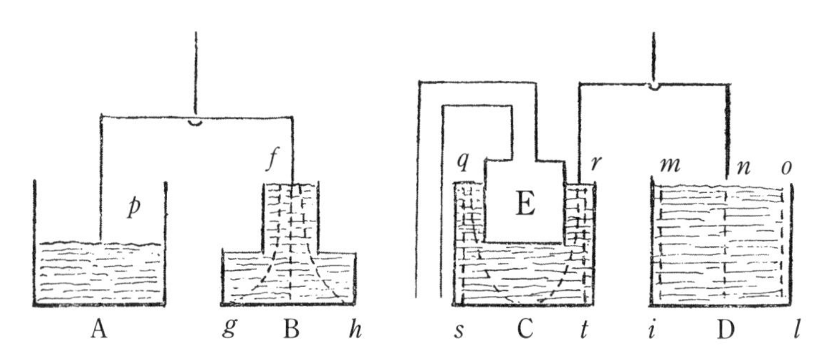

いのであり，さらに水が容器 C[60] の底面に及ぼすそれに等しい．

第三に，D の，つまり容器と水の全体の重さの作用は，C の全体の重さの作用以上でも以下でもないが，ただし後者の中にはピストン E が固定されている．

第四に，その C 全体の重さの作用は B 全体のそれより大きい．これは，昨日，私が放談したところである[61]．

70　最初の部分は自ずから知られる．二番目の部分は次のように論証される．「どちらの容器中でも水は等しい力で容器の底面を圧迫し，それゆえ等しく重さの作用を及ぼす」．前件は以下のように証明される．同量の水が双方の底面におけるすべての確定可能な点の上に載っており，それゆえそれらは等しい力で圧迫される．たとえば，一方の底面では点 *g*，B，*h* が，他方では *i*，D，*l* が確定されるとすれば，それらすべての点は，明らかに等しい長さ，すなわち容器の最上部から最下部までの長さの想定可能な水の線によって圧迫されるため，等しい力で圧迫されると述べる．なぜなら線 *fg* はここでは *f*B やその他の線より長いと見なされるべきではないからである．なんとなれば〔線 *fg* が〕曲がっていてより長くなっている部分によってではなく，下方へ延びている部分のみによって点 *g* を圧迫するのであり，その部分では他のすべてに等しいからである[62]．ところで点 *f* が単独で三点 *g*，B，*h* を圧迫する力は，三つの異なる点 *m*，*n*，*o* が他の三点 *i*，D，*l* を圧迫するのと等しい

60） 手稿に描かれた図（本書 34 頁，図版 1 を参照）では，容器 C には *s* の代わりに誤って *g* と記入されている．JB. IV, 53（注 a）を参照．

61） 前日のベークマンとの談話を指す．JB. IV, 53（注 1）を参照．

62） 線分 *fg* の底面と垂直な成分のみ考慮するということ．

ことが証明されるべきである．そのことは以下の三段論法によって為される．

「重さのあるものは，周囲にある物体を排除してより下方の場所を占めようとし，それが等しく容易である物体はすべて等しい力で圧迫する．ところで単独の点fは，もし三点g，B，hを排除できたなら，三点m，n，oが他の三点i，D，lを排除した場合と等しく容易に下方の部分を占めるはずである．それゆえ単独の点fは，三つの異なる点m，n，oが他の三点i，D，lを圧迫するのと等しい力で，三点g，B，hを一度に圧迫する．」

大前提は非常に明晰かつ明証的であるように思われるので，学問の原理となりうるであろう[63]．小前提はさらに証明される．すべての下方の点g，B，hおよびi，D，lが上に置かれた物体の重さの力によって同時に開通すると想定されるとすれば，確かに同じ瞬間に単独の点fが点m，n，oのいずれよりも三倍速く動くことが理解されねばならないだろう．というのもそこで三つの場所が満たされるはずであろうのと同時に，点m，n，oのいずれにおいてもただ一つの場所が占められるべきであろうからである．それゆえただ一つの点fが下の諸点を圧迫する力は三点m，n，oを合わせたものの力に等しい[64]．また同じ仕方で，容器Bの底面にあるすべての他の想定されうる点についても，それらが上からfにある僅かな量の水によって，容器Dの底面のすべての部分が上にあるすべての水によって圧迫されるのと等しく圧迫されることが証明できる．そのため容器Bの底面は上にある水によって容器Dの底面と等しい力で圧迫されること．これが証明されるべきことであった．

71

しかしながら，私の判断では軽視すべきでない，一つの異論が提出されうるのであり，そしてその解答は上述の事柄を確証するのである．大きさと重さの作用が等しいすべての物体は何であれ，もし下方へ運ばれるなら，確定したある等しい速さの度合いを有し，ある外部の力によって駆り立てられない限り，それを超過することはない．それゆえ上述の事柄において点fが点m，n，oのうちいずれか一つよりも三倍速く運動しようとするというのは，

63） 学問の原理であるところの論証されない命題は第二反論（AT. VII, 140）での論点である．

64） 仮想速度〔変位〕の概念を彷彿とさせる議論だが，表現はきわめて晦渋である．本章「解説」，pp. 250–253を参照．

その点が外力によって駆り立てられていると言うことができないのであるから，誤って仮定されている．なんとなれば，その点〔*f*〕が水の下方にある諸部分によって引き寄せられると言うことは不合理になるだろうが，それは私がかつて大いに思い惑っていたときに口から滑り出したものであり[65)]，す
72 なわちここではその点が他のものによって駆り立てられたり引き寄せられたりするのではなく，すべての物体を押していると考えるからである．

しかしながら私は異論に対して次のように答える．前件はきわめて真であるが，そこから点*f*が三倍の速さを志向しえないということが誤って導かれている．なぜなら二つは重量の比において異なっており，運動への傾向と運動それ自身は大いに区別されるべきだからである．なぜなら運動への傾向においてではなく，運動自身においてのみ速さの比が生ずるべきだからである．なぜなら下へ向かおうとする物体はあれこれの速さで下にある場所に向かって動く傾向があるのではなく，できる限り速くそこに到達する傾向があるからである．そこから点*f*は，それを通って落下することのできる三つの点があるので，三倍の傾向を有しうるが，点*m*，*n*，*o*は，それを通って動くことのできる一つの点しかないので，ただ一つの傾向のみを有しうることになる．ところでわれわれは線*fb*，*f*B，*mi*などを引いたが，それはそのような仕方で水の数学的な線が下降すると主張しようというのではなく，論証の理解をより容易にするためであった．実際私が述べることは新しく，私自身のものなので，完全な論考によってでなければ説明されえない，多くのことが必然的に仮定されねばならず，したがって私は自身が企てていたことを十分に論証したと思う．

ところで提出された議論から，双方の容器の底部が同じ瞬間に取り去られ，実際に容器から水が落下するとしたら，運動の想定されたいかなる部分においても，容器Bの水も容器Dの水も重みをかけないということが帰結す
73 る[66)]．――あるいは任意の物体の速さが確定されているため，そこから，そ

65） 前日のベークマンとの談話を指す．

66） 欄外に「これが君の永久運動を確証する説明である」とあり，本文と同じ筆跡のためデカルトのオリジナルの手稿から筆写されたものと思われるとのこと．ベークマンは揚水機と梃子を組み合わせて永久運動を行わせる仕掛けを考案していた．JB. I,

の際容器Bの一番下にある水の部分が上にある部分を何らかの仕方で牽引し，それらの自然運動が運ぶよりも速く，真空の運動によって[67]落下するということを引き起こすと言えるようになるから，――あるいは，もしわれわれが，秩序正しく数学的に双方の容器の水がすべて同時に下降すると仮定すれば，線 mi，nD，ol の長さはつねに同一のままに留まるだろうが，線 fg，fB，fh の〔長さ〕は絶えず減少し，後者の線が前者よりも短いような瞬間は思い描くことができないからである．

既述のことから，容器Aの底面によりも容器Bの底面にどれだけより多くの水が重みをかけるかということが明らかに帰結するのであり，それはすなわち線 fB が pA よりも長い分だけなのである．第二に，前記の論証から，水が容器Cの底面に容器BとDの底面にと等しく重みをかけるということが帰結する．

しかし今度は容器の底面への水の重さだけでなく，容器自体がそれらに注入された水と一緒に及ぼす重さについて考察しよう．その重さは，水が平衡で静止している限り，容器Cと容器Dで等しいことを，以下のように証明する．「落下するように駆り立てることができるものはすべて，どちらにおいても等しい，それゆえ」云々．前件を証明する．なんとなれば，第一に容器は等しい重量であるとされており，ところが水はどちらの底面も等しく圧し，それは容器全体が落下するとしても，水の重さがその完全な目的を達するであろうような仕方であり，それゆえ云々．この後件を証明する．なんとなれば，たとえば，容器が想定しうる最小の〔時間，距離〕を通って落下するとすれば，水は q から s の方に向かって，そしてさらにCに向かって落下して，固定された物体Eによって残された場所を満たし，そのようにして速さ $1\frac{1}{2}$ で運動するだろう．同様に r にある水もやはり速さ $1\frac{1}{2}$ で〔運動する〕．これは，それぞれ速さ1で落下する別の容器内の三つの点 m，n，o の速さと等価である． 74

39–40を参照.

67) 原文では *motu vacui*．いささか奇妙な表現だが，『新デカルト全集』(*Œuvres complètes I*, Paris, Gallimard, 2016, p. 556) では，可能な限り速く動こうとする傾向を物体が有するという事実を示唆すると解釈している．

最後に，水は〔BとC〕どちらの底面も均等に圧するとしても，容器B全体は容器Cと同程度には重みをかけない．というのも，もし容器Bが落下すると想定されるなら，明らかに水は，容器C内の水が為すようには，その目的を達成しないからである．なんとなれば，そのとき場所fにおける水は一の速さで落下するに過ぎないだろうが，それは三として底面を圧迫するのであり，そしてそれら二つの相違は，ちょうど船の中にいて，棒あるいは船竿で同じ船の他の部分を押している者と，竿で岸そのものか，何か船から分離されている他の物体を打つ者との〔相違〕と同じようなものである．すなわち後者は船を動かすが前者は全然動かさない．それはかくも明白なので，自分が一昨日それに気付いたということに赤面してしまうほどである．今私が書いた事柄は，君にいささかの私の思い出を残そうというだけでなく，かつて[68]これほどまで容易なことを即座に説明も，理解さえできなかったという不満といら立ちにも駆り立てられてのことなのである．

II

75

真空の中を地球の中心に向かって落下する石の運動は，個々の瞬間でどれだけ増大するか，デカルトの計算[69]

提起された問題では，個々の時間に新しい力が加わり，それによって重い物体が下方へ向かうと想定されているが，私はその力が，横線de，fg，hi，およびそれらの間に想定されうる他の無数の横線が増大するような仕方で増大すると主張する．

そのことを証明するため，想定されうる地球の第一の牽引力によって引き起こされる運動の第一の最小量ないし点として，四角形$alde$を採用するとする．運動の第二の最小量としてはその二倍のもの，すなわち$dmgf$を得るであろう．なぜなら第一の最小量の中にあった力はそのまま残り，それに等

68）前日のベークマンとの談話を指す．

69）JB. IV, 49–52（1618年11月もしくは12月）．JB. IV, 49，注8によれば，この小見出しはベークマン自身が後から書き足したもの．以下の内容については『思索私記』（本書 pp. 85–87，AT. X, 219–220）も参照．

しい別の新たな力が加わるからである．同じように運動の第三の最小量の中には3つの力，すなわち時間の第一，第二，第三の最小量の力があることになり，以下同様である．ところで，おそらく別のところでさらに詳しく説明することになるだろうが，この数は三角数であり，この三角形 *abc* を表すことは明らかである．もちろん，*ale*，*emg*，*goi* 等が突き出して三角形の外に出ているので，三角形によってその数列は説明できないと言われよう．しかしそれらの突出部は，不可分であり何ら部分から成るのではないと想定すべき最小量に広がりを与えてしまったことに由来すると私は答える．このことは以下のように証明される．その最小量 *ad* を *q* で二等分すれば，今度は *arsq* が運動の第一の最小量，*qted* が運動の第二の最小量となり，後者の中には二つの力の最小量があることになる．同様にして *df*，*fh* 等々を分割しよう．すると突出部 *ars*，*ste* 等々が得られるであろう．それらは明らかに突出部 *ale* より小さい．さらに，もし最小量としてもっと小さいもの，たとえば $a\alpha$ を考えるなら，突出部は $\alpha\beta\gamma$ のようにさらに小さくなるであろう等々．さて最後に，その最小量として真の最小量，すなわち点を考えるならば，明らかに突出部は点の全体ではありえず，最小量 *alde* の半分だけであるが，点の半分とは無であるから，それらの突出部は無となるであろう．

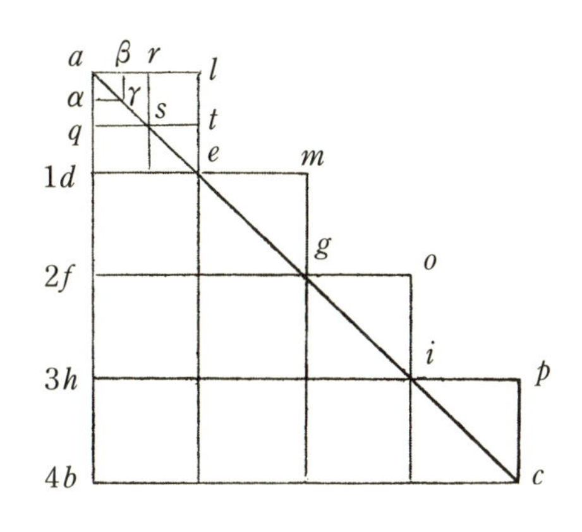

76

77

ここから次のことが明らかとなる．たとえば，真空の中で石が *a* から *b* へ地球によってある力で引かれるが，その力は地球からつねに均等に流出する一方，以前のものも残留していると想像するなら，*a* における最初の運動と *b* における最後の運動との比は，点 *a* と線 *bc* との比に等しく，〔*ab* の〕半分の *gb* は，石が三倍大きな力によって地球に引かれているため，他の半分の *ag* よりも三倍速く石によって通過される．なんとなれば，容易に証明できるように，広がり *fgbc* は広がり *afg* の三倍だからである．他の部分につい

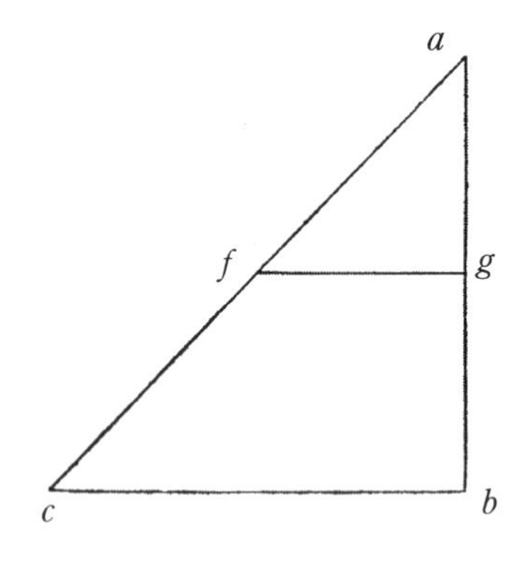

てもかくのごとく比例関係にあると言われるべきである．

しかし別のやり方では次のようにこの問題をより難しく提示することができる．石が点 a に留まり，ab 間の空間は真空だと想像せよ．つづいて最初に，たとえば今日の九時に，石を牽引する力を神が b に創造し，そのあとの各瞬間にも，最初の瞬間に創造したのに等しい新たな力を次々創造するとせよ．これが以前に創造された力と合わさると，石をより強く，そして「真空の中では，いったん動かされたものは，つねに動かされている」[70]ので，ますます強く引くことになる．そしてついに a にあった石は今日の十時に b に到着するだろう．もし行程の前半部，すなわち ag を，そして残りをどれほどの時間で通過するかが求められているならば，石は線 ag を $\frac{7}{8}$[71]の時間で，線 gb を $\frac{1}{8}$[72]の時間で落下すると答えよう．なぜならその場合，三角形の底面の上に高さが ab の角錐を作るべきであり，その高さは角錐全体とともに水平線から等距離の横線によって任意の仕方で分割されるとする．石は線 ab の下の方の部分ほど，それらを含む角錐全体の切片がより大きくなるのに応じて，それだけ速く通過するだろう[73]．

78

最後に，利益の利益〔複利〕に関しては他の仕方で提示されうる[74]．もしそれが各々の瞬間に増大すると想定され，これかそれかの時間に何が負われるかと尋ねられるなら，この問題もやはり三角形から導かれた比例関係で解かれるだろう．しかし線 ab は算術的な部分に，すなわち均等な部分にでは

70） ベークマンが定式化した形の慣性原理．第 I 部（本書 p. 45，AT. X, 60）も参照．
71） 1/8 となっているところを B 版では JB. IV, 51 の注に従って修正．
72） 7/8 となっているところを B 版では JB. IV, 51 の注に従って修正．
73） 各瞬間に牽引力が増大するので二乗ではなく三乗の冪に比例し，立体となる．
74） 『思索私記』（本書 p. 88，AT. X, 222–223）参照．

なく，幾何学的，すなわち比例する部分に分けねばならない．これらすべては私の「幾何学的代数」[75]から大変明白に証明できようが，長くなりすぎるだろう．

75） 原語は Algebra geometrica.『新デカルト全集』（*Œuvres complètes* I, Paris, Gallimard, 2016, pp. 101, 555–556）ではこれを1619年3月26日付ベークマン宛書簡でその概要が語られる『代数学』を指すとしている．

第III部 〔ベークマンとデカルト〕

I

デカルトの研究および彼と私との親交[76]

学識ある人がなぜ少ないか[77]

331 ル・ペロンのルネ・デカルト氏は，1618年ブラバントのブレダにてこの著作に挿入されている『音楽提要』を私のために書き上げ，そのなかで音楽に関する自身の見解を私に明かした．彼は，私を探そうとホラント州[78]からミデルブルフをむなしく訪れた後で，1628年10月8日，私に会うためドルドレヒト[79]にやってきたことを述べておく．彼は私に，算術と幾何学においてはこれ以上彼が望むものはないこと，すなわち彼はこの9年間でそれらの学問において，人間精神に到達可能な限りの進歩をしたと述べた．そのことについて彼は私に曇りなき例証を与えたのであり，少し後からほどなくしてパリ発で彼の『代数学』[80]を私に送るか，それを公表し仕上げるため自らここを訪れ，共同作業で知識の残りを完成させることになっている．彼が言うに 332 はそれはすでに完成しており，それによって彼は幾何学の完全なる知識に到達し，それどころか人間のあらゆる認識に到達することができるということだ．なんとなれば，彼が言うには，フランス，ドイツそしてイタリアを遍歴し

76） JB. III, 94–95.

77） JB. III, 95.

78） ミデルブルフ市のあるゼーラント州はドルドレヒト市があるホラント州の南西に位置する．

79） ベークマンはドルドレヒト市立学院の院長となり，1627年5月末以降同市で暮らしていた．

80） デカルトの失われた草稿を指す．その内容の一部は以下に続く『日記』の内容などから推察することができる．佐々木［2003］, pp. 187–196を参照．

ても，彼の真意に従って共に議論し，その研究において援助を期待できる者は，私以外に見つからなかったためだということである．彼が言うには，いずこにおいても彼が熱心な人々の仕事と呼ぶところの真の哲学の欠乏は甚だしいのであり，私はといえば，これまで会ったり，読んだりしてきた人々すべてのうちで，算術と幾何学において彼の右に出る者はいないと考えている．

実際，なぜここには学識ある人がそんなに少ないのかという理由は，その種の才能において秀でた人々はみな，何かを発見したと思うと直ちに執筆したがり，発見したことを出版するのみならず，むしろその機会を捉えて，新しい学問的著作を一から書き上げるためであり，そのようにして多くのことを完璧に発見することに適している才能を，有用でも新しくもない大量の労働によって押しつぶすためだと思う．反対に彼はまだ何も書いてはいないが，その壮年たる33の歳まで思索に耽ったことで，自らが探求したそのことを，ほかの人々よりもより完璧に発見したように思われるのである．こうしたことを言うのは，彼よりもむしろ群れなす書きたがり屋たちを見習うような者がないようにするためである．

II

デカルトの代数学の一例[81)]

その人〔デカルト〕が言うことには，彼は一般的な代数学を発見し，それには立体の図形ではなく，平面〔図形〕しか用いないが，それはその方が容易に人々の頭の中に入ってくるからであるという[82)]．さらにそのようにして，幾何学以外の事柄もそれら〔の平面図形〕によって最も良く表される． 333

彼は単位を小さな正方形として理解し，点もそのようにして理解する[83)]．他方，線すなわち根は，その〔単位となる〕正方形の一辺と必要なだけの横

81） JB. III, 95–97．失われた『代数学』の一部と考えられている断章．佐々木［2003］前掲箇所および本書「序」を参照．

82） 以下については『精神指導の規則』の第十五規則（AT. X, 453）を参照．

83） 以下の図は手稿ではあまり正確ではなく，三等分されているのはcのみである．JB. III, 95，注1を参照．

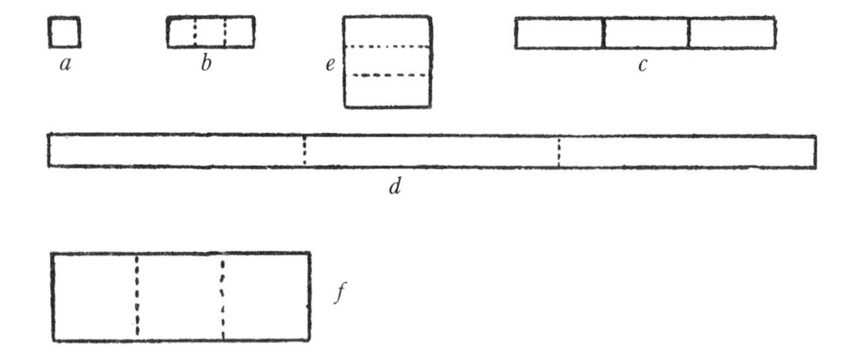

幅から構成された平行四辺形として理解する．平方は〔根の長さと〕同じだけ多くのそのような根から成ると理解し，立方は，数が示すだけ多くの正方形を長方形に直したものから成ると理解し，二重平方〔四乗冪〕は同様に等々．のみならずむしろ，これらすべてを線としても説明する．つまり a が点を，b が線を，c が平方を，d が立方を表すのである．ちょうど f が平方 e を根の数で乗じて構成された立方を表すように．

334

また同様に少なからぬ労苦をもって，この欄外に見えるように，それらを

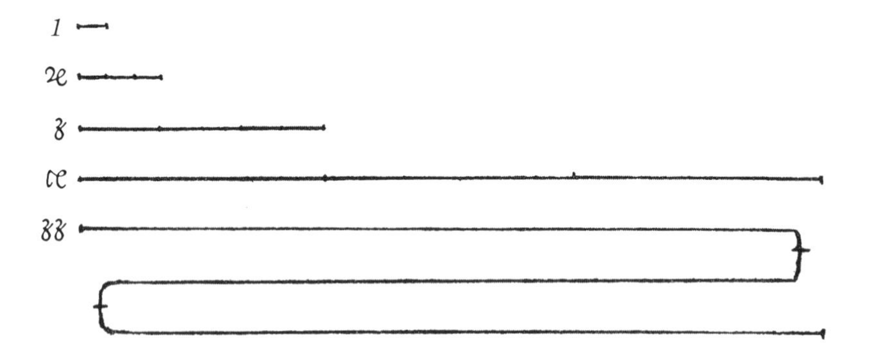

ただの線によって解いているが，ここでコス式記号[84]がそれぞれの線に添えられており，それらの線は前に付された量であるところのものを示している．

84）『思索私記』解説（本書 pp. 261–264）参照.

ところで特に立方は，他の人々も行うように，三つの次元によって理解する．しかし二重平方は，あたかも単純な立方を木製と考えるとき，それから石製の立方が作られているかのように理解する．というのもそのようにすると全体については一次元が付け加わるからである．しかしもしもう一つの次元を付け加えなければならなければ鉄製の立方を考え，次には金製等々，このことは重さのみならず，色や他のあらゆる質について為される．したがって木製の立方から三つの平方を切り分ける一方で，木性，鉄性等々のそれぞれから構成された立方も切り分けられ，単一の〔種類の物質でできた〕立方がそれぞれの類において考察されるべき平方に帰着されるように，鉄製の立方が木製の立方に帰着されると考えるのである．

彼はこの方法で，見られるように，二項式の一項を減ずる．たとえば，未知の平方 *ab* の 6 つの根を取り去ることを欲すれば，6 を 2 で割る．しかし，*fc* と *gb* はいずれも 3 つの根を含むので，*fc* と *gb* が取り払われる場合，平方 *dc* は 2 度取り去られ，したがって，6 𝔵 と半分の平方，すなわち 9 が取り去　335

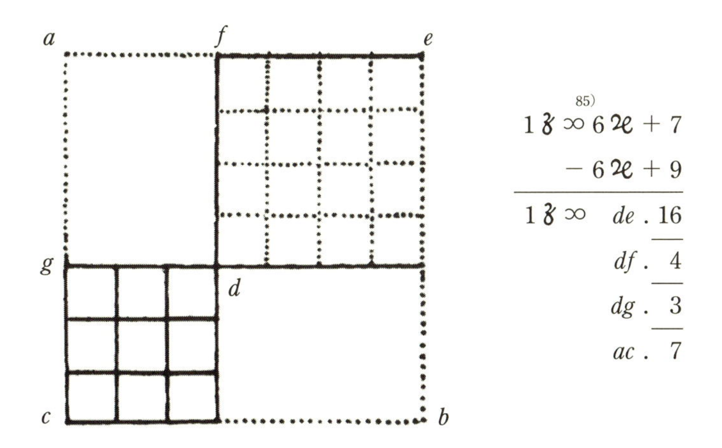

られるであろう．それゆえ，6 𝔵 を取り払いたいなら，小さい方の平方 *de* が残るように，9 を加えなければならない．以上が知られると，その辺もまた知られる，というのも根どもの半分が加えられると，第一の平方の根が得

---

85)　デカルトの等号については本書「解説」p. 265 および p. 329 を参照.

られるからである．こうして，大きい方の平方から小さい方の平方が取り去られ，これにより大きい方の根が見いだされる[86]．

他の仕方では説明できない無理数[87]を彼はパラボラによって説明する．他方，あるものは「真の」根，あるものは「暗示される」（すなわち，零よりも小さい）根，あるものは「想像上の」〔虚の〕（すなわち，まったく説明不能な）根と名付け，よく知られた表から，ある方程式がどれだけ多くの根をもちうるかを見るのだが，それらの中の一つが求められているものなのである．

III

デカルトによる屈折角の研究[88]

彼はまたガラスの三角形 *lmn* を通る屈折の角度を探求するのだが，その三角形では平行光線が直角をなす辺 *lm* に入射し，*lm* を紙で覆って *o* のみに孔を開けてそこには光線が入るようにし，光線 *qrp* の屈折角を観察するのである．一つの屈折角が知られたら，それから角どもの正弦に従って残りのも

336

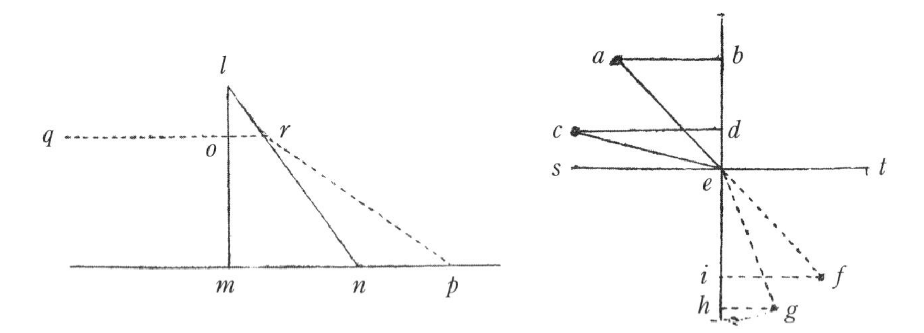

のを導き出す．たとえば，「*ab* 対 *hg* は *cd* 対 *if* である」と彼は言う．たとえ

86）付図の左にコス式記号で書かれた方程式 $x^2 = 6x + 7$ を $x^2 - 6x + 9 = (x-3)^2 = 4^2$ と平方完成して解いている．佐々木［2003］, pp. 193–194 も参照．

87）ベークマン宛書簡 1619 年 3 月 26 日（AT. X, 154–160；『全書簡集』I, 6–10）および『幾何学』（AT. VI, 388–390）を参照．

88）JB. III, 97.

ば，*st* より下は水であり，光線が *aeg*，*cef* であると考えると，両腕が等しい天秤の場合は，両端からつりさげた錘（おもり）のうち，水中にある方が軽くなり，腕が持ち上がるのであるが，それら〔の光線〕にはこれと同じことが生じうるように思われるのである[89]．最後に *r* のような点を多数求め，それらを結んで双曲線を引くのであるが，それを通って入射するすべての平行光線は一点に集まる．

この〔レンズ〕ガラスは遠眼鏡を作るには最適となろうが，というのも，彼が言うには，「その類のより小さい双曲線は凹レンズを作るのに役立つだろうから」である．彼は自身そのような凹レンズを作らせたと言うが，それは機械工が均等に同一の中心上で〔回転する〕旋盤を用いてそれを削るというやり方であったというので，それをかつて私は職人に命じ，すべての光線が完璧に収束するのを私が機械的なやり方で確認できるまで，レンズ成型する鋼の線を何度も取り替えてやるように言いつけた．彼自身は完璧に成功したと言っている[90]．

337

IV

楽器の弦の太さの説明[91]

彼が言うには，彼のパリでの知人である修道士[92]は，すべて同じ音を出すのに，弦 *a* が1の重さを必要とし，その弦の二倍太い（二本をさらにより合わせて二倍にしている）*b* は2の重さ，そしてこの弦の二倍の長さだが，

89）本書「序」参照．

90）この試みについてはフェリエ宛書簡1629年10月8日（AT. I, 32–38；『全書簡集』I, 50–54），フェリエからデカルト宛書簡1629年10月26日（AT. I, 38–52；『全書簡集』I, 55–66），フェリエ宛書簡1629年11月13日（AT. I, 53–69；『全書簡集』I, 67–79），ホイヘンス宛書簡1635年12月11日（AT. I, 334–337；『全書簡集』I, 289–291）を参照．

91）JB. III, 98.

92）メルセンヌ（Marin Mersenne, 1588–1648）のことを指す．この法則は彼の著作に見られる．*La vérité des sciences*（Paris, Toussainct de Bray, 1625, p. 615）; *Traité de l'harmonie universelle*（Paris, G. Baudry, pp. 147, 307, 346–447）.

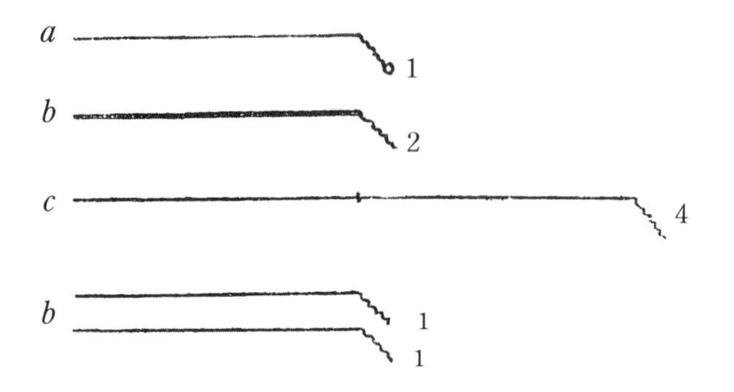

最初の弦と同じ太さの c は4の重さを必要とすることを観察した．彼が言うには，「これは不思議ではない．なぜなら太さが二倍の b は，ばらばらの二本の単線である b と同じ仕方で動くからである」．

V

太陽光線で遠く離れたものを焼き尽くすこと[93)]

338　それを通るすべての光線が同じ点に屈折するという，その類の双曲線の切片を見出すことについては，先述のデカルトはそれを自ら作ったと言うのだが，これはきわめて，長距離から，大きな機械装置を焼き尽くしたり，天体をそのあらゆる細部に至るまで正確に観察したりするのに十分である[94)]．というのも，小さいレンズが捉えうるよりも多くの光が必要とされるのであり，きわめて大きな双曲面は用意するのが困難である，いなむしろおそらく不可能であるからである．それゆえ，きわめて大きなものにおいて数学的な点は要求されないので（なぜなら親指大の広がりのある場所は点の代わりとなるので），できる限り大きな鉄製の半球を作り，その凹部にまず普通のガラスを，次に親指一つ分の幅で，完全に最初の〔ガラス〕を囲むことのできる円周を，三番目に同じ幅だが，第二の〔円周〕を囲むことのできるだけ大きな円の円周を，そしてこのようにして，最大のものが半球の最大の円周にほと

93)　JB. III, 98–99.

94)　文意からすればここには何らかの否定辞が欠けているように思われる．

んど等しくなるまで，複数の〔円周〕を設置することができるだろう．しかしそれを通ってより大きな円のガラスが備え付けられるところの材木どもは軽くするため中空にすることができるので，ものを旋盤で仕上げる必要はないであろうが，半球の任意の部分で手が動くように滑らかにすることができる．なぜならどこでも円形だからである．すべてが仕上げられ，ガラスが備え付けられたら，すべての光線が一か所に入射するように，すべてを付けたり外したりする．このとき双曲線の軸上の円運動が正確に要求されるのでなければ，確かにこれらはもっとよくそのような双曲面に仕上げられたであろうが，そのようなことに職工たちは慣れていなかったのである．

VI

そこではすべての平行な光線がより濃密な媒質の一点に集まるところの楕円

前にしばしば言及したデカルト氏の書いたものから逐語的に記述したもの[95)]

入射するすべての平行光線が，屈折後，より濃密な媒質の一点に集まるような表面を見出したい場合，われわれはその長径が両方の焦点の間の距離に対して入射角の正弦 対 屈折角の正弦になるような楕円を描くだろう．　339

たとえば，a と b は楕円の焦点であり，c は軸に平行な光線 hc が屈折する円周上の任意の点だとすると，その光線は必ず点 a で軸と交わるだろう．というのは，楕円の長径が両焦点間の差に対して α 対単位となるとすれば，線分 ac 足す線分 cb は ab に対して α 対単位となるだろう．次に角 acb を線分 eci で二等分すれば，後者は楕円と直角に交わるだろう．ゆえに ich は光線 hc の入射角に

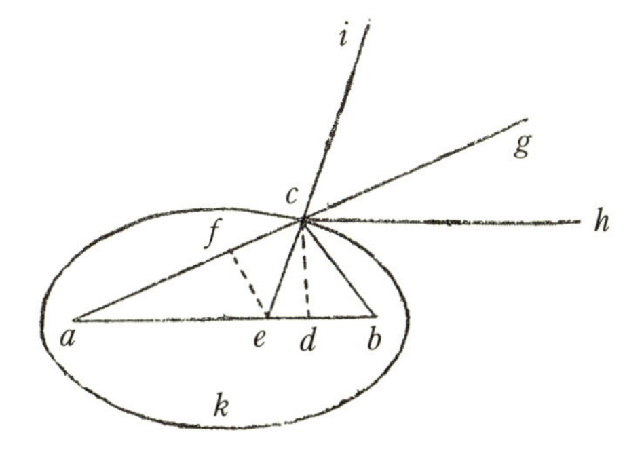

95)　JB. IV, 135（1628 年 12 月 15 日と 1629 年 2 月 1 日の間）．

なり，*ch* と *eb* は平行なので，*ceb* は入射角に等しくなる．その角に対して，*ce* が全正弦[96]であるとすれば，*cd* は正弦である．同様に，*ace* はより濃密な媒質への入射角であり，やはり *ce* を全正弦とすると，その正弦は *ef* である．したがって証明するべきことで残るのは *ef* が *cd* に対して単位対 α になっていることであるが，それは次のようになされる．*ab* は *acb* に対して単位対 α であり，*ae* は *ac* に対して *ab* 対 *acb* であり，ゆえに単位対 α である．同様に *ef* は *cd* に対して *ae* 対 *ac* であり，ゆえに単位対 α であるが，これが論証すべきことであった．

同時にこれはもっとも見事で明晰な論証である[97]．

VII

それを通った光線が唯一の点に集まるところの双曲線

340

同氏によって[98]

より稀薄な媒質内の一点より来たりてより濃密な媒質の凸面に入射するすべての光線が平行になるなら，その面は双曲面でなければならず，その両焦点間の距離は両頂点間の距離に対して，入射光線の正弦 対 屈折光線の正弦になり，外側の焦点はすべての光線が出てくるところの点であろう．

VIII

それを通った光線が空気中で正確に集中するところの楕円の部分

ところでもし前出の楕円において中心 *a* から楕円内に円の一部を作図し，*cbkc* が楕円の一部となるようにしても，中心から出る光線は円周に対して垂直なので，やはり屈折は *a* に向かって生じる．ゆえに空気中で *a* が焦点

96） sinus totus．正弦を考える直角三角形の斜辺（あるいは単位円の半径）を表す．

97）『屈折光学』第八講（AT. VI, 168–170）参照．

98） JB. IV, 135–136（1628年12月15日と1629年2月1日の間）; AT. X, 340.

となるだろう.

IX

双曲線によって平行光線がすべて一点で正確に一致することが論証される

1629年2月1日ドルドレヒトにて[99]　　341

双曲線に関するこの命題をデカルト氏は論証することなく残していき，その論証を探求するよう私に求めた．それを私が発見したので，彼は喜び，真正であると判断した[100]．

さて，それは次の通りである．

「*a* と *e* が二つの焦点で，*gb* と *vc* を双曲線の部分とし，*wg* は *ae* に平行な光線で，*gf* に対して垂直に入射し，*e* に向かって屈折する，あるいは，*e* から *g* に入射し，*w* に向かって屈折し〔*ae* に〕平行となるものとする．また別の線 *ag* があり，それと *ge* により双曲線が描かれるとし，また *qr* と *st* が，接線 *gm* と直交する垂線 *hq* に対して，入射および屈折光線〔が成す角度〕の正弦であるとする．また *gm* は角 *age* の二等分によって生まれる．*st* が *qr*

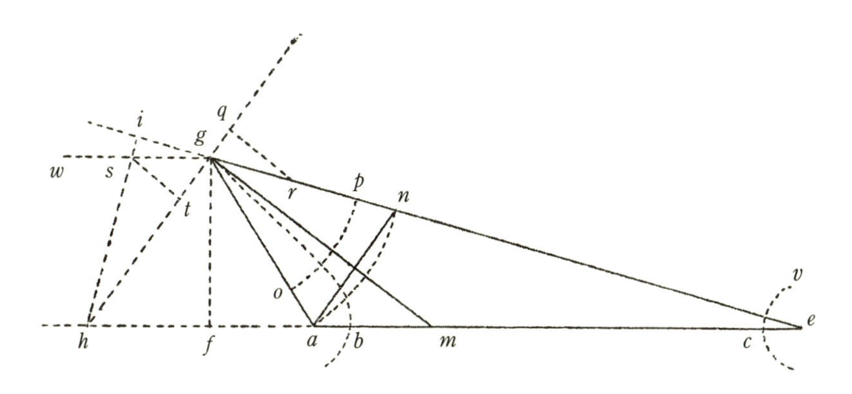

99)　JB. III, 109–110 ; AT. X, 341–342．この日付はフォリオの冒頭で付図の右側に書き込まれている．

100)　ベークマン宛書簡1630年10月17日（AT. I, 163 ;『全書簡集』I, 152–153）を参照．

と対するように bc が ae に対することが示されねばならない．」

ところで，qrg と hig が，stg と ghf と同様に，相似三角形であるとすれば，確かに st が qr が対するように gf は hi に対する[101]．また，ihe と gfe もまた相似であるから，

gf 対 hi は，ge 対 he になるだろう．

さて，gn が ga に等しく，また oa と pn が ab に，そしてまた ce に等しくされるとせよ．しかし，等しい gp と go を ge と ga から取り去れば，pe と be は双曲線の作図から等しくなるであろう．というのも，a を中心として ao が，そして e を中心として ep が動いて，b で互いに接する一直線を成すとき，b は〔双曲線の〕頂点を示している．しかし，np は ab と ec に等しく，ne は ae より ab の 2 倍，すなわち ab と ec の分だけ少なく，それゆえ bc と等しいであろう．また，エウクレイデス第 1 巻命題 9 によって線分 an は線 gm に対して直角であるから，gh と an は平行となり，三角形 ane と hge は相似となるだろう．それゆえ，

342

ne 対 ae は，ge 対 he であり，それゆえまた

bc 対 ae であり，そしてこれは st 対 qr である．

これが論証されるべきことであった[102]．

同じことは数によってもなされる．

bc を 10，ae を 12，ge を 15，ゆえに he を 18 とせよ．ところでそれは以下のやり方で証明される．$egga20$ から $ga5$ となり，ゆえに $amme12$ から $am3$ となる．ga と ae の平方を合わせて 169 を ge の平方 225 から〔減じると〕，残りは 56 となる．それを ae の二倍 24 で除して，$fa\,2\frac{1}{3}$ が得られ，それゆえ $fm\ 5\frac{1}{3}$ となる．そして fa の平方 $\frac{49}{9}$ を ag の平方 25〔から減じて〕，$gf\sqrt{\frac{176}{9}}$ の平方が残る[103]．

101） $GR/SG=1$ という条件が抜けている．

102）『屈折光学』第八講（AT. VI, 176–181）参照．

103） すなわち $\frac{25\times 9}{9}-\frac{49}{9}=\frac{176}{9}$ が gf の平方となる．“quadratum $fa\ \frac{49}{9}$” は「fa の平方 $\frac{49}{9}$」と訳し，“quadratum $gf\sqrt{\frac{176}{9}}$” は「$gf\sqrt{\frac{176}{9}}$ の平方」と訳した．

ところが $fm\ 5\frac{1}{3}$ 対 $gf\ \sqrt{\frac{176}{9}}$ は，$gf\ \sqrt{\frac{176}{9}}$ 対 $hf\ 3\frac{2}{3}$.

これと $fa\ 2\frac{1}{3}$ および $ae12$ から，上述のように，18 となる.

X

二つの比例中項がパラボラによって見いだされうることが論証される[104)]

デカルト氏が二つの比例中項はパラボラを用いて見いだされうることを発見した後で，このことをパリのあるフランス人数学者[105)]が次の方式で論証した．それを言葉通りに書き記しておく.

厳密に作図された立体問題

二本の線分が提示された時，連比例する一対の中項を指定すること

提示された一対の線分があり，短い方を gb，長い方を bh とせよ．さて，それらの間に連比例する一対の中項を見いだすことになる.

「解析的に」[106)]

〔以上が〕すでになされたとし，付図の中に一対の中項があるとして，短い方を ed，長い方を ea とせよ．したがって ed と ea は連比例する中項なので，　343

gb 対 ed は ed 対 ea に，そして ea 対 bh に比例するだろう．

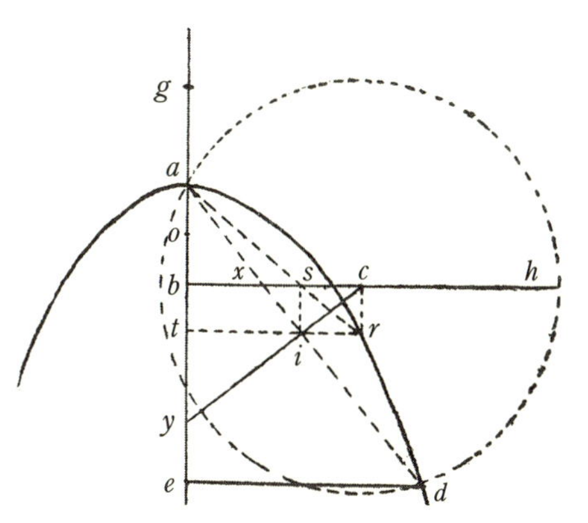

ところで第二項 de を平方すると第一項と第三項から成る長方形に等しくなる．したがってもし第二項 de が第三項 ae に対して秩序正しく引かれ，直角に立てられたら，ae は a を頂点とするパラボ

104)　JB. IV, 136–139 (1629年2月1日頃).

105)　Claude Mydorge (1585–1647) のこと．佐々木 [2003], p. 201 を参照.

106)　原文ギリシア語．’Αναλυτικῶς.

ラの軸となり，第一項 *gb* が通径[107]になるだろう．

したがってパラボラが描かれたとせよ．ところが

bg 対 *de* は *de* 対 *ea* であり，*ea* 対 *bh* なので，

すべて半分にする[108]と（すなわち *ad* を *i* で二等分し，*ti* を *r* まで延長し，*bh* の半分，つまり *bc* に等しく平行になるように作図すれば），

ab 対 *bs* つまり *ti* は，*ti* 対 *ta* であり，*ta* 対 *tr* つまり *bc* となるだろう[109]．

したがって *ati*，*atr* の両者は相似で等角の三角形であり，角 *tai* は角 *art* に等しい．しかし

at 対 *tr* は *si* 対 *ir* であり，つまり *is* 対 *sc*（すなわち *is*，*cr* が軸に平行に引かれたとすると）そして *yt* 対 *ti* である．

344　したがって *atr*，*isr*，*yti*，*ita* はやはり相似で等角の三角形であり，そしてそれゆえ角 *art*，*ics*，*yit*，*tai* は互いに等しい．それゆえ相似により

at 対 *ti* は，*ti* 対 *ty* となる．

したがって *aiy* は半円内の角であり，それゆえ直角であり，そして同様につづいて *aic* である角もやはり直角である．したがって *ai*，*id* が等しく，*ic* が共通であることから，三角形 *aic*，*dic* は互いに相似で等しく，そしてそれゆえ *ac* は *cd* に等しく，どちらも *c* を中心とする円の半径となるだろう．

「総合的に」[110]

したがって以下のように作図されるだろう．無際限に引かれた直線 *ge* の上に，小さい方の外項 *gb* の半分に等しい *ab* が切り取られ，*ab* と直角に大きい方の外項に等しい *bh* が立てられるとし，それを *c* で二等分して，*c* を

107）latus rectum．円錐曲線の焦点を通り，軸に垂直な弦の長さと定義される．通径を l とすると，放物線の標準形は $x^2 = ly$ となる．$gb : de = de : ae$ より $de^2 = gb \cdot ae$ となり，*gb* はこの放物線の通径である．

108）言語は omnibus subduplicatis．通常 subduplicare という動詞は数学用語で「二分比をとる」，すなわち a と b が与えられたとき，$\sqrt{a} : \sqrt{b}$ をとることを意味し，B 版でも presa la radice quadrata と訳されている．しかし，以下に見えるように，ここでは連比の各項を単純に二分の一にしている．

109）$ab = bg/2$，$bs = de/2$，$ta = ea/2$，$bc = bh/2$ である．佐々木 [2003], 202 も参照．

110）原文ギリシア語．Συνθετικῶς.

中心とし，ca を半径とする円周が描かれとせよ．今度は ab を o で二等分し，o を焦点，a を頂点とするパラボラ ad が描かれるとし，それと円周との交点 d から ab の延長線に対して秩序正しく直角に de が引かれるとせよ．その de は求められている中項よりも小さく，ae は大きいと主張する．それからかようにして

gb 対 de は，de 対 ae，そして ae 対 bh となるだろう．[111)]

XI

パラボラを用いてコス方程式を線で与えること

パラボラの助けを借りてすべての立体問題を一般的な方法で作図すること．

これを別の場所でデカルト氏は「三次ないし四次の大きさを含むあらゆる方程式を幾何学的な線でもって解くための秘密の普遍的〔方法〕」と呼んでいる．それを彼の書いたものから言葉通りに書き記す」．

最初に四次の項が，平方である或る数の + ないし −，根である或る数の + ないし −，そして或る絶対数の + ないし − に等しいような方程式が準備されるとせよ[112)]．

つづいて，頂点を A，焦点を O[113)] とするパラボラ[114)]が描かれ，焦点を通る通径 mOn を単位とし，軸 AO が両側に無限に引かれ，そしてその上で点 B が，パラボラの内側または外側にとられ，そこから直角に線 BC が引かれ，中心 C から円 DD が描かれるとすると，それはパラボラの外周と二つ，あるいは，頂点を通ることで，一つないし三つ，あるいは四つの点で交わり，それらから軸 AO の上に垂直におろされた線は，提示された方程式のすべての根となるだろう．　345

111）この問題に対するデカルトの最終的な解法は『幾何学』第三巻〔2 個の比例中項を見いだすこと〕（AT. VI, 469）に見られる．

112）つまり $x^4 = \pm ax^2 \pm bx \pm c$ の形式の方程式．『幾何学』（AT. VI, 383 以下および 390 以下）を参照．

113）JB. IV, 138 で C としているところを AT 版に従って B 版で O に訂正．

114）つまり $y = x^2$ の放物線のこと．

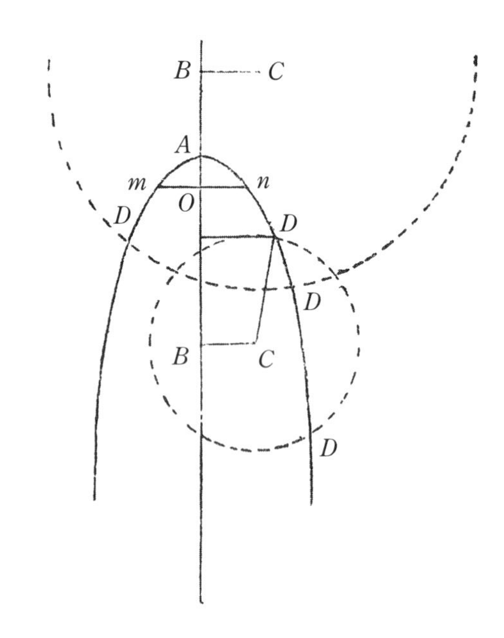

ところでもし平方の数に加法記号がついているとすれば，線 AB は単位と平方の数の和の半分となり，パラボラの内側にとられるだろう．しかしもし減法記号がついているとすれば，線 AB は単位と平方の数の間の差の半分となり，その差が単位より小さければパラボラの内側に，大きければ外側に，等しければ頂点に〔とられるだろう〕.

346

同様に線 BC は根の数の半分となるだろう．そして最後に，絶対数に記号＋があった場合には，円の半径 CD は線 CA の平方と絶対数の和の平方根となるだろうが，記号－があるとすれば，半径 CD は線 CA の平方が絶対数を超過するところの差の根となるだろう．実際それは超過しなければならない．さもなければ方程式全体の中に真の根はなく，すべては虚の根となり，そして一般的に方程式には，既述の円がパラボラと頂点以外で交わる点の数だけ，真の根が存在する．そしてもし根の数に記号－があれば，真の根のうち，それらの端点から円の中心に向けて引いた線がパラボラの軸と交わるもののみが陽〔正〕の根であり，他は陰〔負〕の根である．そして反対に，根の数に記号＋があるなら，パラボラの，円の中心がある側にあるのが陽の根であり，反対側にあるのはどれも陰となる．この規則には例外も欠陥もまったくない.

以上の発見をデカルト氏は重要なものとみなし，自身かつてこれ以上傑出したものは何も発見しなかったし，それどころか，かつて何者かによって何かこれ以上傑出したものが発見されたこともなかったと認めているほどである[115].

XII

月に文字を書き込んで別の場所から読むことができるか[116]

347

20年前アグリッパを読んだのだが，彼は月に文字を書き込んで，それを他の誰かが地球の別の場所で読めるようにすることができると言っていたと記憶している[117]．デカルト氏が言うには，バプティスタ・ポルタ[118]はそのことを焦点距離が無限遠のガラスレンズのおかげだとして，それを用いてやはり月に好きな文字を書き記すつもりらしいとのことである．しかしポルタはアグリッパと一緒にふざけているのであって，どちらも実際には信じていなかった．しかしもし誰かがそれを通して月面で為されていること，そしてそこに住んでいると言われる連中によって書き記されることを見ることができる遠眼鏡を作ることができ，そしてもし彼らにわれわれと同じことができたとすれば，地球のあらゆる地方が対面させられるので，対蹠人（たいしょ）たちのところで何がなされているか彼らはわれわれに毎日示すことができるだろう．さらにガリレオによって「巨人たちはそれゆえわれわれより大いに賢い」と言

115）『幾何学』第三巻〔三ないし四次元をもつ方程式に還元された，あらゆる立体的な問題を作図するための一般的方法〕（AT. VI, 464–469）を参照.

116） JB. III, 114（1629年3月19日と6月27日の間）.

117） *De Occulta Philosophia*, lib. 1, cap. 6, “De admirandis aquae et aeris atque ventorum naturis.” *Henrici Cornelii Agrippae ab Nettesheym Opera*, Lugduni, per Beringos fratres, 1600, vol. I, p. 11 を参照.

118） Johannes-Baptista Porta, *Magiae naturalis, sive de miraculis rerum naturalium, Libri XX*, Neapoli, apud Horatium Salvianum, 1589, p. 286. ただし1558年の初版本は全四巻.

われているので[119]，彼らはすでに久しくそのような遠眼鏡を発明していて，いつでもわれわれが何をするのかを見ており，いつかわれわれもそのような遠眼鏡を発明し，彼らと，そして彼らはわれわれと，議論することができるのを待ち望んでいるというのはありそうなことである．しかし云々．

XIII

すべての協和音が弦の連続的な二等分から生じること[120]

348　デカルト氏は，12年前に彼が私のためにブレダで書き上げた彼の『音楽論』[121]，それも私はこの本[122]の中に挿入するよう命じたのだが，そのなかで，弦の二等分を続けることから，*ab* 対 *ac* がオクターヴとなり，*ad* 対 *ac* が五度となり，*ae* 対 *ac* が長三度になり，*af* 対 *ac* が大全音になるというように，すべての協和音と音階が不自然でない仕方で生じると述べている[123]．そこから，*af* 対 *ac* が大全音であり，*ea* 対 *fa* が小全音であるであるということと同様に，*ag* 対 *ac* が大半音であり，*af* 対 *ag* が小半音であるということも，そしてそこで述べられているごとく，この分割から付帯的な協和音が残るということも帰結するだろう．

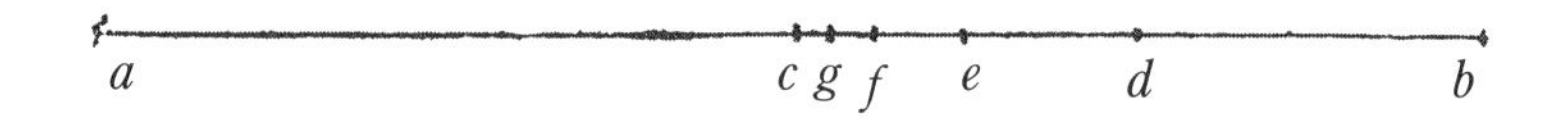

ところで *ag* 対 *ac* は 17 対 16 であり *af* 対 *ag* は 18 対 17 であるが，通常の半音は 16 対 15 等々である．そこから，協和音における打撃の同一性が説明される場合を除いて，音楽の形相はこのような優雅な分割にあるのではな

119）　ベークマンの引用がガリレオの著作のどこからとられたものかは明確ではない．『天文対話』第一日には「月ではわれわれのところにあるものに似たものは生成しない．たとえ生成するとしても非常に違っていよう」という見出しがある．『天文対話』上，青木靖三訳，岩波書店，1959年，p. 154.

120）　JB. III, 135–136（1629年10月11日以前）.

121）　『音楽提要』のこと.

122）　本書 p. 60（AT. X, 331）参照.

123）　本書 pp. 42–43（AT. X, 56–58）参照.

いということ，そして，大全音と小全音の場合のように，これらがこのような分割に対応するにせよ，半音において示されるように，そうでないにせよ，一つの協和音から別のものへの移行から音階が選択されるということが帰結する[124]．

本日，すなわち1629年10月11日，私に彼が言った[125]ことには，ヴェネツィアのパウルス・セルウィタ神父が，運動について，私が以前からしばしば明らかにしているのと同様の，つまり「いったん動かされたものは何であれ，障害にぶつからなければ，つねに動いている」という考えであり，神によっていったん動かされた諸天においては運動が永続することを彼に請け合ったそうである．私は言うが，私にそのことを述べたのはコルヴィウス氏であり，彼はそれをそのヴェネツィアの神父の書いたものから抜き書きしたそうである．

（中澤 聡 訳）

124） 本章「解説」および Cohen［1984］, pp. 188–189 を参照.

125） 原語は Dixit. 主語をデカルトととるとコルヴィウスを主語とする最後の文に矛盾する．JB では Dictum est に修正されている．

思索私記

213

［AT. X. 213–248］

1619年1月1日[1)]

役者たちは出番になると，恥じらいが顔に現れないよう配慮して仮面[2)]をつける．それと同じように，私も今までは自分がそこでは観客であった世界という舞台[3)]に登るときには，仮面をつけて進み出よう[4)]．

214

若いころ，私は工夫に富んだ発見を見せられると，その著者の書を読まないでも自分でそれを発見できないものかどうかを自問した[5)]．このようにし

1）この日付はこれら断章全体の日付ではなく，*Parnassus* と称する数学的断章に付されていたと考えられる．断章の中には1618年のことをメモしたと思われるものもある．

2）ここでの「仮面」persona は，演じられている人物の面で，古典劇などで使われる．本書 p. 81 に出てくる「仮面」larvatus は，カーニバルなどで使う黒い面である．意味は少し異なるが，ここでは同じことばで訳した．

3）「それに続くまる九年の間，私はこの世界を転々と渡り歩くこと以外は何もせず，そこで演じられるあらゆる芝居の役者よりも観客になろうとした」（『序説』AT. VI, 28）．

4）当時，偽名で書物を出すことは普通であり，それは「仮面をつける」に相当する．ユトレヒト事件の際，ヴォエティウスが弟子スホーキウスにデカルト批判を書かせたことを知っていたデカルトは，「ヴォエティウスは仮面をつけてしか私の前に進み出ない」（『ヴォエティウス宛書簡』AT. VIII–2, 7）と言っている．なお，グイエによれば，この断章から本書 p. 81 の「すべての精神には一定の限界が……」までの七つが *Præambula* と称する断章群である（H. Gouhier, *Les premières pensées de Descartes*, 1958, pp. 66–71）．『遺稿目録』には *Præambula*. Initium sapientiæ timor Domini（序．知恵の始まりは主（しゅ）への畏れ）と記されていた（AT. X, 8）という．これは旧約聖書（「詩篇」111–110 など）のことばである．

5）「私がつねに研究の最大の楽しみとしてきたのは，他人の説を聴くことではなく，それを自ら工夫して発見することであった．そして，ただこのことのみが未だ若い時に，

て，私は少しずつ一定の規則[6)]を使っていることに気づいた[7)].

学問は女のようなものである．夫の許で貞節であるならば尊敬されるが，だれにでも身を任すようになると品位を落とす．

大部分の書物は，その数行を読み，わずかな図を見るだけで，すべてが知られる．残りは，ただ紙面を埋めるために付け加えられているだけである．

「「ポリビウス・コスモポリターヌス[8)]の数学の宝庫」，そこにおいて，この学問のあらゆる難問を解決するための真なる手段が与えられる．そして，これらの難問に関して，人間の精神によってはそれ以上のことは何も見出しえないことが証明される．それは，あらゆる学問において新しい奇跡を見せると約束しているある人たちに，ためらいを喚起し，その無謀さを諫(いさ)めるためである．さらにまた，それは，夜も昼もこの学問のゴルディオスの結び目を捉えんとして，無益にかれらの精神の労を費やしている多くの人たちの骨折りの多い仕事を軽減するためである．この書は全世界の学者，ことにドイツの有名なF. R. C.[9)]に再び捧げられる．」

私を学問研究に誘ったのであるから，何らかの書物がその表題において新たな発見を約束している場合はいつも，進んでその書物を読む前に，同様なものが私の生具の推理力によって獲得されはしないかどうか，試してみた」(『規則論』AT. X, 403).

6）「確かな規則」とも訳せる．

7）「若い頃から私はたまたまある道に出会い，それは私をある考察と格率へと導き，そこから私は一つの方法をつくりあげた」(『序説』AT. VI, 3).

8）この偽名の下にデカルトは「数学の宝庫」を準備していたと考えられる．ポリビウスは古代ギリシアの歴史家とはかぎらず，ホメロスにもプラトンにも登場する．「ポリビウスの宝庫」という言い方は16，17世紀の書にもあったという（V. Carraud et G. Olivo éd, *René Descartes: Étude du bon sens, La recherche de la vérité et autres écrits de jeunesse (1616–1631)*, Paris, 2013, p. 147)．その書は数学的な方法によってあらゆる難問を解くと言われているが，詳細は不明である．おそらく「連続・不連続を問わずいかなる種類の量においても…すべての問題を一般的に解くことができるような学問」（ベークマン宛書簡1619年3月26日，AT. X. 157；『全書簡集』I, 7）と関連するであろう．なお，この断章はすべてイタリックとなっている．

9）バラ十字兄弟会員（仏語でFrères Rose-Croix)．この団体とデカルトとの関係はしば

諸学問は今は仮面を付けているが，それが取り除かれると最も美しい姿を現わすことだろう．諸学問の連鎖[10)]を見通す人にとってそれを心にとどめることは，数列をとどめること以上に難しくはないと思われるであろう． 215

すべての精神には一定の限界が定められており，これを越えることはできない．もしある人が，精神の欠陥のゆえに発見のための原理を使うことができない場合でも，学問の真の価値を知ることはできる．その人が事物の評価について真なる判断を下すためには，それだけで十分なのである．

私は悪徳というものを心の病と呼ぶが，それは肉体の病ほど簡単に知ることができない[11)]．その理由は，われわれは肉体の健康を大変しばしば経験しているが，精神の健康を決して経験しないからである[12)]．

私は次のことに気づいている．悲しいとき，危険の最中にあるとき，悲しいことが心を占めるとき，私はぐっすりと眠り，もりもりと食べる．これに対して，喜びに満ちているときは食べも眠りもしない[13)]．

庭において，木やその他のもののような，さまざまな形を表す影を作るこ

しば取りざたされるが事実関係は不透明である．「再び捧げられる」とは，ファウルハーバーの書が十字会に捧げられたのにならって，デカルトもそうするということか．Carraud-Olivo は，この断章はバラ十字会を話題にしているところから『良識の研究』に属すると考える（*op. cit.*, p. 134）．だが，話題だけを根拠に断章の所属先を決定しえるかどうかが問題であると思われる．

10）「すべての学問は相互に結合し，互いに他に依存している」（『規則論』AT. X, 361）．

11）『カルテシウス』AT. XI, 653, 本書 p. 226.

12） グイエによれば，ここから本書 p. 83 の「すべての人の精神のうちには…」までの六つが *Experimenta*（体験）と称する断章群である（H. Gouhier, *op. cit.*, p. 71）．

13）『情念論』99–100 節にも，喜びが食欲を減退させ，悲しみがそれを増進させる趣旨のことが述べられている．エリザベト宛書簡 1646 年 5 月（AT. IV, 409 ;『全書簡集』VII, 63–64）も参照．

とができる[14].

216　「また」，生垣を刈り込んで，ある角度から見るとその生垣がある形を表すようにすることができる.

「また」，部屋のなかで，太陽光線をある穴から入れて，さまざまな文字や形をつくらせることができる.

「また」，部屋のなかで，火の舌や火の馬車その他の形を，空中に出現させることができる．そのすべては光線をそれらの点に集める，ある鏡によるものである.

「また」，部屋のなかに射し込む太陽が，つねに同じ側から来ると思われるようにすることも，太陽が西から東へ動いていると思われるようにすることもできる．そのすべては放物鏡による．そのためには，太陽が，屋根の上の小さな穴の真向こうに反射点がある一つの集光鏡に当たり，さらにこの小さな穴の真向こうに同じ反射点がある他の集光鏡に当たるようにしなければならない．そうすれば，太陽はその光線を部屋のなかに平行に投げ入れるであろう.

1620年，私は驚くべき発見の基礎を理解しはじめた[15].

1619年11月の夢[16]．そのなかで次の言葉ではじまる第七歌[17].

「いかなる生の道をわれは選ばん？……」[18]

アウソニウス

---

14)　この断章は「また」item を除いてフランス語である．なお，空気と光を使ってこうした影を作りだす学問（光学）は数学の一分野で「奇跡の学問」（某宛書簡1629年9月，AT. I, 21 ;『全書簡集』I, 43）と呼ばれた.

15)　この四行は本来 *Olympica* に属する断章が紛れ込んだものである．フーシェ・ド・カレイユによれば，第一行の欄外に「*Olympica*，11月10日，私は驚くべき発見の基礎を理解しはじめた」との書きこみがあったという．AT版はそれも本文に組み込んでいるが，これは別系統のものでありB版は採用していない．本書もそれにならった.

16)　1619年11月10日の夜の夢については，Baillet, I, pp. 81–86に詳しい.

17)　第七歌の「第七」は単なる誤記であり，意味がない.

18)　Ausonius, *Idylles*, 15, 1. ライプニッツもこの句を『弁神論』で2度引用している（序文およびI–100).

友人から非難されることは，敵から褒められることが名誉であるのと同じく，有益である．われわれは見知らぬ人からは賞賛を，友人からは真理を期待している[19]．

217

すべての人の精神のうちには，少し触れただけで強い情動をひき起こす部分がある．たとえば，気の強い子供は叱られても泣くどころか怒りだすが[20]，そうでない子供は泣くだろう．われわれは，多くの大きな不幸が起こったと人から言われると悲しむだろうが，ある悪人がその原因となっていると付言されると，われわれは怒りだすだろう．ある情念から他の情念への転移は，近接した情念を介してである．しかし，楽しい宴席の最中で突然，悲しい知らせが告げられたときのように，反対の情念によってより強い情念に転移することもよくある．

想像力が物体を把握するために図形を使うように，知性は精神的なものを思い描くために風や光のような感覚される物体を使う．このように，われわれはより高く哲学することを通して，精神を認識によって崇高なところにまで高めることができる[21]．

重要な思想が，なぜ哲学者たちの書いたものよりも，詩人たちの書いたものの中に多くあるのかは，驚くべきことと思われるかもしれない．その理由は，詩人たちは霊感と想像力とによって書いたからである．われわれのうちには，火打石のうちに火が宿っているように，学問の種子が宿っており，それを哲学者たちは理性によって取り出すが，詩人たちは想像力によって打ち

19）「敵からさえも賞賛されるのは大なる善，しかし友からさえも非難されるのは大なる悪」（F. Bacon, *De augmentis scientiarum*, I, VI, c. 3）. Carraud-Olivo, *op. cit.*, pp. 75–76, 所雄章『知られざるデカルト』, p. 64 による．

20）「不満なとき泣かずに青くなる子供がいる．これは，その子たちに並はずれた判断力と勇気がある証拠になりうる」（『情念論』134 節）．同 199 節も参照．

21） 以下，本書 p. 85 の「動物の…」まで九つの断章は *Olympica* に属する（H. Gouhier, *op. cit.*, p. 74 以下）．

出し，さらに大きな光輝を放つようにする．

賢者たちの格言は，きわめてわずかなある一般的な規則に還元されうる[22]．

十一月が終わる前に，私はロレト[23]に着くだろう．それも，その方が適当で，それが習わしならば，ヴェネツィアから徒歩で行こう．だが，そうでない場合でも，少なくともだれもが普通もっているのと同じく，最大の献身の意を以って〔巡礼をしよう〕．

218

いずれにせよ，復活祭までには拙論[24]を完成するであろう．もし私のもとに本屋が沢山あり，かつ出版に値すると思われるなら，今日約束したようにそれを出版するであろう．1620 年 2 月 23 日．

事物のなかには一なる活動力がある．愛，慈悲，調和[25]．

感覚的なものはオリュンポス的なもの[26]を理解するのに適している．風は霊を表し，時間を伴った運動は生命を，光は認識を，熱は愛を，瞬間的な活動は創造を，それぞれ表している．あらゆる物体の形相は調和を保ちながらはたらいている．乾よりも湿が，熱よりも冷が多くある．なぜなら，さもなければ，ある活動的なものがあまりに速く勝利を収めてしまい，世界は長く持続しなかったであろうから．

22） Carraud-Olivo は『序説』を参照するよう指示している（*op. cit.*, p. 78）.「論理学を構成しているおびただしい数の規則の代わりに…私は次の四つの規則で十分であると思った」（『序説』AT. VI, 18）.

23） ロレトは有名な巡礼の地でヴェネツィアの南 300km にある．モンテーニュもイタリア旅行の際に訪れた．だがデカルトが実際に行ったという記録はない．

24）「数学の宝庫」『良識の研究』『規則論』草稿など，諸説あるが不明．

25） グイエは，それらを動物の世界における愛，精神の世界における慈悲，宇宙における調和，と理解する（H. Gouhier, *op. cit.*, p. 83）.

26） オリュンポス山には神々が住むとされていたことから，感覚的経験を超越したものという意味であろう．

神が闇から光を分離したということは，「創世記」においては，善き天使を悪しき天使から分離したことを意味する．なぜなら，欠如は固有の性質から分離できない[27]からである．したがってこのことは文字通りには理解されえない[28]．神は純粋な知的主体である．

主は三つの驚くべきことをなした．無からの事物，自由意志，そして神人[29]．

自然的事物について人のもつ認識は，ただ感覚に現れたそれらの事物との類比によってのみなされる．それればかりか，問題の事物を感覚的認識にうまく同化することができた人を，われわれは真実に哲学した人であるとみなしている．

219

動物のあるどんなに完全な行動からでも，われわれはその動物が自由意志を持っていないのではないかと推測する[30]．

数日前[31]，私はきわめて聡明な人[32]と親しく語り合うにいたったが，彼は

27) 闇（光の欠如）も神の創造物であるかぎり無ではないので，光という固有の性質から分離できない，という意味であろう．これは伝統的な解釈である．

28) 「おそらく「創世記」に見られるあの創造の物語は比喩的なものであり……」（『ビュルマンとの対話』AT. V, 169）．

29) すなわち，無からの世界の創造，人間の自由意志，救済者としてのイエス・キリスト，を意味する．

30) 「動物にはかれらのある行動において，人間にまさる巧みさを示すものが多くいるにしても，…それはかれらが精神を持っていることの証明にはならない」（『序説』AT. VI, 58）．

31) グイエによれば，これ以下が *Parnassus* と称される数学的断章集である（H. Gouhier, *op. cit.*, p. 24）．ガリマール版『デカルト全集』第I巻 pp. 198–213, 274? は，これを信頼できるテキストとして独立させている．『ベークマンの日記』によれば「数日前」とは1618年11月23日から12月26日の間のことであり，以下の文章が書かれたのはこの期間ということになる．

32) ベークマンである．この「問題」は『ベークマンの日記』の内容と合致し，AT. X, 77–78にも見出される（本書 pp. 57–58 参照）．

私に次のような問題を提起した．彼は言った，

「石が一時間で A から B へ落下する．だが，それは大地からつねに同じ力で引かれ，はじめの引く力によって付与された速さをまったく失わない．なぜなら，真空においては動かされたものはつねに動き続ける」[33] と思われたから，と．そして私は尋ねられた，「このような空間を行くのにどれだけの時間がかかるか」と．

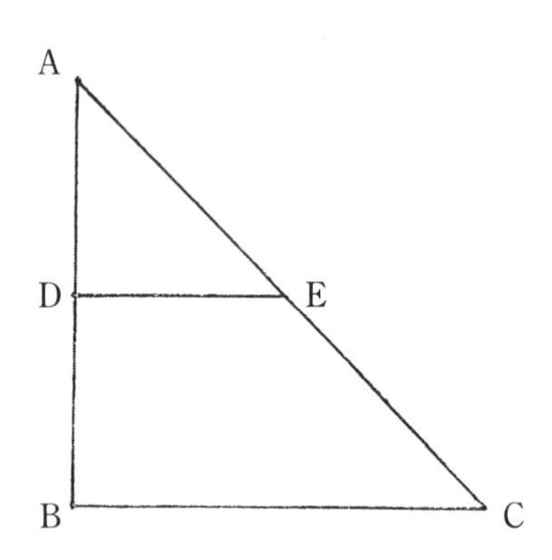

私はこの問題を解いた．直角二等辺三角形において，ABC は空間（運動）を表す[34]．点 A から底辺 BC にいたる空間の不等性は運動の不等性を表す．したがって AD は，ADE が表す時間をもって通過される．また DB は DEBC が表す時間をもって通過される．ここで注意すべきことは，より小さな空間がそれだけ遅い運動を表すことである．ところで AED は DEBC[35] の三分の一である．ゆえに，AD は DB よりも三倍遅く通過されるであろう[36]．

220　この問題はまた，別の仕方で提起されうる．つまり，地球の引力は最初の瞬間になされた引力とつねに同じであり，新たに産出されても元のままにとどまる．かかる問題は角錐において解かれるであろう[37]．

33）『ベークマンの日記』（AT. X, 58–61），本書 pp. 43–46 参照．

34）　この部分はテキストに乱れがあり，「空間 ABC は運動を表す」とも，「面積 ABC は空間を表す」とも解される．

35）　ライプニッツのノート：「もし AD が DB の半分ならば」（ママ．DB を AB と読む）．

36）『ベークマンの日記』（AT. X, 75–78），本書 pp. 56–59 参照．物体の落下運動である．

37）　ライプニッツは「曖昧だ」と原本にメモしていたという．しかし『ベークマンの日

ところで，この学問の基礎を据えるために，いたるところ等しい運動は，直線によって，あるいは直方形の表面，あるいは平行四辺形，あるいは平行六面体によって表される．それは，原因が一つ増すなら三角形，二つなら角錐その他，三つなら他の図形によって表される．

これらを以ってすれば無数の問題が解かれる．たとえば，空中を落下する石は「それによって力を獲得する」[38]が，その場合，石が等速運動を始めるのはいつか？　それは次のように解かれる．この直線は最初の瞬間における石の重さを表すとし，線 AEG と CFH の曲り具合は不等速運動を表すとす

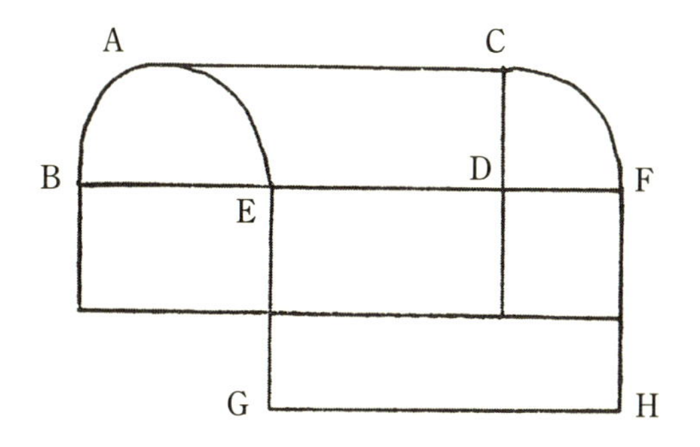

ると，もちろん点E，F において等速運動が始まるであろう．なぜなら，AEG が曲線であるのは A から E まででしかなく，E から G は直線であるから．

「また」，もし火のついた松明が，火もまたきわめて軽いので，重さが少し軽減されるような仕方で空中を落下するなら，〔この線によって〕どの程度それが軽いかが知られるので．　221

「また」，もしどの瞬間に最も速く落下し，どの瞬間に落下しないかと問われるならば，〔この線は〕すべての松明と空気の重さによる妨げをも〔表す〕．そこでは松明が，それぞれの瞬間にどれだけ燃えるかをも知るべきである．

記』（AT. X, 77–78，本書 pp. 57–59）では明快に説明されている．

38）　Vergilius, *Aeneis*, IV, 174–175.

222 幾何数列と同じく算術数列によって，他の無数の問題が〔解かれる〕[39].

このような問題には，複利〔すなわち利益の利益〕に関する問いが属する．たとえば，AB〔の量の金額〕を借りたとしよう．時間ACを経た後，〔利子を

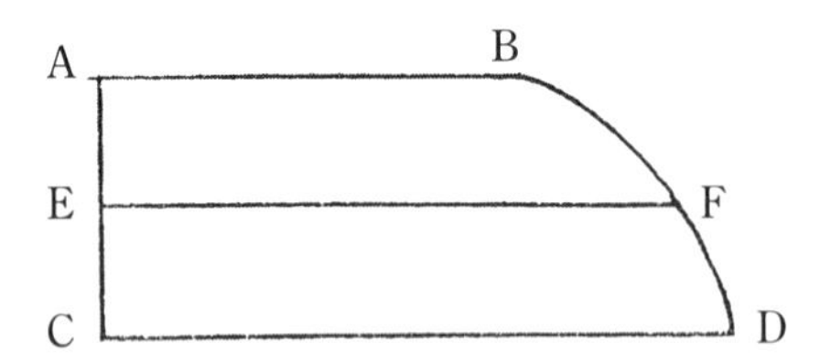

含めた金額は〕CDにならねばならない．もし引かれた線BFDが比例の線ならば，時間AEを経た後ではちょうどEFであらねばならない．比例の線は

223 円積線[40]に関係づけられるべきである．なぜなら円積線は，円と直線という相互に従属関係にない二つの運動から生じたからである[41].

ミデルブルフのイサーク[42]は，縄ACBが鋲aとbで固定されているとするとき，その縄は円錐曲線の一部を描くかどうか私に質問した[43]．しかし，

39） 『ベークマンの日記』（本書 pp. 58–59）を参照.

40） 円積線（quadratrix）とは，四分円の円弧上を動く点と半径上を動く点という，互いに独立に一様運動する二点によって形成される運動曲線のことである．角の三等分や，円を正方形化する円積問題に用いられた.

41） ライプニッツ：「すなわち，非解析的な運動の数から．」本書 p. 58, AT. X, 78 も参照.

42） Isaacus Middelburgensis. オランダ・ミデルブルフ出身のイサーク・ベークマン（Isaac Beeckman, 1588–1637）のこと.

43） 二点から吊された鎖の形状（懸垂線）を決定せよ，といういわゆる「カテナリー問題」のこと．詳しくは佐々木［2003］，p. 150 および注 89 の文献を参照．AT 版は，『ベークマンの日記』でこの問題が 2 度取り上げられていると指摘．初回が 1619 年 4 月 22 日，2 回目が 1620? 年 4 月 20 日（AT. X, 223, note c）．図はおそらく後付けのもので，原文も鎖（catena）ではなく，縄（funis）とある.

今はそのことを探究する余裕がない．

同様に彼は，その音がもっとも高いリュートの弦はもっとも速い運動を持つと推測した．したがって，一つの低い音に対して，それより1オクターヴ高い音は2〔倍〕の運動を生成する．同様に，5度より高い音は$1\frac{1}{2}$〔倍〕の運動を生成する，など[44)]．　224

また同様に彼は，投擲体の運動において，円回転の力によって手から放たれた投擲体が，ただちに直線運動へと向きを変えるのはなぜなのか，注目していた．すなわち，部分 *aa* は *bb* より大きな円を描き，そのためより速く動く．その結果，次のようになる．すなわち，それ〔投擲体〕が手から放れるとき，それは部分 *b* に先行し，そして自身の後ろにある部分を引っ張るであろう．〔また〕このことから，次のような仕方で，あるものを円状に投げ放つことができるということになる．つまり，点 *e* から吊された錘(おもり) *a* が，円 *abcd* のように自由に動き回るとする．このとき，錘のすべての部分は均等に運動するので，もし縄 *ea* が断たれたとしても，錘は円運動を続ける．このことは，もし水の中に落下したとしても，検証することができよう．

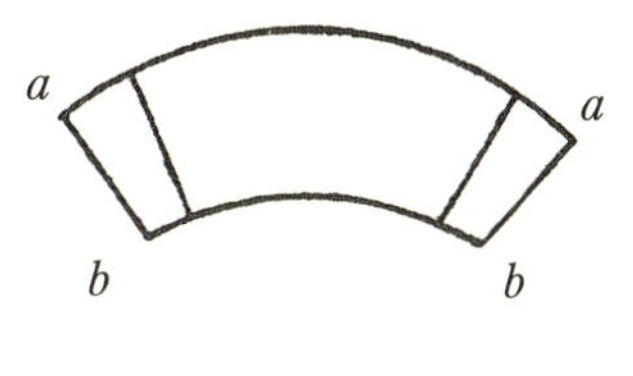

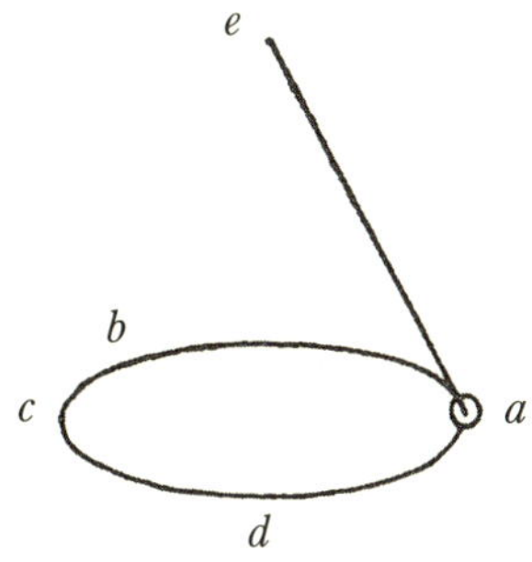

同じく彼は，固体の水が液体の水よりも多くの場所を占めることを私に示している[45)]．彼が実験したところでは，氷は，桶の端の方においてよりも，真ん中の方においてより希薄であったということである．彼はそのことが次　225 226

44）完全8度では振動数の比は1：2となり，完全5度では振動数の比は2：3となる．したがって，1オクターヴすなわち完全8度で振動数は2倍になり，完全5度で振動数は1.5倍になる．Cf. AT. X, 52–53.

45）AT版は，『ベークマンの日記』（1618年8-9月，カーン）の参照を指示（AT. X, 225, note a).

の理由によるからであると述べる．すなわち，場所を占めている火の精気は，当初は，冷たさのために桶の真ん中の方へと向かわされるが，さらに冷たさによって追い立てられそこから出ていくと，真ん中に空虚な場所が残されることになる．それどころか，それら〔火の精気〕が外に放出されるとき，氷を持ち上げることとなり，こうして氷が〔液体の〕水よりも多くの場所を占めることになる，と．

彼はまた次のようにも述べた．この地方ではきわめて鋭い針を作ること〔ができ〕，それは銀貨を突き通すほどである．またそれはきわめて細いので，水面に浮かぶほどである．私はそれを作ることが可能だと考える．なぜなら，同じ物質であっても，微小な事物は，大きな事物と比べて水を分割するのが容易ではないからである．というのも，唯一表面が液体を押すのだが，その比率は，小さい物体における方が大きい物体におけるよりも，より大きいからである．

227

数学的な厳密さをもって作られた音楽の楽器[46)]

マンドリンに正確に触れるためには，私の音楽の規則に従えば，ナットからブリッジまでの空間を，A に対して 192 の等しい部分に分割しなければならない．そこから 12 を取り除いて B にあてがい，それから C には 18 を，D には 2，E には 16，F には 9 をあてがう[47)]．それから，われわれが普段しているように，5 度および 4 度という仕方で，交互に弦を調律すること．C と D は可動的なレの音に役立つ．こうしてミュタツィオ[48)]に向いていない

46）フーシェ・ド・カレイユ：「以下 2 段落はテキストではフランス語であり，いかなる変更もなく再現する．」

47）『音楽提要』の表に，同じ数字が対応しているのを見ることができる（AT. X, 125）．その表に従えば，192 から 12 を引くと 180 の C（ド）になる．180 から 18 を引き，さらに 2 を引くと 160 の D（レ）に，160 から 16 を引くと 144 の E（ミ）に，144 から 9 を引くと 135 の F（ファ）になる．

48）ミュタツィオ（muance）とは，ウト（ド）・レ・ミ・ファ・ソ・ラという音階的に並べられた 6 つの音からなるヘクサコルドの階名唱法において，旋律がヘクサコルド

弦楽器にとって変則的な嬰音が現れさえしなければ，あらゆる音楽をこのマンドリンで演奏することができるようになるであろう．

ブコリアから出発し，ケムニスの方へまっすぐ行きたかったり，あるいは何であれエジプトのどこか他の港に行こうとするならば，出発する前に次のことにまさしく注意せねばならない．すなわち，ピティウス〔太陽〕とピティアス〔月〕は〔天の〕どの場所で，ナイルの河口[49]に対して互いに向かい合うのか．それから，その場所がどこであれ，その道を見出したいならば，ピティアスがどこにいるのか，そしてプシュケーが伴っているのはどの従者たち〔恒星〕なのか，このことだけに注視せねばならない[50]．なぜならこの方法によって，どれくらいそこがブコリアに居たときの場所から離れているのかを知ることで，人はその道を見出すからである[51]．

の音域を越えて上昇ないし下降するときに，他の階名からはじまるヘクサコルドに読み替えるという移調の技法である．たとえば，「ウト」に当たるCから出発して「ソ」に当たるGに到達したところで，そのGを新しい「ウト」に読み替えて先に進む．読み替える必要がないところは，元の階名を用いる．こうして，「ウト・レ・ミ・ファ・ソ・レ・ミ・ファ・レ・ミ・ファ・ソ」と，一オクターヴを越えてどこまでも歌えることとなる．この読み替えの技法を，当時は「変換」という意味をもつラテン語でミュタツィオ（mutatio）と呼んだ（金澤正剛『新版古楽のすすめ』音楽之友社，2010，108–109頁参照）．『ベークマンの日記』（本書 pp. 46–48）も参照．

49）　ライプニッツ：「すなわち出発点．」

50）　ここでデカルトは，月や恒星の位置によって，旅や航海の際に自らの位置を測定する方法について述べている．関連する記述が1619年3月26日付のベークマン宛書簡にある．「ミデルブルフを発ったのちに，あなたの「航海術」のことも考えました．そして，私はある方法を本当に発見しました．それは，私が外国のどこを航行していても，眠っていようと旅の途上で時の経過を知らずにいようと，ただ天体を観測するだけで，私が知っている他の国から東または西に向かって何度離れているかを知ることができる方法です」（AT. X, 159；『全書簡集』I, 9）．ベークマン宛書簡1619年4月23日も参照（AT. X, 163；『全書簡集』I, 13）．

51）　ライプニッツ：「「ブコリア」：出発地点，「エジプト」：地球，「ナイルの河口」：出発地点，「ピティウスとピティアス」：☉〔太陽〕と☽〔月〕，「プシュケーの従者たち」：恒星．」

228　ミデルブルフのイサークは，ステヴィン〔の本を読んだこと〕から，いかにして容器 b の底における水が，容器 c と a の底におけるのと等しい重みをかけるのか，また容器 c 全体が，中央に固定された錘が不動な状態になっている a〔全体〕と比べて，重みがかかるわけではないのはいかにしてか，という問題を提起した[52)]．

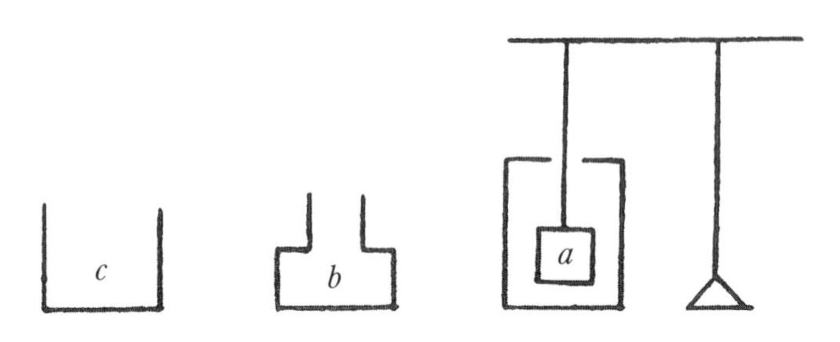

私は次のように答えた．すなわち，水は，それを取り巻いているあらゆる物体を等しく押す．もし底のある部分が開かれ，その障害が取り除かれるとすると，水は容器 c におけるのと同じような仕方で下降する．したがって水は等しく底を圧する．

人は次のように反論する．もし容器 b と c の下層部分が同時に開くとすると，c の水は b の水よりもより速く下降するであろう．というのも，水の下降のうちに速さの自然な様態があり，その水の自然な速さは，その水が下層の水によって残されたすべての場所を埋めるために，容器 b の管のうちに存在している水によって越えられねばならないからである，と．

52）　シモン・ステヴィン（Simon Stevin, 1548–1620）は，古代ギリシアのアルキメデス以後，流体静力学において初めて重要な貢献をなした．ここでの問題は，流体静力学における静水圧のパラドクスに関連している．彼は，ベークマンが読んだ『流体静力学の原理』（*De Beghinselen des waterwichts*, Leiden, 1586）において，流体の入った容器の圧力（流体が底面に及ぼす力）は，底面積と，底面から流体の上面までの距離（流体柱の最大の高さ）にのみ比例し，流体の体積に比例したり，容器の形に依存したりはしないという流体静力学のパラドクスを定式化した．また，「水はすべての面において同一の圧力を及ぼす」として，連続した同一の流体中にある限り，あらゆる方向に同一の大きさで伝わるという流体静力学の圧力の概念を，おそらく最初に把握した（AT. X, 67–74；本書 pp. 50–56 を参照）．

私は，そこからは次の一つの事しか帰結しないと答える．すなわち，運動が生じている際には，容器 b の水は容器 c の水よりもつねにより遅い速さで下降する．ところで，重み[53]は運動から得られるのではなく，その運動に先立つ最後の瞬間において下降する傾向によって得られるのであり，そこでは速さを考慮する必要はないのである[54]．

グノモンの問題[55]．——地平の昼夜平分線が与えられたとして，その平分線の下に日時計を作ること．さらに，何らかの仕方で3点が置かれており，しかし〔それら3点は〕直線になっているのではなく，太陽が山羊座の至点〔つまり冬至〕にあるときに，それら3点がその〔日時計の〕影の端に達するようにすること．このとき，日時計の中心軸およびその軸の長さを見出すこと[56]． 229

この問題は，それぞれの中心が直線上に見出されるような，3つの異なる不等な円と接するある円を作図する問題に還元される[57]．

あらゆる延長において，その図形が任意に描かれる場合に，その図形に内接しかつ外接するような円を作ることができるようないかなる図形も，神性のヒエログリフであるところの3角形を除き，存在しない．

すべての平方の平方において，最後の数字はつねに1か6か，あるいは5

53） 原語は gravitatio.

54） Cf. AT. X, 67–74；本書 pp. 50–56.

55） ここでのグノモンとは，日時計の針のこと．フーシェ・ド・カレイユ（以下 FdeC）は脚注で，ライプニッツが「1676年6月5日」と写した日付の書き込みをしていると指摘している．

56） AT 版及び B 版は，次の参照を指示．メルセンヌ宛書簡 1630年4月15日（AT. I, 139, II, 19–22）．デカルトはその手紙ですでに数学には嫌気がさして今はそれほど重視していないと告げつつも，定規とコンパスだけを用いて以前に発見した三つの問題の一つとして，次のグノモンの問題を提示する．「地球上のある場所で表示される日時計の針を求め，少なくともそれが可能な時に，その影の先端が一年のうちのある一日に，与えられた三点を通るようにすること」（『全書簡集』I, 131）．

57） ヴァルスフェルは「それぞれの中心が直線上に見出され〔ない〕ような」と修正している．B 版は次の参照を指示．エリザベト宛書簡 1643年11月（AT. IV, 38–42）．

である[58].

あらゆる問いにおいて，二つの極のあいだに何かある中項〔中間〕が与えられていなければならない．その中項によって両極が明示的にあるいは暗示的に結ばれているのである．たとえば円およびパラボラ〔放物線〕[59]は，〔その中項である〕円錐の助けによって結ばれている．同様に，両者は二つの共可能的な運動によって描かれる．たとえば，〔螺旋状の形〕への運動は円形の運動と共可能的である，と言われねばならない[60].

もし数学的な筋道が認められるならば，直線と曲線に共通の尺度があるはずである．しかし実際には，そのような線を認めることができるのは機械学においてのみである，とわれわれは言う．それはつまり，ある重さと等しくするために竿秤を用いることができるのと同様である．またそれは，ある音と比較するために弦を，時間を計測するために時計の文字盤のうちに含まれた空間を，そしてそのうちで二つの類が比較されるところの類似するものを採用することができるのと同様である．

230

ランベルト・シェンケル[61]の（『記憶の術について』という）無益な著書を読み通すことで，私はこの考えを得た．想像力によって私が発見したすべてのことを把握するのは，私には容易なことである．それは，事象の原因への還元によってなされる．あらゆる原因は結局は一つの原因に還元されるのであるから，あらゆる学知を保持するための記憶など必要ないことが明らかで

58） デカルトは0を除外しているか，見落としている．たとえば，$10^{2^2} = 10000$.

59） パラボラについては，本書 pp. 189–190，注30参照．

60） FdeC 版は，このパラグラフの最後の文は損なわれており，翻訳できないとして訳していない．B版は ‘dicendus’ を ‘ducendus’ と置き換えて，‘non’ を削除し，“Ut motus ad spiralem ducendus est cum circulari compossibilis” すなわち，「螺旋状の形に導かれるべき運動は，円形の運動と共可能的である」とする．本翻訳もそれに従った．

61） Lambert Thomas Schenkel, 1547–1625. 記憶術についての著作 *De memoria libri duo*（1593）で著名になる．広くヨーロッパに記憶学についての講義を行い，記憶術を教育に最初に取り入れた．

ある．なぜなら，原因を知解する者は，その脳に与えられた原因の印象によって，すっかり消え去ってしまった表象像を再び新しく容易に形成するからである．ここにこそ真の記憶術[62]があるのであって，彼のろくでもない術に完全に対立する．彼の記憶術が効果がないということではなく，彼は他のものに優先してすべての記録が捉えられているべきことを要求するけれども，それは正しい順序に基づいていない，ということである．すなわち，順序[63]は，それ自体においては，相互に依存している像から形成される〔べき〕ものである．私はそれに気づかないでいるか熟慮するかであるのに対して，彼はあらゆる秘事の鍵であるこのことを省くのである．

私自身は，別の方法を考え出した．結びついている事物の像からあらゆるものに共通の新たな像〔の類〕がさらに学ばれるならば，あるいはとにかく，あらゆるものが一緒になって一つの像が形成されるならば，その形成された像は，最もよく似た像と関係を持つだけでなく，他の像とも関係を持つ．こうして，５番目は[64]，まず第一に，地面に投影された槍によって関係があり，中間はそれが降りるところのはしご〔階段〕と関係をもち，第二に，それに向けて投射された軌跡によって，第三に，真の意味あるいは作られた〔虚構の〕意味のある類似の比によって関係がある．

魚は，松明を下ろせばより簡単に網の中に捕まえられるということが主張されている．なぜ〔松明であって〕ガラスで周りを囲まれた蠟燭ではないのか？

☽の時期に応じてその重さを変えるようなある物体があるならば，それは永遠運動をもたらすであろう．◒のような車輪を作り，その黒い部分が残り全体の車輪として☽に従属しない別の実体であるとする[65]．このよ

231

62）「真の記憶術」については，「カルテシウス」AT. XI, 649, 本書 p. 219 に関連部分がある．

63） FdeC は順序（ordo）を「真の方法」と意訳している．

64） なぜここに「5 番目」（quinta）が来るのかは不明．

65） E. プルーエは forma を中世哲学の意味で解し，実体（substance）と訳す．また☽を「月」という言葉に置き換える（*Revue de l'Instruction publique*, 5 janvier 1860, p. 632,

うにして，水平軸において，両方の実体が自然状態において均衡するようにすると，それが ☽ の運動に従って永遠に運動するであろうことはまったく疑いない[66)].

その頭の部分と足の部分の内に鉄を含んでいるある影像を想定せよ．またその影像がきわめて細いが磁力を持っている鉄の縄ないし棒の上にあると想定せよ．同様に，その頭の上に別の棒があって，磁力の影響もまたあり，それはより高くて，あるものは場所に応じてより強い力〔＝磁力〕を持つとせよ．この影像は綱渡り芸人のように両手に細長い棒を持っている．しかしながらこの棒は，穴を穿たれており，私があらかじめ自動機械の運動原理を内に仕込んでおいた弦を張られている．すなわち，その棒にほんのちょっと触れるだけでも，影像全体は，それが触れられるたびごとに足を進め，そしてより強い磁力をもった場所で強く触れれば，自動的に足を進めるようになるだろう．たとえば，楽器が弾かれるときである．

232　アルキュタスの鳩[67)]は翼のあいだに直線運動を曲げるために風によって回転する風車をもっているであろう．

三角形の三辺をそれぞれ互いに掛けたとき，またその積を面積の 4 倍で割ったとき，第四の[68)]三角形のうちに外接する円の半径が得られる．

辺 a, b, c，面積 e〔の三角形〕があるとする．このとき，〔外接円の〕半径

---

col. I, note I ; AT. X, 231, note a).

66)　詳細やソースは不明だが，たとえば潮汐に見られるように，月の作用によって周期的に変動する物体から，永久機関を作り出そうとするアイデアの素描が示されている．AT 版は，『方法序説』の一節に関するポアソン神父の観察を参照にあげる（AT. X, 231, note b）．そこでは，デカルトが弦の上で踊る自動人形を含むいくつかの小さな自動機械（automate）を発明したことが述べられている．

67)　古代ギリシア時代にタラントのアルキュタス（B.C. 428–B.C. 347）が作ったと言われる鳥の形をした自動機械のこと．その逸話は，アウルス・ゲッリウスの『アッティカの夜』（*Noctes Atticae*），第 X 巻第 12 章に記されている．

68)　この「第四の」は，意味を成していないように思われる（B）．

は $\frac{abc}{4e}$ となる．たとえば辺が 13，14，15 で，面積が 84 であるとすると，半径は $\frac{65}{8}$ である．

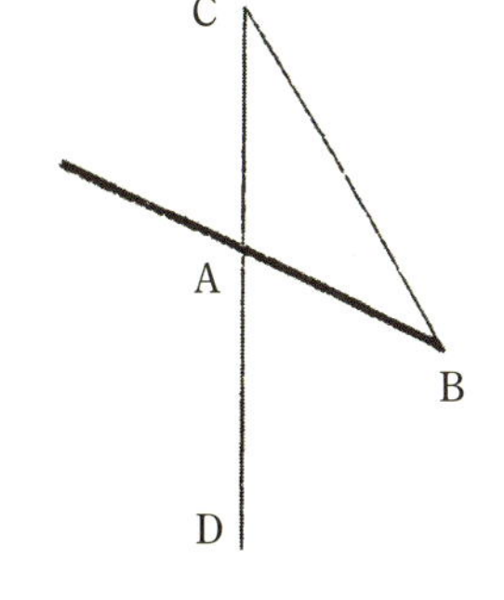

円錐曲線をあるコンパスによって描くことができる．AD が垂直で，AB が斜面だとする〔右図参照〕．コンパスの脚が不動のままであり，BC が斜面の上を回転するとする．ただし，CB は，C 越しに上昇していくと想定されているならば，より短くすることができるものとする[69]．　233

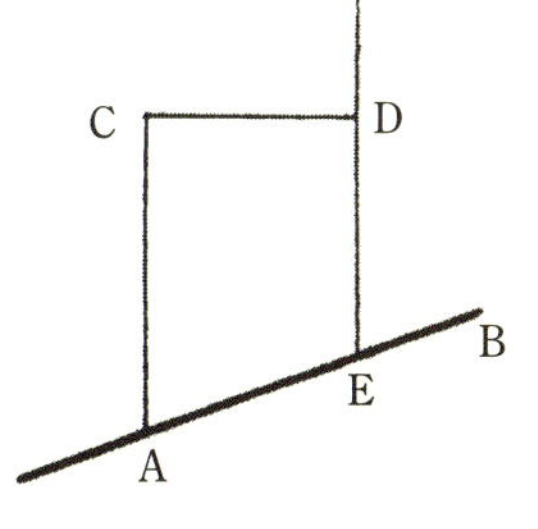

円柱曲線も同じ仕方で，次のようにコンパスによって描くことができる．ACDE が，その脚が不動であるようなコンパスであるとしよう〔右図参照〕．線 DE は，点 D によって，〔D の〕平面〔AB〕に対する距離に応じて，自由に下降あるいは上昇する[70]．

わたしは 1 𝔠𝔢 と 7 𝔷 + 14 の間，およびこれと類似のタイプの方程式の解を発見した[71]．まず 1 𝔷 + 2 æqu. $\frac{1}{7}$ 𝔠𝔢〔1 𝔷 + 2 は $\frac{1}{7}$ 𝔠𝔢 に等しい〕[72]に還元し，　234

69）　デカルトはここで円錐曲線を描く手続きを示している．それは円錐を平面で切断することで得られる作図と等価なものである．すなわち，（円錐を切断する）平面を，CB を回転させることによって生成する円錐に置き換えると，点 B は，CB によって生成される円錐と側面 AB との交線によって得られる曲線を，側面 AB 上に描くのである（AT. X, 233, note a）．

70）　前と同様に，デカルトは円柱を生成する直線として DE，切断する平面として AB を置き，それらによって円柱曲線を構成できることを示す．

71）　現代的記法では，𝔠𝔢 は x^3，𝔷 は x に相当する．これらコス記号については，後注で詳しく触れる．デカルトはここで，$x^3 = 7x + 14$ という三次方程式の解法について論じている．デカルトはこれを $x + 2 = \frac{1}{7}x^3$ に還元する．AT 版によれば，デカルトはまず $x^3 = x + 2$ の場合にコンパスの助けによって x^3 の値を求め，それから同じ方法で $\frac{1}{7}x^3$ の値も求められると誤って考えたようである（AT. X, 234, note a）．

72）　‘æqu.’ は aequabitur（等しい）の略で，現代では ‘＝’ で示される．ここでは，デカルトがまだ ‘＝’ 記号を用いていない歴史的証拠となる点を重視し，原文ママとした．

後で7を掛けることで$1\mathfrak{ce}$について解く［第一のコンパス］[73].

それから，二つの部分が次のようになっている別の〔もうひとつの〕コン

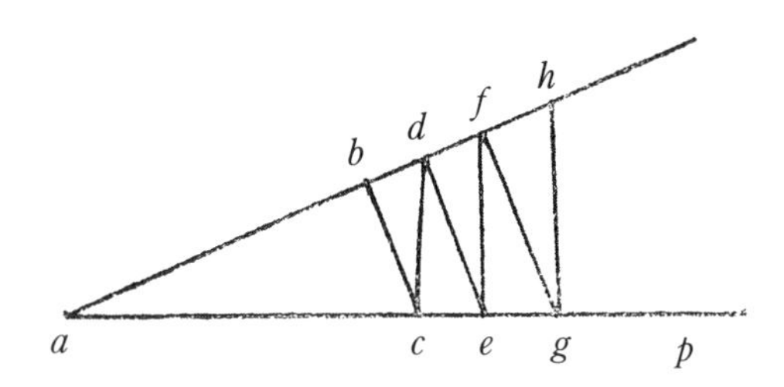

パス[74]をもつべきである．最初のものは，線 *af* に対して直角に固定した形で結びついている線 *bc* をもち，線 *de* もまた〔*af* に対して〕確かに直角であるが，線 *fb* によって動くことができるものである．線 *fb* はさらに点 *d* において，それによって線を描くための固定した尖筆をもつ．また点 *f* において，それによって別の線を ⊙[75]のような仕方で描くための，もう1つの，ただし動く〔コンパスの〕尖筆をもつ．コンパスの第二の部分 *dcegh* は，互いに固く結びつけられた線から構成されており，第一の部分が不動な点 *a* に固着されているところの線 *ap* の上を滑る．点 *c* は線 *dc* を動かし，それは第二の部分全体が下降するようにして働き，さらに線 *cd* は空間 *fb* によってさまざまな交差に従って線 *de* を引き，またそのとき〔コンパスの〕尖筆 *d* は第一のコンパスの線を描くであろう[76]．線 *gh* は線 *de* とも交差し，動く尖筆 *c* に

235

73）ライプニッツ：「デカルトが『幾何学』において描いた，メソラボス・コンパスのことであろう．すなわち，ある部分がメソラボスを用いて二つの比例によって得られる.」（デカルト『幾何学』，AT. VI, 442–444；『増補版デカルト著作集1』，51頁）．付加された「第一のコンパス」の意味はあいまいである．

74）FdeC 版は次の2図のコンパスをここに加えている．左図は直角な *abc* に対し，*de* が可動的な線である．右図は *dcegh* に，固定された *ce* が与えられている．左のを右の *cd* まで開き，*d* を押し滑らせて，左図の *de* が右図の *e* を通るようにする（AT. X, 234, note c)．

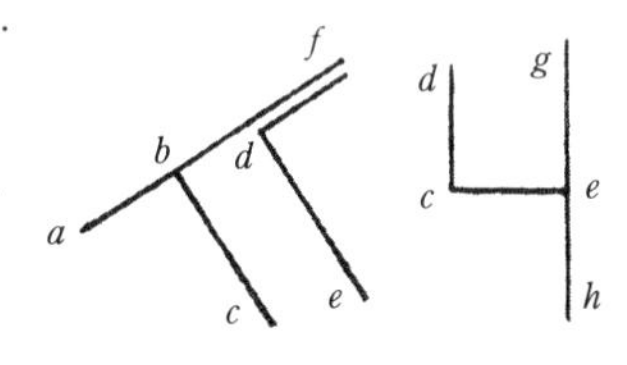

75）AT 版では省略された「円形」を意味する記号⊙を補う．

76）ライプニッツ：「すなわち，デカルトの『幾何学』において問題となっている，比例

よって別の曲線を描くであろう．そしてこの最後の線は *ap* を切断するであろう．そこでは，もし第一の部分の *ab* が単位であり，また第二の部分の *ce* が例においては平方数であるところの絶対数であるならば，*ae* が発見されるべき立方数である[77]．

236

また，𝔠𝔢，𝔷，𝔵 の間に成り立つ等式を設定することができ[78]，𝔵 と同じだけ多くの 𝔷 があるとしたとき[79]，それが次のようになっているとする．すなわち，

1 𝔠𝔢 æqu. 6 𝔷 − 6 𝔵 + 56.

これを，三つ組から成る根の数へと還元することで，次の式が得られる．

的な二つの中項を見出すためのメソラボス・コンパスのこと」．メソラボス・コンパスについては，デカルトの『幾何学』における図を参照のこと（AT. VI, 391；『増補版デカルト著作集 1』，18 頁）．

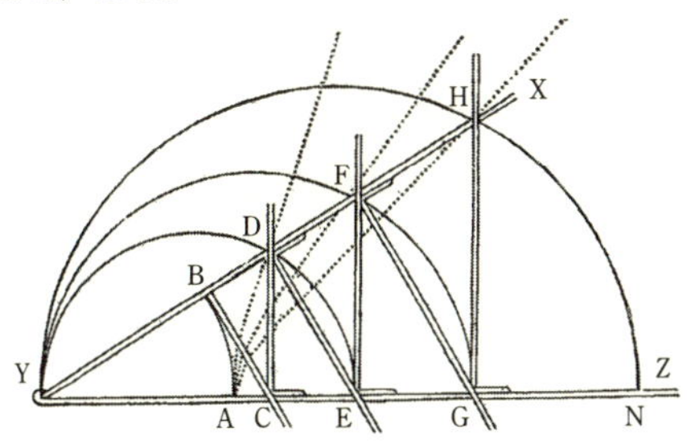

77）　デカルトによる三次方程式の解の試みである．AT 版は『幾何学』における，メソラボス・コンパスを用いた連比による解法を示唆している（AT. X, 235, note b）．

78）　デカルトがここで用いているのは，「コス」（Coss）記号である．現代的には，𝔠𝔢 : $= x^3$，𝔷 : $= x^2$，𝔵 : $= x$，と読み替えることができる．コスは，「事物」を意味するイタリア語の ‘cosa’ に由来し，ドイツの代数学者クリストフ・ルドルフ（Christoff Rudolff）が，イタリアで発展した代数術を改良して 1525 年頃に出版した書物 *Coss* において考案した，未知の事物を求めるための代数記法のことである（cf. Victor J. Katz and Karen Hunger Parshall, *Taming the Unknown: History of Algebra from Antiquity to the Early Twentieth Century*, Princeton: Princeton University Press, 2014, pp. 204–213）．

79）　すなわち 𝔷 と 𝔵 の係数が同じであると仮定したとき．

$$\frac{1}{2}\,𝔠\ \text{æqu.}\ 3\,𝔷 - 3\,𝔵 + 28.$$

それから，私はN[80]から単位〔1〕を引き，残りの部分から立方〔根〕を形成し，その〔立方〕根に単位〔1〕を加える．そして，その立方乗によって生み出される結果が $\frac{1}{2}$ 𝔠 である．これに2を掛ければ，求めている立方〔数〕を得る[81]．

しかしもし 𝔷 が 𝔵 と同じだけ多くあるわけではないとすると，これらの分子が等しくなるように，われわれは次のような仕方で分数に還元する．たとえば，36 + 3 𝔷 − 6 𝔵 æqu. 1 𝔠 を 9 + $\frac{3}{4}$ 4 𝔷 − $\frac{3}{2}$ 𝔵 æqu. $\frac{1}{4}$ 𝔠 に還元する．こうして，N〔= 9〕から1を引くならば，同じ箇所の残りから立方根が抽出され，それに単位〔1〕を加えて立方乗を掛けると，$\frac{1}{4}$ 𝔠 は27に等しくなる，すなわち 𝔠 は108になる[82]．

237

1 𝔠 æqu. 26 − 3 𝔷 − 3 𝔵 も同様である．まず単位を絶対数に加える．次にその〔3乗〕根から単位を引き，その根から求められている立方が得られ

---

80) 絶対数のことで，ここでは28を指す．

81) まず，ここでデカルトが解きたい方程式の形式は，

$$a_3x^3 = hx^2 - hx + a_0$$

であり，その例として

$$x^3 = 6x^2 - 6x + 56$$

を挙げている．デカルトはこれを，

$$\frac{1}{2}x^3 = 3x^2 - 3x + 28$$

に帰着させる．

次にデカルトは右辺が x^3 に等しい場合を考えて，

$$x^3 = 3x^2 - 3x + 28$$

とし，ここから $(x-1)^3 = 28 - 1$，したがって $x^3 = (\sqrt[3]{28-1}+1)^3$ を得る．

デカルトはこの結果を用いて，$\frac{1}{2}x^3 = (\sqrt[3]{28-1}+1)^3 = (\sqrt[3]{27}+1)^3 = (3+1)^3 = 64$，ゆえに $x^3 = 128$，という仕方で解こうとしているが，これは明らかな誤りである（AT. X, 236, note a）．

82) 先のと同様に，デカルトはまず $x^3 = 3x^2 - 6x + 36$ を $\frac{1}{4}x^3 = \frac{3}{4}x^2 - \frac{3}{2}x + 9$ に還元する．それから，この方程式の分母を払った $x^3 = 3x^2 - 3x + 9$ によって x^3 について解き，大胆にも x^3 を $\frac{1}{4}x^3$ に置き換える．すなわち，$\frac{1}{4}x^3 = (\sqrt[3]{9-1}+1)^3 = 27$．ゆえに $x^3 = 108$，とする．

る[83]．

立方〔三次〕方程式 1 ℭ と O 𝔷 ON のための別のコンパス[84]

238

ON*dg*[85] とある未知の平方に等しい立方を見出そうとするならば，次のようなコンパスを作成すればよい．すなわち，*dce* が *ap* 上を滑るようにし，それ〔*dce*〕は滑ることで，*bc* を点 *c* の方へ押し当て，*bc* に直角に固定されている *af* といっしょに〔同時に〕下降させることで，*af* と *cd* の交差によってメソラボス・コンパスの線を描く．さらにその線は，自身とともに線 *af* に押し当てられた線 *dm* を引くが，その線もまた動くので，絶対数である

239

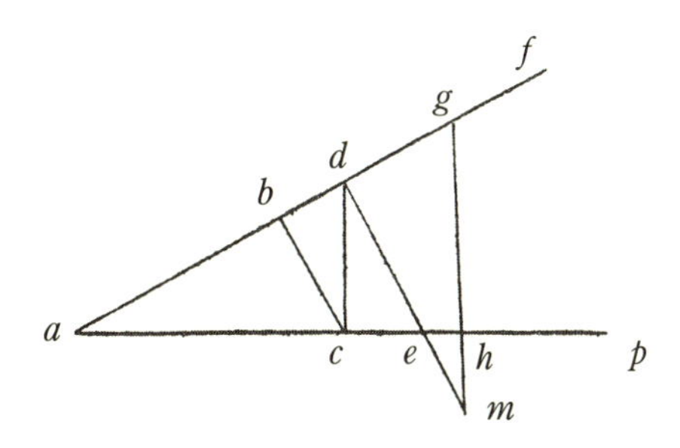

dg をもまた引き，そして *af* の上を滑る．同様にして，*dg* は *dm* を引く．〔*qd*[86] は線 *ak*[87] と直角に押し当てられている．こうしてそれ〔*qd*〕は，それ〔線 *ak*〕なしでは動くことができないようにして，*z* まで後退する[88]．〕線 *gm* と *dm* の交差は別の線を描くであろう，それは *ap* を求められている点に

83）　これも，先と同様の仕方でデカルトは解く．解くべき方程式 $x^3 = -3x^2 - 3x + 26$ は，$(x+1)^3 = 27$ に還元できるので，以下 $x^3 = (\sqrt[3]{26+1} - 1)^3 = 8$ と導く．

84）　O は既知の量，N は「単純で絶対的な数」1 を意味する．ON は従って単位を O 倍したものである．デカルトはここで，$x^3 = a_2x^2 + a_0$ という形の方程式を解こうとしている．この方程式を $x^3 = x^2 + b$ に還元し，先に $x^3 = x^2 + 2$ を解くのに用いたのと類似した器具を用いて，連比によって解こうとする．

85）　ON*dg* は，方程式 $x^3 = x^2 + b$ に現れる絶対数 b が *dg* と等しいとすること，つまり $b = dg$ を意味する（AT. X, 238, note b）.

86）　*qd* とあるが，*dm* のことであろう．ライプニッツ：「図の中に *q* はない.」

87）　図の中に *k* もないので，線 *ak* もない．

88）　図の中に *z* もない．こうなると，ここで指示されてはいるが，失われてしまった別の図が元原稿にはあった可能性が高い．

おいて切断する…… *ag* が 𝔠𝔠 である[89]．すなわち，見出されるべきものは，たとえば *dg*ON[90] である……というのも，交差 *de* と *ge* は *ap* において一致するからである．言わば，立方 *ag* は平方 *ad* と ON*dg* に等しい．［なぜなら，三角形 *gae* は，線 *ak* に基づき二等辺であるからである．その線〔*ak*〕は作図の仕方から線 *gc* と直角に突き当たる．］さらに，*ab* は作図の仕方から単位であり，*ac* という真の立方根が見出された[91]．

240 このことから，1 𝔠𝔠 と O 𝔷 − ON との間，同じく 1 𝔠𝔠 と ON − O 𝔷 との間の等しさを見出すことができる．それは，先になされた 1 𝔠𝔠 と O 𝔵 − ON，同じく 1 𝔠𝔠 と ON − O 𝔵 との間の等しさを見出すことができるようになされる[92]．しかし，方法を明らかにしただけで十分であろう．

角を任意の数の部分へと分割するコンパス[93]

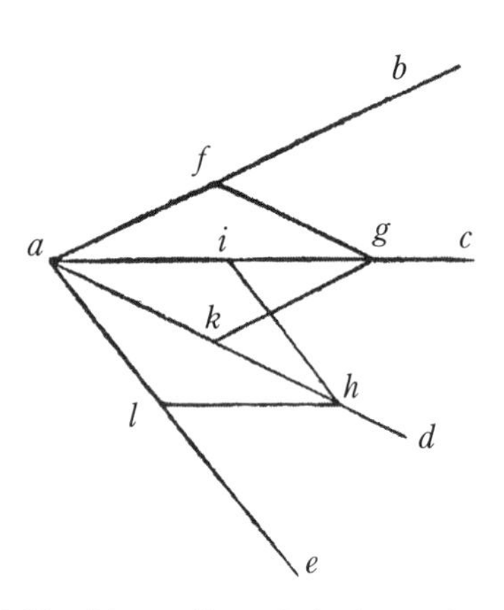

次のようなコンパスがあるとしよう．すなわち，*ab*, *ac*, *ad*, *ae* は，点 *f*, *i*, *k*, *l* で等しく分割された〔コンパスの〕脚である．同様に，*fg* は *af* などに等しい．それから，角 *bac*, *cad* および *dae* はつねに等しいが，そのうちのひとつは他のものが動かされることなしには増えたり減ったりすることができないものとする．したがって，角 *bαx* が分割されたとしよう．すなわち，線 *ae* を *αx* 上に結びつける．そこではその線を不動の状態に保ち，線 *ba* を部分 *b* の方

241

89）　ライプニッツ：「ここはあいまいである」

90）　ライプニッツ：「すなわち絶対数」．つまり，$dg = \mathrm{ON} = b$ ということ．

91）　ライプニッツ：「まず求められている立方を見出し，それからその根を見出すということだと思われる」

92）　デカルトがここで意図している方程式は，それぞれ順番に，

$$x^3 = ax^2 - c,\ x^3 = c - ax^2,\ x^3 = bx - c,\ x^3 = c - bx.$$

93）「デカルトからベークマンへ」1619 年 3 月 26 日，AT. X, 154–155；『全書簡集』I, 6–8 を参照．

へと上昇させると，それはacとadを自ら引き，点gから描かれる線$\gamma\delta\varepsilon$が得られる[94]．次に，$n\alpha$がafに等しいとせよ，また点nから円の部分$\theta\delta o$が導かれるようにし，さらに$n\theta$もfgに等しくなるようにとれ．このとき，線$\alpha\delta$は角を3つの等しい部分に分割すると私は言う[95]．こうして，コンパスが多くの脚をもっていれば，角はそれだけ多くの部分に分割することができる[96]．

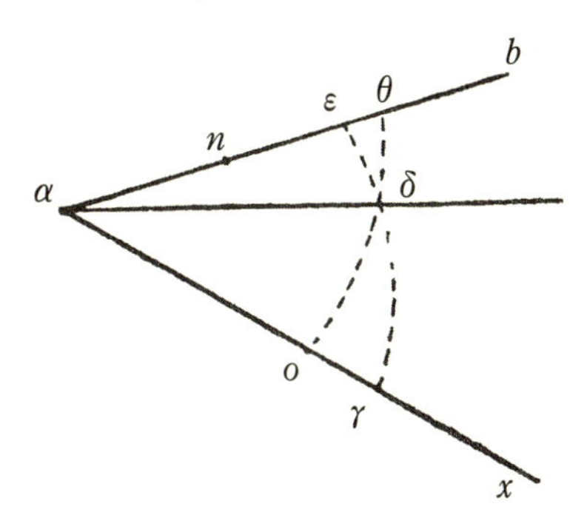

三角数の平方を次の三角数の平方から引くと，立方が残される．たとえば10，15の場合，100を225から取り除くと125が残る．

数列 1|2 ‖ 4|8 ‖ 16|32 ‖ から，完全数 6, 28, 496 が得られる[97]．

94）ここで描かれた曲線は，後にバラ曲線と呼ばれるものに属す．

95）すなわち，線分$\alpha\delta$は与えられた角を1：2に分割する．

96）H. J. M. ボスは，デカルトによる角の三等分の証明が，器具について説明する部分と，器具による作図をしている部分に分かれていることを見ている（Bos［2001］, 237–239）．以下その要点を述べよう．

まず器具の説明であるが，abとaeはコンパスの外側の枝であり，ac, adは内側の枝で，それぞれaを軸として位置を変える．線fgがaf, ak, gk, ai, hi, al, hlと等しいとする．ここで，fgの長さは任意である．このとき，この器械の構成から，角bac, cad, daeが互いにつねに等しいことが明らかである．

なぜなら，$\triangle alh$，$\triangle aih$と$\triangle afg$は二等辺三角形であり，互いに合同だからである．

次に作図であるが，それは3等分したい角$b\alpha x$に対し，このコンパスを当てはめるだけで与えられる．αxが与えられた線だとし，$b\alpha x$が与えられた角だとする．αxの上に器具の枝aeを固定して，角$b\alpha x$まで枝abを広げよ．さすれば，先の器械の構成から直ちに$\angle bac = \angle cad = \angle dae$となり，角の三等分が得られる．

97）6, 28, 496は最初の三つの完全数である．完全数とは，自らを除く自分自身の正なる約数の和に等しい数である．エウクレイデス『原論』第9巻命題36に由来し，$n = 2^{p-1}(2^p - 1)$〔p：素数〕を満たすとき，nは完全数である．ここでのデカルトの記法は独特だが，$\frac{1}{2} = \frac{4}{8} = \frac{16}{32} = \cdots = \frac{2^{m-1}}{2^m}$と解釈できるとすると，完全数を得るには2の冪で形成される数列（ないし級数）が本質的であることが示唆されていよう．なお，完全数を形成する$2^p - 1$は，メルセンヌ数と呼ばれる．

私はあらゆる絵図を転写するのに便利な器械を見た．それは脚のところが 242 二つに分かれているコンパスからなる．別の器械は，あらゆる時計を描写するためのものであり，それは私自身で考案することができる．第三のは，立体角を計測するためのものである．第四のは銀製であり，平面および絵図を計測するためのものである．他のもっとも美しい器械は，絵図を転写するためのものである．別の器械は，演説者の脛に固定させて時間を計測するためのものである．他の器械は，軍用投石機を夜に配備するためのものである．——ペーター・ロート『哲学的算術』[98]．——ベンヤミン・ブラマー[99]．

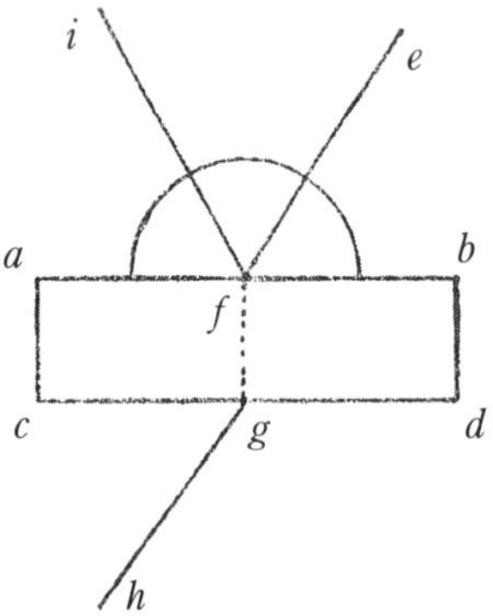

なぜなら，光はただ物質のうちに生成されうるというだけではなく，他の条件がどれも等しいならば，物質がより多くある場合，そこではより容易に生成されるものだからである．それゆえ，〔光は〕より粗であるよりもより密な媒体によって，より容易に透過する．243 したがって，それ〔光〕はこちら側では垂線から遠ざかるように屈折し，あちら側では垂線に近づくように屈折する．しかし，媒体がもっとも密だったならば，あらゆる屈折のうちで最大の屈折は垂直そのものであるだろう．こうして，〔この媒体から〕再び外に出る光線は，同じ角度に

98) Peter Roth, *Arithmetica Philosophica, oder schöne newe wolgegründte Uberauß Kunstliche Rechnung der Coß oder Algebrae*, Nürnberg, durch Johann Lantzenberger, 1608. ペーター・ロートはニュルンベルクの数学者．デカルトがドイツを訪れる2年前の1617年に亡くなっている．シャルル・アダンは，デカルトはウルムにおいて，ファウルハーバーを介しペーター・ロートの名と著作について知っていたはずだとする（AT. X, 242, note a）．

99) Benjamin Bramer（1588–1652）はドイツの数学者．‘philomathematicus’を肩書きとする．17世紀初頭において，数学や自然哲学の愛好者は‘philomath’と称された．デカルトは数学的器械としてのコンパスに関心をもち，彼の著作を研究した．アダンは，ブラマーについてもまた，ファウルハーバーを介して知ったのだろうと推測している（AT. X, 242, note b）．

よって外に出て行くであろう．今，*abcd* がもっとも密な媒体であるとせよ，そして *ef* が *fg* を通って垂直に貫通し，*gh* に移るとする．このようにして，*bfe* と *cgh* は等しい角度を持つであろう．

しかし反射は，直線方向へは可能ではないのであるから，不透明な面によって逆側に向けて生み出される光にほかならない．たとえば，面 *afb* は反射光線 *fi* を生じるが，面 *cgd* であれば，それは *gh* の方向に直線に反射光線を生じさせたであろう．

像の場所は，眼から反射あるいは屈折によって生じた最初の点へと向けて引かれた直線上にある．しかし〔像が〕この直線のどの点上にあるのか，このことは，別の点の位置によってしか明らかにはならない．なぜならある対象の距離は他の仕方では認識されないからである．あるいは，その対象から垂直方向にあるものについて言うことができる．しかしそれは，いくつかのうちからたまたまひとつが生じたのであって，垂直の衝突であるところのものから生じたのではない．

adb と *aeb* が与えられているとせよ，このとき *ac* と *cb* を発見すること．　244

ae によって掛けられた *ad* と *be* によって掛けられた *db* との間の差を，*ae* と *db* から作られる平方の間の差で割る〔分割する〕．そして，その結果は，*ae* によって掛けられているならば *ac* となり，*db* によるならば *bc* となる．なぜなら，*ae* が *db* に対するように，*ce* は *dc* に対するようにあり，また *db* が *ae* に対するように，*cb* が *ca* に対するようにあるからである．

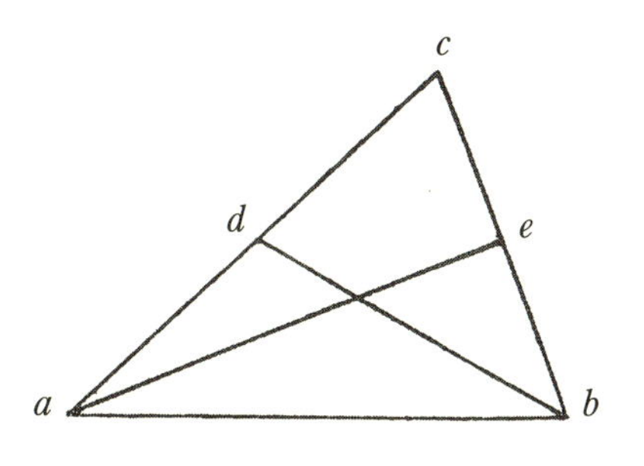

最近，ある書類を燃やしていたら，それが焼かれているところの火はより激しくなっているのに，紙の文字全体は保たれており，以前よりも読むのが容易になることに私は気づいた．また反対に，硫黄の混ぜられたインクで書かれたものが 24 時間以内に消失するのを私は見た．

四項をもつ完全方程式のための一般的規則

除算によって平方の数を三つまで減らすこと．次に，それら平方に＋の符号が付与されているならば，ʒ を除去してその場所に3 𝔵 を置き，単位〔1〕をすべての数から引く．さらに，𝔵 と ʒ があるのと同じだけ多くの数の単位を加える．次いで，O ℭ と O 𝔵 + ON との間の等しさへと進む．そこで見出されたものに関して，見出された根に単位を加えると，その根が求めていたものとなる．もしそれら平方に－の符号が付与されている場合，ʒ

245 を除去してその場所に3 𝔵 と単位を加える．次いで，𝔵 と ʒ があるのと同じだけ多くの単位を引く．そして続いて，われわれが見出したものから根を抽出し，それから単位を引き抜くならば，最初に求めていた根が得られるであろう[100)]．

246 直角四面体において，底面の冪（べき）は3つの側面の冪を合わせたものに等しい[101)]．

たとえば，底面をなしている三辺を $\sqrt{8}$, $\sqrt{20}$, $\sqrt{20}$ とせよ．底面の上にある三辺は4, 2, 2とする．このとき，底面の面積は6となるであろう．三つの側面の面積は2, 4, 4である．したがってそれらの平方は，36,〈および〉4, 16, 16であり，後の3つの和は前者と等しくなる．

同様に，底面の辺を $\sqrt{13}$, $\sqrt{20}$, 5とせよ．また，底面の上辺を2, 3, 4とする．このとき，底面の面積は $\sqrt{61}$ となるであろう．側面の面積は3, 4, 6となる．したがってそれらの平方は，61, および9, 16, 36となり，〔後の3つの〕和は前者と等しい．

ここから，非常に多くの未知の問題が直角四面体について，また直角四面体との関係で非直角四面体についても解かれうる．

100）明らかに，$x^3 = ax^2 + bx + c$ という形の三次方程式が問題となっている．デカルトはこれを $z^3 = pz + q$ という形の別の方程式に還元して解こうとする〔この方法は，すでにカルダーノが *Ars magna*（1545）で行っていた手法である〕．そのためにデカルトは，$y^3 = \pm 3y^2 + uy + v$ という形の方程式を介す（詳細は，AT. X, 245, note a を参照）．

101）以下，『思索私記』の終わりまでのテキストの再構成は，アダンによる．

この論証はピュタゴラス派に由来するもので，4 次元の量に対しても拡張することができる．そこでは，直角に対する立体の平方は，他の 4 つの立体の平方を合わせたものと等しい．これに対して，数の行列における範例を 1, 2, 3, 4，図記号の行列における範例を 𝔵, 𝔷, 𝔠𝔠[102]，直角の行列における範例を 2〔直角〕すなわち直線，3〔直角〕, 4〔直角〕とする． 247

今, 直角錐[103]が与えられているとすると, その底部の上辺は容易に見出される[104]．たとえば，底面の辺が $\sqrt{13}$，$\sqrt{20}$，5 であるとする．このとき，底面のある一つの上辺が 1𝔵，もうひとつの上辺が $\sqrt{13-1𝔷}$，そして第三の上辺が $\sqrt{20-1𝔷}$ と措かれたとする[105]．それら 2 つの冪〔の和〕は，〔残っている〕辺の冪〔すなわち5の 2 乗〕と等しいから，33－2𝔷 に等しい．すなわち，1𝔷 æq. 4〔1𝔷は 4 に等しい〕[106]．それゆえ，底面と，底面に対する角が知られているならば，エウクレイデスが三角形について論証しているように，角錐全体を知ることができる．

直角四面体の底面 $\alpha\beta\gamma$ に対するそれらの上辺は次のようになろう．

$$\sqrt{\frac{1}{2}\alpha q+\frac{1}{2}\gamma q-\frac{1}{2}\beta q};$$

102） ライプニッツ：「側面，冪，立方も同様.」

103） ここではデカルトは，直角錐として，先の直角四面体，すなわち底面に対する頂点の角が直角である角錐のことを考えている．本書 p. 113，注 11 も参照.

104） アダンは，以下ではコス記号だけでなく，クラヴィウスの『代数学』（*Algebra*）第 II 章で示された別の記法もあるとする（AT. X, 247, note b）．たとえば，根に含まれる未知数の記号として q や qq が用いられている箇所である．

105） 原典では √.20－1𝔷. のように，根号 √ がかかる範囲をピリオドで示す仕方で根号が使用されているが，以降では現代的表記に改めている．

106） ここで 𝔷 は，$\sqrt{13}$ と $\sqrt{20}$ の上にある，求める上辺の冪を指している．今，与えられている角錐の条件から，頂点は直角であるから，ピュタゴラスの定理より，残りの上辺はそれぞれ，$\sqrt{13-1𝔷}$，$\sqrt{20-1𝔷}$となる．したがって再びピュタゴラスの定理より，$(\sqrt{13-1𝔷})^2+(\sqrt{20-1𝔷})^2=25$．これを 𝔷 について解けば，1𝔷＝4 が得られる．求める上辺の長さを x とすると，$1𝔷:=x^2$ として現代的表記にあらためて書き直すことができる．$(\sqrt{13-x^2})^2+(\sqrt{20-x^2})^2=5^2$，したがってこれを x について解くと $x=2$ が得られる．

$$\sqrt{\frac{1}{2}\alpha q+\frac{1}{2}\beta q-\frac{1}{2}\gamma q};$$

$$\sqrt{\frac{1}{2}\beta q+\frac{1}{2}\gamma q-\frac{1}{2}\alpha q};$$

248　また，〔側面の〕面積は次のようになろう．

$$\sqrt{\frac{1}{16}\alpha qq+\frac{1}{8}\beta q\gamma q-\frac{1}{16}\beta qq-\frac{1}{16}\gamma qq};$$

$$\sqrt{\frac{1}{16}\beta qq+\frac{1}{8}\alpha q\gamma q-\frac{1}{16}\alpha qq-\frac{1}{16}\gamma qq};$$

$$\sqrt{\frac{1}{16}\gamma qq+\frac{1}{8}\alpha q\beta q-\frac{1}{16}\alpha qq-\frac{1}{16}\beta qq};$$

底面の面積は，次のようになろう．

$$\sqrt{\frac{1}{8}\left\{\begin{matrix}\alpha q\beta q\\ \alpha q\gamma q\\ \beta q\gamma q\end{matrix}\right.-\frac{1}{16}\left\{\begin{matrix}\alpha qq\\ \beta qq\\ \gamma qq\end{matrix}\right.};$$

四面体全体の体積は，次で与えられよう．

$$\sqrt{\begin{matrix}\frac{1}{288}\alpha qq\beta q+\frac{1}{288}\alpha qq\gamma q\\ +\frac{1}{288}\beta qq\alpha q\ [+\frac{1}{288}\beta qq\gamma q]\\ +\frac{1}{288}\gamma qq\alpha q+\frac{1}{288}\gamma qq\beta q\\ -\frac{1}{144}\alpha q\beta q\gamma q\\ -\frac{1}{288}\alpha qc-\frac{1}{288}\beta qc-\frac{1}{288}\gamma qc\end{matrix}}.$$

角錐の体積を求めるには，底面に対する３つの辺のみが知られているとして，それら３辺の平方の和の半分を考えればよい．また，それら３つの量を互いに掛け合わせたものの平方根は，それによって，その半分の和が一つの辺の平方を越えるもので，別個にすれば，六辺体全体の６倍を含む．

たとえば，底面に対する３辺が $\sqrt{13}$, $\sqrt{20}$, 5 であるとせよ．３辺の平方からとられる和の半分は 29 であり，それぞれ 13, 20 および 25 を越えていて，〔その差をとった〕数はそれぞれ 16, 9, 4 である．それらを互いに掛け合わせると 576 であり，その根は 24 である[107]．そしてこれを６分割したものは 4 である．ゆえに角錐の体積は 4 である．

（山田弘明／池田真治 訳）

107） $16 \times 9 \times 4 = 576$．よって $\sqrt{576} = 24$．

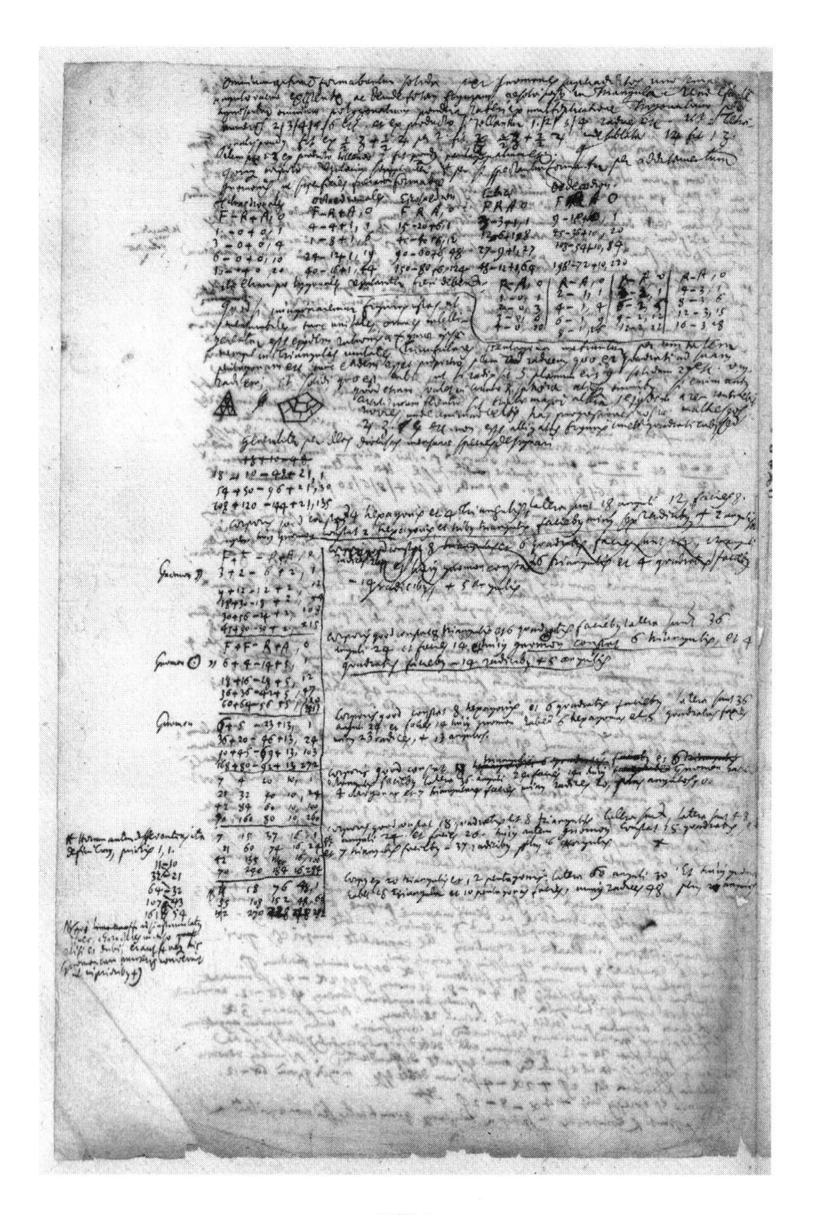

図版 2

『立体の諸要素のための練習帳』〔第Ⅱ部〕草稿（本書 121–123 頁）

Manuscript LH IV I 4b Bl. 1v（Gottfried Wilhelm Leibniz Bibliothek Hanover 提供）

265

立体の諸要素のための練習帳

［AT. X, 265–276］

〔第Ⅰ部〕

立体直角とは，球の８分の１の部分を囲む角のことであり，そのことは三つの平面直角から構成されていないときでも成り立つ[1)]．さらに，球の８

1）立体直角（angulus solidus rectus）とは，立体角の一種であり，たとえば，ここでデカルトが述べているように，球の中心を頂点として，その頂点を形成する三つの直角と三つの面から構成される凸状の立体図形が，外接している球面を区切ったときの，その球面の面積で測られたものに相当する（右図参照）．

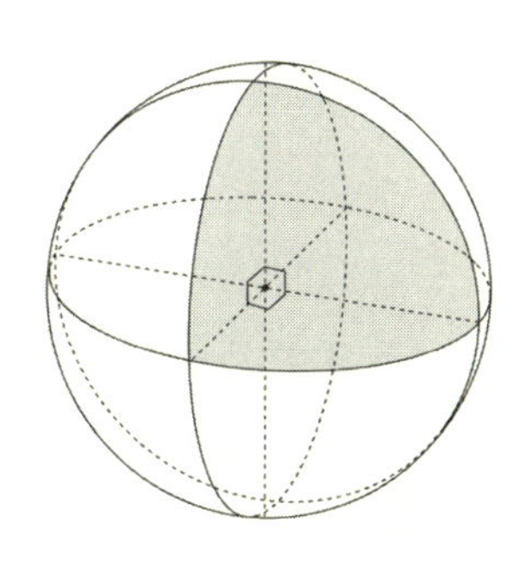

デカルトの立体直角の概念は，エウクレイデス『原論』第11巻定義11にある立体角の定義を前提にしていよう（佐々木［2003］, 157）．エウクレイデス『原論』第11巻定義11によれば，「立体角とは相会しかつ同一平面上にない二つより多くの線分のすべてが互いになす傾きである．あるいは立体角とは１点においてつくられ同一平面上にない，二つより多くの平面角によってかこまれる角である」．平面角とは「平面上にあって互いに交わりかつ一直線をなすことのない二つの線相互の傾き」を言う（エウクレイデス『原論』第１巻定義8）．

すでにプラトンが『ティマイオス』において，立体角について次のように言及している．「最も原初的で，最も小さい構成体をなす形」を直角三角形とし，この直角三角形を構成要素として正三角形が作られる．そして，「この正三角形が四つ結びつくと，平面角が三つずついっしょになるそれぞれのところに，一つの立体角を作るのですが，この立体角は，平面角のうちのもっとも大きな鈍角の次に位する大きさのものです．そして，このような角が四つ完成されると，最も原初的な立体の形が構成されるわけですが，この立体は，自分に外接する球全体を，互いに面積が等しく，かつ互いに相似した諸部分に配分するという性質を持っているのです」（『ティマイオス』

分の1の部分を囲んでいるすべての平面角は，一緒にとられたならば，三つの直角に等しい[2]．

同様に，平面図形においては，すべての外角[3]は，一緒にとられたならば，四つの直角に等しい[4]．立体図形[5]においても同様に，すべての立体外角は，

55A)．

現代的には，立体角は平面角の概念を三次元空間に応用したものであり，ある多面体Xの頂点を中心とした半径rが十分に小さい球面Sを考え，その多面体Xと球面Sが重なる部分，したがってその多面体Xの頂点から球面Sに向けて投射された球面上の面積で測られる．球面の半径がrのとき，その多面体によって切り取られた球面上の面積の$\frac{1}{r^2}$倍が立体角となる．平面角がラジアンを単位とするのに対し，立体角の単位はステラジアン〔sr〕と呼ばれる．たとえば，球の表面積が$4\pi r^2$なので，$4\pi r^2 \times \frac{1}{r^2}$より，球面は$4\pi$ステラジアンである．

平面の場合，直交するxy座標平面を例に考えれば分かるように，四つの直角すなわち360度で全平面を覆うことができる．同様に，立体の場合，直交するxyz座標空間を例に考えれば分かるように，八つの三直角で全空間を覆うことができる．

ここでデカルトが例に出しているように，球の中心から描かれた立体直角は，球面の8分の1を区切る．平面直角が$\frac{\pi}{2}$ラジアンであるのに対し，立体直角は$\frac{\pi}{2}$ステラジアンである．

立体角は面積で測られるので，立体直角とみなされるにはその面積さえ等しければ良く，デカルトが述べるように，立体直角が三つの平面直角で構成されている必要は必ずしもない．

2）円の4分の1を区切る平面角が直角でなければならないのに対し，球面の8分の1を区切る立体角を構成する三つの平面角は，その総和が三直角すなわち270度（$\frac{3}{2}\pi$ラジアン）であればよい（cf. C, 16–18）．

デカルトはこの命題の証明を与えていない．ヴァルスフェルの注釈によれば，この命題は1603年にトマス・ハリオットによってすでに知られていたが，アルベール・ジラールが1629年に出版した『代数における新しい発明』（*Invention nouvelle en l'algèble*）で示されたことから帰結する．

3）平面図形の多角形において，外角とは，多角形を構成するその一辺と，それに隣り合う辺の直線的な延長とがなす角のこと．

4）平面に描かれる多角形の外角の和は4直角すなわち360度（2πラジアン）である．この命題はプロクロスがエウクレイデス『原論』第1巻命題32の系として証明した．プロクロスはまた，もう一つの系として，n角形の内角の和が$2n-4$直角となることも証明した（cf. Proclus, *A Commentary on the First Book of Euclid's Elements*, tr. with intro. & notes by Glenn R. Morrow, with a new foreword by Ian Mueller, Princeton University Press, 1992）．

5）凸多面体のこと．

一緒にとられたならば，八つの立体直角に等しい[6]．外角ということで私は平面の屈曲および傾斜の相互を理解する．それは，立体角を囲んでいる平面角の補助を用いて測るべきである．というのも，その部分としてある一つの立体角を構成しているすべての平面角の集まりは，ある平面を構成する四直角よりも小さくなり[7]，〔四直角との差によって，〕その立体外角を指定するからである[8]．

もし四つの平面直角が立体角の数で掛けられたならば，そしてその積から八つの平面直角を引くならば，当該の立体の面に存在するすべての平面角からなる集まりが残る[9]．[10] 266

角錐[11]では，つねに〔立体〕角と同じ数だけ面がある．角柱では，立体角

6）「立体外角の総和は 720 度に等しい」というデカルトが発見した定理．前の段落と同様，デカルトはこの定理の証明を与えていない（C, 18；佐々木〔2003〕, 158）．立体外角については，注 8 を参照．

7）エウクレイデス『原論』第 11 巻命題 21：「すべての立体角は 4 直角より小さい平面角によってかこまれる」．

8）立体の外角も，平面の外角の概念を拡張して考えることができる．立体外角というのは，当該立体の立体角（すなわち頂点）を形成している面（すなわち多角形）を，平面上に平坦に展開したときに形成される，不足角のことである．たとえば立方体の場合，一つの角を構成する三つの平面角はどれも直角であるから，平坦な図形として展開すると，3 × 90 度 = 270 度となるので，立体外角すなわち不足角は，90 度すなわち直角になる〔本書「解説」参照〕．こうして立方体がもつ立体角（すなわち頂点）は八つあるから，立方体の立体外角の総和は，8 × 90 度で 720 度すなわち八つの直角に等しい．また，正 20 面体であれば，立体外角は 36 度であり，頂点は 20 個あるので，立体外角の総和は同じく 720 度である．

このことを一般化し，S を多面体がもつ立体角（すなわち頂点）の数，Σ を（直角を単位として測られる）平面角の総和とすると，次のデカルトの定理が得られる．

$$4S - \Sigma = 8$$

9）すなわち $4S - 8 = \Sigma$．これは，後にオイラーによって 1750 年にベルリン科学アカデミーで告げられ，1752/53 年に書かれ，1758 年に出版された『立体の原理についての諸要素』に含まれることになる定理と同一である（cf. Euler〔(1752/3), 1758〕, *Elementa doctrinae solidorum*, Propositio 9, *Leonhardi Euleri Opera omnia*, Series 1, Vol. 26, p. 90〔E230, p. 134f.〕）．いわゆるオイラーの「多面体公式」が示されたのもこの論文である．オイラー自身はこのデカルトの公式を多面体公式から導いている．

10）欄外には，ライプニッツの手により「四面体の，立方体の，八面体の」とある（C, 1*）．

11）角錐（pyramis）は錐体（錐状の立体図形の総称）の一種．底面が正方形のピラミッ

の数の半分は，面の数より二単位分小さい．双角錐[12)]では，面の数の半分は，〔立体〕角の数より二単位分小さい[13)]．それらについて二つの端といくつかの帯を想像できるような，その他の立体がある．

一つの立体のうちには，立体角よりも少なくとも三倍多くの平面角がある[14)]．もし，ある一つの立体のうちに含まれている立体角の数から二単位分を差し引き，そして残りに2を掛けると，面の最大数が得られる[15)]．もし，〔立体〕角の数が偶数のときには2で割り，偶数でないときには割り算が可能になるようにこの最初の数に一単位分を加えるならば，そして続けてその商に2を加えるならば，面の数より小さい数が得られる[16)]．面と立体角のあいだには，最大の相互関係がある[17)]．

すべての等辺角錐は球の内部に描かれる[18)]．その高さが確かに底面の直径

ド型の角錐を「正四角錐」と言う．エウクレイデス『原論』第11巻定義12によれば，「角錐とは，数個の平面によってかこまれ，一つの平面を底面とし，一つの点を頂点としてつくられる立体である．」

12） 双角錐（pyramis duplicata）．たとえば正八面体．

13） 立体角の数をS，面の数をFとすると，立方体では$S=8$，$F=6$，角錐では$S=F=4$となる．このとき，$\frac{S}{2}=F-2$が共に成り立つ．限られた例にとどまっており一般化にはほど遠いが，ここにはすでに，多面体を構成する面の数と立体角の数に関して，あるシンメトリーが成り立つことが示されている．

14） 多面体を構成する立体角の数をS，平面角の数をAとすると，$A \geq 3S$が成り立つという主張である．一つの立体角は少なくとも三つの平面角から構成されるのであるから，自明である．

15） $\max F=2(S-2)$．デカルトはここでも証明なしにこの式を導いている．たとえば立体角を6個もつ立体は面の最大数が$(6-2)\times 2=8$である．正八面体は立体角を6個もつという条件での面の最大数を満たしている．対して五角錐も立体角を6個もつが，面は6つしかなく，これも面の最大数8を超えない．

16） Sが偶数のとき，$\frac{S}{2}+2 \leq F$，Sが奇数のとき，$\frac{S+1}{2}+2 \leq F$という主張である．また正八面体を例に考えると，立体角は6個あるので，6を2で割り3を得る．これに2を足し5．これは面の数8より小さい．同様に四角錐を例に考えると，立体角は5個なので1を足し，以下同じ計算をして5を得るが，これは面の数5より小さい〔以下である〕．

17） デカルトはこの段落で，面と立体角のあいだに成り立つ一般的関係を，証明なしに提示している．

18） 正角錐すなわち底面が正多角形で側辺の長さがすべて等しい錐体は，どれも外接球

の半分の長さに等しい直角円錐では，凸面は底面に対して $\sqrt{2}$ 対 1 であるが，母線についても同様のことが成り立つ[19]．

正立体は五つより多くないことが次のように示される[20]．立体角の数として α，そして面の数として $1\mathfrak{x}$ をもつならば，$\frac{2\alpha-4}{1\mathfrak{x}}$ と $\frac{2\mathfrak{x}-4}{1\alpha}$ が，いかなる分数も生じないしかたで割られうるはずである[21]．そうでなければ，立体が正になることが可能でないことは，確かで明らか[22]だからである．このことは，α が 4，6，8，12，20，またそれぞれ，$1\mathfrak{x}$ が 4，8，6，20，12 のと

267

を有するという一般的命題．多面体の外接球とは，その多面体のすべての頂点が球面の内側に乗っているような球面のことである．つまり，多面体がその内にぴったりとおさまる最小の球である．たとえば正四角錐は，その一辺の長さが $\sqrt{2}$ だとすると，高さは 1 となり，底辺の直径の中点を中心とする半径 1 の外接球を持つ．より一般的に，底面が外接円を有する多角形であるような角錐や直角柱は，高さによらず，すべて外接球をもつ．

19）直径 2，したがって半径 1 の円錐を考える．このとき，円錐の高さは条件より 1 であるから，母線の長さは $\sqrt{2}$．ここから，側面積と底面積の比が $\sqrt{2}:1$ となることは容易に導ける．母線と半径の比も同様に $\sqrt{2}:1$ である．

20）プラトンは『ティマイオス』で，正多面体（正立体）が，正四面体・正六面体（立方体）・正八面体・正十二面体・正二十面体の五つしか存在しないことを主張した．そして正六面体に土，正四面体に火，正八面体に空気，正二十面体に水をそれぞれ割り当てた．正十二面体は，「神が全天に星座を飾りつけるときに使ったもの」とした（プラトン『ティマイオス』種山恭子訳，岩波書店，1975 年，75–78 頁）．

ただし，五つの正多面体を発見したのはプラトン自身ではなく，ピュタゴラス学派およびテアイテトスによってすでに知られていた．

正多面体が五つしかないことの幾何学的証明は，エウクレイデス『原論』の最後の命題（第 13 巻命題 18）にみられる．ここは，そのデカルトによる代数学的証明であり，おそらく歴史上最初の代数学的証明である．しかしデカルトは完全な証明を与えていない．デカルトの代数学的証明の再構成については，Costabel［1987］, 22–23 および Federico［1982］, 50–51 を参照（cf. 佐々木［2003］, 159）．

21）デカルトはここで，立体角の数および面の数を表す変数として，それぞれ α と $\mathfrak{x}$ を導入する．デカルトは「コスの術」に従って原稿を書いていたと推定されるが，ライプニッツはその写本において，デカルトの用いたコス式記号 $\mathfrak{x}$ に対して，木星を表す惑星記号 ♃ を割り当てている．ここではAT 版に従い，デカルトが用いたであろうコス式記号で表記する．

22）「確かで明らか」は原文では ‘certum et evidens’．後の明証性の規則を想起させる箇所である．

きだけ見いだされうる．そこから五つの正立体が生成される[23]．

すべての菱形多面体と角錐は，外接する球を描く[24]．

何らかの立体が球のうちに描かれうるかどうかについてわれわれが認知するためには，まず，その〔立体の〕すべての面が円のうちに必然的に描かれうることが知られねばならない[25]．それが得られたとして，もしその一つの面のうち三つの角が球の中心から等しく離れているならば，その同じ面に含まれている他のすべての角も球の中心から等しく離れていることが確実である．そして結果として，隣にある面のすべての角は，同じ立体角に含まれる

23）以下ではデカルトがここで行っている代数学的証明を少し補っておく（詳しくは「解説」参照）．

デカルトは立体角の数を α，面の数を $\mathfrak{ze}$ としている．

簡便のため，$\alpha :=a$，$1\mathfrak{ze} :=n$ と書こう．

今，$p=\frac{2a-4}{n}$ と $q=\frac{2n-4}{a}$ とおく．ただし条件より p，q は自然数である．

これらから

$$2a-4=pn,\ 2n-4=qa$$

が得られる．これらを整理すると，

$$a=\frac{4(p+2)}{4-pq},\quad n=\frac{4(q+2)}{4-pq}.$$

ここで分母に注目すると，$4-pq>0$ を満たしうる組（p, q）は，(1, 1), (1, 2), (2, 1), (1, 3), (3, 1) しかない．

したがって，それぞれの組に対して，$a=4, 6, 8, 12, 20$ であり，同様に $n=4, 8, 6, 20, 12$.

24）デカルトがここで「菱形多面体」(rhomboides) として何を指示しているのかは明確ではない．菱形多面体とは一般に合同な菱形で形成される多面体のことであり，ケプラーの『宇宙の調和』(1619) のなかで詳しく研究されている．デカルトのここでの主張は，ケプラーの結果に基づいているかもしれないが，確証はない．ただし，ケプラーが「最も完全な造形性を持つ菱形」として挙げているのは斜方十二面体と斜方三〇面体の二種だけである（第2巻命題27）．この二つはアルキメデスの立体（半正多面体）の双対であり，対称性が高く，内接球をもつが，外接球をもたない．菱形六面体や菱形二十面体などのように，菱形多面体のうちには対称性が低く内接球も外接球ももたないものもある．

また，すべての角錐が外接球をもつ，というのはデカルトの誤りである．すべての三角錐は確かに外接球をもつが，角錐ならどれでも外接球をもつというわけではない．

25）言い換えると，ある多面体が外接球をもつためには，そのすべての面が外接円をもつことが必要条件である，という主張．

先の面のすべての角と一致する[26].

ある立体の面のうちに存在している，すべての平面角からなる集まり[27]が与えられたときに，同じ立体のうちにどれくらい立体角があるのかを見いだすこと．与えられた数に8を加え，その計算結果を4で割る．すると，その残り〔商〕は求められた数になるが，もし分数が生じたときには，そのようないかなる立体も可能でないことが確かである[28].

すべての平面角からなる集まり，および，面の数が与えられたときに，平面角の数を見いだすこと[29]．面の数を4で掛け，それから，その結果をすべての平面角からなる集まりに加える．すると，その総計の半分が，平面角の数となる[30]．たとえば，すべての平面角からなる集まりが72，面の数が12とせよ．面の数の四倍の48に72を加えると，120になる．その半分は60である．ゆえに，そのような立体は60の平面角をもつ[31].

---

26) ここでデカルトは，ある多面体の外接球が存在するための必要条件をいくつか述べるが，十分条件には至っていない．現在では，あらゆる正多面体と半正多面体は外接球をもつことが知られている．

27) 「すべての平面角からなる集まり」とは，直角を単位とした場合の平面角の総和のこと．たとえば，正六面体では一つの面に含まれる平面角の集まりが2πなので，すべての面に含まれる平面角の集まりは$6 \times 2\pi = 12\pi$．したがって平面角の総和はこれを$\frac{1}{2}\pi$で割った24となる．

28) ここでデカルトが主張している計算は，直角を単位とした場合の平面角の総和に8を加え，その結果を4で割ると，立体角の数になる，というものである．今，平面角の総和をΣ，面の数をF，立体角（頂点）の数をSと置こう．するとこの関係は，$S = \frac{\Sigma + 8}{4}$という式で表せる．これは，先の$\Sigma = 4S - 8$から簡単に得られるものである．たとえば，四面体では平面角の総和は4πであるから，$\frac{1}{2}\pi$を単位としたとき$\Sigma = 8$が得られる．面4，立体角4であるから，確かに$\frac{8+8}{4} = 4$となる．他の立体についても同様にこの関係が確かめられうる．

29) ここでデカルトが提示している問題は，平面角の総和Σと面の数Fが与えられたときに，平面角の数Aを見出せという問題である．先と同様，「すべての平面角からなる集まり」とは，直角を単位とした場合の平面角の総和のことなので，「平面角の数」とは異なることに注意．

30) 先の表記を再び使用すれば，この関係式は，$A = \frac{4F + \Sigma}{2}$と表すことができる．つまり，$2A - 4F = \Sigma$．

31) 直前に示した関係式に当てはめるだけである．すなわち$\Sigma = 72$，$F = 12$とすると，

立体の面のうちにある平面角〔の数〕は，その辺〔の数〕よりも二倍多い．
268 なぜなら，一つの辺は二つの面につねに共通しているからである[32)]．もしすべての面が等しい数の平面角を含むといわれるならば，角の数は分数を生じることなしに面の数によって割られうるし，またその商は一つの面がもつ角の数となる．ここから，既知の平面角の数および面の数から，一つの面のうちにある角がどのくらいなければならないのか，容易に認識される．たとえば，面が5，平面角が18あるとすると，その面から，三角形が二つと四角形が三つあることになるか，あるいは，三角形が三つと四角形が一つとあと五角形が一つあることになるか，あるいは，最後に，六角形が一つと三角形が四つあることになる．しかし，同じ立体には六つの立体角があるのだから，このことから，もしこのようなものでなければ，そのような立体は存在することができない……[33)]．

立体角のうちには，三種の等しさあるいは不等があることに，私は気づく．〔まず,〕等しい数の平面角によって把握されるもの〔図形〕を，等しいと言う．同じく，等しい傾きを含むもの〔図形〕も，等しいと言う．この場合，外角あるいは傾角が等しいと言う．他方で，最初の場合は，算術的に等しいと言う．最後に，球の同じ部分を含んでいるもの〔立体角〕を，最も真な意

$$A = \frac{4 \cdot 12 + 72}{2} = \frac{120}{2} = 60.$$

32） 平面角の数をA，辺の数をRと置くと，ここでの等式は$A = 2R$と表される．この式の正当化はここで与えられている通りである．コスタベルは，この時点で先に得られている諸関係（すなわち$\Sigma = 4S - 8$，$A = \frac{4F + \Sigma}{2}$，$A = 2R$）から容易に，デカルトはオイラーの公式：

$$F + S = R + 2$$

を得ることができたはずだ，と主張する（C, 26, note 12）．対して，ラカトシュや佐々木らは，デカルトがオイラーの公式そのものを明示化したわけではない点を重視し，オイラー以前にデカルトがオイラーの公式を発見したという見方を批判する（佐々木［2003］, 160–162）．より詳しくは「解説」を参照されたい．

33） ここから以下の文章は途切れてしまっている．ここでは面の数と平面角の数のみから立体角の数を導けることが述べられている．デカルトの考察している例では，$F = 5$，$A = 18$，したがって$R = 9$であるから，オイラーの公式から（あるいはデカルトが用いた諸関係から）$S = 6$すなわち立体角の数が6となることが容易に導ける．

味で等しいと言う．そこでは容積が等しい，と言われよう[34)].

傾きにおいて等しい立体角については，算術的に他のものを越える場合，　269
その容積においてより大きいものである．すべてのうちで最も容積が大きいのは円錐角である[35)].

私はつねに，立体角の数として1αを，面の数としてφを措く．すべての平面角からなる集まりは$4\alpha-8$であり，もし三角形でありうるのと同じだけ多くの面が数えられたならば，数φは$2\alpha-4$である[36)]．同様に，平面角の数は$6\alpha-12$である．むろん，一つの〔平面〕角を二つの直線の3分の1として数えるべきだからである[37)]．いま，三つの平面角として3αを措くとする．それは，立体角のうちの一つを構成するものとして最低限必要とされる数である[38)]．このとき，総計は$3\alpha-12$を越える．問いの主旨に従って，立体角の各々に対し，すべての部分に等しく分配されるようなしかたで，その総計が加えられねばならない[39)]．真の平面角の数は$2\varphi+2\alpha-4$である[40)]．それは$6\alpha-12$よりも大きくなるはずはない．しかし，もしそれより小さいならば，超過分は$+4\alpha-8-2\varphi$となるであろう[41)].

何らかの量をもつが等辺ではない平行多面体は球の内に〔内接するものと

34）この節では，立体角のあいだに成り立つ三種の等しさの概念が述べられている．それぞれ，平面角の数，傾き（外角ないし傾角），そして容積に関する等しさである．

35）円の面積がその円に内接するどの多角形の面積よりも大きいのと同様に，円錐角の容積はそれに内接するどの立体角の容積よりも大きい．ただし，円錐は有限の側面を持たないので，円錐角は立体角のある種の極限事例とみなすべきである．

36）先の表記を用いれば，それぞれ$\Sigma=4S-8$，$F=2S-4$となる．

37）$A=6S-12$．なぜなら，ここでは$A=3F$だからである．「一つの〔平面〕角を二つの直線の3分の1として数える」というデカルトの表現は当を得ないが，$A=3F$という意味であろう．

38）各立体角（すなわち頂点）は少なくとも3面以上から形成されるので，3αとされる．

39）デカルトはここで，三角形の面をもつ多面体で，その立体角が面の数と同一であるような特殊な事例（たとえば正二十面体）を考察している．

40）$A=2F+2S-4$という一般的公式を確立している箇所である．これに，先の$A=2R$を合わせると，オイラーの公式が直ちに導かれる．$A=2F+2S-4$という公式は，先に得られた$\Sigma=4S-8$と$A=\frac{4F+\Sigma}{2}$から直ちに得られる．

41）$6\alpha-12-(2\varphi+2\alpha-4)=4\alpha-8-2\varphi$．

して〕描ける[42].

〔第II部〕[43]

立体を形成する最良の方法は，どの場合にも一つの角を空にしたグノモン[44]をさらに付け加えることによる．そして次に，そのことから，図形全体を三角形に分解することができる．ここから，あらゆる多角形の重み[45]が，数 2，3，4，5，6 などによる三角形を掛けることによって，そして，その積から根 1，2，3，4 などを引くことによって得られることが容易に知られる．

42） 平行多面体ないし菱形多面体は外接球をもつ，という主張であると思われるが，デカルトはその証明を与えていない．また，平行多面体か菱形多面体かのいずれであったとしても，その主張は誤っている．

原文に ‘non æquilaterae’「等辺ではない」とあり，Rhomboides を菱形多面体と訳すと意味が分からなくなるので，ここでは「平行多面体」と訳した．あるいはデカルトないし筆写したライプニッツは，「等角ではない菱形多面体」ということが言いたかったのであろうか．

仮に等辺でない平行多角形を面として形成される多面体だとしても，等辺でない平行四辺形は円に内接しないので，それによって形成される多面体も球には内接しえない．球に内接しない頂点が出てしまうからである．

また後者であったとしても，菱形多面体は外接球をもたないので，デカルトの主張は一般的には成り立たない．

43） 先の「第I部」と同様，写本には「第II部」を分割するような記述はない．分割は AT 版およびコスタベル版に従う．

44） 「グノモン」(gnomon) とは，ある平行四辺形から，一つの頂点を共有するより小さい相似な平行四辺形を取り去った際に残る，L 字型の図形のことである．エウクレイデスは『原論』第 2 巻において，このように平行四辺形によってグノモンを定義しているが，実際には正方形についてのみ考える場合がほとんどである．もともとは，日時計の影をなす針のことを意味した．図形に対して L 字型の図形を付加することで，全体を大きくすることができる．この箇所は，デカルトが平面図形におけるグノモンの概念を，立体（多面体）にまで拡張して考えていることを示唆する．

45） 「重み」(pondus) とは，図形が持つ点の数であり，図形の大きさの規模を，点の数に代表させて測量したものである（cf. 佐々木［2003］, 164）.

こうして四角形の重みは，$\frac{1}{2}n^2+\frac{1}{2}n$ に 2 を掛けると $\frac{2}{2}n^2+\frac{2}{2}n$ となり，それから $1n$ を引けば $1n^2$ となることで得られる．同様に，3 を掛けて，その積から 2〔n〕を引くと，五角形の重みが得られる，など[46]．

270

五つの正多面体は，それ自体において単純に考察された場合，面を形成したときのように，一つのグノモンを加えることで形成される[47]．

四面体	八面体	二十面体	立方体〔六面体〕	十二面体
F－R＋A, O	F－R＋A, O	F－R＋A, O	F－R＋A, O	F－R＋A, O
1－0＋0, 1	4－4＋1, 1	15－20＋6, 1	3－3＋1, 1	9－18＋10, 1
3－0＋0, 4	12[48]－8＋1, 6	45－40＋6, 12	12－6＋1, 8	45－36＋10, 20
6－0＋0, 10	24－12＋1, 19	90－60＋6, 48	27－9＋1, 27	108－54＋10, 84
10－0＋0, 20	40－16＋1, 44	150－80＋6, 124	48－12＋1, 64	198－72＋10, 220

---

46) $\frac{1}{2}n^2+\frac{1}{2}n$ は原文では $\frac{1}{2}\mathfrak{z}+\frac{1}{2}\mathfrak{x}$ と書かれている．$\mathfrak{z}$ や $\mathfrak{x}$ はコス記法で，$\mathfrak{z}$ は n^2 という平方の未知量，$\mathfrak{x}$ は n という一次の未知量を指す．簡便のため，以下も現代的な指数表記で翻訳する．

ここでデカルトは，図形数のアルゴリズムを示している．まず，「四角形の重み」すなわち四角数は，$\frac{n(n+1)}{2}\cdot 2-n=n^2$ で計算される．実際，左図のように，1 つの点から出発し，L 字型のグノモンで四角形を構成していく数列は，1, 4, 9, 16, ... となる．

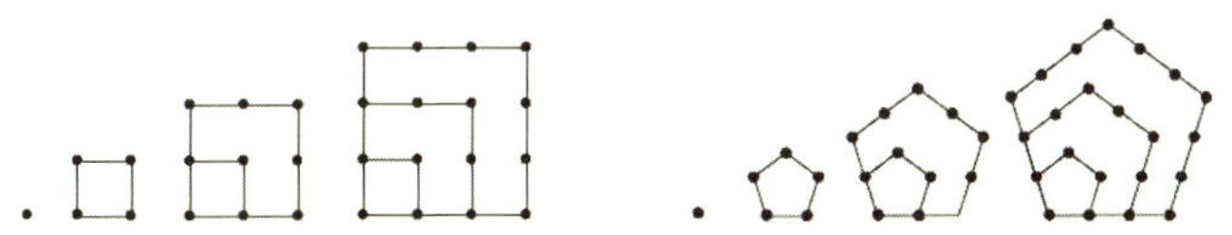

また，「五角形の重み」すなわち五角数は，$\frac{n(n+1)}{2}\cdot 3-2n$ で計算され，右図のように，1 つの点から出発し，コの字型のグノモンで五角形を構成していく数列は，1, 5, 12, 22, ... となる．ヴァルスフェルに従い，2〔n〕と補う．

47) デカルトは，グノモンを継続的に加えていくことで成り立つ図形数の計算を，プラトン的立体すなわち正多面体にも拡大して応用する．表においてデカルトは，正多面体をそれぞれの構成面の順番で並べている．四面体，八面体，二十面体の構成面は三角形，立方体は四角形，十二面体は五角形である．

原文にはいかなる説明もないが，F－R＋A が多面体のグノモン，O が「多面体の重み」すなわち「多面体数」である．多面体数にグノモンを足すことで，次の多面体数が得られる．

48) ライプニッツの写本には 1 とあるが 12 の誤り（C, 4*）．

271　このように，多角形もまた規則に従って形成されねばならない[49]．すなわち，

R－A, O	R－A, O	R－A, O	R－A, O
1 － 0, 1	2 － 1, 1	3 － 2, 1	4 － 3, 1
2 － 0, 3	4 － 1, 4	6 － 2, 5	8 － 3, 6
3 － 0, 6	6 － 1, 9	9 － 2, 12	12 － 3, 15
4 － 0, 10	8 － 1, 16	12 － 2, 22	16 － 3, 28

もしわれわれがこれらの図形を測量できるものと考えるならば，そのとき，すべての単位は，自らの図形と同じ原理をもつことが理解されるであろう．すなわち，三角形においては，単位は三角形単位であり，五角形は，ある五角形単位に関して測られる，など．このとき，平面のその根に対する比は，平方〔2 乗〕の自らの根に対する比と同一であろう．同じように，立体については，立方〔3 乗〕となる．たとえば，もし根が 3 だとすると，平面は 9，立体は 27，など．短く〔三語で〕[50]言えば，このことは，円や球およびその他すべての図形に対しても当てはまる．もし一つの円の円周が他の円の円周よりも三倍大きいならば，前者の円の面積は九倍になる．そこから，こうしたわれわれの数学[51]における数列に注意すると，𝔵𝔢，𝔷，𝔠𝔢 などは，図形すなわち線・平方・立方に結びつけられているわけではなく，それらによって異なる測量の種類が一般的に描かれているのである[52]．

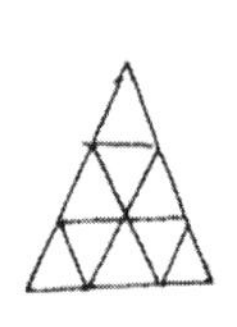

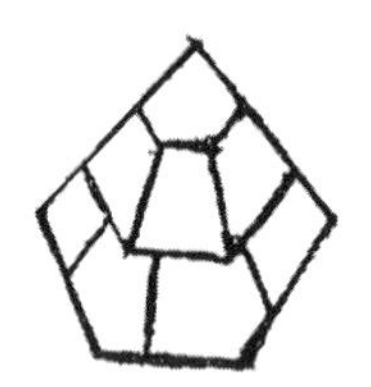

49）次の表は，左から三角数，四角数，五角数，六角数であり，R－A がグノモン，O が図形数を表している．図形数にグノモンを足すことで，次の図形数が得られる．

50）写本にある‘v.us.’は‘verbis tribus’すなわち「三語で」あるいは「短く言えば」の略であろう（C, 4**）．

51）原文では‘matheseos’とある．コスタベルは‘mathésiques’と訳す．デカルトは本稿でコス式の記法を依然として用いてはいるが，「マテーシス」（mathesis）という用語の出現には注目すべきものがある．本書 p. 126 の「算術数列」との関係も考えられる．

52）𝔵𝔢，𝔷，𝔠𝔢 は，写本ではライプニッツ流のコス記法で書かれており，それぞれ n, n^2, n^3 に対応する．ここでの意味をもう少しわかりやすく咀嚼するならば，n, n^2, n^3

18	+	10	−	48	+	21,	1	[53]
54	+	50	−	96	+	21,	30	
108	+	120	−	44	+	21,	135	

4の六角形と4の三角形からなる立体は，辺が18，角が12，面が8ある．したがって，このグノモンは，2の六角形および3の三角形の面，マイナス6の根，＋2の角からなる．

F	+	F	−	R	+	A,	O
3	+	2	−	6	+	2,	1
9	+	12	−	12	+	2,	12
18	+	30	−	18	+	2,	44
30	+	56	−	24	+	2,	108
45	+	90	−	30	+	2,	215

× 8の三角形および6の四角形の面からなる立体は，辺が24，角が12，面が14である．このグノモンは，6の三角形および四角形の面，－14の根，＋5の角からなる．×[54]

272

F	+	F	−	R	+	A,	O
6	+	4	−	14	+	5,	1
18	+	16	−	28	+	5,	12
36	+	36	−	42	+	5,	47
60	+	64	−	56	+	5,	120
							(245)

8の三角形および6の四角形の面からなる立体は，辺が36，角が24，面が14である．このグノモンは，6の三角形および4の四角形の面，－14の根，＋5の角からなる[55]．

273

が式に現れるからといって，それら各々がただちに線，平面，立体に結びつけられていると考えてはならず，式全体によって，立体図形が表されていると見るべきである，とデカルトは注意しているのである（cf. 佐々木［2003］, 174）．

なお，左図はAT版にはなく，写本にある．

53） この表は最後の例，「このグノモンは，18の三角形および10の五角形の面，－48の根，＋21の角からなる」（本書 p. 125）に対応する．ライプニッツはこの最後の例に与えるべき訂正を理解した際，紙の空白があるここに書いた（C, 5 *）．

54） この箇所は，ライプニッツによって取り消されている（C, 5 **）．また，AT版では「16の四角形」とあるが，「6の……」が正しい．この欄外に「グノモン 》」とある．

55） グノモン以下，ライプニッツは下線強調している．ライプニッツは辺の数を36と

6	+	5	−	23	+	13,		1
36	+	20	−	46	+	13,		24
90	+	45	−	69	+	13,		103
168	+	80	−	92	+	13,		272

8の六角形および6の四角形の面からなる立体は，辺が36，角が24，面が14である．このグノモンは，6の六角形および5の四角形の面，−23の根，＋13の角をもつ[56]．

7	+	4	−	20	+	10,		1
21	+	32	−	40	+	10,		24
42	+	84	−	60	+	10,		100
70	+	160	−	80	+	10,		260

8の三角形および6の八角形の面からなる立体は，辺が36，角が24，面が14である．このグノモンは，4の八角形および7の三角形の面，−20の根，＋10の角をもつ．

274

7	+	15	−	37	+	16,		1
21	+	60	−	74	+	16,		24
42	+	135	−	111	+	16,		106
70	+	240	−	184[57]	+	16,		284

18の四角形および8の三角形からなる立体は，辺が48，角が24，面が26である．ところでこのグノモンは，15の四角形および7の三角形の面，−37の根，＋16の角からなる[58]．

しているが，実際には24の辺と12の頂点が存在する．したがって，本来は「24の辺，12の角」とあるべきである（C, 5 ***）．また欄外に「グノモン ⊙ 》」とある．

56） 欄外に「グノモン」とある．

57） ヴァルスフェルは148に修正．

58） 〔以下は欄外に書き込まれたものである〕

これらのうち，差は次のように定義される．まず1から：

1 − 1
11 − 10
32 − 21
64 − 32
107 − 43
161 − 54

1	1	+	18	−	76	+	48,	1
5	5	+	108	−	152	+	48,	60
15	2[59]	+	170	−	228	+	48,	282

20の三角形および12の五角形からなる立体は，辺が60，角が30であり，このグノモンは，18の三角形および10の五角形の面，−48の根，＋21の角からなる[60]．

これらの図形〔多面体〕の数に等しい代数項[61]は，〔まず〕面の指数$+\frac{1}{2}n$に$\frac{1}{3}n+\frac{1}{3}$を掛け，次に面の数を掛けることで発見される[62]．このことは，与えられた立体において異なる類の面が存在するのと同じ回数だけなされる．それから，$\frac{1}{2}n^2+\frac{1}{2}n$などで掛けられた根の数，および，$1n$で掛けられた角の数を，その結果に加える，あるいは，その結果から引くこと．　275

20の三角形および12の五角形からなる立体を表現する図形数に妥当する項が求められたとき，この立体のグノモンは，18の三角形の面と10の五角形の面，マイナス48の根，＋21の角からなるのだから，まず，$\frac{1}{2}n$を三角形の面の指数である数$\frac{1}{2}n^2+\frac{1}{2}n$に加え，そしてその結果，すなわち$\frac{1}{2}n^2+1n$に，$\frac{1}{3}n+\frac{1}{3}$を掛けると，$\frac{1}{6}n^3+\frac{3}{6}n^2+\frac{2}{6}n$となる．それに18を掛けると，$3n^3+9n^2+6n$となる．

次に，$\frac{1}{2}n$を五角形の面の指数である数$\frac{3}{2}n^2-\frac{1}{2}n$に加える，すると$\frac{3}{2}n^2$

---

59)　ヴァルスフェルは132に修正．

60)　ライプニッツは欄外に次の書き込みをしている．「草稿の，線の左側にある文字は消されており，疑わしい．このグノモンは，より先にある数と一致しない．」

61)　「代数項」（termini algebraici）というここでの表現に関して，コスタベルはライプニッツの介入があった可能性を指摘している（C, 40–42）．コスタベルによれば，「代数的」という形容は，そもそもデカルトが好んで用いるはずがなく，明らかにデカルト的というよりもライプニッツ的なものである．デカルトは『規則論』で「代数」（Algebra）という新用語を用いるが，そこにはためらいが見られ，異なる冪間の計算をむしろ「新しい算術の種類」と呼んでいる．また，同じ『立体論』内において，コス式記法の使用と「代数項」という表現の間にはあまりにもずれがある．したがって，ライプニッツが，デカルトの古くさくて暗示的な言い回しをより現代的なものに置き換えたのであろうと推測する．

62)　「面の指数（exponens）」とは，面となる多角形に対する式である（佐々木［2003］, 185）．

になる．これに，$\frac{1}{3}n+\frac{1}{3}$[63]を掛けると，$\frac{1}{2}n^3+\frac{1}{2}n^2$となる．それから，それに10を掛けると，$5n^3+5n^2$となる．もしそれに前で得られた数を合わせると，$8n^3+14n^2+6n$となる．そこから，根の数48を$\frac{1}{2}n^2+\frac{1}{2}n$で掛けたもの，すなわち$24n^2+24n$を引くと，$8n^3-10n^2-18n$となる．こうして，21角あるので$21n$を加えるならば，求めていた代数項である，$8n^3+10n^2+3n$となる．

276

最後に，すべての14の立体の重みは，それらが算術数列によって生じるというわれわれの考えによると，〔右のように表される．〕[64]

（池田真治 訳）

63）コスタベルに従い，ライプニッツの写本では$1n^2$とあるのを$\frac{1}{3}$に訂正（C, 7）．

64）表では，14の立体，すなわち，5つの正多面体と9つの半正多面体が検討されている．デカルトは残り2つの半正多面体については未検討であるとしている．ここから，デカルトは11の半正多面体の存在を念頭に置いていたことになるが，すでにパッポスの『数学集成』の第2部において13の半正多面体の存在が発見され，その簡明な記述もなされているので，デカルトのここでの表は不完全なものである．ケプラーの『宇宙の調和』（1619年）でも13ある半正多面体が網羅されているので，この時点でデカルトがケプラーの『宇宙の調和』をきちんと読んでいたことは疑わしい．『思索私記』の冒頭に，「若い頃，私は工夫に富んだ発見を見せられると，その人の著書を読まないでも自分がそれを発見できないものかどうかを自問した」（AT. X, 214）とあるように，デカルトはすべてを読まずに，自分で問題を解こうとしたのかもしれない．

表の第1列目が，立体の名称ないしその立体の主たる構成要素，第2列は，多面体の重み（pondera）を表す代数項，第3列は，幾何学的重み（pondera geometrica）すなわち体積，第4列は大軸（axesmajores）すなわち外接球の直径，第5列は，多面体が導出されるところの元となる立体の代数学的表現である（cf. 佐々木［2003］, 170）．なお，〔　〕は訳者による補足である．

コスタベルは，表には次の誤りがあるとしている（C, 9）．

- 3行4列目，外接する球面の直径ではなく半径の値が書かれている．
- 9行2列目，9の代わりに$\frac{9}{2}$でなければならない．〔コスタベルによれば，多面体の重みを表す代数式の係数の和は1でなければならない（AT. X, 276）．〕
- 9行3列目，329の代わりに392でなければならない．
- 12行3列目，$\frac{17}{16}$の代わりに$\frac{17}{6}$でなければならない．

65）ライプニッツはこの数値を書き写したものの，「私にはなぜだかわからない」と記載している．

66）この最後の文に関して，ライプニッツは次の注を付している．「これは別のインクによって記入された」．

〔多面体の名称ないしその構成要素〕	〔多面体の重み〕	幾何学的重み〔体積〕	大軸〔直径〕	〔元となる多面体の代数学的表現〕
四面体の数の重み	$\frac{1}{6}n^3 + \frac{1}{2}n^2 + \frac{1}{3}n$	$\sqrt{\frac{1}{72}}n^3$	$\sqrt{\frac{3}{2}}n$	その辺が $\sqrt{\frac{1}{2}}n$ の立方体からなる
八面体の…	$\frac{2}{3}n^3 + \qquad + \frac{1}{3}n$	$\sqrt{\frac{2}{9}}n^3$	$\sqrt{2}n$	その辺が $2n$ の四面体からなる
立方体〔六面体〕の…	$1n^3$	$1n^3$	$\sqrt{3}n$	
二十面体の…	$\frac{5}{2}n^3 - \frac{5}{2}n^2 + 1n$	$\sqrt{\frac{125}{144}} + \frac{5}{4}n^3$	$\sqrt{\frac{5}{2} + \sqrt{\frac{5}{4}}}n$	
十二面体の…	$\frac{9}{2}n^3 - \frac{9}{2}n^2 + 1n$	$\frac{7}{4}\sqrt{5} + \frac{15}{4}n^3$	$\sqrt{\frac{15}{4} + \sqrt{\frac{3}{4}}}n$	
4 つの六角形と 4 つの▽からなる立体	$\frac{11}{6}n^3 - \frac{1}{2}n^2 - \frac{1}{3}n$	$\sqrt{\frac{529}{72}}n^3$	$\sqrt{\frac{11}{2}}n$	その辺が $3n$ の四面体からなる
8 つの▽と 6 つの□からなる…	$\frac{7}{3}n^3 - 2n^2 + \frac{2}{3}n$	$\sqrt{\frac{50}{9}}n^3$	$2n$	その辺が $2n$ の八面体と，
				その辺が $\sqrt{2}n$ の立方体からなる
8 つの六角形と 6 つの□…	$\frac{17}{3}n^3 - 6n^2 + \frac{4}{3}n$	$\sqrt{128}n^3$	$\sqrt{10}n$	その辺が $3n$ の八面体からなる
8 つの▽と 6 つの八角形…	$\frac{31}{6}n^3 - 9n^2 + \frac{1}{3}n$	$\sqrt{\frac{329}{9}} + 7n^3$	$\sqrt{7 + \sqrt{32}}n$	その辺が $1 + \sqrt{2}$ の立方体からなる
8 つの▽と 18 の□…	$\frac{37}{6}n^3 - \frac{15}{2}n^2 - \frac{7}{3}n$	$\sqrt{\frac{220}{9}} + 4n^3$	$\sqrt{5 + \sqrt{8}}n$	その辺が $\sqrt{2} + 1$ の立方体と，
				その辺が $\sqrt{\frac{17}{2} + 6\sqrt{2}}$ の八面体からなる[65]
20 の八角形と 12 の五角形…	$\frac{35}{2}n^3 + \frac{47}{2}n^2 + 7n$	$\sqrt{\frac{9245}{16}} + \frac{125}{4}n^3$	$\sqrt{\frac{29}{2} + \frac{9}{2}\sqrt{5}}n$	その辺が $3n$ の二十面体からなる
20 の▽と 12 の五角形…	$8n^3 + 10n^2 + 3n$	$\frac{17}{16}\sqrt{5} + \frac{15}{2}n^3$	$\sqrt{5} + 1n$	その辺が $2n$ の二十面体と，
				その辺が $\sqrt{5} - 1n$ の十二面体からなる
20 の▽と 12 の十二角形…	…	$\frac{235}{12}\sqrt{5} + \frac{165}{4}n^3$	$\sqrt{\frac{37}{2} + \frac{15}{2}\sqrt{5}}$	その辺が $\sqrt{5}n$ の十二面体からなる
20 の▽と 30 の□，12 の五角形…		$\frac{29}{3}\sqrt{5} + 20n^3$	$\sqrt{11 + \sqrt{80}}n$	その辺が $\frac{3}{2}\sqrt{5} - \frac{3}{2}n$ の二十面体と，
				その辺が $\frac{3}{2}\sqrt{5} - \frac{3}{2}n$ の十二面体からなる

一つは 8 つの八角形および 12 の四角形からなる立体と，もう一つは 30 の四角形，12 の十二角形と 20 の八角形からなる立体と，二つの立体がまだ残されている．[66]

二項数の立方根の考案

〔AT. V. 612–615, AT. III, 188–190〕

本性的あるいは条件付きの二項数[1]が一つ与えられたとする．絶対数[2]から，〔その絶対数に〕もっとも近い立方根〔数〕を抽出したうえで，その残余が3であまりなく割り切れるようにせよ．私はその立方根をAと置く．しかるのち，この残りを見出されたAの三倍で割る．この商からわれわれが$\sqrt{\mathrm{B}}$と置くところの平方根〔数〕を得る．そして，この無理数〔項〕を見出された$\sqrt{\mathrm{B}}$で割れ．そして，その商が平方数——ただしその根は$\sqrt{\mathrm{B}}$の平方数とAの平方数の三倍の合計に等しい——の場合，与えられた数は有理数であり（適合し）[3]，$\mathrm{A}+\sqrt{\mathrm{B}}$は真なる根である． 612

二項数$26+\sqrt{675}$があるとする．まず始めに，26にもっとも近い根のうち，先に述べた特性をもつ数は2であり，これを私はAとする．その立方は8であり，これが26から引かれると18である．この数をAの三倍すなわち6

1）本テキストのタイトルは«nombres binômes»であるが，テキスト中ではたんに«binôme»と記されている．«binôme»の名詞は通常「二項式」と訳され，われわれがなじんでいる「多項式」の項が2つの場合（たとえば$ax+b$）であるが，これについても「二項数」という訳語を採用することにしたい．ひとつはタイトルと合わせるためであり，もうひとつには，ここで$x^3-6x=40$の解である$\sqrt[3]{20-\sqrt{392}}$を開いているように，カルダーノ＝タルターリアの公式によって得られた三次方程式の解を簡単な数（テキストの文言に従えば，「部分のひとつが絶対数となるような二項数」）に直したいという動機に導かれているからである．こうした理由により，本テキストのみならず同様の問題を扱った他のテキストにおいても，本書では「二項数」という訳語で統一することにする．

2）二項数の有理部分のこと．

3）フランス語テキストは誤訳である．フラマン語は’t gegeven is gheschikt であり，「与えられた数は適合する」の意味である．

で割ると3になり，この平方根は$\sqrt{3}$であり，これをBと置く．

そののち，無理数$\sqrt{675}$を見出された数である$\sqrt{3}$で割ると，平方数すなわち225が得られる．この根は15であり，この数はBの平方と，Aの平方の三倍との和に等しい．A＋Bすなわち$2+\sqrt{3}$は$26+\sqrt{675}$の真の立方根であると私は述べよう．その共役数となる根すなわち$26-\sqrt{675}$の根は$2-\sqrt{3}$になるであろう．

613

二項数の立方根を抽出するための一般的な規則
根も二項数の場合

準備

与えられた二項数の諸項の平方を互いに差し引かなければならない．そしてその残余が立方数ではない場合は，根は単純な二項数すなわち項の一方が絶対数となる二項数でないことが分かる．しかし，根は，その二つの部分ともが無理数となる二項数であることもなおもありえるので，その諸項の平方の間にある差で，与えられた二項数を乗じなければならない．そして，その積から，立方根を以下のような方法によって抽出する．この根は，与えられた二項数が乗されるところの数の立方根によって割られると，われわれはその真根を得ることになるであろうから．

$10+\sqrt{98}$が与えられた二項数とする．その諸項の平方は100と98である．それらは互いに差し引かれると2が残り，これは立方数ではありえない．そういうわけで，私は$10+\sqrt{98}$をこの数である2で乗すると，$20+\sqrt{392}$となり，これの立方根は，$2+\sqrt{2}$であり，これが$\sqrt[3]{2}$で割られると，$10+\sqrt{98}$の立方根として$\sqrt[3]{4}+\sqrt{\sqrt[3]{2}}$となり，以下同様である．

614

規 則

与えられた二項数全体の有理数部分の立方根——ただし実際の根より少しだけ大きく，とはいっても超過は$\frac{1}{2}$を越えない——そのような立方根を抽出せよ．諸項の平方の間にある差の立方根を，この有理根で割って，この〔同じ〕有理根を加えよ（このことは，与えられた二項数の絶対数が，その無理数より大きい場合のみ，と解されなければならない，なんとなれば，より小さい場合には，加える代わりに減じなければならないから）．しかるのちに，この合計（あるいは残り）に含まれている中で最大の整数によって，この絶対数の二倍を割り，そして，その商に，二項数の諸部分の平方の間にある差の立方根の三倍を加えよ（あるいは，この数を商から引け）．そして，その合計（ないし残余）が，今しがた述べたように，見出された最大の整数の平方に等しくない場合には，与えられた二項数の立方根は二項数で表記されえない．しかし，それに等しい場合には，この数の半分は，求められる根の諸項の一方となり，そして，その平方から，諸項の平方の間にある差の立方根を差し引くと（あるいはそれに加えると），もう一方の項の平方が出る，あるいは残る．

そのようにして，$20+\sqrt{392}$ の立方根を得るためには，はじめに私は，392 の平方根をほぼ 20 と置き，それに絶対数 20 を加えると，40 になる．そこから 3 より少しだけ大きく，$3\frac{1}{2}$ よりは小さい数であるところの（その数の）立方根を導くと，$3\frac{1}{2}$ が求められている有理根である．さらに，各項の平方である 400 と 392 の差は 8 なので，その立方根は 2 であり，これは $\frac{7}{2}$ で割られると $\frac{4}{7}$ となり，絶対数 20 は $\sqrt{392}$ よりも大きいので，これに $\frac{7}{2}$ を加えると，$4\frac{1}{14}$ となる．そののち，絶対数の倍である 40 を，$4\frac{1}{14}$ に含まれている最大の整数である 4 で割る．この商は 10 となるが，これに私は，2 の三倍である 6 を加える．そうすると 16 となり，見出された最大の整数である 4 の平方と等しくなる．このようにして，この二項数の根が見出されうるのであり，その二項のうちの一方が，4 の半分である 2 となる．2 の平方である 4 に次いで，二つの部分の平方の差の立方根であるところの 2 を差し引けば，もう一方の部分の平方である 2 が得られる．このようにして $2+\sqrt{2}$ が $20+\sqrt{392}$ の立方根となる．

同様に，$10+\sqrt{108}$ の立方根を導くためには，ほぼ $10\frac{1}{2}$ になる 108 の平

615

方根を抽出する．これに，絶対数 10 を加えると，ほぼ $20\frac{1}{2}$ となる．この数の立方根は，$2\frac{1}{2}$ より少しだけ大きく 3 よりは小さい数である．したがって，$\frac{1}{2}$ 以上過剰ということはない．さらに，100 と 108 の差は 8 であり，その立方根は 2 であり，2[4]で割られると商は $\frac{2}{3}$ となる．10 は $\sqrt{108}$ より小さいので，この数を 3 から引く．残るのは $\frac{2}{3}$[5]であり，$2\frac{1}{3}$ に含まれる最大の整数は 2 であるので，この数で 10 の二倍である 20 を割り，そしてそこから 2 の三倍を取り除くと，2 の平方に等しい 4 が残る．こうして，その根が導かれて，その有理項は 1 となる．1 の平方に 2 を加えると 3 になるが，これがもう一方の項の平方である．したがって，$1+\sqrt{3}$ は $10+\sqrt{108}$ の立方根であり，以下同様である．

188　ここで，一方の項が有理数で，他方の項が有理数の根であるような二項数ついてのみ話せばよい[6]．なんとなれば，われわれが根を導くことができるようななんらかの乗算によってこのような二項数になりうるようなものしかないからである．ゆえに，このようなある二項数があるとして，その各項の平方のあいだの差の根が有理数の場合，この差の根を導かなければならない．あるいは，この根の差が有理数でない場合，もし立方根を求めようとしているのなら，与えられた二項数を，この差で乗さなければならない．もし五乗根を求めようとしているのなら，その平方で乗さなければならない．もし七乗根を求めようとしているのなら，その立方で乗さなければならない．以下同様に続くが，それは，その各項の平方のあいだの差の根が有理数である，そのような二項数がある場合であろう．しかるのちに，この差の根を，二項数全体の根よりも若干大きいけれども $\frac{1}{2}$ 以上越えない，そのような有理数で割らなければならない（そしてその有理数は数論でつねに簡単に見いださ

189

4）2 は 3 の誤り．

5）$\frac{2}{3}$ は $2\frac{1}{3}$ の誤り．

6）この文章から最後までは，メルセンヌ宛書簡 1640 年 9 月 30 日（AT. III, 188–190；『全書簡集』IV, 165–167）からの抜粋である．なお，本草稿では，que（のみ）が欠落しているので，これを補って訳した．

れる）．この商に，与えられた二項数の有理数の項が無理数の項より大きい場合には，同じ有理数を加え，より小さい場合には，〔同じ有理数を商から〕差し引かなければならない．そして出てきた数は分数であるので，ここから単位数より小さい分数を排除しなければならない．そうすると，残った整数の半分は，根をなす項のひとつである．その項の平方から，有理項の方が大きい場合には，上記の差の根を差し引くと（小さい場合には加えると），出てきた数はもう一方の項の平方となる．少なくとも，与えられた二項数の根が，数で表記される場合はそうである．それについてはつねに乗算によって証明できる．なんとなれば，もしこの二項数を作ることができなければ，表記できるような根がないのは確実だから．しかし別の規則においては，私はこの証明を少々変装させて，そこではもっと手の込んだものに見せかけようとした．その全体の証明はきわめて明快である．なんとなれば，二項数の各項の平方の差の根は，つねに，その根の各項の平方のあいだの差であるから．次いで一方で，求められている根の有理項の二倍は，整数でなければならないこと，そしてこの整数は，われわれがすでに求めた分数より，単位数分以上小さくなることはありえないことは，既知である．このことから，分数を取り除くと，求められている数の二倍を得ることが導かれる． 190

しかるに，この規則によって，1C − 6N = 40[7]の根を導くことができる．なんとなればカルダーノの規則によって，この根は，その共役数 $\sqrt[3]{20-\sqrt{392}}$ に $\sqrt[3]{20+\sqrt{392}}$ を足したものからなることが分かるし，その結果，これら立方根を開くと，$2+\sqrt{2}$ と $2-\sqrt{2}$ となり，これをそれぞれに足し合わせれば，4になる．別のやり方でもこれを導くことはできるであろうが，私はこのようなことに決して拘泥しなかったし，書き記して留めておくことはしなかったので，その別のやり方を思い出すには，また考えなければならないであろう．

（武田裕紀 訳）

---

7) $x^3-6x=40$ のこと．このような $x^3+px=q$ の形の式を問題にしているのは，カルダーノの公式では，三次方程式の一般形 $ax^3+bx^2+cx+d=0$ を $x^3+px=q$ という縮約形に直してから解を求めるというプロセスをとるからである．これをカルダーノの公式によって解くと，$\sqrt[3]{20-\sqrt{392}}+\sqrt[3]{20+\sqrt{392}}$ が得られる．

6

scris $\sqrt{bb-bc} - \sqrt{ab-aa}$.
Item si ie veux soustraire $\sqrt{\frac{a^4+bbcc}{cd}}$ de $\sqrt{\frac{b^4+a^3b}{ac}}$
iescris $\sqrt{\frac{b^4+a^3b}{ac}} - \sqrt{\frac{a^4+bbcc}{cd}}$.
Item ie veux soubstraire $\frac{bb}{2\sqrt{4aa-bb}}$ de $\frac{1}{2}\sqrt{4aa-bb}$
Reste $\frac{2aa-bb}{\sqrt{4aa-bb}}$ ce qui se trouve en cet façon :
Premierement ie reduits les deux sommes soubs une mesme denomination, en multipl. le diviseur $2\sqrt{4aa-bb}$ par $\frac{1}{2}\sqrt{4aa-bb}$ le produit est $4aa-bb$ et les deux sommes $\frac{4aa-bb}{2\sqrt{4aa-bb}}$ et $\frac{bb}{2\sqrt{4aa-bb}}$ sont reduits soubs une mesme denomination. J'oste donc bb de $4aa-bb$ et j'ay de ceste $\frac{4aa-2bb}{2\sqrt{4aa-bb}}$ oubien $\frac{2aa-bb}{\sqrt{4aa-bb}}$.
Item pour oster $\overline{a+b}\sqrt{cc+dd}$ de $\overline{c+d}\sqrt{aa+bb}$ reste $\overline{c+d}\sqrt{aa+bb} - \overline{a+b}\sqrt{cc+dd}$.

Multiplication de quantites sourdes.

Des quantites sourdes multiplie l'une par l'autre, la racine du produit est le produit requis. Exemple. Pour multipl. $\sqrt{ab}$ par $\sqrt{bc}$ i'ay pour produit $\sqrt{abbc}$. De mesme mult. $\sqrt{ab+cc}$ par $\sqrt{cd-ad}$ J'ay pour produit $\sqrt{abcd+c^3d-aabd-accd}$.
Mais lors qu'on nen veut pas acheuer la multipl. on met $\sqrt{ab+cc}$. m. $\sqrt{cd-ad}$ qui est autant à dire que la racine de $ab+cc$ doit estre multipliée par la racine de $cd-ad$.
Item pour auoir le quarré de $\sqrt{ab-bc-cc} - \sqrt{bb-ac}$ ie quitte les deux vincula pour auoir leurs quarrés, et i'ay $ab-bc-cc-bb-ac$ puis ie multp. 2 fois $\sqrt{ab-bc-cc}$ par $-\sqrt{bb-ac}$ que iescris seulement ainsy $-2\sqrt{bb-ac}$ m. $\sqrt{ab-bc-cc}$, oubien $-\sqrt{4bb-4ac}$ m. $\sqrt{ab-bc-cc}$.

10 11

図版 3

『デカルト氏の『幾何学』のための計算論集』草稿（ハーグ写本．本書 144–145 頁）
オランダ王立図書館所蔵

デカルト氏の『幾何学』のための計算論集

659

〔AT. X, 659–680, AM. III, 328–352〕

この新しい算術は，文字 a，b，c，d 等と数字 1，2，3 等とから構成されている．$2a$，$3bb$，$\frac{1}{4}cc$ のように文字の前に数字があるなら，これは a の大きさが二倍，bb のそれが三倍，cc のそれが四分の一倍ということを意味する．また a^3，b^4cc のように文字の後の上に〔数が〕見出せるのなら，それは aaa や $bbbbcc$ に他ならない．

660

661

加 法[1)]

加法は符号 + でなされ，a に b を加えるとき $a+b$ と書く．さらに $a+b$ に $d+f$ を加えるとき $a+b+d+f$ と書く．

減 法

減法は符号 − でなされ，b から a を引くとき $b-a$ と書く．また d から $a-b+c$ を引くとき $d-a+b-c$ と書くように，複数個を引くときには符号だけ変えればよい．

同様に，$cc-dd$ から $aa-bb$ を引くとき $cc-dd-aa+bb$ と書く．

しかし加えられる数[2)]と同類項とがあるときには，それらを上下に配置しまとめた後，通常の算術と同様に加減によって項を短縮する．$3ab+2cd-5ac+ad$ と $13ab-3cd+4ac-ad$ とを加えるときには，項を以下のように置き，

1） AT 版は〔加法と減法〕の見出しを編集者が補っている．途中で見出し「例」があり，また数値も異なる．

2） 「加えられる数」とは前にプラス符号の付く数．

$$
\begin{array}{l}
+3ab+2cd-5ac+ad \\
+13ab-3cd+4ac-ad \\
\hline
16ab \quad -cd \quad -ac
\end{array}
$$
項を短くした後，その全体の和

662 を得る．同様に，この全体 $+3ab+2cd-5ac+ad$ から $+13ab-3cd+4ac-ad$ を引くときは，そのまま

$$
\begin{array}{l}
3ab+2cd-5ac+ad \\
-13ab+3cd-4ac+ad
\end{array}
$$

と置き，まとめた後，次を得る．

$$-10ab+5cd-9ac+2ad.$$

乗法

文字を相互に掛ける問題では文字全体を結合するだけでよく，数が加えられているなら通常の算術[3]の法則に従う．符号に関しては，＋と－とが，あるいは－と＋とが掛けられたり割られたりすると－となり，さらに＋と＋とが，あるいは－と－と〔が掛けられたり割られたりする〕なら＋となる．

加減して簡約するため，上記と同様に同類項を上下に配置する．たとえば，a を b で掛けるときは ab と書く．さらに $2a+3b$ を $3c-2b$ で掛けるときは，$2a$ を $3c-2b$ で，$3b$ を $3c-2b$ で掛ける．

こうして $6ac+9bc-4ab-6bb$ を得る．

さらに $ab+cd-bc$ を $ab+bc-cd$ で掛けると，

$$
\begin{array}{llllll}
aabb & +abcd & -abbc & +bccd & -bbcc & -ccdd \\
 & -abcd & +abbc & +bccd & & \\
\hline
aabb & & & +2bccd & -bbcc & -ccdd
\end{array}
$$

となる．

無[4]より小あるいはまた最大項に符号－が付く全体は平方しないように注意せよ．なぜなら，〔平方した〕その積は符号＋のときと同じ結果になって

3) テキストは＋coe ” となっており，欄外に leg.commune（「通常の」と読め）と記されている．B版にはこの指摘はない．

4) rien. この論文ではゼロという単語は用いられていない．なおデカルト『幾何学』では記号0が用いられている．

しまうからである．たとえばaがbより小さければ，$a-b$の平方$aa-2ab+bb$は$-a+b$の平方と同じ符号＋を持ってしまうので，$a-b$を自乗してはいけない．それは真の全体[5]が無よりも小さい場所にあることになってしまうからであり，こうして方程式に誤りを引き起こす原因にもなる．

除法

663

abをbで割るとaを得る．さらに$ab+ac$をaで割ると商は$b+c$である．同様に，$2ac+2bc-3cc-2ad-2bd+3cd$を$2a+2b-3c$で割るときは，次のように被除数を左に，除数を右に配置する．

$$\begin{array}{r|l} & 2a+2b-3c \\ 2ac+2bc-3cc-2ad-2bd+3cd & \end{array}$$

次に，$2ac$を$2a$で割ると商は$+c$で，それを除数の右下に置き，この$+c$で除数$2a+2b-3c$全体を乗じ，その積$2ac+2bc-3cc$を被除数から引く．

$$\begin{array}{r|l} & 2a+2b-3c \\ \not{2}\not{a}\not{c}+2\not{b}\not{c}-3\not{c}\not{c}-2ad-2bd+3cd & c \\ -\not{2}\not{a}\not{c}-2\not{b}\not{c}+3\not{c}\not{c}\ ^{6)} & \end{array}$$

最後に，$+2a$で引かれる数[7]$2ad$を割ると，商の第2項$-d$を得て，前のようにこれで除数全体を掛けると，積は$-2ad-2bd+3cd$となり，これを被除数の中の残ったものから引く．

$$\begin{array}{r|l} 2\not{a}\not{c}+2\not{b}\not{c}-3\not{c}\not{c}-2ad-2bd+3cd & 2a+2b-3c \\ -2\not{a}\not{c}-2\not{b}\not{c}+3\not{c}\not{c}+2ad+2bd-3cd & c-d \end{array}$$

するともはや何も残らず，商は$c-d$であるということがわかる．

除数と商とを掛けて出てくる項が被乗数の中に見出せないなら，引かれるべき項が代入されるに応じて符号＋と－とで結びつける必要はなく，このようにして，どのような項による除法も差別なく追求できることをここで知

5）vraye somme．正の量を意味する．

6）被除数から$c\times(2a+2b-3c)$を引くことを斜線で示している．この2段の斜線部は結局合わせて0となる．係数の2や3には斜線が付けられないことがあり，テキストのままでも誤解が生じないのでそのままにしておく．

7）moins.

るべきである．

$$\begin{array}{ll r|l}
cc-dd\text{ を} & & \not{c}\not{c}-\not{d}\not{d} & c-d \\
c-d\text{ によって割る} & & -\not{c}\not{c}+\not{c}\not{d} & c+d \\
\text{商は }c+d & & -\not{c}\not{d} & \\
 & & +\not{d}\not{d} &
\end{array}$$

$aabb-bbcc+2bccd-ccdd$ を $ab-bc+cd$ で割る場合．ab で $aabb$ を割り，商 ab が得られ，それを除数全体で掛けると，積は $aabb-abbc+abcd$ となり，これを被除数から引く．減法なので符号を変えること[8]にとりわけ注意．

$$\begin{array}{r|l}
\not{a}\not{a}\not{b}\not{b}-bbcc+2bccd-ccdd & ab-bc+cd \\
-\not{a}\not{a}\not{b}\not{b}+abbc-abcd & ab
\end{array}$$

ここでは被除数の項に今までなかった新しい項が二つ増えることがわかる[9]．

次に，$+abbc$ を ab で割ると，商の第二項 $+bc$ が得られ，それを除数 $ab-bc+cd$ で掛け，符号を変えると，積は $-abbc+bbcc-bccd$ となる．これを被除数の残りから再び引くと，次が得られる．

$$\begin{array}{r|l}
+\not{a}\not{a}\not{b}\not{b}-\not{b}\not{b}\not{c}\not{c}+2\not{b}\not{c}\not{c}\not{d}-\not{c}\not{c}\not{d}\not{d} & ab-bc+cd \\
-\not{a}\not{a}\not{b}\not{b}+\not{a}\not{b}\not{b}\not{c}-\not{a}\not{b}\not{c}\not{d}+\not{c}\not{c}\not{d}\not{d} & ab+bc-cd \\
-\not{a}\not{b}\not{b}\not{c}-\not{b}\not{c}\not{c}\not{d}\quad & \\
+\not{b}\not{b}\not{c}\not{c}+\not{a}\not{b}\not{c}\not{d}\quad & \\
-\not{b}\not{c}\not{c}\not{d}\quad &
\end{array}$$

これを簡約すると，残るのは $+bccd-abcd-ccdd$ のみとなる．そして最後に，$-abcd$ を $+ab$ で割ると，商の第三項 $-cd$ が得られ，それで $ab-bc+cd$ を掛けると，積は $-abcd$[10] $+bccd-ccdd$ となり，被除数の残り $bccd-abcd-ccdd$ から引くと（減法の規則により符号を変え），それらは互いに消え去ることがわかり，もはや余りはまったくなくなる．こうして商全体は $ab+bc-cd$ となるのである．しかし被除数の中に項がまだ残っているときには，除数で被除数をもはや割ることはできず，このことは除法ができない

8）B版では「減法に応じて記号を変えること」は丸括弧でくくられている．15行程後の括弧内の文とほぼ同一なので，それに引きずられて間違ったのであろう．

9）ここでは，$+abbc-abcd$．

10）B版，テキストの $abcd$ を $-abcd$ に正しておく．

ことの証しであり，この場合，被除数の下に除数を置くだけで十分である．たとえば$ab+bc-cd$を$a+d$で割るときは，

$$\frac{ab+bc-cd}{a+d}$$

と書く．

同様に，$cc+cd$で$aaxx+bbxx$を割るとき$\frac{aaxx+bbxx}{cc+cd}$あるいは$\frac{aa+bb}{cc+cd}xx$と書く．

分 数

664

小さい項への約分[11)]

分割された量[12)]の計算はあらゆる種類の〔量の〕計算法一般と同じであり，最初にそれらを最も単純な項に変えるため，被除数と除数とが共通の除数を持つときはそれらを約分しておくことが必要である．例[13)]．$\frac{abc}{cd}$[14)]を約分するときには，下の項cdと上の項abcとをcで割り，こうして分数$\frac{ab}{d}$という形に約分できる．同様に，和$\frac{aac-adc-aad+add}{cd-dd}$は，$aac-adc-aad+add$を$c-d$で割り商$aa-ad$を得て，量全体は$\frac{aa-ad}{d}$に約分できる[15)]．

同じ項に通分

$\frac{aa}{c}$と$\frac{bb}{a}$を通分して分母を同じにするには，aでaaを，cでbbを掛けると，$\frac{a^3}{ac}$と$\frac{bbc}{ac}$とが得られる．同様に，$\frac{ab+cd}{a+b}$と$\frac{bb+cc}{c+d}$の分母を同

11）réduction．文脈によって訳し分けた．分数では通分，約分．無理数では簡約．方程式では還元（法）．

12）quantités rompues．分数という単語にはfractionが用いられる．

13）テキストは＋と記され，欄外では＋Exampleと記されている．「例を加えよ」と解し，ここでは訳文に例という言葉を入れた．

14）B版は$\frac{abcd}{cd}$とするが，テキストに従う．

15）テキストの商dと，B版$\frac{aa-dd}{d}$を正しておく．

じにしたいときには，$c+d$ で $ab+cd$ を，$a+b$ で $bb+cc$ を掛ければ，$\frac{abc+ccd+abd+cdd}{ac+ad+bc+bd}$ と $\frac{abb+acc+b^3+bcc}{ac+ad+bc+bd}$ とが得られる．同様に，$a+b+\frac{cd-ab}{f-c}$ のように分数に混じり整数があるなら，$f-c$ で $a+b$ を掛け，分母が同じになるように通分する．次に残りの部分に加え $\frac{af+bf+cd-ab-ac-bc}{f-c}$ となる．

しかしさまざまな分数の分母が割られることができるときには，最も簡単な方法で最も単純な項でそれらを通分する．たとえば $\frac{bbc+ccd}{ax+bx}$ と $\frac{a^3+d^3}{ac+bc}$ とを同じ分母に通分するとき，除数 $ax+bx$ と $ac+bc$ とを $a+b$ で割り，x を a^3+d^3 に掛け，c を $bbc+ccd$ に掛ける．次に分母を共通にするため，c と $ax+bx$ とを掛け，$\frac{bbcc+c^3d}{acx+bcx}$ を得て，また x で $ac+bc$ を掛け，$\frac{a^3x+d^3x}{acx+bcx}$ を得ると，同じ分母つまり $acx+bcx$ が得られる．

665　加減法

分数が最も単純な項で通分され分母が同じのときには，整数について上で述べたように，符号 $+$ と $-$ とで相互に加減して共通の除数を下に書くだけでよい．たとえば，$\frac{a^3}{ac}$ に $\frac{bbc}{ac}$ を加えたいなら $\frac{a^3+bbc}{ac}$ と書き，$\frac{a^3}{ac}$ から $\frac{bbc}{ac}$ を引きたいなら $\frac{a^3-bbc}{ac}$ と書き，他も同様である．

乗法

$\frac{cd-ad}{b}$ と $\frac{ab}{c}$ とを掛けるときには，$cd-ad$ と ab とを，b と c とを掛け，$\frac{abcd-aabd}{cb}$ を得る．ただし乗法をはじめる前に，一方の被除数と他方の除数とが相互に通分できるかどうか注意しておく．$\frac{ab}{c}$ を $\frac{cd-ad}{b}$ で掛ける[16]例の場合，ab と b とは b で割ることができ，したがって $\frac{cd-ad}{1}$[17]と $\frac{a}{c}$ と

16）テキストはp. つまりperの略．ここではB版に従う．

17）テキストは $\frac{cd-ad}{c}$ と誤っており，ここではB版に従って正しておく．

を掛けるだけでよく，それは $\frac{acd - aad}{c}$ あるいはまた $ad - \frac{aad}{c}$ となる．

さらに $c + d$ と $a + b - \frac{cd + ac}{f}$ とを掛けるときには，整数を分数と同じ分母に還元する必要はなく，整数を整数で掛けるだけでよく，$ac + ad + bc + bd - \frac{ccd + acc + cdd\text{[18]} + acd}{f}$ を得る．

除法

c で $\frac{abb}{d}$ を割るときには，c と d を掛け $\frac{abb}{cd}$ を得る．さらに $\frac{abb}{cd}$ で $\frac{ab + aa}{c}$ を割りたいとき，$ab + aa$ と cd とを掛け，c と被除数 abb とを掛け，除数 $abbc$ を得て，これを $\frac{abcd + aacd}{abbc}$ のように置く．しかし乗法を行う前に被除数と除数を最も単純な項に簡約するように努めなければならない．ここでのように，上の二つの和 $ab + aa$ と abb とは a で割ることができ，下の c と cd である二つは c で割ることができるので，上の a と下の c とを取り除くと，$\frac{b + a}{1}$ あるいはまた $b + a$ が残り，それを，$\frac{bb}{d}$ で割り，$b + a$ と d とを掛けると $bd + ad$ となり，それを bb で割ると商，$\frac{bd + ad}{bb}$ が得られる．

666

平方根の開平

$4aa$ の平方根を取ると根 $2a$ が得られる．さらに $aa + cc + bb + 2ac - 2bc - 2ab$ の根を取るには，最初に，より小さなものではないことが知られている平方の中の一つの根を取り，根の最初の項としてそれを二本の線の間に置き，ここでのように b を最も小さな量と取り，こうして aa あるいはまた cc から根 a を取る．この根を二倍して次のように下に置く．

$$\begin{array}{l} \not{a}\not{a} + cc + bb + 2ac - 2bc - 2ab \\ \hline a \\ \hline 2a \end{array}$$

18）B 版，テキストの $-cdd$ を $+cdd$ に正しておく．

次に $+2a$ で $+2ac$ を割ると根の第二項は $+c$ となり，それを平方し，与えられた値から引き，同様に割った $2ac$ を消すと，次が残る．

$$
\begin{array}{l}
\cancel{aa} + \cancel{cc} + bb + \cancel{2ac}^{19)} - 2bc - 2ab \\
\hline
a + c \\
\hline
\cancel{2a}
\end{array}
$$

最後に，見出された根全体を二倍し，再び $-2ab$ を $2a$ で割ると $-b$ が出てくるが，その平方は $+bb$ であり，それを与えられた値から引き，同様に $2a+2c$ と $-b$ との積も引くと，もはや何も残らず，こうして根 $a+c-b$ にも同様に行うと，

$$
\begin{array}{l}
\cancel{aa} + \cancel{cc} + \cancel{bb} + \cancel{2ac} - \cancel{2bc} - \cancel{2ab} \\
\hline
a + c - b \\
\hline
\cancel{2a} + \cancel{2c}
\end{array}
$$

しかし b が a よりも大きければ，最初にその根を取らねばならず，すると根全体は $b-a-c$ となる．符号 $-$ の付いた項があるときには平方に注意せねばならない．

無理量

667

〔ある数の〕平方根を取ることができなくてもそれを根として取り扱えること示すためには，囲み記号[20]の中にそれを置き，それを無理量[21]と名付ける．$aa+bb$ は平方根を取ることはできないので囲み記号の中に $\sqrt{aa+bb}$ の

19） B版は2に斜線が入っていないが，テキストに従い2にも斜線を入れる．以下の1カ所も同様．

20） vinculum．囲み記号とはここでは根号を指す．

21） 原語は quantité sourde．無理量と同義．

ように置く[22]．もし平方根の平方根を取るときは，$\sqrt[4]{aabb-bc^3}$ [23] が用いられる．$ab+cc$ と $b^3c+aabb$ の根と〔の和〕の根を取る問題なら，$\sqrt{ab+cc+\sqrt{b^3c+aabb}}$ と書く．絶対量[24] $+c-2d$ で a^4+b^4 [25]の根を割るときは $\frac{1}{c-2d}\sqrt{a^4+b^4}$ [26] と書く．

さらに，$ac+cc$ の根で $aa+bb$ を割るときは，$\frac{aa+bb}{\sqrt{ac+cc}}$ あるいは $\sqrt{\frac{a^4+2aabb+b^4}{ac+cc}}$ [27] と書く．

さらに，$bb+dd$ で割った ab^3+c^4 と，絶対量 $a+b$ で割った bc^5+ad^5 [28] の根〔との和〕の根を取らねばならないなら，$\sqrt{\frac{ab^3+c^4}{bb+dd}+\frac{1}{a+b}\sqrt{bc^5+ad^5}}$ と書く．

さらに，$bb+dc$ の根を取り，それを単純量[29] $a+b$ で掛け，$c+d$ で割るときは，$\frac{a+b}{c+d}\sqrt{bb+dc}$ と書く．

無理量の簡約

最初に，平方数で割ることのできる無理量はより小さな項に簡約でき，その除数は有理数として囲み記号の外に置ける．例．$\sqrt{aabb+aacc}$ はその根が a である aa で割ることができ，$a\sqrt{bb+cc}$ と書かれ，それは $bb+cc$ の根を掛けた a，と言うのと同じである．

同様に，$\sqrt{12aa}$ は $2a\sqrt{3}$ に簡約できる．なぜなら $2a$ の平方 $4aa$ は 3 で掛

22） B 版では「そしてもし立方根を取らねばならないなら，記号 $\sqrt{C.a^3-abb}$ が用いられ，あるいは」がその後に挿入されている．

23） $\sqrt[4]{}$ は 4 乗根を示す記号．式の上線は括弧を示す．したがって $\sqrt{\sqrt{aabb-bc^3}}$ を示す．なお B 版は $\sqrt{C.a^3-abb}$，AT 版は $\sqrt{C.a^3+ab^2}$ としている．

24） quantité absolue．有理量（数）を示すと思われる．

25） B 版は $a+b$ としている．

26） B 版は $\frac{1}{c-2d\ \sqrt{a^3+b^3}}$ としている．

27） AM 版にはこの例はない．テキストと B 版を正しておく．

28） AT 版では 2 箇所 b^5c+a^5d としている．B 版はテキストと同一．

29） quantité simple．一次の数を示す．

けると，再び$\sqrt{12aa}$となるからである．

同様に，$\sqrt{27aa}$は$3a\sqrt{3}$に簡約できる．

同様に，$\sqrt{aacc+aadd+2abcc+2abdd+bbdd+ccbb}$を$aa+2ab+bb$で割ると，商は$cc+dd$となり[30]，$aa+2ab+bb$の根は$a+b$なので，よって$\overline{a+b}$[31]$\sqrt{cc+dd}$と書かれ，$\sqrt{cc+dd}$を掛けた$a$と$\sqrt{cc+dd}$を掛けた$b$と〔の和〕である，と言うのと同じである．同様に，$\dfrac{pqq-p^3+qrr-prr}{r\sqrt{qq-rr}}$は，$\overline{\dfrac{p-q}{r}}\sqrt{qq-rr}$[32]という形に簡約できる．なぜなら，$pqq-q^3+qrr-prr$を$p-q$で割ると商は$qq-rr$となり，それを再び$\sqrt{qq-rr}$で割ると$\sqrt{qq-rr}$となり，再び$p-q$で掛け$r$で割ると$\dfrac{p-q}{r}\sqrt{qq-rr}$となるからである．同様に，$\dfrac{acc+a^3}{2\sqrt{aa+cc}}$ つまり $\sqrt{\dfrac{aac^4+2a^4cc+a^6}{4aa+4cc}}$ つまり $\dfrac{1}{2}a\sqrt{\dfrac{c^4+2aacc+a^4}{aa+cc}}$ を簡約する場合，$\sqrt{aa+cc}$で$\sqrt{c^4+2aacc+a^4}$を割ると商は$\sqrt{aa+cc}$となり，それを$\dfrac{1}{2}a$で掛けると$\dfrac{acc+a^3}{2\sqrt{aa+cc}}$となるので，$\dfrac{1}{2}a\sqrt{aa+cc}$と簡約できる．

無理量の加減法

加減法の演算では，囲み記号の中に含まれる項の符号はそのままで，囲み記号の前に置かれた符号＋と－で加減するだけでよい．$\sqrt{bb-bc}$に$\sqrt{ab-aa}$を加えるときは$\sqrt{ab-aa}+\sqrt{bb-bc}$と書く．同様に，$\sqrt{bb-bc}$から$\sqrt{ab-aa}$を引くときは$\sqrt{bb-bc}-\sqrt{ab-aa}$と書く．

同様に，$\dfrac{\sqrt{b^4+a^3b}}{ac}$から$\dfrac{\sqrt{a^4+bbcc}}{cd}$を引くときは，$\dfrac{\sqrt{b^4+a^3b}}{ac}-\dfrac{\sqrt{a^4+bbcc}}{cd}$[33]と書く．

同様に，$\dfrac{1}{2}\sqrt{4aa-bb}$から$\dfrac{bb}{2\sqrt{4aa-bb}}$を引くと，$\dfrac{2aa-bb}{\sqrt{4aa-bb}}$が残り，これ

30） B版ではこの後，「aaの根は$aa+2ab+bb$で割られ，商は$cc+d$である」が付け加えられている．

31） $\overline{a+b}$は（$a+b$）を示す．

32） $p-q$の上に括弧を示す線が引かれているがここでは必要はない．

33） B版では誤って逆になっている．

は次のように見いだせる[34]．最初に二量を通分し同じ分母にする．つまり $\frac{1}{2}\sqrt{4aa-bb}$ で除数 $2\sqrt{4aa-bb}$ を掛けると積は $4aa-bb$ となり，二量 $\frac{4aa-bb}{2\sqrt{4aa-bb}}$ も $\frac{bb}{2\sqrt{4aa-bb}}$ も通分され同じ分母となる．それゆえ $4aa-bb$ から bb を引き，こうして $\frac{4aa-2bb}{2\sqrt{4aa-bb}}$ つまり $\frac{2aa-bb}{\sqrt{4aa-bb}}$ を得る．　669

同様に，$\overline{c+d}\sqrt{aa+bb}$ から $\overline{a+b}\sqrt{cc+dd}$ を引くと，$\overline{c+d}\sqrt{aa+bb}-\overline{a+b}\sqrt{cc+dd}$ が残る．

無理量の乗法

互いに掛けた無理量の積の根が求める積である．例．$\sqrt{bc}$ と $\sqrt{ab}$ を掛けると積 $\sqrt{abbc}$ を得る．同様に，$\sqrt{cd-ad}$ と $\sqrt{ab+cc}$ を掛けると $\sqrt{abcd+c^3d-aabd-accd}$ を得る．しかし乗法を望まないなら，$\sqrt{ab+cc}$.m[35]. $\sqrt{cd-ad}$ と置き，これは $ab+cc$ の根が $cd-ad$ の根で掛けられると言うのと同じである．

同様に，$\sqrt{ab-bc-cc}-\sqrt{bb-ac}$ の平方を得たいとき，それらの平方を得るため二つの囲み記号を取り除き，$ab-bc-cc+bb-ac$[36] とし，次に $-\sqrt{bb-ac}$ で $\sqrt{ab-bc-cc}$ を二度掛けて，次のように書けばよい．

$$-2\sqrt{bb-ac}\,m.\sqrt{ab-bc-cc},\ \text{つまり}\ -\sqrt{4bb-4ac}\,m.\sqrt{ab-bc-cc}.$$

あるいはまた乗法を望むなら，$ab-bc-cc$ と $+4bb-4ac$ とを掛けると積は $-\sqrt{+4ab^3-4b^3c-4bbcc-4aabc+4abcc+4ac^3}$[37] となる．

同様に，$a+c+\sqrt{bb+bc}$ の平方は $aa+2ac+cc+bb+bc+\overline{2a+2c}\sqrt{bb+bc}$　670

34）テキストは判読しづらいが，AT版に従い se trouve と読んでおく．ただし AT 版（AT. VI, 668）は以下の記述はテキストとは異なる．B 版は se prouve と読むが，証明と解するには無理がある．

35）テキストはここでは m の前にコンマがあるが，以下 3 箇所では m の前のコンマはない．また B 版にはこの一文はなく，m ではなく M が使用されることもある．multiplié par（によって掛けられた）の頭文字に由来するこの用法は，この作者独自の記号のように思われる．

36）テキストの一部を＋に正しておく．

37）テキストと B 版は根号が第 1 項のみに付けられており，ここでは正した．

と書ける[38)]．同様に，$a+\sqrt{ab+cd}+\sqrt{cc+dd}$ の平方は $+aa+ab+cd+cc+dd+2a\sqrt{ab+cd}+2a\sqrt{cc+dd}+2\sqrt{ab+cd}\ \mathrm{m.}\ \sqrt{cc+dd}$ である[39)]．

同様に，$\dfrac{\sqrt{ab^3-ad^3}}{bc}$ と $\dfrac{a-c}{bb-cc}\sqrt{db^3+bd^3}$ とを掛けると積は

$\dfrac{a-c}{bb-cc}\ \dfrac{\sqrt{ab^6d-ad^4b^3+ab^4d^3-ad^6b}}{bc}$ [40)] となる．

無理量の除法

互いに割った無理量の商の根が求める商で，たとえば次のようになる．$\sqrt{dd}$ で $\sqrt{abcc}$ を割るときは，$\dfrac{\sqrt{abcc}}{\sqrt{dd}}$ と書く．

同様に，$\sqrt{ac+cc}$ で $\sqrt{ab^3+ccdd+d^4}$ を割るときは，$\dfrac{\sqrt{ab^3+ccdd+d^4}}{\sqrt{ac+cc}}$ と書く．

同様に，$d+c$ で $a\sqrt{bb-cc}$ を割るときは，$\dfrac{a}{d+c}\sqrt{bb-cc}$ と書かれる．

同様に，$\sqrt{cc-aa}$ で $aa+bc+\sqrt{ac^3+cd^3}$ を割るときは，$\dfrac{aa+bc+\sqrt{ac^3+cd^3}}{\sqrt{cc-aa}}$ と置く．

同様に，$-\sqrt{ab-bc}$ で $+\sqrt{ab-bc}$ を割れば商は -1 となる．

同様に，$\dfrac{acc+a^3}{2\sqrt{aa+cc}}$ [41)]，あるいはそれに等しい $\dfrac{1}{2}\dfrac{\sqrt{aac^4+2a^4cc+a^6}}{\sqrt{aa+cc}}$，あるいはそれに等しい $\dfrac{1}{2}a\sqrt{aa+cc}$ を $\sqrt{aa+cc}$ で割ると，商は $\dfrac{1}{2}a$ となる．

しかし二項式を同じく二項式でもある除数で割るときには，多くの困難や方法がある[42)]．その法則は次のようで，十分一般的である．たとえば $a+\sqrt{bc}$ で $aa+\sqrt{abcd}$ を割るときは，除数の共役数[43)] $a-\sqrt{bc}$ で $aa+\sqrt{abcd}$ を掛ける．積は $a^3+a\sqrt{abcd}-aa\sqrt{bc}-bc\sqrt{ad}$．

671

同様に，$a-\sqrt{bc}$ で $a+\sqrt{bc}$ を掛けると $aa-bc$ となり，これで先に求めた

38) この一文はB版にはない．

39) B版では m. ではなく .M. としている．

40) テキスト，B版では根号内第一項が ab^6 となっており，ここでは正しておく．

41) B版は分母が $+$ ではなく $-$ になっているので正した．

42) AM版は「困難」のみ．

43) residu. $x+\sqrt{y}$ のときの $x-\sqrt{y}$ を指す．

積を割ると，求める商として

$$\frac{a^3 + a\sqrt{abcd} - aa\sqrt{bc} - bc\sqrt{ad}}{aa - bc}$$

が得られる．

同様に，もし与えられた除数が多項式[44]なら，その積が絶対数になるまでその共役数を何回も掛け，それで被除数を割り，今度は同じ回数だけ掛けると，出てきたものが求める商である[45]．

二項式の平方根の開平法

$a + \sqrt{bc}$ の根を取るには，与えられた二つの〔項の〕平方の差の四分の一[46] $\frac{1}{4}aa - \frac{1}{4}bc$ をとり，この差の平方根を大きい方の平方の根[47]に記号＋で加えると，この量の全体の根は項 $\sqrt{\frac{1}{2}a + \sqrt{\frac{1}{4}aa - \frac{1}{4}bc}}$ となり，次にこれを符号－で結ぶともう一つの項 $\sqrt{\frac{1}{2}a - \sqrt{\frac{1}{4}aa - \frac{1}{4}bc}}$ が得られ，〔それら二つを〕加えると，$\sqrt{\frac{1}{2}a + \sqrt{\frac{1}{4}aa - \frac{1}{4}bc}} + \sqrt{\frac{1}{2}a - \sqrt{\frac{1}{4}aa - \frac{1}{4}bc}}$ となり，これが $a + \sqrt{bc}$ の求める根である．その共役数 $a - \sqrt{bc}$ の根は次のようになる．

$$\sqrt{\frac{1}{2}a + \sqrt{\frac{1}{4}aa - \frac{1}{4}bc}} - \sqrt{\frac{1}{2}a - \sqrt{\frac{1}{4}aa - \frac{1}{4}bc}}.$$

44）multinomie．B 版は multinome としている．$a + \sqrt{b_1} + \sqrt{b_2} + \ldots \sqrt{b_n}$ などを指す．

45）共役数（residu）を何回も掛け，分母の無理項を外すことを指す．たとえば $a + \sqrt{b} + \sqrt{c}$ の場合，$a - (\sqrt{b} + \sqrt{c})$ を掛け，$(a^2 - b - c) - 2\sqrt{bc}$ とし，さらに $(a^2 - b - c) + 2\sqrt{bc}$ を掛け，無理項をなくす操作を意味する．

46）テキスト，B 版は la demi différence, AT 版は demy-différence．ともに「平方の差の半分」の意味で，$\frac{1}{2}a^2 - \frac{1}{2}bc$ となってしまうが，内容から「四分の一の差」と解釈する．

47）「大きい方の平方の根」とは，$\frac{1}{4}aa$ の平方根，すなわち $\frac{1}{2}a$ を指す．

『幾何学』328 頁第 9 行から取られた例[48]．二項式[49] $mm + \frac{pxx}{m} + \sqrt{4pmxx}$ の根を取る．二つの平方の差は $+m^4 - 2pmxx + \frac{ppx^4}{mm}$，その根の半分は $\frac{1}{2}mm - \frac{p}{2m}xx$ となり[50]，$\frac{1}{2}mm + \frac{pxx}{2m}$ に等しいより大きな平方の根の半分に加えると，項 $\sqrt{mm}$ つまり m が得られ，もう一方は $\frac{1}{2}mm + \frac{pxx}{2m}$ から $\frac{1}{2}mm - \frac{pxx}{2m}$ を引いて，残り $\sqrt{\frac{pxx}{m}}$ を得る．それらの項を加えると二項式 $m + \sqrt{\frac{pxx}{m}}$ つまり $m + x\sqrt{\frac{p}{m}}$ となる．

672

他の例．二項式 $aaxx + ddxx - 2aadd$[51] $+ \sqrt{4aaddx^4 - 4a^4ddxx - 4aad^4xx + 4a^4d^4}$ の根をとる場合．これらの平方の差は $a^4x^4 - 2aaddx^4 + d^4x^4$ で，a が d より大きいときその根は $aaxx - ddxx$ である．次にこの根の半分 $\frac{1}{2}aaxx - \frac{1}{2}ddxx$ に大きいほうの平方の根の半分 $\frac{1}{2}aaxx + \frac{1}{2}ddxx - aadd$ を加えると，$aaxx - aadd$ が得られる．その根は項 $\sqrt{aaxx - aadd}$ つまり $a\sqrt{xx - dd}$ であり，$\frac{1}{2}aaxx + \frac{1}{2}ddxx - aadd$ からそれを引くと，残りは $ddxx - aadd$ となり，その根は $\sqrt{ddxx - aadd}$ つまり $d\sqrt{xx - aa}$ で，これはもう一方の根となり，それらを記号＋で加えると，求める根の二項式は

$$a\sqrt{xx - dd} + d\sqrt{xx - aa}$$

となる[52]．

終

48） AT. VI, 401.『幾何学』ちくま学芸文庫，p. 40.

49） binomie. ここでは多項式も二項式と呼んでいる．$s + \sqrt{b}$ の形を指す．

50） $m^2 + \frac{p}{m}x^2 + \sqrt{4mpx^2}$．平方の差は $\left(m^2 + \frac{p}{m}x^2\right)^2 - 4mpx^2 = \left(m^2 - \frac{p}{m}x^2\right)^2$．よってこの根の半分は $\frac{1}{2}m^2 - \frac{p}{2m}x^2$.

51） テキストの $-aadd$ を $-2aadd$ に正した．

52） この「二項式の平方根の開平法」では，最初に一般的な場合の $a + \sqrt{bc}$ の開平が述べられ，その後 2 例があげられている．一般的な場合では $\frac{1}{4}$ を乗じてから根をとり，2 例では根をとってから $\frac{1}{2}$ を乗じている．どちらも正しい．

方程式

問題を解きたいとき，線，数，面，立体の何であれ既知項をアルファベットの最初の文字 a，b，c 等々と置き，未知項を最後の文字 x，y，z 等々と置く．方程式を立て両項が等しいことを示すには記号 ∞ [53]を用いることにする．たとえば線分ABが b に等しいとき，AB ∞ b と書く．ただしこれらの措定で次元の数が守られていることに留意するため，線分や数には文字を一つ，面には文字を二つ，立体には文字を三つ用いる．こうして単位が問題のなかで決定されるのではないにしても，両辺は同次元とならねばならない．というのも，単位で割っても次元の数は減ずることはないし，〔単位で〕掛けても増えることもないので，単位を含む項がある場合はその単位を取り除いてもよい．この点で参照される例は，『幾何学』299頁[54]で見るように $aabb-b$ である．そこでは c を単位とすると，$-b$ を二度単位と掛け，$aabb$ を一度単位で割り，元の式に戻すと同次元の項 $\frac{aabb}{c}-bcc$ が得られるであろう．同様に395頁2行目[55]の方程式 $z^4 \infty pzz-qz+r$ では，単位を a とすると，pzz を〔単位と〕一度，$-qz$ を二度，r を三度掛け，元の式に戻すと $z^4 \infty apzz-aaqz+ra^3$ が得られ，同様にどんな場合でも項は互いに同次元になる[56]．

673

既知量に名前を与えたので，すでに見出されたもの[57]が考察できるように

---

53)　ここではじめて等号が現れる．本稿では等号はすべてデカルトの考案した記号 ∞ が用いられる．

54)　AT. VI, 371.『幾何学』ちくま学芸文庫，p. 10.

55)　AT. VI, 469.『幾何学』ちくま学芸文庫，p. 113.

56)「同様に……同次元になる」はAM版では幾分表現が異なり，「単位を補充して $z^4 \infty pz^2a-a^2qz+a^3z$ となる．そして他の多くも同様」．この「方程式」の箇所はAM版，AT版，B版とでは以下で見るように読みがしばしば異なる．

57)「すでに見出されたもの」とは未知数を指す．代数とは，未知なるものを「すでに見出されたもの」と置く操作を指す．この「もの」（chose）が未知数を示す．本論考では，求めたいものを「すでに見出されたもの」すなわち x と置き代数的に解を求めている．アラビア数学では一次の未知数をshay'（もの）と呼び，これが意訳され，ラテン語ではres，イタリア語ではcosa，ドイツ語ではCossとなり，これを用いた代数学をコス式代数学と言う．フランス語で未知数をchoseと呼ぶのはこのコス式代数

なる．未知の線分を単に∞x，すなわち問題の解法で要求されているもの，つまり作図や方程式を見出すため最も単純と思われるものと置き，問題が容易に解けるかどうかを検証する．その後，問題の難点すべてをざっと検討し，既知項のみならず未知項すべてを区別なくそれらがどのように相互に関係しているかを調べ，こうして両辺つまり方程式にあるまさしくその量が最も簡潔容易な方法で見出されることになる．

ただしそこにたどり着く前に乗法はどれも注意して避けるべきである．しかしそうしないのなら少なくとも乗数全体の上に線を引いておく．たとえば$a+b+c$を$b+d+f$で掛けるとき，$\overline{a+b+c}$ M $\overline{b+d+f}$と書くようにである．あるいは$\sqrt{aa+bb}$を$\sqrt{ac-cd+dd}$で掛ける問題では，$\sqrt{aa+bb}$ M $\sqrt{ac-cd+dd}$と書く．実際乗法は次元の数を増やし問題を複雑にするが，除法はそれを減少させ問題を容易にするからである．

ところで，方程式を見出したあとはできるだけ単純な項に簡約することに努めなければならない．この点で，すべての除法[58]，還元法，開平法を試み，それらによって乗法を避け，そこにある囲み記号を取り除くように努め．しかしそれでもまだそこに残っているのなら，一方で絶対量を，他方で囲み記号をそれらがあるだけ何回も平方する以外にすべはない．そして方程式のすべての同類項が与えられると，それ全体を無と等値し，その後未知量xをできるだけ容易な方法ですべてが既知である他の項と等値する．つまり他の既知の項と掛けられたxと，他の既知の項を乗ぜられた平行六面体とに等しいxx[59]．いずれにせよ『幾何学』　[60]頁には根を取り未知量xを既知の項と等値する方法が見え，こうしてxが知られ，問題が解ける．

学の伝統に由来する．

58）　テキストはdimensions．それをB版ではdivisioni（除法）と伊訳している．AM版ではdivisionsとなっており，意味上からこの読みを採用する．

59）　この箇所は写本によってかなり異なる．B版とテキストはxx égale à x multiplié par une autre connue x multipliée par deux autres le parallepipede des termes connus（B. 1498），AM版はxx égale à x multipliée par une autre comme ＋ ou − d'autres termes connus, etc.（AM. 399），AT版はz^2 ∞ x multipliée par vne autre grandeur connuë, ＋ ou − d'autres termes cognus, &c（AT. 673）．文意から$x^2=ax+bc$を示すと考えられる．

60）　テキストは空白．

ところが未知なる文字が一つだけでは，既知の文字とうまく関係づけることができないことがある．したがってそれらは方程式を見出すためには役には立たず，つまりただ一つ〔の文字〕を仮定しただけでは，計算が膨大になり当惑してしまう[61]．問題がこのように提出されたときは，未知の文字をいくつか用いて，仮定した文字の数と同数の方程式を探求すればよい．以上の方法を用いてすべての〔未知の〕文字をただ一つに還元すれば，それが問題の解法に導く[62]．

還元をすませるためには，一つの方程式によってか二つ以上の方程式を互いに加減するかによって，一つの文字を求めることができるかどうかを調べる必要がある．しかしそれが無理なら，一つの文字を見出すために開平法を用いなければならない．その後，他の方程式の一つからこの文字を取り出し，得られた値をその場所に代入し，得られた値の平方を平方の場所に代入する等々としていくと，未知の文字からぬけでることができるであろう．

次に，この方程式と，もし同じ文字がそこにあるのならそれを取り除いた他の方程式とを比較し，第二の文字も他も，項が〔次数の〕順に置かれた既知量すべてのなかで未知量がもはやなくなるまで続け，根を開き，以前おこなったようにその値は何であるかを知ると問題は解ける．

措定した未知の文字の数と方程式の数とが異なるときには，問題は完全には解決できない．未知の文字を好きなだけ個数とると，問題を満たす点が多く生じることになる．それらは平面，立体，線を構成し，方程式が〔未知の文字の個数より〕一つ不足するのなら線型の軌跡を，二つ不足するなら平面の軌跡を構成する[63]．　674

61）テキストには下線が引かれ，B版はイタリック体で示している．B版の訳者注では1643年11月付エリザベト宛書簡（AT. IV, 38, l. 20；『全書簡集』VI, 71–72）に言及している．そこでは，未知量を示す文字が多いほうが少ないよりも乗法計算を免れることができるのでよいということが述べられている．ただしこの書簡は本論考よりも時間上では後になる．

62）AT版には「以上の方法……導く」はない．

63）『幾何学』ちくま学芸文庫，pp. 46–47.

〔例 1〕

直角三角形の一辺と他の二辺との差が与えられたとき，残りを見いだすこと[64]．

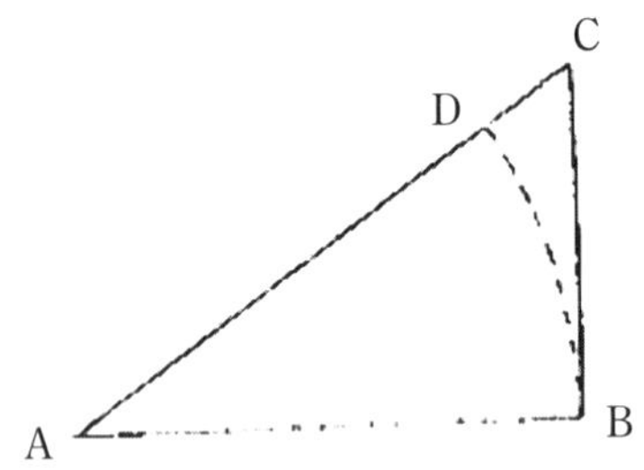

辺 BC ∞ a が与えられ，AB と AC の差 DC を b とし，AB を x つまりすでに見出されたものとする．二つの平方 AB ∞ xx，BC ∞ aa〔の和〕は AC の平方に等しい．ここで AC は $x + b$ に等しく，その平方は $xx + 2bx + bb$ で，$xx + 2bx + bb$ と $xx + aa$ との間で方程式を立て，それを $xx + 2bx + bb$ ∞ $xx + aa$ と置く．両辺から $xx + bb$ を取り除くと $2bx$ ∞ $aa - bb$ が得られ，それを $2b$ で割ると商は x ∞ $\frac{aa - bb}{2b}$．このことは，BC の平方と CD の平方との差が DC の二倍で割られると商は辺 AB となることを示している．つまりある線分対線分 a[65] はこの線分 a 対線分 b の二倍であることを示し，したがってこの線分 b の半分を取り除くと，残りは x つまり AB で，これが求めるものである[66]．

〔例 2〕

675　同一底辺上に与えられた〔二つの〕直角三角形〔の辺〕が一点で交差するとき，それらの切片を見出すこと．

三角形 ACB において AB ∞ a，AC ∞ b，三角形 CDB において DC ∞ c，

64）テキストでは図に破線部分はない．AT 版の図は左右対称，B と C とが逆，∠C に 90° という文字が付けられている点で異なる．ここでは本文理解に容易なように破線付きの B 版の図を採用する．

65）以下テキストの A，B を a，b に正しておく．

66）$\frac{y}{a} = \frac{a}{2b}$．したがって $y = \frac{a^2}{2b}$．よって $y - \frac{b}{2} = \frac{a^2 - b^2}{2b} = x$.

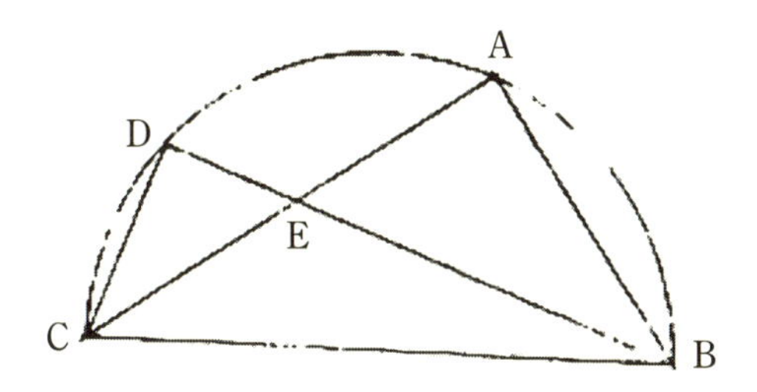

DB ∞ d とするとき[67]，切片 BE を知りたい．BE ∞ x とせよ．DE は $d-x$ となり，直角三角形 ABE と CDE は相似となるので，AB ∞ a 対 BE ∞ x は DC ∞ c 対 CE ∞ $\frac{cx}{a}$ となる．また CD ∞ c 対 DE ∞ $d-x$ は AB〔∞ a〕[68] 対 AE ∞ $+\frac{ad-ax}{c}$．そして CE ∞ $\frac{cx}{a}$ は AC ∞ b から取り除かれたものであり，残りは AE ∞ $\frac{ab-cx}{a}$ となり，他の項を用いると次の方程式を与える．$\frac{ab-cx}{a}$ ∞ $\frac{ad-ax}{c}$，つまり $aad-aax$ ∞ $abc-ccx$．双方から $-ccx+aad$ を取り除いて $ccx-aax$ ∞ $abc-aad$ が残る．ここで $cc-aa$ で両辺を割ると商は x ∞ $\frac{abc-aad}{cc-aa}$ となる．交差しない線分 AB と DC の平方の間にある差対，CA と CD からなる長方形と，BA と BD からなる長方形との間にある差は，線分 AB 対求める線分 BE となり，こうして〔これは〕線分 CD 対求める線分 CE でもある．

〔例 3〕

四点 A，D，E，F が与えられ，AC，CD，CE，CF の平方の四つ〔の和〕が，与えられた距離 dd に等しくなるような 5 番目の〔点〕C を求めること[69]．　676

67）B 版では「DB ∞ d とする」が省かれている．

68）B 版とテキストとでは抜けているので a を補う．

69）フェルマも同様な問題を『ペルガのアポロニオスの平面軌跡論第 2 巻の復元』(1629) のなかで扱っている．本書「解説」，p. 322 参照．

求めるべき点をすでに見出されたものと仮定し，それをCと置く．与えられた四点にそこから線分つまりCA，CF，CE，CDを引き，その点の中から二つを線分ADとして結び[70]，その線上にCBのように垂線EK，GFを引く[71]．ただしEKはFGより大としておく．こうしてAC，CD，CF，CEの平方四つを次のように求める[72]．

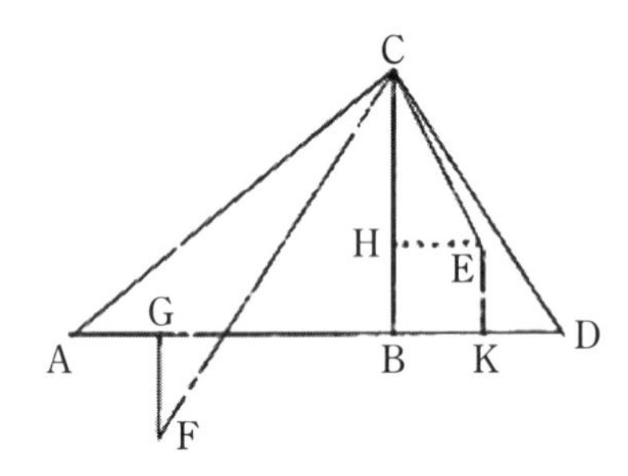

AG ∞ a，GF ∞ b，AK ∞ f，KE ∞ g，AD ∞ c とし，AB ∞ x，BC ∞ y と置く[73]．次に，平方 AB ∞ xx と BC ∞ yy との二つ〔の和〕はACの平方に等しく $xx+yy$ となる[74]．BD ∞ $c-x$ と BC ∞ y の二つの平方は $c^2-2cx+x^2$ と y^2 なので，CD ∞ $y^2+c^2-2cx+x^2$ となる[75]．線分 BC＋GF の平方 ∞ $yy+2by+bb$ と GB の平方 ∞ $aa-2ax+xx$ と〔の和〕は，CFの平方に等しく ∞ $yy+xx+2by-2ax+aa+bb$，CHの平方 ∞ $yy-2gy+gg$[76] と BKの平方 ∞ $xx-2fx+ff$ の二つ〔の和〕はCEの平方に等しくなり ∞ $yy-2gy+gg+xx-2fx+ff$，これら四つの平方の和は，

677

70）　ADを基準軸とすることを意味し，上下に垂直にKE, GFを引く．

71）　この一文はB版にはなく，実際この条件は必要ない．

72）　AT版では例3の図は一つで，1番目と2番目を合体したもの．B版はテキストどおり．現代的にはAを原点，ADを x 軸，ADに垂直な線を y 軸にとると理解しやすい．

73）　以下では三平方の定理を用いて各線分の長さを求めている．

74）　テキストは「DCの平方＝$yy+cc-2cx+xx$ に等しく」となっているがここでは正した．

75）　この一文はテキストにもB版にもなく，AM版のみにあるが，意味上からこれを採用する．

76）　B版は $yy-2gy$.

$$\begin{array}{llllll} 4yy & +4xx & +2by & -2cx & +cc & +bb \\ & & -2gy & -2fx & +ff & +gg \quad \infty\ dd \\ & & & -2ax & +aa & \end{array}$$

となる．

さて二つの未知量x，yを措定したが，二番目の方程式を見いだす方法がわからないので，この問題は十分[77]には決定できないが，『幾何学』334頁の最後から2行目[78]と同『幾何学』300頁22行目[79]とによって，これは軌跡でなければならないと結論できる[80]．ここでどちらか一つ，ここではAB∞x，を選び，この方程式からyを[81]以下のように求める．

$$yy \infty \frac{\begin{array}{llll} -2by & +2cx & -aa & -ff \\ +2gy & +2ax & -bb & -gg \\ & +2fx & -cc & +dd \quad -4xx \end{array}}{4} \quad ^{82)}$$

『幾何学』302頁20行目の規則[83]を用いてその根をとると，

$$y \infty \frac{-b+g}{4} + \sqrt{\frac{\begin{array}{lllll} -3bb & -2bg & -4cc & +4dd & +8cx \\ -3gg & -4aa & -4ff & +8fx & +8ax \end{array}}{16} - xx} \quad ^{84)}$$

となる．そして，$-xx$があり，さらに角は直角なので[85]，〔『幾何学』〕328頁

77）テキストはassesだが，B版はaussi.

78）AT. VI, 407.『幾何学』ちくま学芸文庫，p. 46，18行目.

79）AT. VI, 372–73.『幾何学』ちくま学芸文庫，pp. 10–11.

80）変数x, yに対して方程式は一つしかないので，軌跡となることを述べている.

81）「この方程式によってyを」は写本にはあるがB版にはない.

82）テキストおよびB版の$-dd$を$+dd$に，$-x^2$を$-4x^2$に正す．以下$y^2 = Ay + B$という形に表記すると理解しやすい.

83）$z^2 = az + b^2$の方程式の解を$z = \frac{1}{2}a + \sqrt{\frac{1}{4}a^2 + b^2}$とする解法を示す．AT. VI, 374–75.『幾何学』ちくま学芸文庫，p. 13.

84）テキストにもB版にも分母16が抜けているなど誤りがあり，ここでは正した．AM版はほぼ正しい（AM. III, 343）.

85）この角が何かは示されていない.『幾何学』第2巻には∠ILCが見え，それを勘案すると，LはIMとBからの垂線との交点と考えられる.

22行目[86]によるとこれは楕円または円となることがまずわかり，aam[87]が pzz に等しいということを除けば，円と決定するためにはもはや他に何も必要としない[88]．このことを知るため，これの量は何であるか，何に由来するのかを見る．〔『幾何学』〕328頁2行目[89]から，a[90]と z と n とはここでは等しいIKとIL[91]の間の比[92]を示すために用いられることがわかり，したがって $a \propto z$ つまり $aa \propto zz$ である[93]．すると $\frac{p}{m}$ が残るが，それはここでは xx で掛けられた単位項としてとられているので，$\frac{p}{m} \propto 1$ つまり $p \propto m$ となる[94]．以上からこれは円であると結論できる．

678

すなわち〔『幾何学』〕326頁[95]のこの方程式，

$$y \propto m - \frac{n}{z}x + \sqrt{mm + ox - \frac{p}{m}xx}$$

は，すべての軌跡を作図することのできる一般的規則の役をするのであり[96]，それは以下のように続けることができる．

86） AT. VI, 401.『幾何学』ちくま学芸文庫，p. 41.

87） テキストには aam の上に線が引かれている．

88） つまり，$a^2m = pz^2$ あれば円となることを意味する．デカルトは『幾何学』で，「x，x が……符号 − を帯びていれば楕円である．ただし量 aam が pzz に等しく，角ILCが直角である場合には，楕円のかわりに円が得られる」(『幾何学』ちくま学芸文庫，p. 41）と述べている．

89） AT. VI, 400.『幾何学』ちくま学芸文庫，p. 41.

90） テキストには a の上に線が引かれている．

91） テキストは「Ki と iK」，B版は「KL と IK」としているが，内容を汲み取って本文のようにする．またAT版（AT. X, 677）では「〔『幾何学』〕329頁の図のKIとIL」と正しく書かれている．

92） テキストは，本文ではproposition（命題）と書かれているが，欄外ではlig. Proportion（「比」と読め）と記されており，ここでは欄外の訂正の読みを採用する．

93） $IK/KL = z/n$, $KL/IL = n/a$ より，$IK/IL = z/a$. よって $IK = IL$ のとき $a = z$ となる．

94） 根号内の x^2 の係数 $-\frac{p}{m}$ と -1 とを比較している．

95） AT. VI, 399.『幾何学』ちくま学芸文庫，p. 40.

96） 以下では先の方程式（注84）とこの $y \propto m - \frac{n}{z}x + \sqrt{mm + ox - \frac{p}{m}xx}$ との比較で議論は進む．

与えられたADの上に点Aから$g-b$つまりbとgの差[97]に等しい垂線AIが立てられるとせよ．gはbより大きいので，点Iは線分ADの上の点Eの側に取られる．bのほうが大きいときは，それに対し〔点Iは線分ADの下の点Fの側にとるとせよ〕[98]．次に点IからADに平行にIMを取ると[99]，そのMが円の中心となる[100]．これを見出すため，〔『幾何学』〕330[101]頁4行目[102]にあるIMを $\frac{aom}{2pz}$ に等しく取り，Mを見出す決定法を用いる．あるいはまたamはpzに等しいので，線分IMを $\frac{1}{2}o$[103]とすると，Mは円の中心，oは囲み記号の中にあるxの係数つまり $\frac{2cx+2ax+2fx}{4}$[104]を示しているので，IMは $\frac{a+c+f}{4}$ であることがわかる[105]．直線の辺つまり直径は同書330頁の15行目[106]の少し後で決定され，$\sqrt{\frac{oozz}{aa}-\frac{4mpzz}{aa}}$となり，と同時に$m$は$p$[107]に等しいのでそれは$\sqrt{oo-4mp}$つまり$\sqrt{oo-4mm}$となる[108]．半径を得るためこ

---

97) AT版に「つまりbとgの差」は見られない．

98) 当初の条件（本文p. 154）によりgはbより大である．括弧内はB版にはなく，M版の読みを採用．

99) テキスト欄外に本文と同一筆跡の記述「次の23葉の図からわかるように」がある．

100) ADを基軸とすると，Mが中心となり，それはAIの高さの位置にあることを示している．

101) テキストの320を正す．『幾何学』ちくま学芸文庫，p. 42.

102) AT. VI, 402.『幾何学』ちくま学芸文庫，p. 42.

103) テキストの$-\frac{1}{2}o$を正す．

104) ここでは$y \infty m-\frac{n}{z}x+\sqrt{mm+ox-\frac{p}{m}xx}$と先の方程式を比較している．B版は$2cx$ではなく$cx$としているので正した．

105) $\mathrm{IM}=\frac{1}{2}o=\frac{c+f+a}{4}$．以上から，現代的に言えば中心Mの座標は$\left(\frac{c+f+a}{4}, \frac{-b+g}{4}\right)$．

106) AT. VI, 402.『幾何学』ちくま学芸文庫，p. 42.

107) テキストはpの上に線．

108) $\sqrt{\frac{oozz}{aa}-\frac{4mpzz}{aa}}=\sqrt{oo-4mm}$を示す．

れを二分し，ここで $\frac{1}{4}oo$ となる $\frac{a+c+f}{4}$[109]の平方に，方程式

$$\frac{-4aa-4cc-4ff+4dd-3bb-3gg-2bg}{16}$$ [110]

の囲み記号の中にある $-mm$ として示された絶対数を加える[111].

すると和は

$$\sqrt{\frac{-3aa-3bb-3cc-3ff-3gg+2ac+2af+2fc-2bg+4dd}{16}}$$ [112]

となる.

さて[113]作図のため以上の量すべてを考察する．第一の軌跡では AI は $-b+g$ であることがただちにわかる．つまりそれは，与えられた他の点から線分 AD 上に下された垂線の和あるいは差から構成されているからである.

679

たとえばこの例では，GF は線分 AD の一方の側に，KE は他方の側にあるので，これらの線分の差を取り，場所において 4 点が与えられているときにはそれを 4 で割る．もし GF と KE とが線分 AD の同じ側にあればそれらの和をとる．もしこの問題が 5 点で提示されるのなら 5 でこの差あるいは和を割る．また 6 点で〔提示されるのなら 6 で割る〕．このようにして無限個の点の場合〔も同様である〕[114]．すると，その商は線分 AI となり，線分 AD の垂線がもっとも長くなる側に点 I があると仮定すると，ここでのように[115]，KE は GF[116]より長いので，点 E の側に線分 AI が引かれる.

---

109) テキストは $a+c+f$. AT 版は正しく $\frac{a+c+f}{4}$ としている.

110) テキストは分子の $-2bg$ が抜けているので正した．また B 版では $-4cc$ ではなく $+4cc$ となっている.

111) $o^2=\left(\frac{a+c+f}{2}\right)^2$, $m^2=\frac{-4a^2+\cdots-2bg}{16}=$，直径は $\sqrt{o^2-4m^2}$ なので，半径は $\frac{1}{2}\sqrt{o^2-4m^2}=\sqrt{\frac{1}{4}o^2-m^2}$. これに o^2, m^2 を代入している.

112) これが半径である．テキストや B 版では根号内分子の $-2bg$ が抜け，また $4dd$ ではなく $4ad$ となっているので正した.

113) テキストは Ce を斜線で消して，Lege or（or と読め）となっている．欄外では fort et を消して fort と記している（p. 22）.

114) ここでは例 3 の一般化が示されている.

115) テキストは ou であるが，AT 版では où としており（AT. X, 679），これを採用する.

116) テキストは KF. AT. X, 679 では GF.

第二の軌跡では，IM が $\frac{a+c+f}{4}$ であること，すなわちそれは線分 AD と，他の点の垂線が落ちる点と点 A との間にある線分の部分すべての和から構成されていることがわかる．そしてそれは与えられた点の数で割られる．

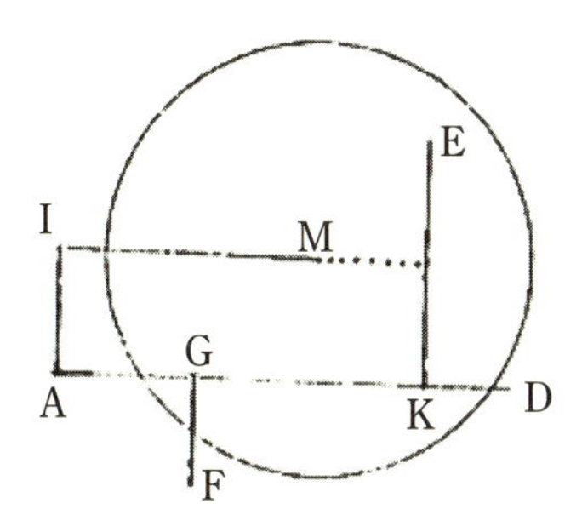

最後に，この円の半径を見出すため，与えられた点各々から他のすべてに引かれた線分すべての平方を，与えられた距離〔の平方に与えられた点の数をかけたもの〕から引く．なぜならそれらはこの距離よりも小さくなるはずで，余りの根を与えられた点の数によって割る．これが求める半径である[117]．

たとえばここでのように，与えられた距離 dd〔の 4 倍〕から六本の線分 AD，AE，AF，FE，FD，ED の平方を引く．その残りの根を四で割った商が求める半径である．

あるいは円の中心 M はすでに見出されているので，すべての点から M へ直線を引くと，この半径が容易に得られるであろう．なぜなら，与えられた距離はこれらの線すべての平方〔の和〕よりも当然大きいので，〔前者から後者を〕引いた余りの平方根を与えられた点の数で割ると求める半径となるからである[118]．

117） つまり，円の半径は，与えられた点各々から引かれたすべての線分の平方を，与えられた距離の平方から引き，根をとったものを，与えられた点の数（例 3 では 4）で割ることによって得られる．テキストには「距離」であり平方はないが，内容から「距離〔の平方〕」とする．

118） 例 3 のこれ以降は AT 版にはなく，例 4 に続く．ここでは，$4d^2-(\mathrm{AD}^2+\mathrm{AE}^2+\mathrm{AF}^2+\mathrm{FE}^2+\mathrm{FD}^2+\mathrm{ED}^2)=-3a^2-3b^2-3c^2-3f^2-3g^2+4d^2-2bg+2cf+2af+2ac$ の平方根，つまり $\sqrt{-3a^2-3b^2-3c^2-3f^2-3g^2+4d^2-2bg+2cf+2af+2ac}$ を 4 で割っている．これが求める半径となる．

しかし『幾何学』の助けなしにこの軌跡を作図したいのなら，それが円である事を知ったうえで，任意に円を一つ描き，それを与えられたADの代わりにある直線で切断し，線分AB ∞x をその上にとり，〔Bから〕垂線を周に向かって引く．その垂線は前と同じくBCで，これが求めるべきものである．中心MからADへ垂線MZを下ろすために（およびGFはKEよりも小さい），そしてもしそれがKEよりも大きいときは，上のLMで引かねばならない線分ADに向かって中心から引く．そしてMZを既知と仮定し q と置き，MからADに平行にMLを引く．AZ ∞p とすると，LM $\infty p-x$ が得られる．その平方 $pp-2px+xx$ は既知で，r に等しい半径MC〔の平方〕から引くと，LC $\infty \sqrt{rr-pp+2px-xx}$ となる．これにMZつまりLB ∞q を加えると，求めるべきBCは $q+\sqrt{rr-pp+2px-xx}$ となる．

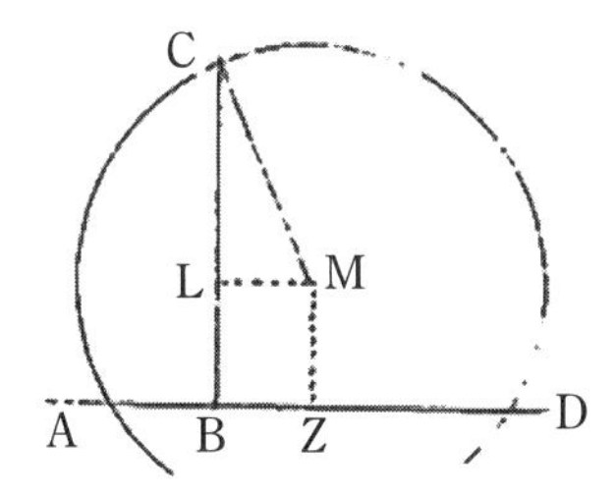

ところでこの方程式をすでに見いだした方程式，つまり

$$y \infty \frac{-b+g}{4}+\sqrt{\frac{\begin{matrix}-3bb & -2bg & -4cc & +4dd & +8ax \\ -3gg & -4aa & -4ff & +8cx & +8fx\end{matrix}}{16}-x^2}$$ [119)]

$$q^{120)} \infty \frac{-b+g}{4} \quad 2p \infty \frac{8a+8c+8f}{16}$$

と比較する．すると

$$p \infty \frac{a+c+f}{4}$$

119）テキスト，B版は根号内を $-gg$ とするが，$-3gg$ に正しておく．また根号内の $-x^2$ がぬけているので補った．

120）テキスト，B版は q が4となり意味をなさないので正しておく．

$$rr - pp \infty \frac{\begin{matrix} -3bb & -2bg & -4cc \\ -3gg & -4aa & -4ff \end{matrix} \; +4dd}{16}$$

となる．ここで $-pp$ の代わりにそれに等しい

$$\frac{-aa-2ac-2af-cc-2cf-ff}{16}$$

を用いると[121)]，

$$rr \infty \frac{\begin{matrix} -3bb & -3aa & -3ff & +2af & +2ac \\ -3gg & -3cc & -2bg & +2cf & +4dd \end{matrix}}{16}.$$

つまり

$$4r \infty \sqrt{\begin{matrix} -3bb & -3aa & -3ff & +2af & +2ac \\ -3gg & -3cc & -2bg & +2cf & +4dd \end{matrix}}$$

が得られる．

前のように作図が理解でき[122)]，$+p$ を得たので，垂線 AI を引き，点 I から平行線 IM を引く．それを $p \infty \frac{a+c+f}{4}$[123)] に等しくし，それが M を円の中心となる．次にその半径を得るため[124)]，

$$\frac{-3bb-3gg-3aa-3cc-3ff-2bg+2cf+2ac+2af+4dd}{16}$$[125)]

がその頁[126)]で記述したものに等しくし[127)]，そして円周上のすべての点から

---

121) $p^2 = \left(\frac{a+c+f}{4}\right)^2$ より．

122) テキストでは entendre であるが，B 版は entende としている．

123) テキストと B 版では $\frac{a+c-f}{4}$ となっているので正した．

124) テキストはこの後 et（下線付）があるが，B 版は省いている．

125) テキストと B 版には $+2af$ が抜けている．この式は半径の平方を示す．

126) B 版は page のあと空白を置き，また「手稿には空白がある」と注で記すが，手稿には空白は見当たらない．ここではテキストに従い空白を置かない．先に求めた半径に一致していることを示している．

127) 現代的に言うなら，A を原点とするとこの円は中心が (p, q)，半径が r となる．

与えられた四点に向かって直線を引くと，これら線分の平方〔の和〕が与えられた距離に等しくなり，これが提案されたことであることがわかる.

〔例 4〕

マリヌス・ゲタルドゥスはその『数学的解析と総合』最終巻の第5巻でこの種の問題を考察し，それは代数学の中には入らないと述べている[128]．しかしそれは〔代数学を用いると〕容易に解けるのである．彼がそこで考察した最後の問題は次である[129].

〔三角形において〕与えられた角を囲む辺のうちの一辺が与えられ，他の二辺の和が与えられたとき，その三角形を見いだすこと.

三角形を ABC とし，辺 BC ∞ a，AB + AC ∞ b とが与えられ，角 B が角 P に等しく与えられているとせよ[130].

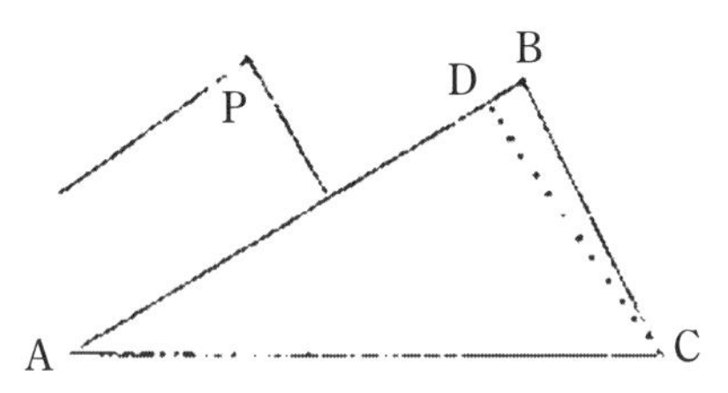

680 すでにものを見出されたものとして仮定し，BC が与えられた辺 a に等しく，AB + AC が与えられた大きさ b に等しく，角 B が角 P に等しくなるように三角形 ABC が作図できる．次に C から AB 上に垂線 CD を下ろす．角 B が与えられているので，距離 BC 対 BD の余弦の比[131]が同様に与えられ，BD が知られ，それを d と置く．以上がなされたあと，AC ∞ x と置くと，AB は $b-x$ に等しくなり[132]，三角形 ABC の三辺すべてをこれらの項で示す

128） Marino Ghetaldi, *De resolvtione & compositione mathematica libri qvinqve*, Roma, 1630, p. 343．マリノ・ゲタルディ（ラテン語ではマリヌス・ゲタルドゥス，1568–1626）はドブロクニク（現クロアチア）出身の数学者.

129） Ghetaldi, *op.cit.*, 330．以下テキストと B 版には計算間違いが見られるので正しておく．AT 版にはゲタルディへの言及はない.

130） AT 版には角 P の図は欠け，しかも B と C とが逆になっている.

131） 角 B の余弦（sinus de son complément）で，BC 対 DC の比を指す.

132） AT 版では AC = x と置いており（ただし B と C とは逆），B 版ともテキストともことができる[133].

また他の項を用いて同じ量BDを求めると，切片 BD ∞ $\frac{aa+bb-2bx}{2b-2x}$ が容易に導かれ[134]，方程式は $\frac{aa+bb-2bx}{2b-2x} \infty d$ となる．ここで〔両辺にある〕等しい二量を $2b-2x$ で掛ける．$aa+bb-2bx \infty 2bd-2dx$ を得て，両辺から $+2bd$〔$-2bx$〕を引くと，$-2bd+aa+bb \infty -2dx+2bx$ を得る[135]．$2b-2d$ で両辺を割り，$x \infty \frac{aa+bb-2bd}{2b-2d}$ を得る[136]．

〔例 5〕[137]

互いに接する四つの球が与えられたとき，それらを囲み四球すべてに接する第5番目の球を見いだすこと[138]．

かなりの相違がある．

133）以上で一つの解法が示されたので，テキストにはないがここで段落をとり，以下を一つの段落内に納めておく．

134）テキストの $-b^2$，$+2bx$ の符号を逆にして正しておく．以降，符号の間違いが続くので正しておく．$a^2-d^2=x^2-(b-x-d)^2$ より求められる．なお AT 版では D の位置が示されていないが，全体の表現は簡潔で正しい（AT. 679－80）．その冒頭は，「ある三角形の一辺とそれを囲む辺のひとつと他の二辺の和が与えられているとき，三角形の残り〔の辺〕を見出すこと．BG ∞ a, BD ∞ d, AB＋AC ∞ b, AC ∞ x.」と，初めから記号操作で進められている．

135）欄外に「$2dx$ の前は＋ではなく－を持ツベキデアル」と書かれている．「持ツベキデアル」はラテン語表記．B 版にはこれについては言及なし．これ以降符号の間違いにより不要な次のような一文が続くので，ここでは略す．「次に，b は d よりも大きいので符号をすべて変え，$+2bd-aa-bb \infty +2dx+2bx$ を得る．あるいは,」．

136）これ以降テキストと B 版には次の文が続くが，上記の間違いにより意味をなさないのでここでは採用しない．なお AT 版にはこれに相当する記述はない．「すなわち，BC と BD の差の二倍対 AC＋AB〔と BC と〕の差が，三辺 AB，AC，BC の和対 x と名づけた線分 AC である」．このあとテキストは，「ペルティエの本から取られたこの新しい計算についての多くの例題と問題とが続く」とあり，具体的問題が続くが，B 版ではそれらは省かれている．解説参照．

137）この例5はテキストにはなく，AM 版にのみ存在し，B 版もそれを採用するが少し異なる．ここでは AM 版から訳す．

138）この問題はメルセンヌ宛 1630 年 4 月 15 日書簡（『全書簡集』I，130）でも言及され，さらにスタンピウンがデカルトに提示したことがスタンピウン宛 1633 年末書簡（『全書簡集』I，239–241）にも見える．

与えられた三つの球の三つの中心 A，B，C が同一平面上にあり，中心をDとする第四番目〔とその中心を求めたい球と〕が点 E の上方にあると仮定する[139]．

さらに，点 E から A に引かれた直線は，中心が E，A である球の二つの半径から構成されていることがわかる．なぜなら，これら二つの球は互いに接し，この線分 AE はそれらの接点を必ず通るからである．同様に E から B，C，D に直線が引かれ，A から B，C に直線が引かれ，B から C に直線が引かれる．そして中心 D と E から垂線 DH，EF が平面 ABC 上に落ちると仮定し，FH 上に平行線と垂直線とを引く．点 H，F，B から直線 AC に垂線 HI，FG，BK を引き，AF，FC，FB を結び，F から底辺 AC に平行に PN を引く[140]．

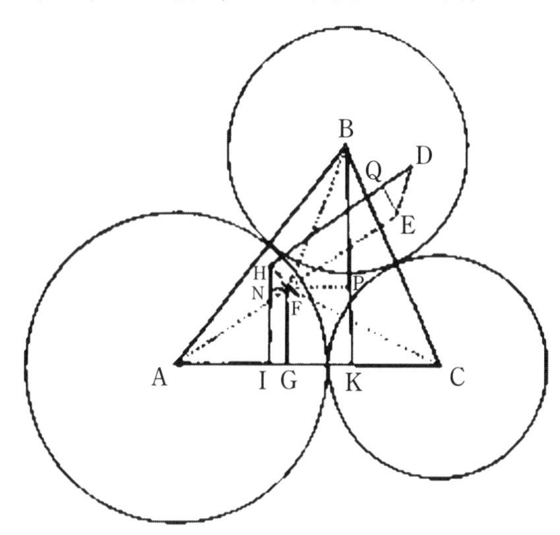

次に既知量も未知量もすべて〔式に〕登録する．すなわち，中心が A の与えられた球の半径を a と置き，B〔の球の半径〕∞ b，C〔の球の半径〕∞ c，

139） B 版では次のように述べられている．「与えられた三つの球の三つの中心 A，B，C が同一平面上にあり，中心を D とする第四番目が平面 ABC の上方にありこれらすべての球を囲み，その中心が点 E の上方にあると仮定する」．球 D が 3 球を囲むとし，文意をなさないので，ここでは AM 版の表現を採用する．本文の括弧［ ］内は編集者アダンとミヨーが補ったもの（AM. III, 346）.

140） 図版については解説参照.

D〔の球の半径〕∞d と置く．すると辺 AB $\infty a+b$，AC $\infty a+c$，BC $\infty c+b$ を得る．さらに，底辺が平面 ABC で，三面が既知の三辺 AD $\infty a+d$，BD $\infty b+d$，CD $\infty c+d$ から構成された角錐を考えると，それらによって解析あるいはエウクレイデスの方法[141]でその角錐の垂線は容易に見出すことができ，

$$\mathrm{DH} \infty \sqrt{\frac{+2aabbcd \quad +2aabcdd \quad +2abbcdd \quad -aabbcc \quad -aaccdd \quad +2aabccd \quad +2abbccd \quad +2abccdd \quad -aabbdd \quad -bbccdd}{aabc \quad +abbc \quad +abcc}}$$

となる[142]．

そして，点 I を得るため，それらの面の一つ ADC の上に，点 D から底辺 AC 上に必ず落ちる垂線を見出す．すると次のようになる．

$$\mathrm{AI} \infty \frac{aa+ac+ad-cd}{a+c}, \quad \mathrm{IC} \infty \frac{ac-ad+cc+cd}{a+c}$$

$$\mathrm{HI} \infty \sqrt{\frac{+4aacd \quad +4accd \quad +4acdd}{aa+2ac+cc} + \frac{-2aabbcd \quad -2aabccd \quad -2aabcdd \quad -2abbccd \quad -2abbcdd \quad -2abccdd \quad +aabbcc \quad +aabbdd \quad +aaccdd \quad +bbccdd}{aabc+abbc+abcc}}$$

そして既知の三角形 ABC から次を見出す[143]．

$$\mathrm{AK} \infty \frac{aa+ab+ac-bc}{a+c} \quad \mathrm{BK} \infty \frac{2}{a+c}\sqrt{aabc+abbc+abcc}$$

141）「解析あるいはエウクレイデスの方法」が何を指すか明らかではないが，立体幾何学（エウクレイデス）と代数（解析）を応用して求める方法と考えられる．ここではおそらく「三次元のヘロンの公式」を用いて 6 辺が既知の三角錐の垂線を求めたのであろう．

142）著者は「容易に」と述べるが，この計算は決して容易ではない．解説参照．

143）ヘロンの公式より見いだせる．

さてこれらの既知項を簡単にするため，仮にHI ∞ h，AI ∞ k，BK ∞ e，AK ∞ f，DH ∞ g と置き，それらは後で取り除くとして，与えられた項 a，b，c，d をその場所に代入することにする．

最後に，未知量に関係するものとして，他の角錐をもう一つとり，その垂線をEFとし，それを y とおく．求める球の半径を ∞ x と仮定すると，この角錐の三辺はAE ∞ $x-a$，EB ∞ $x-b$，EC ∞ $x-c$ となり，上の球の中心と求める球の中心を結んだEDは ∞ $x-d$ となる．次いで，FG ∞ z，AG ∞ s と置く．すると未知量は四つ[144]になり，それと同数の方程式も以下のように見いだすことができる．

直角三角形AGFにおいてAGの平方 ∞ ss とGFの平方 ∞ zz のと二つはAFの平方に等しい．ところがAFの平方は，直角三角形AEFにおいて二つの平方EFの平方 ∞ yy とAEの平方 ∞ $xx-2ax+aa$ との差にも等しい．それゆえ第一の方程式は次のようになる．

$$zz+ss \infty xx-yy-2ax+aa.$$

直角三角形GFCにおいて，FGの平方 ∞ zz とGCの平方 ∞ $aa+2ac-2as+cc-2cs+ss$ との二つはFCの平方に等しい．ところがFCの平方は，直角三角形EFCにおいて，二つの平方EFの平方 ∞ yy とECの平方 ∞ $xx-2cx+cc$ との差に等しい．それゆえ第二の方程式は

$$zz+ss-2as-2cs+aa+2ac+cc \infty xx-yy-2cx+cc$$[145]

である．直角三角形BFPにおいて，PBの平方 ∞ $ee-2ez+zz$ とPFの平方 ∞ $ff-2fs+ss$ との二つはFBの平方に等しい．ところがFBの平方は，直角三角形FEBにおいて，EFの平方 ∞ yy とEBの平方 ∞ $xx-2bx+bb$ との二つの差に等しい．それゆえ第三の方程式は

144）x，y，z，s の4数を指す．

145）B版の注によると（p.1518），ロンドン写本では左辺第4項以降は欠けているという．ただしCM版，AM版ともこの式は $zz+ss-2as-2cs+aa+2ac+cc \infty xx-yy-2cx+cc$ となっている．

$$zz + ss - 2ez + ee - 2fs + ff \propto xx - yy - 2bx + bb$$

である．

直角三角形NHFにおいて，IGまたはNFの平方 $\propto ss - 2ks + kk$ とNHの平方 $\propto zz - 2hz + hh$ との二つはHFの平方に等しい．ところがHFの平方は，DQ[146]の平方 $\propto gg - 2gy + yy$ とDEの平方 $\propto xx - 2dx + dd$ との二つの差に等しい．それゆえ最後となる第四の方程式は

$$zz + ss - 2hz + hh - 2ks + kk \propto xx - yy - 2dx + dd + 2gy - gg.$$

第一の方程式と第二の方程式とを比較するため，第一の方程式から次を得る．

$$zz + ss - xx + yy \propto -2ax + aa$$

第二の方程式から

$$zz + ss - xx + yy \propto 2as + 2cs - aa - 2ac - 2cx$$

を得る．したがって

$$-2ax + aa \propto 2as + 2cs - aa - 2ac - 2cx$$

つまり

$$s \propto \frac{aa + ac + cx - ax}{a + c}.$$

第一の方程式と第三の方程式とを比較し，次を得る．

$$-2ax + aa \propto 2ez - ee + bb - 2bx - ff + 2fs$$

つまり

$$2ez \propto aa - bb + ee + ff - 2ax + 2bx - 2fs$$

146） Qの位置は定義されていないが，図よりEからDHに下ろした垂線と考えられる．

ここで線分 BK の平方の代わりに，それに等しい AB の平方と AK の平方との差 $\infty\, aa + 2ab + bb - ff$ をとると[147]，上の式は

$$ez \infty aa + ab - ax + bx - fs$$

となる．

ここで

$$-f \infty \frac{-aa - ab - ac + bc}{a + c}$$

と

$$s \infty \frac{aa + ac + cx - ax}{a + c}$$

との積 $-fs$ をとり，

$$\frac{-a^4 + a^3x + aabx - 2abcx - accx + abcc + bccx - a^3b - 2a^3c - aacc}{aa + 2ac + cc}.$$

先の $-fs$ に代入すると，

$$ez \infty \frac{-2aacx - 2accx + 2aabx + 2bccx + 2aabc + 2abcc}{aa + 2ac + cc}$$ [148]

を得る．

ここで

$$e \infty \frac{2}{a + c}\sqrt{aabc + abbc + abcc}$$

で両辺を割り[149]，

$$z \infty \frac{-aacx - accx + aabx + bccx + aabc + abcc}{\overline{a + c}\sqrt{aabc + abbc + abcc}}$$

を得る．

147） $BK^2 = AB^2 - AK^2$，$BK = e$，$AB = a + b$，$AK = f$ より．

148） AM 版の $abcc$ を $2abcc$ に正す．

149） $BK = e = \dfrac{2}{a + c}\sqrt{aabc + abbc + abcc}$ であった．

第一の方程式と第四の方程式とを比較すると[150],

$$-2ax + aa \propto 2hz - hh - kk - gg + dd + 2ks + 2gy - 2dx.$$

つまり

$$2gy \propto -2ax - 2hz + aa + hh + kk + 2dx - 2ks - dd + gg$$

を得る.

線分HIの平方であるhhの代わりに,〔AHの平方$\propto$〕$-gg + dd + aa + 2ad$[151]とAI〔の平方〕$\propto kk$〔との差に等しい$-gg - kk + 2ad + aa + dd$[152]〕を代入すると,

$$gy \propto dx - ax - ks - hz + ad + aa.$$

ここで$-ks - hz$に,

$$-\sqrt{\frac{\begin{matrix}+4aacd\\+4accd\\+4acdd\end{matrix}}{aa+2ac+cc} + \frac{\begin{matrix}-2aabbcd & -2abbccd & +aabbcc & +aaccdd\\-2aabccd & -2abbcdd & +aabbdd & +bbccdd\\-2aabcdd & -2abccdd & & \end{matrix}}{aabc + abbc + abcc}}$$

と

$$\frac{aabx - aacx - accx + bccx + aabc + abcc}{\overline{a+c}\sqrt{aabc + abbc + abcc}}$$ [153]

を掛けた$-hz$[154]〔と〕

$$-ks \propto -aa + \frac{-a^3d + accd + a^3x + aadx + ccdx - accx - 2acdx}{aa + 2ac + cc}$$ [155]

---

150) この後AM版は「第四の方程式から」が入る.

151) $\mathrm{AH}^2 = \mathrm{AD}^2 - \mathrm{DH}^2 = (a+d)^2 - g^2$より.

152) AM版の$-gg - kk + ad + aa$を正しておく.

153) AM版はこれを$-hz$とするが,$-z$が正しい.

154) $\mathrm{HI} = h$で,またzは今求めたので,$-hz$が積によって求められる.

155) 既知の$\mathrm{AI} = k$, $\mathrm{AG} = s$より.

とを代入して

$$gy \infty \frac{-2aacx-2accx+2aadx+2ccdx+2aacd+2accd}{aa+2ac+cc}+$$

$$+\frac{aacx+accx-aabx-bccx-aabc-abcc}{\overline{a+c}\sqrt{aabc+abbc+abcc}}$$

$$\times\sqrt{\frac{\begin{array}{l}+4aacd\\+4accd\\+4acdd\end{array}}{aa+2ac+cc}+\frac{\begin{array}{lllll}-2aabbcd & -2abbccd & +aabbcc & +aaccdd\\-2aabccd & -2abbcdd & +aabbdd & +bbccdd\\-2aabcdd & -2abccdd & & \end{array}}{aabc+abbc+abcc}}.$$

となる.

次にこの囲み記号の中の二つの和の同類項を簡約するため

$$4aacd+4accd+4acdd$$

と

$$aabc+abbc+abcc$$

とを掛け，また

$$-2aabbcd-2aabccd-2aabcdd-2abbccd-2abbcdd-2abccdd+aabbcc+aabbdd+aaccdd+bbccdd$$

と

$$aa+2ac+cc$$

とを掛け，その和の根をとると[156)]

$$\frac{aabc+aacd+abcc+accd-aabd-bccd}{\overline{a+c}\sqrt{aabc+abbc+abcc}}$$ [157)]

となる．これを

$$\frac{-aabx+aacx+accx-bccx-aabc-abcc}{\overline{a+c}\sqrt{aabc+abbc+abcc}}$$

156) ここでは $a^2bc+a^2cd+abc^2+ac^2d-a^2bd-bc^2d$ は正であることが暗黙のうちに前提されている.

157) 分子の $-aabb$ を $-aabd$ と正す.

で掛ける．そして次にその和を $aa + 2ac + cc$ で約分すると[158]，商は

$$\frac{\begin{array}{c}-aabccx + aabbdx - abbccx - aabbcc + aabccd \\ -aabbcx + aaccdx + bbccdx + aabbcd + abbccd\end{array}}{aabc + abbc + abcc} \propto gy$$

となる．

最後に，第一の方程式 $yy \propto aa + xx - ss - zz - 2ax$ に戻り，$-ss - zz$ に上で見出された値を置き換える．$-ss$ は

$$\frac{-aaaa - 2aaac + 2aaax - 2aacx - aacc + 2aacx - 2accx + 2acxx - ccxx - aaxx}{aa + 2ac + cc}.$$ [159]

これを量 $aa + xx - 2ax$ に加えると，

$$\frac{4acxx - 4accx - 4aacx}{aa + 2ac + cc}$$

そこから

$$\frac{aabx - aacx - accx + bccx + aabc + abcc}{\overline{a + c}\sqrt{aabc + abbc + abcc}}$$

の平方である zz を引き，残りを $aa + 2ac + cc$ で割ると，商は

$$\frac{\begin{array}{c}+2aabcxx + 2abbcxx - 2aabccx - aabbxx - bbccxx \\ +2abccxx - 2aabbcx - 2abbccx - aaccxx - aabbcc\end{array}}{aabc + abbc + abcc} \propto yy$$

となる．しかし $ggyy$[160] は今しがた

158）　ここでは途中 gy を求める込み入った 8 次式が出てくる計算手順が略されている．

159）　AM 版を正した．

160）　AM 版の yy を $ggyy$ に正す．

$$\frac{\begin{array}{c}-aabccx+aabbdx-abbccx-aabbcc+aabccd\\ -aabbcx+aaccdx+bbccdx+aabbcd+abbccd\end{array}}{aabc+abbc+abcc}$$

の平方に等しいと見出されていたので,

$$gg\ \infty\ \frac{\begin{array}{c}+2aabbcd+2aabcdd+2abbccd-aabbcc-aaccdd\\ +2aabccd+2abbcdd+2abccdd-aabbdd-bbccdd\end{array}}{aabc+abbc+abcc}$$ [161]

で割り, 次の方程式を得る[162].

$$\begin{array}{llllcllll}+2aabcxx & -2aabbcx & -aabbxx & & & +2aabbcd & +2abbccd & -aabbcc & -aaccdd\\ +2abccxx & -2aabccx & -aaccxx & & \mathcal{M} & +2aabccd & +2abbcdd & -aabbdd & -bbccdd\\ +2abbcxx & -2abbccx & -bbccxx & & & +2aabcdd & +2abccdd & & \\ & & -aabbcc & & & & & & \end{array}$$

$$\infty\left\{\begin{array}{lll}-aabccx & +aabbdx & +aabbcd\\ -aabbcx & +aaccdx & +aabccd\\ -abbccx & +bbccdx & +abbccd\end{array}\right.\quad -aabbcc\ \text{の平方}.$$

ところで, 和を掛けその積をもう一つの和の平方から減じて[163]無とした後, 再び和全体を $aabc+abbc+abcc$ で割ると, 商は

$$\left.\begin{array}{lllll}+aabbcdxx & +abbccdxx & -bbccddxx & -aaccddxx & -aabbcddx\\ +aabccdxx & +abbcddxx & -aabbccxx & -aabbccdx & -abbccddx\\ +aabcddxx & +abccddxx & -aabbddxx & -aabccddx & -aabbccdd\end{array}\right\}\infty\ 0$$

つまり

161) AM 版の yy を gg に正す. この gg は $g=\mathrm{DH}$ (p. 165 参照) を平方したもの.

162) ここでは上式の分母 ($aabc+abbc+abcc$) を払っている. 後に復元して割ることになる.

163) 上式の $A\times B=C^2$ の形を $C^2-A\times B=0$ にすることを意味するので, この文意から, AM 版の「に加えて」を「から減じて」に変更しておく.

$$xx \propto \frac{aabbccdx + aabccddx + aabbccdd + aabbcddx + abbccddx}{\begin{matrix} +aabbcd & +aabcdd & +abbcdd & -aabbcc & -aaccdd \\ +aabccd & +abbccd & +abccdd & -aabbdd & -bbccdd \end{matrix}}.$$ [164]

『幾何学』の規則[165]に従いこの平方根をとると，x つまり四つの球を囲む球の半径として

$$\frac{\frac{1}{1}\begin{matrix} +aabbccd & +aabccdd \\ +aabbcdd & +abbccdd \end{matrix} + \sqrt{\begin{matrix} +6a^4b^4c^3d^3 & +6a^3b^4c^4d^3 & & \\ +6a^4b^3c^4d^3 & +6a^3b^4c^3d^4 & -3a^4b^4c^4dd & -3a^4bbc^4d^4 \\ +6a^4b^3c^3d^4 & +6a^3b^3c^4d^4 & -3a^4b^4ccd^4 & -3aab^4c^4d^4 \end{matrix}}}{2\begin{matrix} +aabbcd & +aabcdd & +abbcdd & -aabbcc & -aaccdd \\ +aabccd & +abbccd & +abccdd & -aabbdd & -bbccdd \end{matrix}}$$ [166]

が得られる．これが提示されたことである．

（三浦伸夫 訳）

164） AM 版にも CM 版にも誤りがあるので正した．それを指摘した CM 版の訳注にも誤りがある（CM 462）．

165）『幾何学』第 1 巻に見える $z^2 = az + b$ のタイプの解法を指す．解説参照．

166） 根号内の $+6a^3b^3c^4d^4$ は CM 版（CM. VII, 462）では b^3 ではなく b^4 としている．しかも注によると手稿では b^2 となっているという．しかし計算上正しい b^3 をここでは採用する．

数学摘要

〔AT. X 285–324〕

285

I

多角形の内接

所与の円に内接する線分の大きさから，所与の線の張られた円周の大きさを知ること．

一般的に半径が単位 1 となるように円をとる．そして，この円に内接するすべての線分を考察するが，その際に張られている周の部分に対する条件が知られているとする[1]．すなわち，

286

半円の半分に張られた弦は，$\sqrt{2}$；[2]

$$〔半円の〕\ \frac{1}{4}\ の弦は \cdots \sqrt{2-\sqrt{2}}\ ;$$

$$〔半円の〕\ \frac{3}{4}\ の弦は \cdots \sqrt{2+\sqrt{2}}\ ;$$

$$\frac{1}{8}\ 〔以下同様に〕\cdots \sqrt{2-\sqrt{2+\sqrt{2}}}\ ;$$

$$\frac{3}{8} \cdots \sqrt{2-\sqrt{2-\sqrt{2}}}\ ;$$

1） habitudo を「条件」とする．

2） 以下，左辺の数値 θ を $f(\theta)=2\sin\frac{\theta}{2}\pi$ に代入すると右辺が得られる．そもそも正弦 ($\sin\theta$) の原義は「湾」を表すラテン語 “sinus” から来ているが，これはもともと「弦」を意味するサンスクリット語 “jyā” がアラビア語に音訳された際に “jiba” となり，母音の表記されないアラビア語で同形となる「湾」を意味する語 “jaib” との混交が生じて，ラテン語ではそのまま対応する “sinus” が採用されたからである．デカルトはインド数学で正弦が使われるようになった原義に立ち返っている．

$$\frac{5}{8} \cdots \sqrt{2+\sqrt{2-\sqrt{2}}}\ ;$$

$$\frac{7}{8} \cdots \sqrt{2+\sqrt{2+\sqrt{2}}}\ ;$$

$$\frac{1}{16} \cdots \sqrt{2-\sqrt{2+\sqrt{2+\sqrt{2}}}}\ ;$$

$$\frac{3}{16} \cdots \sqrt{2-\sqrt{2+\sqrt{2-\sqrt{2}}}}\ ;$$

$$\frac{5}{16} \cdots \sqrt{2-\sqrt{2-\sqrt{2-\sqrt{2}}}}\ ;$$

$$\frac{7}{16} \cdots \sqrt{2-\sqrt{2-\sqrt{2+\sqrt{2}}}}\ ;$$

$$\frac{9}{16} \cdots \sqrt{2+\sqrt{2-\sqrt{2+\sqrt{2}}}}\ ;$$

287

$$\frac{11}{16} \cdots \sqrt{2+\sqrt{2-\sqrt{2-\sqrt{2}}}}\ ;$$

$$\frac{13}{16} \cdots \sqrt{2+\sqrt{2+\sqrt{2-\sqrt{2}}}}\ ;$$

$$\frac{15}{16} \cdots \sqrt{2+\sqrt{2+\sqrt{2+\sqrt{2}}}}\ ;$$

以下同様である．[3)]

$$\frac{1}{32} \cdots \qquad + - + + +$$

$$\frac{3}{32} \cdots \qquad + - + + -$$

$$\frac{5}{32} \cdots \qquad + - + - -$$

$$\frac{7}{32} \cdots \qquad + - + - +$$

$$\frac{9}{32} \cdots \qquad + - - - +$$

$$\frac{11}{32} \cdots \qquad + - - - -$$

3）　この直下の段以降，$\frac{17}{32}$ までのデカルトの略記号は数列の規則性の観点からするとあまり要領を得ていない．第 1 の根号直後の 2 については 9 個とも必ず正符号になるため，わざわざ明示する必要はないからである．

$$\frac{13}{32}\cdots \qquad + - - + -$$

$$\frac{15}{32}\cdots \qquad + - - + +$$

$$\frac{17}{32}\cdots \qquad + + - + +$$

以下同様である.

半円の3分の1の弦は単位1である.

3分の2は $\sqrt{3}$;

$\frac{1}{6}\cdots \sqrt{2-\sqrt{3}}$, すなわち $\sqrt{\frac{3}{2}}-\sqrt{\frac{1}{2}}$;

$\frac{5}{6}\cdots \sqrt{2+\sqrt{3}}$, すなわち $\sqrt{\frac{3}{2}}+\sqrt{\frac{1}{2}}$;

$\frac{1}{12}\cdots \sqrt{2-\sqrt{2+\sqrt{3}}}$, すなわち $\sqrt{2-\sqrt{\frac{3}{2}}-\sqrt{\frac{1}{2}}}$;

$\frac{5}{12}\cdots \sqrt{2-\sqrt{2-\sqrt{3}}}$, すなわち $\sqrt{2-\sqrt{\frac{3}{2}}+\sqrt{\frac{1}{2}}}$;

$\frac{7}{12}\cdots \sqrt{2+\sqrt{2-\sqrt{3}}}$;

$\frac{11}{12}\cdots \sqrt{2+\sqrt{2+\sqrt{3}}}$;

$\frac{1}{24}\cdots \sqrt{2-\sqrt{2+\sqrt{2+\sqrt{3}}}}$;

$\frac{5}{24}\cdots \sqrt{2-\sqrt{2+\sqrt{2-\sqrt{3}}}}$; 288

$\frac{7}{24}\cdots \sqrt{2-\sqrt{2-\sqrt{2-\sqrt{3}}}}$ 等々.

というのは, ＋と－の符号はすでに述べたのと同じ順序で配置されるからである[4].

4) 先に2の倍数での円周の分割を行った際に現れた正弦の正負記号"－＋－－＋＋…"が3の倍数での分割を行った際にも同様に出現すること.

半円の「5分の1」の弦は $\sqrt{\frac{3}{2}-\sqrt{\frac{5}{4}}}$，すなわち $\sqrt{\frac{5}{4}}-\frac{1}{2}$；

$$\frac{2}{5}\cdots\sqrt{\frac{5}{2}-\sqrt{\frac{5}{4}}}\,;$$

$$\frac{3}{5}\cdots\sqrt{\frac{3}{2}+\sqrt{\frac{5}{4}}}\text{，または}\sqrt{\frac{5}{4}}+\frac{1}{2}\,;$$

$$\frac{4}{5}\cdots\sqrt{\frac{5}{2}+\sqrt{\frac{5}{4}}}\,;$$

$$\frac{1}{10}\cdots\sqrt{2-\sqrt{\frac{5}{2}+\sqrt{\frac{5}{4}}}}\,;$$

$$\frac{3}{10}\cdots\sqrt{2-\sqrt{\frac{5}{2}-\sqrt{\frac{5}{4}}}}\,;$$

$$\frac{7}{10}\cdots\sqrt{2+\sqrt{\frac{5}{2}-\sqrt{\frac{5}{4}}}}\,;$$

$$\frac{9}{10}\cdots\sqrt{2+\sqrt{\frac{5}{2}+\sqrt{\frac{5}{4}}}}\,;$$

$$\frac{1}{20}\cdots\sqrt{2-\sqrt{2+\sqrt{\frac{5}{2}+\sqrt{\frac{5}{4}}}}}\,;$$

$$\frac{3}{20}\cdots\sqrt{2-\sqrt{2+\sqrt{\frac{5}{2}-\sqrt{\frac{5}{4}}}}}\,;$$

$$\frac{7}{20}\cdots\sqrt{2-\sqrt{2-\sqrt{\frac{5}{2}-\sqrt{\frac{5}{4}}}}}\,;$$

$$\frac{9}{20}\cdots\sqrt{2-\sqrt{2-\sqrt{\frac{5}{2}+\sqrt{\frac{5}{4}}}}}\,;$$

$$\frac{11}{20}\cdots\sqrt{2+\sqrt{2-\sqrt{\frac{5}{2}+\sqrt{\frac{5}{4}}}}}\,;$$

$$\frac{13}{20}\cdots\sqrt{2+\sqrt{2-\sqrt{\frac{5}{2}-\sqrt{\frac{5}{4}}}}}\;;$$

同様に無限に続く.

さらに,

$$\text{半円の}\ \frac{1}{15}\ \text{の弦は}\cdots\sqrt{\frac{9}{4}-\frac{1}{4}\sqrt{5}-\sqrt{\frac{15}{8}+\frac{3}{8}\sqrt{5}}}\;;$$

$$\frac{2}{15}\cdots\sqrt{\frac{7}{4}-\frac{1}{4}\sqrt{5}-\sqrt{\frac{15}{8}-\frac{3}{8}\sqrt{5}}}\;;$$

$$\frac{4}{15}\cdots\sqrt{\frac{7}{4}+\frac{1}{4}\sqrt{5}-\sqrt{\frac{15}{8}+\frac{3}{8}\sqrt{5}}}\;;$$

$$\frac{7}{15}\cdots\sqrt{\frac{9}{4}+\frac{1}{4}\sqrt{5}-\sqrt{\frac{15}{8}-\frac{3}{8}\sqrt{5}}}\;;$$

289

$$\frac{8}{15}\cdots\sqrt{\frac{7}{4}-\frac{1}{4}\sqrt{5}+\sqrt{\frac{15}{8}-\frac{3}{8}\sqrt{5}}}\;;$$

$$\frac{11}{15}\cdots\sqrt{\frac{9}{4}-\frac{1}{4}\sqrt{5}+\sqrt{\frac{15}{8}+\frac{3}{8}\sqrt{5}}}\;;$$

$$\frac{13}{15}\cdots\sqrt{\frac{9}{4}+\frac{1}{4}\sqrt{5}+\sqrt{\frac{15}{8}-\frac{3}{8}\sqrt{5}}}\;;$$

$$\frac{14}{15}\cdots\sqrt{\frac{7}{4}+\frac{1}{4}\sqrt{5}+\sqrt{\frac{15}{8}+\frac{3}{8}\sqrt{5}}}\;;$$

$$\frac{1}{30}\cdots\sqrt{2-\sqrt{\frac{7}{4}+\frac{1}{4}\sqrt{5}+\sqrt{\frac{15}{8}+\frac{3}{8}\sqrt{5}}}}\;;$$

$$\frac{7}{30}\cdots\sqrt{2-\sqrt{\frac{7}{4}-\frac{1}{4}\sqrt{5}+\sqrt{\frac{15}{8}-\frac{3}{8}\sqrt{5}}}}\;;$$

しかし,これらの数はおそらくもう少し短略化できるかもしれない.たとえば,$\frac{13}{15}$ には,$\frac{1}{4}\sqrt{5}-\frac{1}{4}+\sqrt{\frac{15}{8}+\frac{3}{8}\sqrt{5}}$ をおくことができ,他も同様である.

そして,円周の大部分の弦から半分の弦を求める際にはつねにこの方法で，この表は無限に拡張することができる．すなわち，a を円周の一部分の弦だとおくと，半分の弦は $\sqrt{2-\sqrt{4-a\mathrm{q}}}$ となるだろうし，残りの部分は $\sqrt{2+\sqrt{4-a\mathrm{q}}}$ となるだろう[5]．そして，この唯一の規則とこれらの数によって，幾何学が見出すことのできるすべての正弦は表現される．

II

内接の三角法への利用

この表が作られ，もし与えられた何らかの三角形の角を探し求めようとするならば，半径が単位 1 となるような円に内接する与えられた三角形と相似であるような三角形を描けばよいだろう．そして，いかなる辺であれわれわれの表においてどの数に対応するかを考察するのである[6]．もし与えられた

290

三角形の辺がわれわれの表のいかなる数にも対応していないのであれば，三角形のいかなる角度も単純幾何学においては見いだすことができないと私は論証的に主張する．

また，別種の解法だと以下になろう．

底辺の平方と残りの二辺の平方の和との間の差を求める．そして，その差と残りの二辺によって構成される長方形の比が，われわれのリストの数のうちのいずれかの数と単位 1 との比に等しくないならば，たしかにそのような角は単純幾何学において見いだせないと主張するのである．

これらからわれわれはピュタゴラスの「命題」のすべての角についての数列を導き出すことができる[7]．

実際，直角三角形において底辺の平方は他の二辺の平方の和に等しい一方で，1 つの角が 60° であるような三角形において，底辺の平方は他の二辺の平方〔の和〕よりもそれらの辺によって構成される長方形だけ小さい．そし

5） q は quadrata，すなわち平方の意味．ここでは，a^2 を表す．

6） video の目的格は動詞 respondeant が示す内容とした．

7） AT 版において，命題を指す語のみが <propositionis> と強調されている．

て，ひとつの角がうえで述べた二角に対する余角となる，すなわち120°となっているような三角形においては，底辺の平方は残りの二辺の平方〔の和〕をその二辺の積の分だけ超過する．なぜならば，余角の弦はわれわれのリストの中の単位1であるから．

同様に，そのうちの角が45°であるような三角形において，底辺の平方は残りの二辺の平方〔の和〕よりもある量だけ小さくなる．そのある量とは，残りの二辺によって成り立つ長方形とこの長方形の2倍の比例中項である[8]．〔45°の〕2直角に対する余角，すなわち135°の三角形において，底辺の平方は残りの二辺の平方〔の和〕とその同じ量だけ大きくなる[9]．なぜならば，余角の弦は$\sqrt{2}$であるから．

同様に，角度が30°であるような三角形において，底辺の平方は2つの辺の平方の和よりもある量だけ小さい．その量はこれら〔の辺〕によって構成される長方形とこの長方形の3倍の比例中項になっている．この余角の三角形において，残りの二辺の平方〔の和〕は同じ量だけ小さい[10]．なぜならば，余角の弦は$\sqrt{3}$であるから．

291

そして，一般的には，すべての鋭角三角形において底辺の平方は残りの二辺の平方の和よりもある量だけ小さくなる．ある量とは，われわれのリストにおいて余角の弦を表す数によって乗じられた残りの二辺で作られる長方形である．

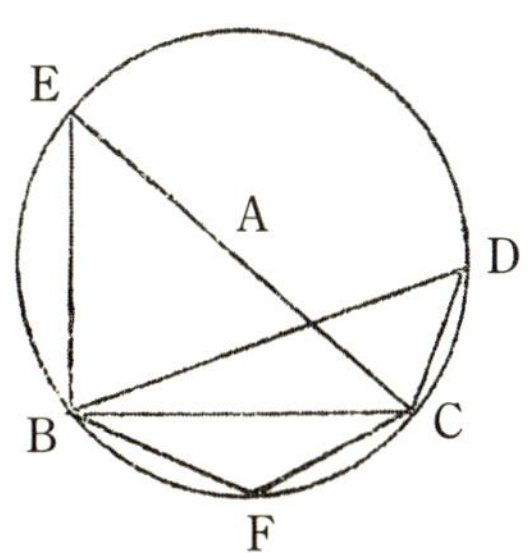

8）頂点A, B, Cにそれぞれ対辺a, b, cをもつ三角形ABCにおいて余弦定理を適用すると，角Aが$\frac{1}{4}\pi$ならば，$a^2 = b^2 + c^2 - \sqrt{2}bc$となる．この差は，$bc$と$2bc$の比例中項すなわち$\sqrt{2}bc$となる．

9）「同じ量」とはbcと$2bc$の比例中項を指す．

10）「同じ量」とはbcと$3bc$の比例中項を指す．

そして，もっとも一般的な流儀によれば，三角形BCDの底辺BCの平方は，ある量だけ残りの二辺の平方〔の和〕よりも小さくなる．この量は，線分BEとEAによって構成される長方形（その中のひとつであるBEは余角の弦であり，他方EAは与えられた三角形の外接円の半径となっている）が線分EAの平方に対するように，それらの残りの二辺によって構成される長方形に対している．すなわちBEがEAに対するように．

そしてその逆に，鈍角三角形BFCにおいて，底辺BCの平方は同様の量だけ他の二辺の平方の和よりも大きい．

円に内接するようにある三角形が与えられていれば，その直径が容易に見出される．三角形ABCがあるとして，その底辺上に垂線BDを引く．そして，BDが他のある1辺に対するように，ある辺が探求する直径に対すると私は主張する[11]．

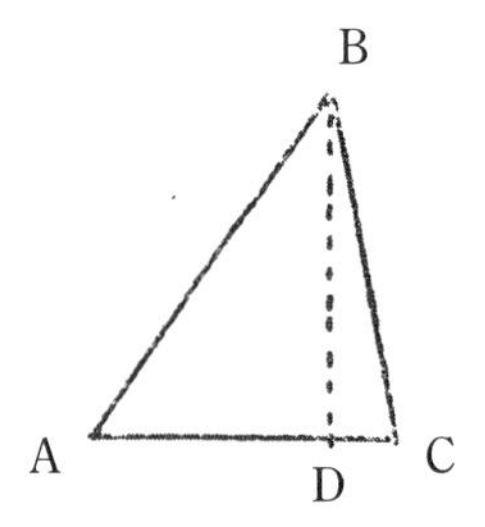

そして，以下の定理は前述したことから導出される．すなわち，2つの不等であり非相似形の三角形において，一方の三角形の底辺の平方が残りの二辺の平方の和とある量だけ異なる．そのある量とは残りの二辺によって構成される長方形とともにある比をもつ．その比とはすなわち，もう一方の三角形においてもつものと等しい．その際にはつねに，それぞれの三角形において底辺の向かい側にある諸角はお互いに等しくなる．一方，それぞれの三角形の二辺の平方の和が底辺の平方よりも大きいあるいは小さいならば，またあるいは一方の三角形では〔平方の和が〕小さくて，他方の三角形では大きい場合であるならば，この2つの底辺の反対にある角は2直角に対して等

292

11） この文は，エウクレイデス『原論』等から伝統的に使われるδιορισμόςであり，数学の命題，証明の開始を宣言する機能がある．

しくなる．

三角形 acd において，ac を μ，ad を ν，cd を λ とする[12]．もし，角 acd が線分 ce によって２つの等しい部分に分割されるならば，

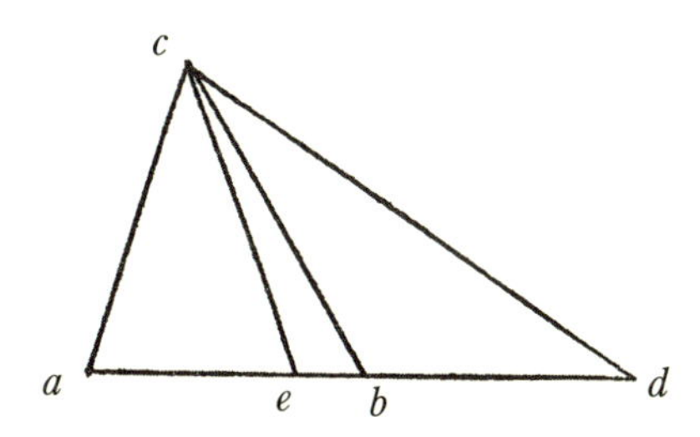

ae は $\dfrac{\mu\nu}{\lambda+\mu}$ に，ed は $\dfrac{\lambda\nu}{\lambda+\mu}$ に，そして ce は，

$\sqrt{\dfrac{\lambda \mathrm{q}\mu+\mu \mathrm{q}\lambda-\nu \mathrm{q}\lambda\mu+2\mu \mathrm{q}\lambda \mathrm{q}}{\lambda \mathrm{q}+\mu \mathrm{q}+2\mu\lambda}}$ に等しい．[13]

すなわち

$$ce \propto \sqrt{\lambda\mu-\frac{\nu \mathrm{q}\lambda\mu}{\lambda \mathrm{q}+\mu \mathrm{q}+2\mu\lambda}}\ .$$ [14]

同様に，底辺 ad を中点 b によって分割すると，

線分 $cb \propto \sqrt{\dfrac{1}{2}\lambda \mathrm{q}-\dfrac{1}{4}\nu \mathrm{q}+\dfrac{1}{2}\mu \mathrm{q}}$．[15]

それゆえ，定理は以下のとおりである．角 acd が２分割されると，すなわち分割線は底辺を残りの辺々の比を保存する部分に分割し，ac が cd に対す

12）AT 版では等号でつながれておらず，$ac\mu$ のように，線分と量を表すギリシア記号が列挙される．

13）$ce=\sqrt{\dfrac{\lambda^2\mu+\mu^2\lambda-\nu^2\lambda\mu+2\mu^2\lambda^2}{\lambda^2+\mu^2+2\mu\lambda}}$．

14）∞は以降，等号の意味で使われる．したがって，この行は，

$ce=\sqrt{\lambda\mu-\dfrac{\nu^2\lambda\mu}{\lambda^2+\mu^2+2\mu\lambda}}$．

15）$cb=\sqrt{\dfrac{1}{2}\lambda^2-\dfrac{1}{4}\nu^2+\dfrac{1}{2}\mu^2}$．

るように ac が ed に対する[16].

293　同じ重さの物体について，c を地球の中心，b を〔天秤の〕腕の中点，a と d を辺の両端，すなわち等しく重さのかかっている点とすると，つり合いは b ではなく e でとれるであろう．このことは次のようにして感知できる．すなわち，もし糸が a と d から c にある輪を経由するように c に向かって通り，そこに錘(おもり)が吊るされているとする．そうすると，輪の場所は地球の中心のようになるだろう[17].

すべての辺が有理数によって表されるような三角形のすべての角度は，また同様に有理数によって表される[18]．すなわち，ある角の量を知るためには2つの辺によって構成される長方形と，まさにその角に向かい合う底辺の平方が他の二辺の平方の結合に対して超過あるいは不足する差との間の比をとる．このとき，明らかに〔底辺の平方は〕，もし求める角が直角を超える際には〔他の二辺の平方の和を〕超過し，もし角が直角より小さいならば，〔底辺の平方は他の二辺の平方の和よりも〕，超過される[19]．そして，このことを判断するためには，何らかの記号[20]を利用しなければならない.

たとえば，それぞれの三角形の辺が3, 8, 9だとすると角 ABC $= \frac{9}{17}$,

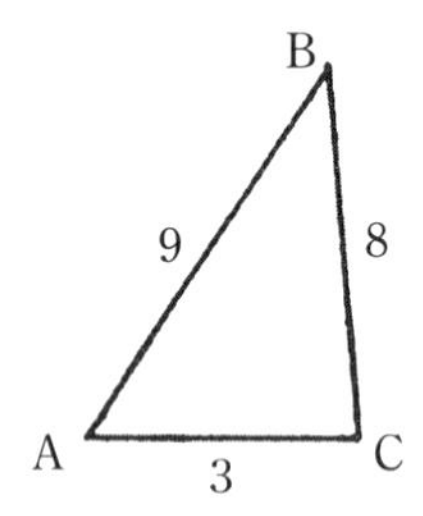

16)　AT 版ではこの記述だがこれは数学的には誤りで，正確には「ac が cd に対するように ae が ed に対する.」すなわち，$ae : ed = ac : cd$.

17)　唐突に静力学の議論が挿入されており，空行で他部分とは区別されている.

18)　以降，デカルトの原義に忠実に numeri rationales に「有理数」という訳語を与えているが，実際の意味はむしろ整数.

19)　AT 版では「明らかに」を表す語は nim(irum) と補われている.

20)　nota を指す.

CAB $= \frac{27}{26}$，同様に ACB $= \frac{3}{1} + O$ となる．ここで，以下のことに注意しなければならない．すなわち，分子部分は各辺の積に由来する数をわたしが置いている点と，分母部分には底辺の平方と他の二辺の平方の和の差を置いている点である．そして，底辺の平方が他の二辺の平方の和を超過している場合は，角が直角よりも大きくなっていることを示すために，$+O$ を利用する．というのは，この O は直角の度数を示すからである． 294

もし，直角三角形の三辺がそれぞれ 3 つの有理数であるならば，それらの条件は，以下の数列に含まれる数のうちの 1 つによって説明され，これより小さい数によっては説明されえない．

3	5	7	9	11	13	15	17	19	21	23	25	27	29
4	12	24	40	60	84	112	144	180	220	264	312	364	420
5	13	25	41	61	85	113	145	181	221	265	313	365	421

この数列を理解することは容易い．というのは，最初の数は三角形の「小の辺」を与えるものであり，奇数の自然数列から生じる．二番目の数は「大の辺」を示すものであり，4 にそれぞれ 1, 2, 3, 4 … と掛け合わせることで生じる．底辺はこの大の辺に 1 を加えたものである[21)]．

ところで，この類の三角形のうちから何番目が与えられた〔三角形〕かを見出すことを可能にするために，数列 1, 2, 3, 4, 5 …1 $\mathfrak{x}$ に，いくつかの与えられた三角形をおく[22)]．そうすれば，三角形の最小の辺は $2\mathfrak{x}+1$ となり，次に大きいものは $2\mathfrak{z}+2\mathfrak{x}$，そして底辺は $2\mathfrak{z}+2\mathfrak{x}+1$ となるだろう．したがって，その底辺が 265 となるような三角形を求めようとすると，$2\mathfrak{z}+2\mathfrak{x}+1 \propto 265$ となり，ここから $1\mathfrak{z} \propto -1\mathfrak{x}+132$ となり，その根 295

21）余白には以下の記述がつづく．「とはいえ，さらに他の数列が存在する．しかしすべてが以下の等式によって表現される．すなわち，辺の 1 つを $2a\mathfrak{x}+a$ とすると，他の辺は $2\mathfrak{z}+2a\mathfrak{x}$，底辺は $2\mathfrak{z}+2a\mathfrak{x}+a$q〔$=a^2$〕となる．」(Immo sunt adhuc aliae progressiones; sed omnes explicatur per hanc aequationem: sit unum latus $2a\mathfrak{x}+a$, aliud erit $2\mathfrak{z}+2a\mathfrak{x}$, et basis $2\mathfrak{z}+2a\mathfrak{x}+a$q.）

22）quotus は invenire の目的語ならば quotum．series はここでは数列の和すなわち級数ではなく数列を指す．

は 11 である．結果的には，この類の 11 番目の三角形であり，小の辺は 23，大の辺は 264 となる[23]．

もし，その角のひとつが 60° であるような三角形の三辺がそれぞれ有理数であるならば，その条件は以下の数列のうちの幾つかによって説明されるであろう（しかしながらすべてではない）．

3/5	5/16	8/7	7/33	15/9	9/56	24/11	11/85	35/13	13/120
8	21	15	40	24	65	35	96	48	133
7	19	13	37	21	61	31	91	43	127
1	2		3		4		5		6

そして他もまた同様である．

いま小の辺が 2 ꝛ + 1 もしくは 3 ʒ + 2 ꝛ，大の辺が 3 ʒ + 4 ꝛ + 1，そして底辺が 3 ʒ + 3 ꝛ + 1 である．

もしくは小の辺が 2 ꝛ + 3 あるいは 1 ʒ + 2 ꝛ，大の辺が 1 ʒ + 4 ꝛ + 3，そして底辺が 1 ʒ + 3 ꝛ + 3 である．

したがって，等しい根をもつ 4 個の三角形がある．第一の三角形の面積は $\sqrt{\frac{3}{4}}$ によって乗じられた，

6 ꝯ + 11 ʒ + 6 ꝛ + 1;[24]

また，第二の三角形の面積は $\sqrt{\frac{3}{4}}$ によって乗じられた

9 ʒʒ + 18 ꝯ + 11 ʒ + 2 ꝛ；

第三の三角形の面積は $\sqrt{\frac{3}{4}}$ によって乗じられた

2 ꝯ + 11 ʒ + 18 ꝛ + 9;

296

第四の三角形の面積は $\sqrt{\frac{3}{4}}$ によって乗じられた

1 ʒʒ + 6 ꝯ + 11 ʒ + 6 ꝛ

となる．

23） ʒ（zensus）は ꝛ（coss）の 2 乗を指す．

24） ꝯ（cubus）は ꝛ（coss）の 3 乗を指す．

ここから面積の大きさを見出すことは容易である．そして，すべてのうちで最小なものは，第一の三角形のそれ〔面積〕である．重根の場合は[25]，それ〔第一の三角形の面積〕は第三番目の三角形の面積と等しくなる．そうでない場合は，それ〔第三の三角形の面積〕はつねに〔第一の三角形の面積よりも〕大きく，そして第四の三角形の面積よりも小さい．他方，第二の三角形の面積はすべての三角形のなかで最大である[26]．

しかし，前述の等式において同じ種類のすべての三角形を見出すことはできない．しかし，すべて〔の三角形〕を包含するためには二つの根を必然的におくべきである．もし，αを何らかの数として，$1\mathfrak{x}$は$\frac{1}{2}$よりも小さいような他の何らかの数とするならば，

小の辺は$\alpha q - 2\alpha\mathfrak{x} - 1\mathfrak{z}$，[27]

大の辺は$\alpha q + 1\mathfrak{z}$，

そして底辺は，$\alpha q + 1\mathfrak{z} - \alpha\mathfrak{x}$となるだろう．

さて，もし，αと$1\mathfrak{x}$にそれぞれ何らかの数を想定し，さらにαが$1\mathfrak{x}$よりも大きい，もしくは小さいと仮定するならば，

小の辺は$3\mathfrak{z} + 2\alpha\mathfrak{x}$もしくは$2\alpha\mathfrak{x} + \alpha q$，

大の辺は$3\mathfrak{z} + 2\alpha\mathfrak{x} + \alpha q$，

そして底辺は$3\mathfrak{z} + 3\alpha + 2\alpha\mathfrak{x} + \alpha q$となるだろう．

一方，ひとつの角が120°で三辺が有理数であるような三角形の辺は，先立つ式から容易に見出される．というのは，底辺はそのままで，60°の三角形の2つの小の辺は，〔120°の三角形の〕2つの辺であるからである．

なんとなれば，底辺を$\alpha q + 1\mathfrak{z} - \alpha\mathfrak{x}$とするならば，

ある辺は$\alpha q - 1\alpha\mathfrak{x}$，

そしてもう一辺は$2\alpha\mathfrak{x} - 1\mathfrak{z}$となる．

また底辺を$3\mathfrak{z} + 3\alpha\mathfrak{x} + \alpha q$とするならば，それらの辺は$3\mathfrak{z} + 2\alpha\mathfrak{x}$と　　297

25)　原文では quando radix est *binarius* とあるが，ラテン語としては *binaria* が正確．

26)　n番目の三角形の面積を$\triangle_n$と置くと（△は三角数），大小関係は以下のように表される．(1)重根の場合$\triangle_2 > \triangle_4 > \triangle_3 = \triangle_1$，(2)重根でない場合は$\triangle_2 > \triangle_4 > \triangle_3 > \triangle_1$．

27)　αqはふたたびα^2を表す．以下同様．

$2\alpha \mathfrak{x} + \alpha q$ である.

ここから，無数の定理を導くことができ，また容易にある算術数列が提示されることができる．この数列はゲルマンのカバラ[28)]に倣って，この類のすべての三角形の底辺と他の辺を含有する.

III

多角数

すべての数は1個あるいは2個あるいは3個の三角数に分割される.

298 同様に，すべての数は1個あるいは2個あるいは3個あるいは4個の四角数に分割される.

同様に，すべての数は1個あるいは2個あるいは3個あるいは4個あるいは5個の五角数に分割される.

同様に，すべての数は1個あるいは2個あるいは3個あるいは4個あるいは6個の六角数に分割される.

以下無限に至るまで同様に.

ただし，このことはまだ証明していない.

しかし，すべての偶数は同様に1個あるいは2個あるいは3個の素数によって構成される.

すべての三角数の8倍は，ある四角数よりも単位1だけ小さい．このことは容易に証明される.

というのは，以下のとおりであるからである．三角数は $\frac{1}{2}(1\mathfrak{z} + 1\mathfrak{x})$ である．ゆえに，$1\mathfrak{z} \infty - 1\mathfrak{x} + 2\Delta$，そしてもし根が2倍されているならば，$1\mathfrak{z} \infty - 2\mathfrak{x} + 8\Delta$，ここでの根は $-1 + \sqrt{8\Delta + 1}$ である．さて，$\sqrt{8\Delta + 1}$ は作図によれば有理数に他ならない．ゆえに，8Δ は平方数よりも単位1だけ小さいのである.

28) Cabala Germanorum とは東方由来の数に意味を与え解釈する数秘術を指す.

すべての三角数の２倍は，四角数よりも１つの根だけ大きい．というのは，プロニキス[29]であるから． 299

問 題

ある直線で構成された三角形の内部に，三辺のうちの一辺と一緒に，残りの２つの切片を横切るような直線を引くこと．この２つの折半はそれぞれ，見いだされるべき直線と与えられた比をもつこととする．

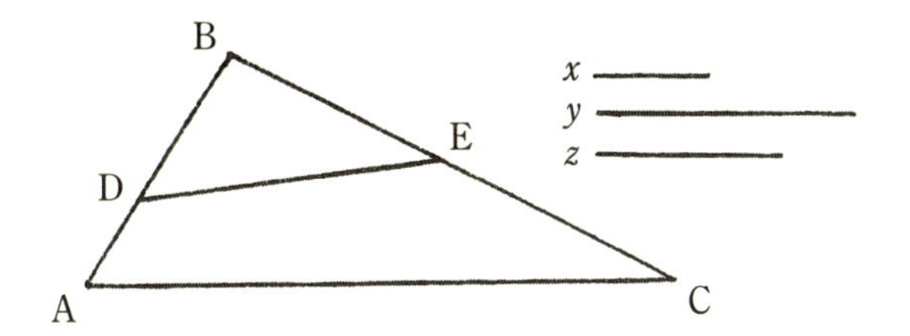

三角形 ABC の内部に直線 DE を AD : DE を $x : y$, DE : EC を $y : z$ となるように引かれるならば，AB ∞ a，BC ∞ b，AC ∞ c，AD ∞ $x\mathfrak{x}$ となり，以下の等式が得られる．

$$\left.\begin{array}{l} +abyy \\ -abxx \\ -abzz \\ +bbxz \\ +aaxz \\ -ccxz \end{array}\right\} \mathfrak{z} \infty \left.\begin{array}{l} +b^3x \\ -aabx \\ -bccx \\ -accz \\ -abbz \\ +a^3z \end{array}\right\} \mathfrak{x} + abcc$$

もし，とくにこの問題が同様に一般的でなく，二等辺三角形あるいは直角三角形のように，ひとつあるいは単一の種のなかで展開されるのであれば，この上述の式からさまざまな作図を派生させることができる． 300

パラボラ[30]において，その頂点が第１のパラボラの焦点上にあるような

29） pronicis とは，連続する整数の積によって構成される数．ex. $x(x+1)=x^2+x$.

30） parabola とは，円錐曲線の一種であり，アポロニオスが『円錐曲線論』で詳細に論

別種のパラボラを描くとする．また，その頂点からもう一つの焦点までの距離は第一のパラボラにおける距離の半分であり，パラボラの双方の軸は同一の直線上にあるとする．そうすれば，内接するパラボラは，外接するパラボラのすべての直径の焦点を超過する．

IV

数の約数について

数の約数に関する問題を解くためには，それらの数がそれぞれの素数から合成されるか，あるいは素数が何度か繰り返しそれ自体乗ぜられる〔素数の冪乗による合成数〕か，もしくは前者〔素数の合成数〕と後者〔素数の冪乗による合成数〕による積となるように想定しよう．

301　すでに素数は単位1を除けばいかなる約数ももたない．

しかし，素数はそれ自身複数回乗法されてたとえばa^nのようになれば，約数の〔和として〕$\frac{a^n-1}{a-1}$をもつ．すなわち，〔元の数である〕それ自身から1を引き，その根〔冪乗される前の素数〕から1を引いた数で除算すればよい[31]．

もし何らかの素数とすでに約数が得られている他の数による積の約数を見出したいのであれば，たとえばちょうど数aの約数〔の和〕がbであり，xが素数だとすると，数axの約数は$bx+a+b$〔の数のうち〕にある．

また，もし何かしらの素数がそれ自身によって複数回乗じられたものに，新たにそれ自身によって複数回乗じられた他の数〔合成数〕を掛けられたものの約数を見出したいのであれば，たとえばそれらの数の一方をa^n，他方をc^oとおくと，a^nc^oの約数は，

じたものである．日本には19世紀の漢訳書をつうじて「放物線」という訳語が導入された．なお，本書 p. 64，71にも同様の表現がある．

31）いま素数2の3乗の例を考えてみる．$2^3=8$であり，8の約数はそれ自体を除くと1, 2, 4となる．これらの和は$\frac{2^3-1}{2-1}$と同じ値7となる．

$$\frac{aa^nc^o + a^ncc^o - cc^o - aa^n - a^nc^o + 1}{ac - a - c + 1}$$

となるだろう[32].

もし，何らかの素数がそれ自身によって複数回乗じられたような数の約数を見出したいと望み，さらにその数はその数に関して互いに素であるような他方の数によって乗じられた積であり，その〔乗じようとしている積の〕数は断じて素数でないのにもかかわらず約数が与えられるならば，つまり，たとえばそれ自身による乗数が x^n であり，他方の数が a，そして約数が b とすると，数 ax^n の約数

$$\frac{bxx^n + ax^n - a - b}{x - 1}$$

が得られる.

もし，互いに素である 2 つの素数とそれらの約数があるならば，同様にそれらの積の約数もある．たとえば，そのうちの 1 つが a であり，約数が b，他の数が c で，その約数が d だとすると，ac の約数は $ad + bc + bd$ となる.

また，この話題において，私がここに記す定理の助けによって見出すことができないような新たなものは，確実にひとつもない. 302

もし，ある平方と等しくなるようなある立方とある平方〔の和〕を探すのであれば，その根がそれぞれ 24，10，118 となるような 13824，100，13924 を得る．同様に，27，9，36 と以下無限に同様である.

注記．たいへん簡単な解法を発見した.

$$x^3 + xx \infty aaxx;$$

ゆえに，$x + 1 = aa$，そして $x = aa - 1$.

ここから無限に見出される.

32）素数の冪乗と合成数の積によって構成される数を考察している.

V

二項数の立方根[33]

二項数 $a+\sqrt{b}$[34] の立方根を抽出するためには，以下の方程式の根を求める．

$$x^3 \propto 3aax + 2a^3 - 3bx - 2ab$$

303 このとき，aa が b より大きい．さらに，$2a$ をこの根の 3 倍に加え，この結果の立方根の半分が求めたい根の最初の項である．

もし aa が b よりも小さいとすると，以下の方程式の根を求める．

$$x^3 \propto 3aax - 2a^3 - 3bx + 2ab$$

ここで，$2a$ から〔根の〕3 倍を引き，その残りの立方根の半分が求めたい第 1 項である．

それから，数 a からこの第 1 項の立方を差し引きし，その残りをこの第 1 項の 3 倍によって割る．この商の平方根が第 2 項である．

同様にして，$10+\sqrt{98}$ の立方根を見出したいのであれば，

$$x^3 \propto 6x + 40$$

とおき，その根は 4 であり，20 にこの 4 の 3 倍である 12 を加えると 32 である．この立方根は $\sqrt{C.32}$ であり[35]，この半分は $\sqrt{C.4}$ となり，第 1 項である．

33） 原文には数を表す numerus はなく，二項に当てはまる数のパターンによっては無理数にならないパターンもありえるので，数学的には二項式とすべきところだが，スタンピウンとワーセナールという二人の数学者による著名な論争と当箇所は関連しているので，二項数とする．論争の詳細については本書の pp. 299–304，ならびに Pierre Costabel, “Descartes et la racine cubique des nombre binômes”, *Revue d'histoire des sciences,* t. XXII, 1969, pp. 121–140 を参照.

34） AT 版では現代の根号記号 $\sqrt{\ }$ とは異なる短縮された √ が全般的に使われている．これは長大な独立数式についても同様だが，以下読解しやすいように独立数式には現代風の $\sqrt{\ }$ を採用している．

35） C. の添え字は radix cubica，すなわち $\sqrt[3]{32}$ を表す．

つぎに，10から4を取り除くと6である．これを$3\sqrt{C.4}$で割る．そうすると，$\sqrt{C.2}$となり，その平方根は$\sqrt{QC.2}$であり，第2項となる[36]．

また，$2+\sqrt{5}$の立方根を求めるためには，

$$x^3 \infty -3x+4$$

とおき，その根は1である．4からその3倍を引くと，1が残る．その立方根は1であり，その半分は$\frac{1}{2}$となり，第1項である．このあとに，$\frac{1}{2}$の立方は$\frac{1}{8}$であり，2からこれを取り去ると$\frac{15}{8}$が残る．これを$\frac{3}{2}$で割ると，$\frac{5}{4}$が生じて，この平方根$\sqrt{\frac{5}{4}}$が第2項である．以下同様である． 304

さらに一般的には，この二項数の立方根にたいして，この立方の二部分のうち大きいものをc，小さいものをdとおくとき，引き続いて，以下の方程式の根を抽出する．

$$x^3 \infty 3ccx+2c^3-3ddx-2cdd\,.$$

そして，この根の3倍に$2c$を加えて生じたものの，立方根の半分が求めたい根の部分のひとつとなる．つづいて，根の第1の部分によってcを割り，この商からこの第1の部分の平方を引くと，残りの$\frac{1}{3}$が根の残りの部分となろう．

VI

円の求積[37]

円の方形を得るためには，これより良い方法を見出すことはまったくできない．すなわち，与えられた正方形bfにacとcbによってなされる長方形

36）　√QC. は radix quadrata cubica，すなわち6乗根を意味する．

37）　Quadratio とは方形化を意味する語であり，具体的には曲線で構成される図形を矩形化することを古代ギリシアから伝統的に示した．この矩形化から転じて図形の求積もまた表す．題名と本文中の用語は同一であるが敢えて訳し分けている．

cg，すなわち正方形 bf の $\frac{1}{4}$ になるものを足し合わせることである．同様に，
305 線分 da，dc によって囲まれる長方形 dh は先の図形[38] の $\frac{1}{4}$ になり，長方形 ei も同様となる．そしてこれは以下 x に至るまで無限につづく．すると，得られたこれらすべての長方形を足し合わせると，正方形 bf の $\frac{1}{3}$ に等しくなる．そして，この線分 ax は正方形 bf の周と等しい円周をもつ円の直径となるであろう．一方では，ac は正方形 bf と等周である 8 角形に内接する円の直径になるだろう．ad は，正方形 bf と等周である 16 辺の図形〔16 角形〕に内接する円の直径となり，ae は正方形 bf と等周の 32 辺の図形〔32 角形〕に内接する〔円の〕直径となる．以下無限に至るまで同様である．

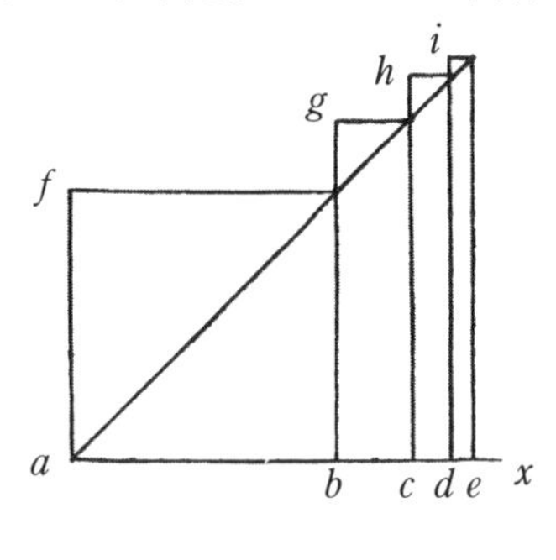

VII

サイクロイドの接線

われわれが接線を求めようとしている曲線は，その特別な性質を直線もし
306 くは曲線のどちらか一方を何らかの仕方で含むような直線あるいは曲線によって解決する...

例．曲線 HRIC があるとし，その頂点を C，軸を CF と置く．そして半円 COMG を描き，点 R のような曲線上の任意の点をとるとする．ここから接線 RB を描かなければならない．点 R から直線 RMD を CDF に垂直になるように引くとするが，この直線はこの半円を点 M において分断する．したがって，この曲線の特徴的な性質は，直線 RD が円 CM の部分と対応した線

38） 長方形 cg を指す．

DMと〔の和に〕等しくなることである[39]．この円に接線MA，そして点Eから直線RMDに並行になるようにEOVINを引くとする．

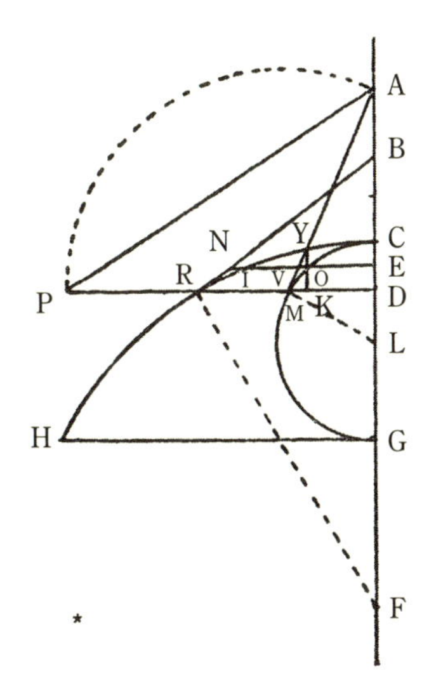

われわれが探求するものをこのように置くと以下のことが得られるだろう．

すなわち，探求される直線DB ∞ a，DA，作図によって見出されたものをb，MA ∞ d，MD ∞ r，RD ∞ z，曲線CM ∞ n，DE ∞ eとおくと，以下が得られる．

$$\begin{array}{c}DB\\a\end{array}\ \pi\ \begin{array}{c}BE\\a-e\end{array}\ \text{とおくと，}\quad \begin{array}{c}RD\\z\end{array}\ \pi\ \frac{az-ez}{a}\ \infty\ \text{NE.}$$[40]

したがって，直線$\frac{za-ze}{a}$は直線OE＋CM－MOと等しくならなければならない．いま，これらの項は無理量性[41]を回避するために，解析的項に簡約化されているならば，接線に適応された直線EVが取られる．そして曲線MOのために，まさにその曲線MOが接している接線MVの部分が定められる．

307

いま解析的項においてEVを見つけるため，以下のようにおく．

$$\begin{array}{c}\text{DA}\\b\end{array}\ \pi\ \begin{array}{c}\text{AE}\\b-e\end{array}\ \text{とおくと，}\quad \begin{array}{c}\text{MD}\\r\end{array}\ \pi\ \frac{br-er}{b}\ \infty\ \text{EV}$$

したがってMVを見出すために，以下のようにおく．

$$\begin{array}{c}\text{DA}\\b\end{array}\ \pi\ \begin{array}{c}\text{MA}\\d\end{array}\ \text{とおくと，}\quad \begin{array}{c}\text{DE または KV}\\e\end{array}\ \pi\ \frac{de}{b}\ \infty\ \text{MV}$$

39）applicatæ DMは線分CMに呼応する線分を表し，この和が線分RDの長さに還元される．

40）πは積を表す記号．

41）asymmetriâはこの後に続く第九摘要にも登場するが，無理性を表す言葉である．離散量（自然数）と連続量（無理数）の区分がきちんと存在している17世紀数学であるので，無理量性とした．

さて，曲線CMは他方$n \infty z - r$と呼ばれていたものなので，以下の方程式が導かれる．

$$z - \frac{ze}{a} \infty z - \frac{er}{b} - \frac{de}{b}, \text{ かつ } bz \infty ar + ad,$$

すなわち，

$$\frac{\mathrm{PD}}{r+d} \pi \frac{\mathrm{DA}}{b}, \quad \frac{\mathrm{RD}}{z} \pi \frac{\mathrm{DB}}{a}$$

そして直線RBは接線……

VIII

サイクロイドによる円積線の接線

4分円AIB，そしてその内部に点Mが与えられているような円積線AMCがあるならば，接線が引かれなければならない．中心IにむけてMIがひかれるならば，その距離IMにおいて，4分円ZMDが引かれる．そして垂線MNをひくと，IMがMNに対するのと同様に，4分円の部分MDは直線NOに対する．引かれたMOは円積線の接線になるだろう[42]．

308

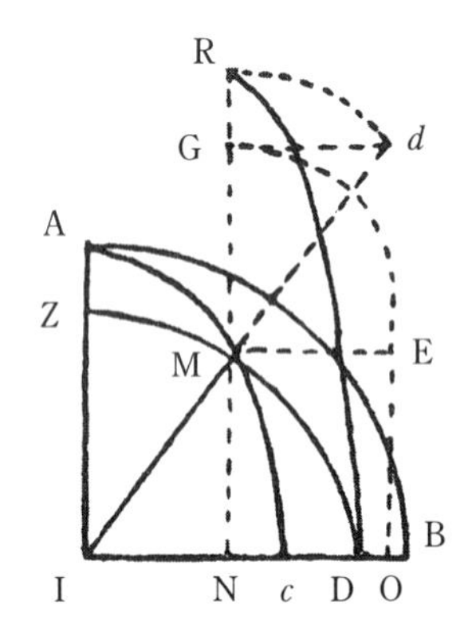

42）もともとフェルマの図においてはOE, ME, MG, Md, Rdなどの作図にまつわる線分は描画されていない．*Œuvres de Fermat*, t. I, p. 165.

IX

方程式の無理量性[43]の消去

以下のような項が与えられているとする.

$$\sqrt{a}+\sqrt{b}+\sqrt{c} \infty \sqrt{d}, \text{ もしくは } \sqrt{a}+\sqrt{b} \infty \sqrt{c}+\sqrt{d}$$

ここから無理量性を除去し，秩序立った方程式[44]に還元することは，以下　309
の規則から成り立つ三種の積算を行えば，すべての者が容易に達成することができる.

$$\begin{array}{ccccc} a^4 - 4a^3b & + 6aabb & - 4aabc & - 40abcd & \infty\ 0 \\ 4 \quad 12 & 6 & 12 & 1 & \end{array}$$

ここでは，簡便にするために，1つの種類につき一つの項しか言及しないし，下に記載されているものがそれぞれの種の個別数となる.

いま，以下の項が与えられているとする.

$$\sqrt{a}+\sqrt{b}+\sqrt{c} \infty \sqrt{d}+\sqrt{e}\ .$$

この項から無理量性を除去すべきだとして，ある種の人々にとってはそれは難しいように思われる. なぜなら，積算によって無理量の数は増加せず，その結果すべての無理量は積算によって除去されるようには認められないからである. 一方で，このことは先の等式において以下の操作をすることによってさらに簡潔に示される. すなわち，この方程式において，ただすべての d のかわりに $d+2\sqrt{de}+e$ とおき，dd のかわりにその和の平方，d^3 のかわりに〔その和の〕立方をおき，つづいて $\sqrt{de}$ を含むすべての項を，その他

---

43)　原語は asymmetriâ である. その量が有理量とは共約不可能（incommensurable）であることを示すので，現代的には無理性とすべきところだが，第七摘要と同様にこの時代の数学の数量概念の区分から，「無理量性」とした. デカルトは，ラテン語の irrationalis ではなく，ギリシア語由来の同時代的には珍しい語で表現している.

44)　有理係数の方程式を指す.

のすべての項と等しくすることで，ある部分の平方の積算で，$\sqrt{de}$ の無理量性が除去されるようになる．

また簡便のために，各々の種に対して1つの項を求めることで，以下の規則[45]を構成するためには十分である．

$$\underset{5}{a^8} - \underset{20}{8a^7b} + \underset{20}{28a^6bb} + \underset{30}{10a^6bc} - \underset{20}{56a^3b^3} - \underset{60}{72a^5bbc}$$

$$- \underset{20}{76a^5bcd} + \underset{10}{70a^4b^4} + \underset{60}{40a^4b^3c} + \underset{30}{36a^4bbcc} + \underset{60}{344a^4bbcd}$$

$$- \underset{5}{752a^4bcde} + \underset{30}{16a^3b^3cc} + \underset{30}{416a^3b^3cd} - \underset{60}{272a^3bbcc}$$

$$+ \underset{20}{928a^3bbcde} + \underset{5}{2008aabbccdd} - \underset{10}{1520aabbccde} \propto 0$$

このように，諸項には18種あり，495の項がある．先の方程式における

310

どの項が符号＋，－に影響を与えられるかは触れない．というのは，この方程式はすべての「場合」を内包しているからである[46]．

X

四種の光学的卵形線

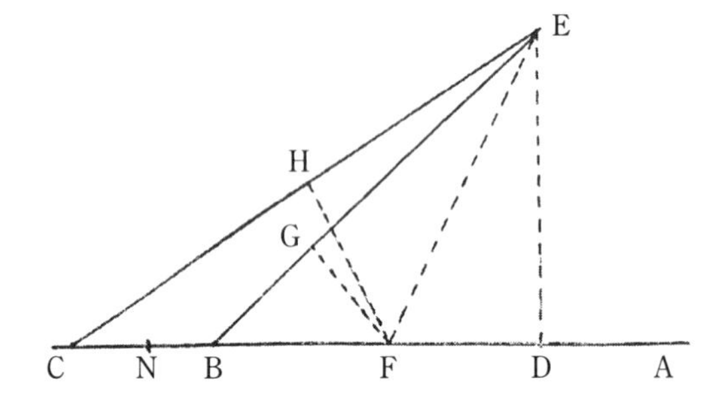

45）原語は canon.

46）AT 版では，<casus> といった特殊な強調が「場合」を表す，この単語のみに施されている．

（1）点A，B，Cを一直線上に並べ，頂点A，軸ABの曲線を見出す．このとき曲線は，点Bから発せられる光線が，この曲線上で屈折し，あたかも点Cから光線が発せられ，より遠くへ連続していくように，湾曲していくものとする．また逆も同様である．

点B，Cの中点Nをとり，NA ∞ a，NB ∞ b，

$$\mathrm{CE}+\mathrm{BE} \infty 2a-2y, \text{そして} \mathrm{DA} \infty x$$

としてこのとき x と y は二つの不定量である．その片方は不定のままとどまるものであり，この曲線のすべての点を描くだろう．また他方は曲線が描画されるやり方でやがて決定される．そしてこのやり方を見出すために，まず点Fを探す．点Fとは，中心とみなされ，ここから点Eにおいて曲線と接するような円をここから描くように，わたしが認める点である．つづいて，FCによって掛け合わされる直線BEが，BFによって掛け合わされるCEに対するのと，HFがFGに対するのは等しくなり，ある透過媒質内で屈折される光線の傾きが他の媒質内で屈折される光線の傾きに対するのと等しくなる[47]．

311

$$\mathrm{BD} \infty a-b-x; \sqrt{xx+aa+bb-2ax+2bx-2ab},$$

$$\mathrm{CD} \infty a+b-x; \sqrt{xx+aa+bb-2ax-2bx+2ab},$$

$$\mathrm{BE} \infty \frac{yy-2ay+aa+bx-ab}{a-y},$$

$$\mathrm{CE} \infty \frac{yy-2ay+aa-bx+ab}{a-y},$$

$$\mathrm{DE} \infty \sqrt{\frac{\begin{array}{llll} y^4 & -4ay^3 & \left.\begin{array}{l} +5aa \\ -bb \\ -xx \\ <+2ax> \end{array}\right\} yy & \left.\begin{array}{l} +2axx \\ -4aax \\ +2abb \\ -2a^3 \end{array}\right\} y \quad \begin{array}{l} -aaxx \\ +bbxx \\ -2abbx \\ +2a^3x \end{array} \end{array}}{yy-2ay+aa}}.$$

47） FC・BE：BF・CE＝HF：FG.

いま，NF ∞ c，そして FE ∞ d とおく．この 2 つの量 c と d は，各辺が決定している直角三角形 FDE が生じさせる方程式が

$$xx - 2ex + ee$$

とかならず等しくなることから見出しうる．同時に差を x とし同時に e ∞ x とすると，

$$\mathrm{FD} \infty\ a - c - x\ ;\ \text{または}\ \sqrt{xx + aa + cc - 2ax + 2cx - 2ac.}$$

---

(2) CA ∞ 5，BA ∞ 1 そして AR ∞ 5 となるような点をおき，曲線 AE が描かれると想定する．この曲線は焦点 C において固定された糸[48]から出発して，C から E，B に至り，B からは E に引き返していく．つづいて，H の方向に無限に引き延ばされ，角 ERC が開いていけばいくほど[49]，〔曲線が〕延伸されていくものとする．

312

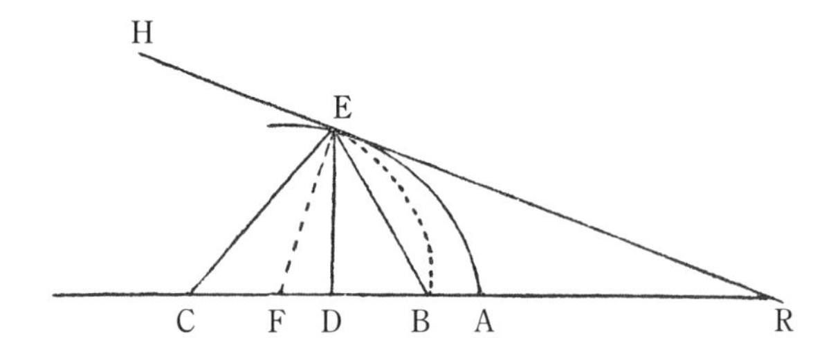

つねに以下のことが成り立つ．

$$\mathrm{ER} \infty 5 + 7y,$$
$$\mathrm{EB} \infty 1 + 5y,$$
$$\mathrm{EC} \infty 5 - 3y,$$
$$\mathrm{DA} \infty 2yy + 5y,$$
$$\mathrm{DE} \infty \sqrt{-4y^4 - 20y^3 + 4yy + 20y};$$

48) funis とは糸やロープを指す語．

49) 開き方に比例して，という意味．

つづいて FA $\infty \frac{29y+10}{4y+5}$ とおくと，中心を F とする円は，点 E において，与えられた曲線に接する．そして FC $\infty \frac{-9y+15}{4y+5}$ を ER $\infty 5+7y$ によって掛け合わすならば，その積は CE $\infty 5-3y$ によって掛け合わされた FR $\infty \frac{49y+35}{4y+5}$ と 3 : 7 の関係になるであろう．ゆえに，曲線 A が透過立体を内部に含み，その中での屈折が 3 : 7 であるならば，点 R から発せられるすべての光線は，屈折を経て，C の方向に引っ張られる．

(3) いま，AC ∞a，AR ∞a，AB ∞b，BE $\infty b+y$ とすると，

$$\mathrm{RE} \infty \frac{2by}{a}+y+a,$$

$$\text{および}\ \mathrm{CE} \infty \frac{2by}{a}-y+a,$$

$$\mathrm{AD} \infty \frac{2byy}{aa}+y,$$

313

$$\mathrm{DE} \infty \sqrt{-\frac{4bb}{a^4}y^4-\frac{4b}{a^3}y^3+\frac{4bb}{aa}yy+4by},$$

$$\mathrm{FA} \infty \frac{4bby+2baa+aay}{4by+aa},$$

となり，$a-2b$ が $a+2b$ に対するように ER による CF が CE による FR に対する[50]．

(4) いま，AR ∞a，AB ∞b，AC ∞c，BE $\infty b+y$ とすると，以下のようになる．

$$\mathrm{ER} \infty \frac{3ay-cy+4by+aa+ac}{a+c},$$

$$\mathrm{CE} \infty \frac{+ay-3cy+4by+ac+cc}{a+c},$$

50) $a-2b : a+2b = \mathrm{ER}\cdot\mathrm{CF} : \mathrm{CF}\cdot\mathrm{CE}.$

$$\mathrm{DA} \propto \frac{4ayy - 4cyy + 8byy + 3aay + 3ccy - 2acy + 4aby - 4cby}{aa + 2ac + cc},$$

$$\mathrm{FA} \propto \frac{4aab + 4abb - 4bbc + 4bcc + aay + 8aby + 16bby + 2acy + ccy - 8bcy}{3aa + 3cc - 2ac + 4ab - 4bc + 8ay + 16by - 8cy}.$$

XI

卵形線の描画と接触

3点A，B，Cが与えられているときに，光線のすべてがあたかも点Aから発しているようにガラスの中で拡散しており，その〔ガラスの〕表面を越えながら拡散するという〔条件の〕助けで，ある線が求められる．その〔線〕とは，頂点をCとし，あたかも光線がBから発しているかのように，あるいはBの方向に引っ張られているかのように〔見える〕．もしくは，空気中ではあたかも点Aから発しているかのように拡散している光線は，ガラスの中ではあたかも点Bから発しているかのように拡散する．

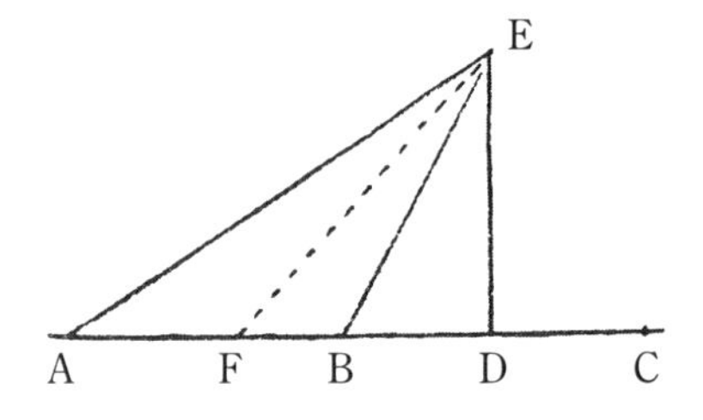

〔図は314〕

1．点BはAとCの間に落ちる．そしてFは曲線に接する円の中心であり，AとBの間に落ちる．もし，AE $\propto a - y$，BE $\propto cy + b$ とすると，$-y + a$ が $ccy + bc$ に対するようにFAがFBに対するようになるだろう[51]．すなわち，ガラス中の光線AEの傾きと空気中で生成される光線BEの傾きの比は，1対 c となる．同様の事項は空気中からガラスに，〔光線が〕完全に投じられたとき，1が c よりも大きいならば，起きる．しかし，ここにはひとつ誤り

314

51） FA : FB $= -y + a : ccy + bc$.

がある．この線は屈折のためではなく，**不等反射**[52]のための意味でしかない．というのは，点Fは A，B の間に落ちるからである．

しかし，AE ∞ $a+y$，そして BE ∞ $b-cy$ とせよ．そのとき，点Fは点Bと点Cの間で見出されるであろうが，それが可能であるようには見えない．

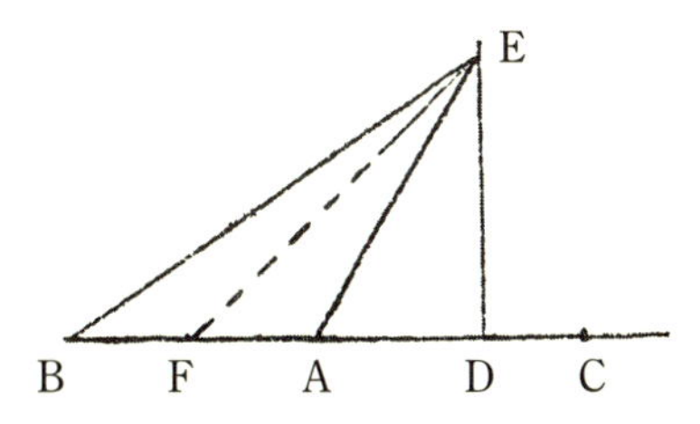

いま点AがB, Cの間に落ちるとする．そうすると厳密に同じ種の線が得られるであろう．点A, B は実際相互的であり，AE ∞ $a+y$，BE ∞ $b+cy$ となるので，点Fはつねに A と B の間にあるだろう．しかし，AE ∞ $a-y$，BE ∞ $b+cy$ である．したがって点Fは点BとCの間に存在するようになるだろう．しかし，これがなされ得るようには見えないので，結果としてこの線は，屈折を束ねるには役には立たず，反射を束ねることにのみ役立つ．そして，すでにわれわれが見出した3個の焦点をもつという点に立ち戻らなければならない[53]．

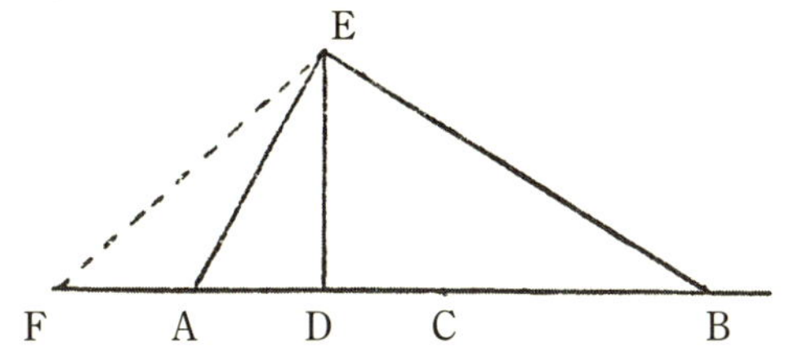

〔図は315〕

〈2．AE ∞ $a+y$，そして BE ∞ $b+cy$ とせよ〉[54]．今度は逆に，点Fはつづいて点Aを超えて点Gの方向に落ちうるので，以下のことが確実である．すなわち，ある曲線が次のような〔条件で〕描画されている．つまり，ガラスの中で点Aから発しているように見えるすべての光線が，頂点がCであ

52） 不等反射（reflexio inæqualis）とは平坦ではない表面等で入射光がさまざまな角度によって反射しているように見える拡散反射を表す．

53） regendo は，屈折した光線を「束ねる」という意味．

54） アダンによる挿入．

るような表面でなされた屈折後に，点Bから発しているように見えるという〔条件〕である．逆にいえば，空気中では点Bから発しているような光線は，頂点がCであるようなガラスの凹んだ表面上では，点Aから発しているかのように見えて屈折する．

315

いま，AE $\infty\, a-y$，BE $\infty\, b-cy$ とおくとする．〔そうであれば〕FはBとCの間に落ちる．つづいて，以下の事項は確実である．すなわち，点Aを発したすべての光線はガラス中で，あたかも点Bから発せられたかのように四散するのである．また逆にいうと，ガラス中を点Bから発せられた光線は，空気中であたかも点Aから発せられたかのように，集約されるのである．

$$\mathrm{AC}\ \infty\ a \quad , \qquad \mathrm{AE}\ \infty\ a-y \quad ,$$

$$\mathrm{BC}\ \infty\ b \quad , \qquad \mathrm{BE}\ \infty\ b+cy \quad ,$$

$$\mathrm{DC}\ \infty\ \frac{ccyy-yy+2ay+2bcy}{2a-2b} \quad ,$$

$$\mathrm{DE}\ \infty \sqrt{\frac{\left.\begin{matrix}-c^4\\+2cc\\-1\end{matrix}\right\}y^4 \left.\begin{matrix}-4bc^3\\-4acc\\+4bc\\+4a\end{matrix}\right\}y^3 \left.\begin{matrix}-4aa\\+4bb\\+4aacc\\-4bbcc\end{matrix}\right\}yy \left.\begin{matrix}-4ab\\-4abcc\\-8abc\end{matrix}\right\}yy \begin{matrix}+8aaby\\-8abby\\+8aabcy\\-8abbcy\end{matrix}}{4aa-8ab+4bb}}.$$

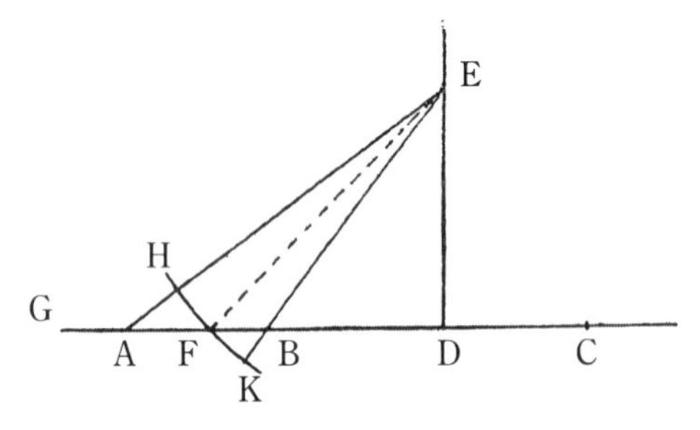

いま，点Fは円の中心であり，点Eにおいて曲線に接しており，FC $\infty\, f$ とする．

316

$$\mathrm{FD}\ \infty\ \frac{yy-ccyy-2bcy-2ay+2af-2bf}{2a-2b};$$

そのFDの平方は，もしEDの平方と加算されるならば，ある平方を生む.

$$\mathrm{FE} \infty \sqrt{\frac{\left.\begin{array}{l}-4ab\\+4bb\\+4aacc\\-4abcc\end{array}\right\} yy \left.\begin{array}{l}+4af\\+4bfcc\\-4afcc\\-4bf\end{array}\right\} yy \left.\begin{array}{l}+8aab\\-8abb\\+8aabc\\-8abbc\end{array}\right\} y \left.\begin{array}{l}-8abcf\\+8bbcf\\-8aaf\\+8abf\end{array}\right\} y \begin{array}{l}+4aaff\\-8abff\\+4bbff\end{array}}{4aa-8ab+4bb}}.$$

ここで，接線を見いだすための一般定理から，以下の式が得られる.

$$\left.\begin{array}{l}-ab\\+bb\\+aacc\\-abcc\end{array}\right\} y \left.\begin{array}{l}+af\\+bfcc\\-afcc\\-bf\end{array}\right\} y \infty \begin{array}{l}-aab\\+abb\\-aabc\\+abbc\end{array} \begin{array}{l}+abcf\\-bbcf\\+aaf\\-abf\end{array},$$

かくして，線f，もしくは線CFの量は，以下のようになる.

$$\mathrm{CF} \infty \frac{-aby+bby+aaccy-abccy+aab-abb+aabc-abbc}{-ay-bccy+accy+by+aa-ab+abc-bbc},$$

$$\mathrm{FA} \infty \frac{-aay+2aby-bby+a^3-2aab+abb}{\text{上記の分母}},$$

$$\mathrm{FB} \infty \frac{aaccy-2abccy+bbccy+aabc-2abbc+b^3c}{\text{上記と同じ分母}}.$$

また，それぞれ互いに$aa-2ab+bb$で分割して，FA $\infty -y+a$ とFB ∞ $ccy+bc$となる．かつ，BEによってFAを掛け合わせると，$yy+acy-by+ab$，かつAEによってFBを掛け合わせると$a-ccyy+accy-bcy+abc$となる.

ゆえに，AEによるFBがBEによるFAに対するように，cは1に対する，すなわちFKがFHに対するように[55].

いまCがAとBの間に，そしてDがAとCの間に落ちるとする．AEが$a+y$となりうるし，また逆に，新たに$a-y$でもありうる．そして，AEを$a-y$とすると，それはまた探求していた線のひとつである．また逆に　317

55） AE・FB：BE：FA＝c：1＝FK：FH.

$AE \infty a+y$ とおくと，点Fは点Aを超過したところに落ちるだろう．

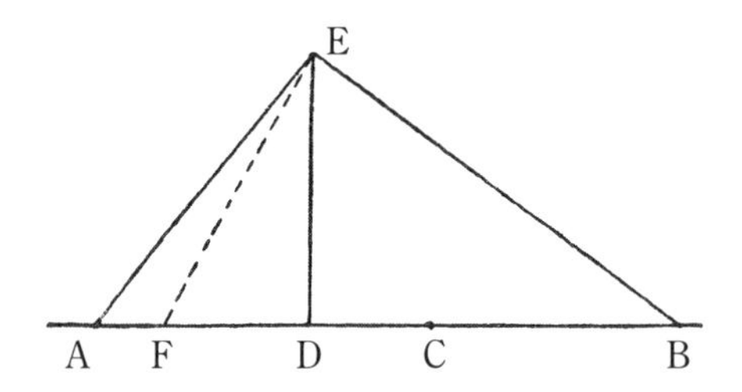

かくして，その線は求められている事項については無効だが，不等反射についてはは有用なものとなるだろう．

さて，つぎの図においてBGはBDよりも大きいとなっている際にGは曲線の頂点になっているとする．

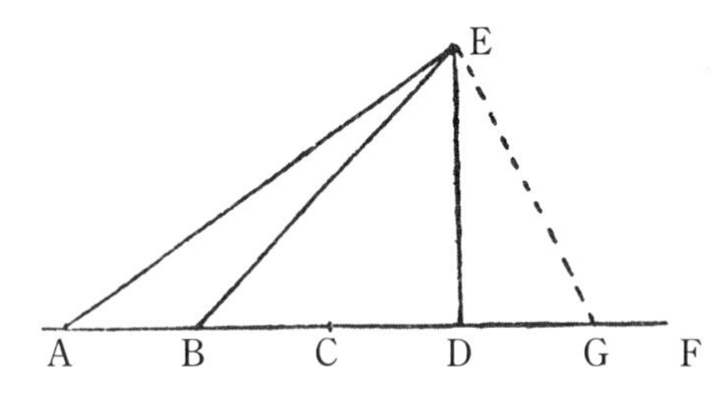

AE $\infty a+y$，BE $\infty b+cy$ とおくと，

$$\mathrm{DG} \infty \frac{ccyy+2bcy-yy-2ay}{2a-2b};$$

この平方を，縮約のために xx と名付けると以下の式が得られる．

$$\mathrm{DE} \infty \sqrt{-xx+\frac{ccayy-byy+2abcy-2aby}{a-b}},$$

そして，点Hは円の中心であり，点Eにおいて曲線に接しているとすると以下の式が得られる．

318

$$\mathrm{HG} \infty \frac{accy-by+abc-ab}{ccy-y+bc-a};$$

ここから同様に，探求していたものが再度得られる．

いま，第1番目の図形から，見出された曲線の2つの焦点GとHを求める．以下のように設定する．

$$\mathrm{GE} \propto g + cy - dy, \qquad \mathrm{HE} \propto h + y + dy,$$
$$\mathrm{GD} \propto g - x, \qquad \mathrm{HD} \propto h - x.$$

ここで，x すなわち DC を求めると，

$$\mathrm{DC} \propto \frac{2dyy + yy + 2cdy - ccyy + 2gdy - 2gcy + 2hdy + 2hy}{2g - 2h}$$

となり，先行する DC と等しい．すなわち，

$$\mathrm{DC} \propto \frac{ccyy - yy + 2ay + 2bcy}{2a + 2b},$$

そして第一に除数のうちからある方程式をつくる．すなわち，

$$g \propto a + b + h,$$

ここから，yy の項からある方程式をつくる．最終的には y の項から，c が単位 1 よりも大きいのであれば（$d \propto c - 1$，すなわち比例項の間に存在する差）[56]，$d \propto \frac{cc-1}{c+1}$ を得る．つづいて，

$$g \propto \frac{acc + 2bcc + 2ac + 2bc + a}{cc - 1}, \text{ すなわち直線 CG},$$

$$h \propto \frac{bcc + 2ac + 2bc + 2a + b}{cc - 1}, \text{ すなわち直線 CH},$$

$$\text{直線 HE} \propto \frac{bcc + 2ac + 2bc + 2a + 2b}{cc - 1} + cy,$$

$$\text{直線 GE} \propto \frac{acc + 2bcc + 2ac + 2bc + a}{cc - 1} + y.$$

注記[57]　$\mathrm{CG} \propto \frac{ac + a + 2bc}{c - 1}$，$\mathrm{CH} \propto \frac{2a + bc + b}{c - 1}$，$\mathrm{GH} \propto a + b$.

もし a と h が等しければ，$g \propto \frac{3ac - a}{c + 1} \propto b$ が得られる．

56）括弧は原文に存在する挿入．

57）N. B. の記述から始まる，前段とは異なる内容の挿入．

319

$$\mathrm{AC} \infty a,\ \ \mathrm{AE} \infty a - y,$$

$$\mathrm{BC} \infty b,\ \ \mathrm{BE} \infty b + cy,$$

$$\mathrm{DC} \infty \frac{ccyy - yy + 2ay + 2bcy}{2a + 2b},$$

$$\mathrm{DE} \infty \sqrt{\frac{\left.\begin{array}{l} -c^4 \\ +2cc \\ -1 \end{array}\right\} y^4 \left.\begin{array}{l} -4acc \\ -4bc^3 \\ +4a \\ +4bc \end{array}\right\} y^3 \left.\begin{array}{l} -4aa \\ -8abc \\ +4abcc \\ -4bbcc \end{array}\right\} yy \left.\begin{array}{l} +4ab \\ +4bb \\ +4aacc \end{array}\right\} y \left.\begin{array}{l} -8aab \\ -8abb \\ +8abbc \\ +8aabc \end{array}\right\} y}{4aa + 8ab + 4bb}}.$$

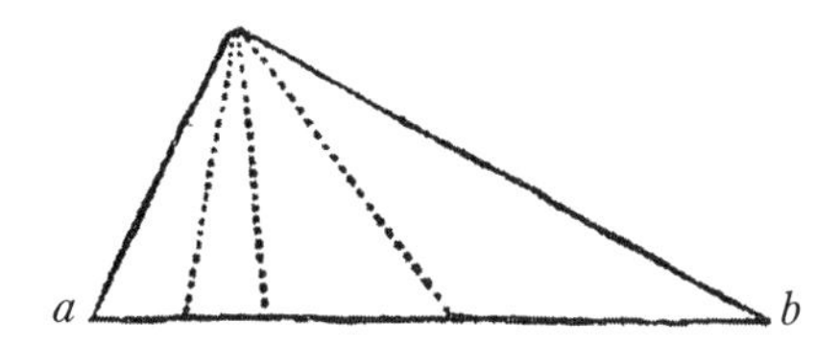

そして，F を直線 ACB 上で A と C の間にあり，円の中心として点 E において曲線に接しているものとせよ[58]．すると，以下の式が得られる．

$$\mathrm{FC} \infty \frac{abccy + aby + bby + aaccy - aab - abb + abbc + aabc}{accy + bccy - ay - by + aa + ab + abc + bbc}.$$

ここからは明確に以下のことが証明される．すなわち，点 B から来るすべての光線は曲線 EC で屈折し，A の方向に向かっていくこと．あるいは逆に，凸状の図形においても凹状の図形においても，屈折において，A に向かう物体が B に向かう物体に対する比は単位 1 が c に対する比に等しいということ．

いま，$\mathrm{AE} \infty a + y$，$\mathrm{BE} \infty b + cy$，

$$\mathrm{CD} \infty \frac{yy - ccyy + 2ay - 2bcy}{2a - 2b},$$

58） 上図は AT 版には含まれないが，B 版には記載されている．

$$\mathrm{DE} \propto \sqrt{\frac{\left.\begin{matrix}-c^4\\+2cc\\-1\end{matrix}\right\} y^4 \left.\begin{matrix}-4bc^3\\+4acc\\+4bc\\-4a\end{matrix}\right\} y^3 \left.\begin{matrix}-4bbcc\\+8abc\\-4aa\end{matrix}\right\} yy \left.\begin{matrix}+4aacc\\-4abcc\\-4ab\\+4bb\end{matrix}\right\} yy \left.\begin{matrix}+8aabc\\-8abbc\\-8aab\\+8abb\end{matrix}\right\} y}{4aa-8ab+4bb}}$$

とする．

そして，ここで点Dは必然的にFとC，もしくはBの間に落ちるので以下の式を得る．

$$\mathrm{FC} \propto \frac{accy-by+abc-ab}{y-ccy+a-bc},$$

$$\mathrm{BF} \propto \frac{accy-bccy+abc-bbc}{y-ccy+a-bc},$$

$$\mathrm{AF} \propto \frac{ay-by+aa-ab}{y-ccy+a-bc}.$$

そして，この2つの最後の項は互いに，$ccy+bc:y+a$ となる．

XII

320

卵形線8種類の頂点と利用

くわえて，ある点から他の点に屈折をおこすようなすべての種類の曲線を数え上げるために，b よりもつねに大きい a，そして d よりもつねに大きい c を仮定し，以下のようにする．

$\mathrm{AE} \propto a-dy$，そして $\mathrm{BE} \propto \overset{1}{b+cy}$ もしくは $\overset{2}{b-cy}$；

つづいて $\mathrm{AE} \propto a-cy$，そして $\mathrm{BE} \propto \overset{3}{b+dy}$ もしくは $\overset{4}{b-dy}$，

つづいて $\mathrm{AE} \propto a+dy$，そして $\mathrm{BE} \propto \overset{5}{b+cy}$ もしくは $\overset{6}{b-cy}$；

最後に $\mathrm{AE} \propto a+cy$，そして $\mathrm{BE} \propto \overset{7}{b+dy}$ もしくは $\overset{8}{b-dy}$．

ゆえに，ここでは8つの場合がある．すなわち，曲線の頂点CがAとBの間，またはBがAとCの間にあるかどうか，また同様に線の湾曲がAの方向を向いているかどうか，それぞれの場合について考察しなければならない．

CはAとBの間にある．

1番目の場合においてDはAとCの間に落ち，以下の式を得るだろう．

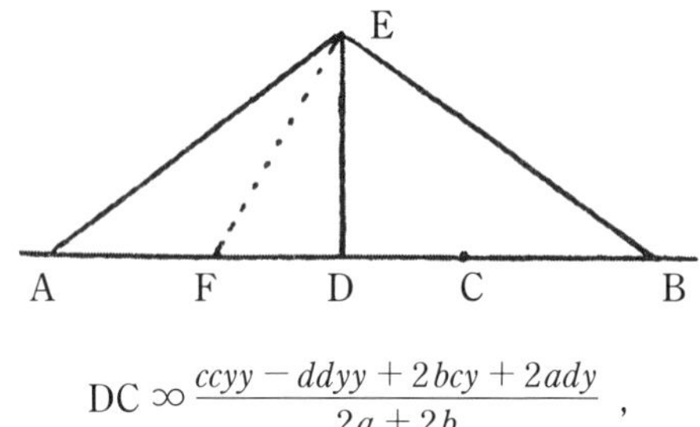

$$\mathrm{DC} \infty \frac{ccyy - ddyy + 2bcy + 2ady}{2a + 2b},$$

その平方はxxと呼ばれるであろう．そして，以下の関係式を得る．

321

$$\mathrm{DE} \infty \sqrt{-xx + \frac{accyy + bddyy + 2abcy - 2abdy}{a - b}},$$

$$\mathrm{FC} \infty \frac{accy + bddy + abc - abd}{ccy - ddy + ad + bc}.$$

2番目と3番目の場合では，ここでは何も繰り返すことはないのだが，それは6番目と8番目の場合においても同じである．というのは，量a，bが交換されない限りは，それらは1番目と同時に生じるからである．

5番目の場合において，線は螺旋となり，その線はまずAの方向に湾曲する．つぎにBの方向に湾曲する．そして，その線は屈折については有用ではないが，不規則反射についてのみ有用である．くわえてその曲線は閉じている．

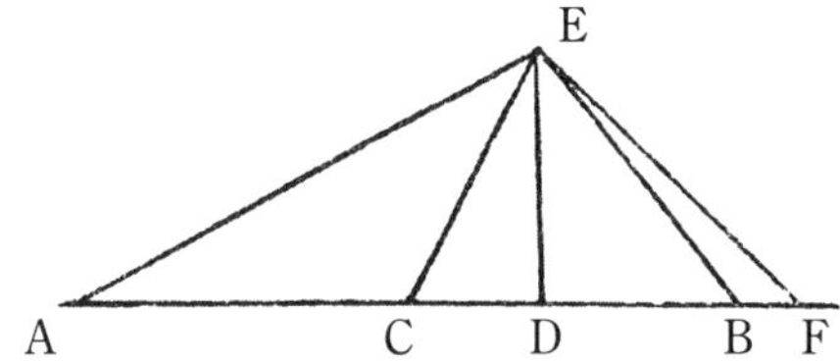

つぎに7番目の場合については，図形は卵形をなしている．しかし，点Fは点Aと点Bの間に落ちないので，この図形は屈折には有益ではなく不規則反射についてのみ有効である．そして以下の式を得る．

$$\mathrm{CD} \propto \frac{ccyy - ddyy + 2acy - 2bdy}{2a + 2b},$$

$$\mathrm{ED} \propto \sqrt{-xx + \frac{addyy + bccyy + 2abcy + 2abdy}{a + b}},$$

$$\mathrm{CF} \propto \frac{addy + bccy + abd + abc}{ccy - ddy + ac - db},$$

$$\mathrm{AF} \propto \frac{accy + bccy + acc + abc}{ccy - ddy + ac - bd},$$

$$\mathrm{BF} \propto \frac{addy + bddy + abd + bbd}{ccy - ddy + ac - bd},$$

8番目の場合について，

$$\mathrm{CD} \propto \frac{ccyy - ddyy + 2acy + 2bdy}{2a + 2b},$$

$$\mathrm{DE} \propto \sqrt{-xx + \frac{bccyy + addyy + 2abcy - 2abdy}{a + b}},$$

322

$$\mathrm{FC} \propto \frac{bccy + addy + abc - abd}{ccy - ddy + bd + ac}.$$

5番目の場合について，もしDがAとCの間に落ちるのであれば，

$$\mathrm{CD} \propto \frac{ccyy - ddyy + 2bcy - 2ady}{2a + 2b}$$

となるだろう．もし，それがBとCの間にあるならば，

$$\mathrm{CD} \propto \frac{ddyy - ccyy + 2ady - 2bcy}{2a + 2b}.$$

そして，2つの場合においては，7番目の場合におけるように，

$$\mathrm{DE} \infty \sqrt{-xx+\frac{accyy+bddyy+2abcy+2abdy}{a+b}}$$

となる．

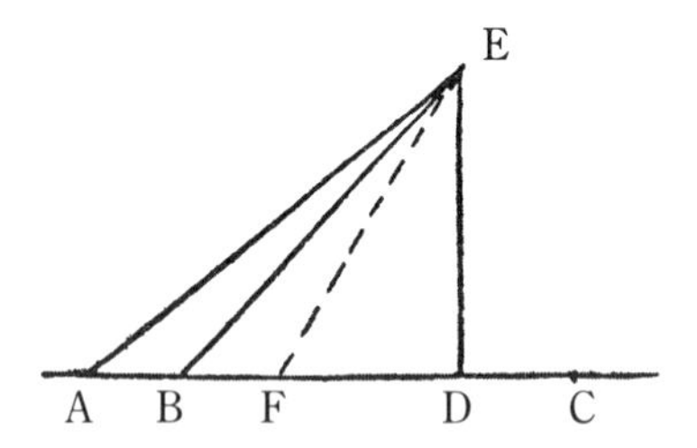

いま，B は A と C の間にあるとせよ．1 番目の場合において，D は B と C の間にあると，

$$\mathrm{CD} \infty \frac{ccyy-ddyy+2ady+2bcy}{2a-2b},$$

$$\mathrm{DE} \infty \sqrt{-xx+\frac{accyy-bddyy+2abcy+2abdy}{a-b}},$$

$$\mathrm{FC} \infty \frac{accy-bddy+abd+abc}{ccy-ddy+ad+bc}.$$

323　そして，F は A と B の間にありうるし，A は F と B の間にありうる．

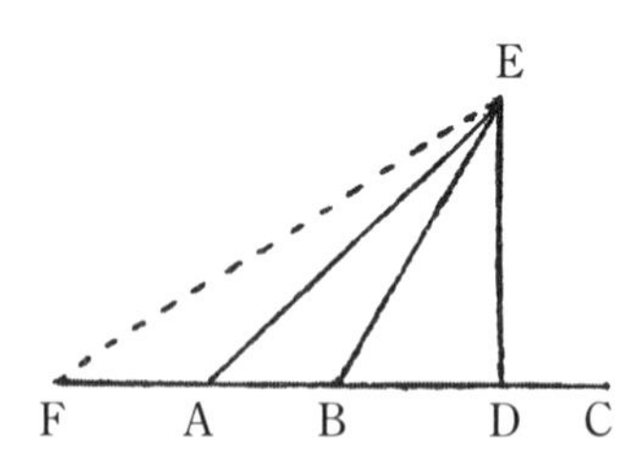

1 番目の場合において，以下のようになる．

$$\mathrm{AF} \infty \frac{-addy+bddy+aad-abd}{ccy-ddy+ad+bc}$$

これは反射においてのみ有用である．

2 番目の場合においては以下となる．

$$\mathrm{AF} \propto \frac{addy - bddy - aad + abd}{ccy - ddy + ad + bc},$$

そしてつねに以下のようになる．

$$\mathrm{BF} \propto \frac{accy - bccy - bbc + abc}{ccy - ddy + ad + bc}.$$

3番目の場合において，量cとdが交換されない限りは，すべてが相似である．

2番目の場合は，6番目，7番目，8番目と同様に失われている．

4番目の場合においては，DはBとCの間にあり，以下となる．[59)]

$$\mathrm{CD} \propto \frac{ddyy - ccyy + 2acy + 2bdy}{2a - 2b},$$

$$\mathrm{DE} \propto \sqrt{-xx + \frac{addyy - bccyy + 2abcy - 2abdy}{a - b}}.$$

FはBとCの間にありうる．すると以下になる．

$$\mathrm{FC} \propto \frac{bccy - addy + abd - abc}{ccy - ddy - ac + bd},$$

そして，
$$\mathrm{BF} \propto \frac{-bddy + addy + bbd - adb}{ccy - ddy - ac + bd},$$

$$\mathrm{AF} \propto \frac{accy - bccy - aac + abc}{ccy - ddy - ac + bd}.$$

あるいは，AとBはFとCの間にあるので，以下となる．　324

$$\mathrm{FC} \propto \frac{-bccy + addy - abd + abc}{-ccy + ddy + ac - bd},$$

59)　AT. X, 324の後注にあるようにデカルトによる分類は未完成であり，5番目が記載されていない．

$$\mathrm{BF} \propto \frac{addy - bddy + bbd - abd}{-ccy + ddy + ac - bd},$$

$$\mathrm{AF} \propto \frac{accy - bccy - aac + abc}{-ccy + ddy + ac - bd} \quad \cdots$$

（但馬 亨 訳）

屈折について

〔AT. XI, 645–646〕

ガラスを通すと，その屈折は 7 対 $\sqrt{113}$ となる．もし径が C なら，厚みがほぼ $\frac{1}{36}$C，すなわち $-\frac{7}{2}C+\sqrt{\frac{49}{4}CC+\frac{49}{256}CC}$ である．そして，その研磨する箇所までの機械の高さは 4C であり，焦点までの長さはほぼ 9C である． 645

ガラスにおける屈折は，ド・ボーヌの実験によると，ほぼ 1181 対 768 である．空気から水への屈折は，空気から ∴[1] ないし ⊖[2] への屈折より小さい．これはローズマリー∴より小さく，またこれはサルビア∴より小さく，またこれは，ジャコウソウ∴より小さく，またこれは，カーネーション∴よりも小さい．カーネーション∴においては，屈折は硬いガラスにおいてなす屈折にほぼ等しい．

∇F[3] においては，普通の水における屈折と，ほぼ同じである．そして同じく，塩∇においては（驚くほどである）．高温の状態では，低温の状態よりも実際のところ小さい（それはしばしば実証されている）．

ブドウ酒のアルコールにおいては，普通の水においてよりも〔屈折率は〕ずっと大きくなる．しかし，実験を繰り返さなくてはならない．

ウィテロは次のように屈折角の数値を挙げている． 646

1）∴記号は油 oleum を指す．

2）⊖記号は塩油 oleum salis を指す．

3）∇は水を表し，それに添えられている F は fortis（強い）の意味である．したがって∇F は強水となる．これはエッチングで用いる酸液のことであろう．

入射角	空気から水への屈折	水からガラスへの屈折	水から空気への屈折	空気からガラスへの屈折
10	7.45	9.30	12.5	7.30
20	15.30	18.30	24.30	13
30	22.30	27	37.30	19.30
40	29	35	31	25
50	30	42	65	30
60	34.30	30	79.30	34.30
70	38.30	49	94.30	38.30
80	42	30	110	42

水から空気への屈折は，空気から水への屈折の補足によってなすが，彼は必然的に誤っている．なんとなれば，入射するさいの屈折と出るさいの屈折は等しいのだから，もし入射角30度が22.30度で屈折したならば，逆に水から空気へ22.30度の入射角に対しては，屈折角は30度になる．そして，この結果から，30度の入射角ならば，屈折角は37.30度より大きくなるであろう．しかし，この表のものはすべて誤りである[4]．

（武田裕紀 訳）

4）本書p. 26でビュゾンが指摘しているように，リスナーのテキスト（本書p. 26，注32参照）は，小数点のかわりに線分を引いていることもあって，この表の数値は半分が誤転記である．

カルテシウス

〔AT. XI, 647-653〕

知恵者は，現前しているかぎりでの善を享受する．そして，善が不在となるかもしれぬということで悲しまない．　647

思惟[1]が精神に対する関係は，運動が物体に対するのと，また意志が形象に対するのと，同じ関係である．われわれはある思惟から別の思惟へと移り行くが，それは，ある運動から別の運動へと移り行くのと同じである[2]．

事物の像を形成するところの身体の部分と精神が結合しているように，精神が身体全体と完全に結合しているとするならば，身体は他の物体にも透入可能で不可視的，すなわち透明体で苦痛を感じず，そして，栄光の身体[3]に帰されるすべての類似の事柄が可能になるであろう．　648

私が何事かを真であると思い，〔にもかかわらず〕それを肯定しないということが起こりえるが，しかし，私が何事かがつき従うべきである，あるいは望むべきであると肯定し，しかしながらその逆を望むということは起こりえない．あることが望ましいと肯定するということは，望みそれ自体であるのと同じく意志の作用である．

1）原文は intellectio．内容的に，デカルトが通常用いている cogitatio に相当するので，「思惟」と訳した．

2）欄外にライプニッツによる「以下を見よ」の書き込みがある．

3）復活後の至福を受け入れた身体のこと．

5. **精神の自由**[4]とは何か？　それは，もし〔あることが〕そのようにわれわれに思えるとしたら，その逆をわれわれが望むことを妨げるものが何かあるとは感じないような仕方で，意志することである．このような定義が措定されたならば，だれもわれわれが自由であることを否定できない．しかし，もし自由を――注意を向けなくとも，私の意志があれやこれやの特定のことに向けられ，そうして確かに他でもないそのことを望む，そのような力能はなんであろうと私の意志のうちにはない――と定義するならば，そのように定義された自由は，創造主の全能が想定されるなら，被造物〔のありよう〕に抵触する．物体の世界が目にふさわしい対象であるように，神は思惟にふさわしい対象である[5]．

夢の解釈は，その起源をなかんずく次のようなことに持つように思われる．すなわち，もし夢の中で見たものと似た何ものかがたまたま白昼に強烈に生じたならば，睡眠している間にかような像へと向けられていた脳の諸部分が，すぐさま，容易にその夢の表象(あらわれ)[6]を喚起して，精神にこれを示すのだが，その他の夢をわれわれは決して思い出すことがないであろう．それゆえに，われわれはたいていすべての他の夢を忘却してしまうのだが，ただし，どこか類似している偶然の出来事がわれわれをして思い出させるような夢は別であ

4)　ライプニッツによって強調されている．

5)　ロディス－レヴィスは，この難解な断章を「このような自由は，何であれある力能が，私の意志を知らぬ間に，自由意志にかかわる結論を確実なものとして肯定せしめるように傾けるということとは相いれない」と解釈し，人間を誤謬に陥れる全能の存在である『省察』における欺く神の懐疑の萌芽を見出している．G. Rodis-Lewis, *L'Œuvre de Descartes*, Paris, 1971, p. 109；G. ロディス－レヴィス『デカルトの著作と体系』小林道夫・川添信介訳，紀伊國屋書店，1990年，p. 116.

V. カローは，デカルトが自由を論じる際の語彙の点から，まず libertas mentis という表現自体そのものがデカルトとしては意外であること，次に fleto（向けさせる）という語の代わりにデカルトは impello を用いる（「第四省察」，1645年2月9日メラン宛）ことに注意を促している．そのうえで，デカルトの主要テキストと関係づけるのならば，「第四省察」が適切であるとする．Vincent Carraud, « Cartesius ou les Pilleries de Mr. Descartes », *Philosophie*, no. 6, 1985, pp. 11–12.

6)　原文は species. ルクレティウスに由来する用法と思われる．

る（われわれが，あらゆる夢はのちに生じるであろう出来事に似ているなにがしかを含んでいると考えたとしても，不思議なことではない）．あるいは，他の事柄が引き続いて生じることをわれわれがしばしば知っているまさにその仕方によって，出来事の記憶に先行している夢は別である．なぜならその場合，まさしく，脳の諸部分はそれが以前に帯びていたよりもより容易にその表象に似せて造型され，身体から到来する夢は存続するからである．(…)[7]このより鮮明な夢は，昼間もひじょうに強烈に想像力を動かす．こうしたまさしく稀に起こることから，迷信深い人たちはすぐさま自分たちは神がかった何かをもっていると考えるのである．

われわれが睡眠を覚醒から区別するのは，睡眠においては，精神は任意の像を受け取るのに対し，覚醒においては，精神はただ受け取るのではなくて作用するからである．そういうわけで，もし夢の中で悲しい事柄が私に生じたならば，私は容易に目覚める．その時，作用しようとする精神が，自らを励起させるのである． 649

真なる記憶術とは，事物をその原因より知ることである[8]．じっさいのところ事物の原因を知るものは，たとえもし事物そのものがあるいはその表象像[9]が消え去っても，われわれの脳内の知性によって，原因が刻印されているために，再度，容易に形成されるであろう．

〔将来〕到来するであろう災いのために心を苦しめないようにするためには，大筋では，その〔将来の〕災いに関与しないだけでなく，消え去った〔過去の〕災いにも関与しないようにすることである．というのもその〔災いの〕記憶は，われわれを打ちひしがせるよりむしろ，しばしば好ましく思われるからである．

7）この箇所，原文欠．

8）『思索私記』（AT. X, 200, 201）や『良識の研究』（AT. X, 230）における，人為的な記憶法に対する批判と軌を一にしている．

9）原文は phantasmata.

魂が身体とのハルモニアではないことは論証される．なんとなれば，もし魂が身体中に散らばっているのならば，そして諸部分の間にある種の照応関係があるのならば，そしてそこには魂からできた何かがあるのならば，魂は，身体の各部分に対応しているということになり，その結果，身体の一部分が取り除かれたならば，その身体部分に対応している魂の部分は，同様に，取り除かれてしまうことになってしまうだろうからである．それはちょうど，ギターにおいて，なんらかの弦が取り除かれると，なんらかの声が取り除かれるようなものである[10)]．しかし逆に，人間においては，腕，足，耳，その他類似の諸部分が切断されても，魂全体はそれでも残り，そうして，腕が切断されてもそのことに気付かないということがありうることを，われわれは見る．そういうわけで，魂全体は，魂が持っているのとまったく同じ思惟を完全に持つためには――私は同様に，身体の各部分の感覚についても語っているのだが――，身体全体を必要としているわけではない，と言われるべきである．また，そういうわけで，ハルモニアが弦全体に散らばっているようには，魂は身体全体に散らばっているわけではないと，必然的に言われるべきである．さらに明らかなことだが，ハルモニアは，単独の部分，すなわち脳のみの事柄ではない．なんとなれば，もしそうだとすれば，その諸作用は，もっぱら脳のみか，あるいは少なくとも原理的には脳の状態と対応するであろうが，ところがそれに反して，われわれがおおよそ分かることは，苦痛や快をあたかも脳にあるものであるかのように感じることはほとんど決してなく，ほとんどすべての四肢においてそれを感じるからである．もし，脳の状態とは苦痛や快ではなく，思惟に入ってくる他のすべてであると言うとしたら，そのようなことは身体とは関係しない，あるいは身体の残りの部分以上

10）ギターの奏でる「声」がギターという楽器に依存しているのと同様に，身体がまずあってそれと調和することで魂が成立するという主張に対する反論は，プラトン『パイドン』に遡る．こうしたタイプのハルモニアを，オリヴィエ・ブロックは，医学的，ピュタゴラス的，あるいはヘラクレイトス的伝統の下にある唯物論としている（オリヴィエ・ブロック『唯物論』谷川多佳子・津崎良典訳，白水社，2015年，p. 68）．ただしここでデカルトが行っている反論は，『パイドン』とは論拠が異なっている．

に脳に確実に関係しているという事実に反するであろう．ゆえに魂は身体全体に拡散されているか，あるいはそうでなければ，私は少なくとも，私自身の各部分のうちに複数の魂をもっているということになってしまうであろう[11]．

徳とは，正しく指図された知性によって最善として示されたことを完遂する魂の堅固さである．もし，徳が身体の危険と災いについて関わるならば，これは勇気と呼ばれる．身体的快楽について関わるならば節制であり，外的な力や財について関わるならば公正さであり，最後に，任意の他の物どもについて関わるならば賢慮である[12]．　650

弁証術，修辞法，詩学，そして剣術などのような類似の技芸は，それらが習得されている間は，有益というよりもむしろ有害である．それらはわれわれに実際のところ，もしわれわれがためらわなければ本性の力によってもっともうまくなすであろうような事柄を，〔ためらうことによって〕なすことができないことを示しているからである．そして次のことに区別を設けなければならない．すなわち，〔第一に〕自分ができないことを隠すことができない事柄である．たとえば泳ぎ方では，たしかに動物はためらうことはないが，われわれはじっさいためらうので，泳ぐには水泳の技術を習わなければならない．しかし動物でさえも，もし一度でもどこかで水から浮かび上がることができないという経験をしたならば，その後うまく泳ぐことができない．さらには，推論したり説得したり自己を弁護したりするような，本性によって

11）断章全体は『情念論』第一部 30 項（AT. XI, 351）を想起させる．また切断された肢体の幻肢痛については，『第六省察』（AT. IX, 61, 68, VII, 77, 86），『哲学原理』第四部 196 項（AT. VIII, 320–1, IX–2, 314–15），プレンピウス宛書簡 1637 年 10 月 3 日（AT. I, 420；『全書簡集』II, 12）など．

12）エリザベト宛書簡 1645 年 8 月 4 日（AT. IV, 265；『全書簡集』VI, 308–309）における内容，つまり，⑴ 決断の堅固さを徳とすること，⑵ 徳の及ぶ対象がさまざまであるのに応じて違う名称が与えられること，はこの断章にきわめてよく一致する．ロディス–レヴィスは，『カルテシウス』がデカルトの真筆である根拠としてこの断章を重視している．ロディス–レヴィス，前掲書，p. 114.

導かれてなすような事柄で，これに対しては，きわめて長く用いることで本性に新たな変転が生じる場合を除いて，いかなる技芸も関わらない．最後に，ギターを弾く技芸のように，技芸なくしてはなにごとも為せないような事柄である[13]．

もし，魂の様態と物体の様態を比較するならば，無の知覚は，あたかも物体における停止のようなものであり，事物の知覚は，運動のようなものであると，われわれは言おう．事物の知覚は，それを知解するなら円運動のようなものであり，懐疑するなら攪拌運動のようなものであり，欲求するなら直線運動のようなものであり，嫌悪するなら対抗する直線運動などであると，われわれは言おう．延長は，思惟された事物の大きさであり，二点間の持続は，二点間の関係である，とわれわれは言おう[14]．

地球の年周運動によって〔年周〕視差が恒星に現れるのかどうかを観察するために，いかなる星よりも，おおぐま座の尾の後ろから二つめの星[15]ほど都合のよいものはない．私がグローブ[16]で示したように，その星の上方に小さい星がくっついているのを見たが，その星は，せいぜいのところ12分――すなわち月の直径の三分の一――しかそこから離れておらず，そしてお

13） 弁論や詩を勉学の結実よりも天賦の才と考えるのは，『方法序説』（AT. V, 7）に対応する．

14） 知性を能動的な力として把握していること，認識のさまざまな様態を精神にとって明晰な物体的様態に関係づけることから，この断章は『規則論』に関係づけられる．

15） おおぐま座ζ星でミザールと呼ばれているものである．その上方の小さい星とは，ミザールとの二重星ないしは連星であるアルコルのことである．この断章についてはAT. XI, 696-697にガストン・フロケによる解説が付されている．それによると，アルコルは小さいので遠い星と考えられ，そうだとすると年周視差は小さい．それに対して明るいミザールは近い星だと考えられるので，年周視差は大きい．またこれらの星は，りゅう座の尾にある星と一直線に並んでいるので，その位置の変化を測定しやすい，ということと推測できる．なお，年周視差とは，地球の公転によって恒星の見える角度が変化することであり，ひじょうに小さい値となるため，19世紀に入るまで検出することができなかった．

16） 天球儀のようなものであろうか．

おぐま座の尾の星の後ろから二つめの星と，さらにりゅう座の尾の曲線上にある星とも一列になっている．尾にもっとも近いスクエア[17]の星は，二等級とされているが，他の星よりもはるかに小さく見える．私は，その星がスクエアの下にかなり離れて続く星と近接しているのを確認できたが，これはグローブで示されたことである．私はこれを1642年9月20日に観測したが，以来すでに，かなりの日数たて続けに行っている[18]．

651

麦穂を逆さにして腕と袖の間に置くと，腕の運動によって上がる理由は，それが容易だからである[19]．

リンゴやナシは，燕麦，麻くず，あるいは蜜蠟，その他固体状のもので覆われると，油で表面を覆われた液体と同じように，空気によって引き起こされる腐敗から守られる．なんとなれば，これらのものは固体状なので休止状態になるが，しかし空気は，そのもっとも小さい粒子においても運動状態にあるからである．

人体は，乾いた場所に置かれると，腐敗することなく灰になる．なぜならば，明らかに，運動状態にあった諸粒子が，ついには互いに分離するからである．そして，乾いた空気に混じって互いに休止状態になっている諸粒子——すなわち灰——以外には何も残らない．

以下のことに注意しなければならない．動物の骨と神経，魚の骨，植物の繊維，ほとんどすべての樹木の芯〔維管束〕——すべての果実も同じである

17） 占星術の判断法のひとつで，二つの星の角度が90度になること．ここでは北斗七星の柄杓の桶の部分のことを指す．

18） 1642年9月から12月ごろにかけての書簡にこの話題は登場しないし，デカルトが実際にこのような観測を行ったという報告はどこにも見出されない．このメモは，おそらく読書ノートか受け取った書簡の筆写の断片であろう．カローの注釈では，ガッサンディ（Petrus Gassendi, 1592–1655）かウェンデリン（Godefroy Wendelin, 1580–1667）ではないかというコスタベルの示唆を紹介しているが，確証は得られていない．

19） メルセンヌ宛書簡1643年2月23日（AT. III, 633；『全書簡集』V, 238）．

が――など，一般的に，熱の運動によって十分に変質され完成された仕方で成長したすべてのものは，灰白色である．しかしながら，血液はすべて赤色である．それはあたかも，多くの煙と混じってまだ火の状態である粒子から構成されているかのようである．しかし乳と種子は，この変質を多くもっているため灰白色である．しかし，草や葉はすべて緑色である．なぜならば，それ自体のうちに体液[20]をもっているからである．同様に，屈折した光を送り込む透明体[21]によって，この同じ草は，生まれた時には黄色がかっていて，そして根はその間たいてい白みがかかっている．そして，たとえば，花，果物の皮，鳥のくちばし，体毛，その他の動物の尾のように，外部にあるものほど，色を変化させるものはない．こうしたものはすべて，ゆっくりとした消化によって制御されて成熟に至るわけでもなく，また種子から出立するわけでもなく，そうではなくて，何らかの偶然によって，排泄という本性に倣ったなんらかの偶然的な本性を手に入れているのである．石も同様に，大地から，たまたま混合したものであるかのように生まれるのであって，定められた種子から生まれたのではないので，色はおおいに多様である．金属はもっとも不透明である．

もし私がある対象を両目で見るならば，ただし，一方の目の軸は，赤色を塗ったなんらかのガラスを通し，そうして，この目によって対象物は赤色に感じられるようにして，ところが他方の目によっては白に感じられるようにするならば，それは共通感覚によって，より薄まった赤色，すなわち白と赤の混合のように受け止められるであろう．このことから論証されるのは，色に対する認識は，共通感覚あるいは想像力にのみ存するのであって，目の中に存するのではないということである．こういうわけで，目の中には，一種の接触以外の何物もありえないのである．もし実際に，感覚が目の中で起こるのであれば，そのとき私は，ある同一の場所に位置する対象物が二重に見

652

20）原文は humore.

21）原文は diaphanum. スコラに由来する用語で，光を受け取るまでは可能態にとどまっているが，光を受け取ることで現実活動態となり，光を透過せしめる物体のこと．デカルトは通常，pellucidus, perspicuous, corps transparent などの語を用いている．

えるのであって，それは一方の目によっては白色に，他方の目によっては赤色にといった具合であって，ひとつにはならない．このガラスはまったくの透明体でなければならず，また，もう片方の目に対しては，別の色ではあるがしかしいささかも曇っていることのないガラスが置かれなければならない．なんとなれば，さもなければ，対象物は見やすい方の目で見られてしまい，その結果，他方の目の光線[22]がガラスの中で止まってしまい，対象物にまで伝わらないようになってしまうであろうから．

感覚の多様性は，触れ方の多様性に帰着されてはならない．そうではなくて，感覚が多様な経路を通って精神にもたらされるそのことにとくに帰着されるべきである．

琥珀(こはく)は自然な状態ならば液体になる．もし，これのみを閉じた器に入れて，十分に激しい火におよそ一時間ばかりかけて，そして引き続いて，火から遠ざけ，テレビン油を薄くなるまで少しづつ注ぎ込むと，金属を金メッキするのにもっともよいニスを得ることができるだろう．

もし何かが全面的に明晰で判明でないなら，われわれは何も知る（すなわちそこから真なる学知を掌中にする）ことができないことを心に留めておかねばならない．そういうわけでわれわれは，困難も不明瞭さも苦労も不確実さもなく[23]結論されるような事柄のみを導き出すような仕方で，あらゆる事柄について語るべく身構えなければならない．そのような仕方でしか，真に学知を生み出すものはないのだから．

他人に属するものが何であろうとそれが気に入ったならばわがものとすることができる人は，たしかに所有しているがしかし喪失するのではないかと

22）『屈折光学』第一講では，「猫のように夜の暗闇でも見ることができる人は，その人の目そのものに光がある場合だけ」であり，「普通の人は対象から来る作用によってしか見ない」（AT. VI, 86）と述べている．

23）強調はライプニッツによる．

いう永遠の恐怖に付き纏われている人より，いかほど裕福であるか．このような人は，いわば学知を記憶に留めておくような人である．ところが，しかし学知の基礎を掌中にしている人は，意のままに，そこから起因するあらゆる事柄をおのずと発見することができる．そしてたしかに，どんな学知であろうと，その中に残りすべてのことがひとまとまりになって含まれている基礎は，一般的な事柄であり，数も少ない．そのために賢人にとっては，すべての学知を掌中にすることは，そう思われているほど難しいことではない．

653

身体の病は，精神の病よりもそれと分かりやすい．なんとなれば，われわれは身体の真なる健康をしょっちゅう経験したが，精神の健康は経験したためしがないからである．

種子は，動物においても植物においても，栄養機能すなわち成長が最後になす作業である．なんとなれば，先立ってある種子の力が，受け取られた熱によって（すなわちこの借りてこられた運動の外来的諸粒子によって），まず始めに励起されると，諸粒子は自身に似たものではなく何か別のものを生み出すからである．しかしながらその間も，種子は全面的に自らに似たもののままであるが，ただし，類似していない他のものとも混合しているのである．それはちょうど豆が草から生まれ，その草の中には豆と類似したものが全面的に含まれているが，しかしそれだけでなく，外来の他のものも多く含まれているようなことである．他方，これら外来のものは，種子自身と同じほどは自己保存のための力を保持してはいない．なんとなれば，これは相互に結合したり付着したりしていないからである．このことから，それらは少しずつバラバラになっていく．そこで，それらがバラバラになるとき生み出されているのが，始めの種子と似た種子なのである．

酒石[24)]の結晶は，井戸の水を加えると，雨水を加えるよりも白くなる．

24）　ブドウ酒の樽などにつく沈殿物．

火の中では，粒子の運動は多様である．ゆえに多様な火がじつに多様な効果をもつ．ガラスの容器の中にある物質を加熱する強い火は，もし容器が金製だった場合とは異なった仕方で，その物質に効果をもたらすであろう．なんとなれば，火の粒子は，粒子が通過するところの容器の孔（あな）の形態に応じて，運動の本性を変化させることができるからである．このことから，金の精製のためには，〔用いられる〕容器は，金製であらねばならないように思われる[25]．

（武田裕紀 訳）

25） ライプニッツは「このようにデンマークのボルス（Borrus）は自らの都合に従って推論した」と，余白に注記している．

Crystalli ex tartaro magis albi fiunt cum aqua puteali, quam
cum aqua pluviali
#
Motus in igne partium est diversus, ideo diversi ignes saepe
diversos habent affectus et forte ignis calefaciens materiam
quae erit in vase vitreo aliter afficiet illam quam si vas sit
ex auro etc. quia particulae ignis possunt mutare natura mo-
tus pro conformatione pororum vasis per quos transeunt, hinc
ad auri generationem vasa viderentur debere esse aurea

[illegible]

#
Annotationes quas videtur D. des Cartes in sua prin
cipia Philosophiae scripsisse

Magnum argumentum veritatis quidquid non possit non concipi
et falsitatis quod non possit concipi; ut vacuum, indivisibile,
mundus finitus etc. haec enim implicat esse, alia non esse.
Fortis est conjectura ad aliquid affirmandum quod illo posito
Deus major aut Mundus perfectior intelligatur, ut quod volun
tatis nostrae determinatio ad motum localem semper coincidat
cum causa corporea motum determinante, quod miracula
cum causis naturalibus conveniant etc.
De iis quae contradictionem involvunt absolute [illegible] dici illa fieri non
posse, quamvis interim non sit negandum quin a Deo fieri possint,
nempe si leges naturae mutarit, quod illum fecisse nunquam suspicari
debemus nisi sit ab ipso revelatum, ut de mundo infinito aeterno, de ato
mis vacuo etc.
Cum habetur positiva ratio quae aliquid persuadet non esse metaphysi
cas illas dubitationes in contrarium admittendas, quae nulla prorsus
ratione fultae ponuntur, ut an forte Deus voluerit mentem annihilare
quoties distruitur ejus corpus.
Nec de iis esse cogitandum de quibus nullam plane an sint vel non
sint, habere possumus cognitionem
Ex experientia etiam evidenti sed ad examen rationis non satis expen
sa, falsum saepe concludi.
In effectibus naturalibus examinandis si partem eorum causae tantum
consideremus, saepe nos contrarium colligere ejus quod colligimus cum
totam causam expendimus, ut in arithmetica si omittamus unitatem numerus
qui erat par fit impar et plane alius quam debeat evadit.

図版 4

『カルテシウス』末尾（本書 226–227 頁）および
『デカルト氏が書いたと思われる『哲学原理』注記』冒頭（本書 231 頁）の草稿
Manuscript LH IV, 1, 4k Bl. 19-22-6（Gottfried Wilhelm Leibniz Bibliothek Hanover 提供）

キルヒャー神父の『磁石論』摘要

635

［AT. XI, 635–639］

7頁で述べているように，燃焼された水晶は，始めにあったのと同じだけの重さの灰を生み出す．

14頁．いったい何が鋼を硬くするのか． 636

大地の鉱脈について．45，50頁．

北極はいっそう鉄を引き付ける．なぜなら，それは大地によって，もうひとつは磁石によって，〔そうなるように〕促されるからである[1]ということ．

ガラス吹きの職人が，磁石を投入することで，ガラスの液体を土質のものから純化するが，それは，この投入した磁石が，土質のものを引き付け，その後，それとともに火によって滅せられるためである．

鉄すなわち磁石は，より強力な鉄によって，力がより弱められるようになる．この弱くなる理由を，キルヒャー神父はうまく述べていない．しかしそれは云々（多くは述べられていない）．

角がとれた磁石．もし角がとれたなら，その力は増す．

灼熱せられた鉄は磁石によって引き寄せられる． 637

117．巨大であるけれどもそれにくっついているピンをかろうじて引き付けているような〔弱い〕磁石は，帆脚索を1呎（フィート）動かす．こうしたことは，力はずっと強いけれどもより小さい磁石では起こらない．

617．彼は，風を引き起こす方法を，長い管を通る水の降下――下部よりもむしろ上部で幅が広く，何らかの閉じた容器へとつながっていく――によ

1）『哲学原理』第4部178項において，「北方の地方においては，磁石の南極は北極よりも強い理由」を説明している．

って記述しているが，そこでは，空気が以下のように揺動され，導かれていると言う．すなわち，水は穴を通じて容器のより低い部分へと滑り落ちるが，ところで空気は，水蒸気から生み出されて，容器の上部にある穴を通じて吹きあげるのである．それは，鍛冶師たちが，鉄を棒状に延ばす際に，火を継続的に吹き続けるためにその道具を用いるのを，見るようなものである．そこでは，どのようにしてある穴から風が継続的に出ていくのかその理由を述べたのであった．そしてそれは正しい．

638　摩擦によって暖められた琥珀（こはく）は，〔ものを〕引き付けるが，火に接近させると〔ものを〕引き付けない．実際にものを引き付けるには，やってくるものの分だけあるものが出ていかなければならない．

639　別の箇所で彼が言うには，丸い大きな食堂では，音楽を奏でていても，声が〔部屋の〕一方から他方へ伝えられるのが観察された．そのようにして，ある場所で小さい声で話されている事柄が，直径で対面している壁にある耳によって，聞かれることになる．ところがこのようなことは，他の場所では起こらない．この理由は，彼が言うには，両側から半円に沿って移動した空気がそこで合流しているということである．まさしくその通りである．

（武田裕紀 訳）

654

デカルト氏が書いたと思われる『哲学原理』注記

〔AT. XI, 654–657〕

真理の大きな証拠は何であれそれが必ず理解されうることであり，虚偽の証拠はそれが理解されえないことである．たとえば，真空，不可分者，有限な世界，は虚偽である．なぜなら，真理は存在を含むが，虚偽は存在を含まないからである．

その推論が提示されると，神がより多く認識され世界がより完全に認識されるような何かを保証する推論は強力である．たとえば，場所的運動へのわれわれの意志決定は運動を決定する物体的原因とつねに合致する，奇跡は自然的原因と一致する，などがそうである．

矛盾を含むことがらは，絶対的な意味では〔存在することが〕ありえないと言うことができる．もっとも，神が自然の法則を変えるならば，その間，神によってそれ〔矛盾したもの〕がありうるようになることはむろん否定すべきではない[1]．だが，それが神自身によって啓示されたのでないかぎり，そうしたもの〔矛盾したもの〕があるようになるのではないか，などと決して疑うべきではない[2]．たとえば，無限で永遠な世界，原子，真空などについてである．

1）メラン宛書簡 1644 年 5 月 2 日（AT. IV, 118–119 ;『全書簡集』VI, 156–157）.

2）『哲学原理』第 2 部 36 項.

何かを説得する積極的な理由があるときには，それと相反する形而上学的な懐疑を認めるべきではない．その懐疑は確固たる理由に支えられて提起されているのではないからである．たとえば，身体が破壊されるたびごとに神は精神を無化することを欲したかどうか，といったことである．

また，それがあるかないかをはっきりと認識できないものについて，われわれは思考すべきではない．

明証的な経験ではあっても理性の吟味によって十分に考量されていない経験からは，しばしば虚偽が導かれる．

われわれが自然の諸結果を吟味するとき，もしその原因の一部分だけを考察するのなら，そのすべての原因を考慮しているときにわれわれが結論しているものとは反対のことを，しばしば結論することがある．たとえば数論において，もしわれわれがあるものを省略するなら，偶数であった数は奇数になるように，そうあるべきものとは明らかに別のものとなる．

655

自由意志から，褒賞および称賛や懲罰にふさわしいことが帰結する[3)]．宗教もまたそこから帰結する．

あるものを理解するためには，ものの全体を知ることも，ある個々のものの完全性を知ることも必要でない．ただ単に，われわれが認識しているものが思考に適合していれば，つまり思考が認識されたものに広く及んでいればそれでよい．たとえば，私はおそらく足の全体やその個々の諸性質を知らなくても，私は一本の足の延長を理解する，私の思考はそれに適合することができるからである．かくしてわれわれは，自分が理解せずに何かを認識していることはない．ただ，無限および私が無際限と呼ぶところの，それ自体では理解されないすべてのものは例外である．たとえば，宇宙の延長，物質部

3）『哲学原理』第 1 部 37 項．

分の分割可能性などである[4].

私の知解するところでは，われわれの内なる神の観念とは，すべての自明な真理の観念にほかならない．すなわち，それはウェルギリウスの本のなかに多くの詩句が含まれているような仕方で，われわれの精神のある部分のなかにつねに現実態において描かれているのではない．むしろ，蜜蠟のなかに多様な形が含まれているような仕方で，ただ可能態において描かれているにすぎない[5]．すなわち，蜜蠟はあれこれの仕方で他の諸物体に出会うことから，あれこれの形を自らとるようになる．それと同様に精神は，自分からあるいは他の原因によってあれこれを考慮するよう傾けられていることから，いま考慮しているあれこれの観念が自らのうちにあることに気づくのである．しかしながら，生得観念は外来観念や創作的ないし虚構の観念とは異なるのであって，虚構の観念〔の形成〕には意志のはたらきが協力し，外来観念には感覚が，生得観念にはただ知性の認識のみが協力するのである[6].

神についてもまたどんな無限についても，何であれ議論することができるものについては，有限な精神によって知解されうる多くのものがある．しかし，限定という無限の理解の仕方によって知解しうるのでなければ，われわれには経験されないような多くの他のものがある．たとえば，無限に長い糸は丸く巻かれると無限空間を満たすかどうか，その他がそうである．こうしたものについては，自分の精神が無限であると思う人でもなければ議論すべきではないと私には思われる[7].

4）同第 1 部 26–27 項．たとえば「無際限な宇宙」という場合，宇宙が無際限であるということは認識されても，宇宙の全体は理解されない，ということか.

5）『哲学原理』（第 4 部 184 項など）に登場する蜜蠟 cera はこの意味ではない．ここではむしろ『省察』の「蜜蠟の比喩」（AT. VII, 30–34）が想起されているのであろう．可能的なものとしての生得観念については，某宛書簡 1641 年 8 月（AT. III, 430 ;『全書簡集』V, 38）;「第三答弁」AT. VII, 189 ;「掲貼文書への覚え書き」AT. VIII–2, 358, 361 などで触れられている.

6）『省察』AT. VII, 37–38 ;「掲貼文書への覚え書き」AT. VIII–2, 357–358.

7）『哲学原理』第 1 部 26 項.

物体の本質が現実態において延長していることにあるように，精神の本質は現実態において思考することにあると私は思う.

656 運動において絶対的なものとは，二つの動いている物体が相互に離れること以外にはない．しかし，それらの物体のうちの一つが動かされ，他のものが静止していると言われるとき，これは相対的なものである．その運動が場所的と呼ばれるものにおいてもそうであるように，それはわれわれの考え方次第である．たとえば，私が地上を歩いているとき，その運動において何であれ絶対的なもの，つまり実在的で積極的なものはすべて，私の足の表面が地面から離れることにある．この分離は私においてのみならず大地においても起こるのである．そして私はこの意味において，静止において実在的かつ積極的でないものは，運動においてもそうではないと言ったのである[8]．他方，運動と静止とは反対であると言ったとき，私は同じ物体は，その表面が他の物体から分離しているときに，それとは反対の分離していないような仕方でもありうることを，理解していたのである.

世界の無際限な延長については，それが無際限であると言う場合，われわれは，それが恐らく事実上有限であることを否定しているのではなく，ただ，われわれの知性によって理解しうる何らかの境界や極限があることを否定しているだけだと考えれば，いかなる問題もない．この説は，世界の有限性を主張して大胆にも神の作品に限界を定めようとする人の説よりも，はるかに穏やかで安全であると私には思われる．われわれが無限をこのように主張することは，それについて提起されるのがつねである矛盾の解決の労苦を負うことにはならない．むしろ，われわれの知性は無限ではなく，それゆえ無限に関することは理解不可能であることを知っているというこの率直で真正な告白によって，われわれはすべての困難から解放されるであろう．また，世界の無際限な延長について哲学する際，われわれは世界に無限な持続を追加

8）『哲学原理』第2部30項.

しているのではないかと人から思われることを恐れない．なぜなら，われわれは世界が無限であると言っているのではなく，むしろ世界の持続がわれわれに関しては無際限であると言っているからである．というのも，世界がいつ創造されるべきであったかをわれわれの自然本性的な理性で決定できないことは，きわめて確かであるからである．さらに，もしかして，ある自然本性的な理性が，世界が永遠の昔から創造されていたことを証明したとしても，しかしそれとは別のことを信仰が教えているからである．第1部76項から明らかなように，けっして自然本性的な理性に聞き従うべきでないことをわれわれは正しく知っているのである．

運動とは二つの物体が互いに離れることであり，静止とはそれらの分離の否定であると解するなら，運動と静止は実際に様態的に異なっている．だが，互いに分離された二つの物体のうち，一方は動かされると言われ，他方は静止していると言われる場合，この意味では運動と静止は概念のうえで異なっているにすぎない[9]．

657

地球はコペルニクスに従って動くのではなく，むしろティコ〔・ブラーエ〕に従って動くのである[10]．聖書は次のように弁明される．すなわち，聖書が一般の人々の話し方に従って語っているとするなら，そこにはコペルニクスに反することはなにもない．あるいは，聖書がそのころ一般の人々には知られていなかった真理の認識に従って語っているとするなら，聖書はコペルニクスに味方する．

（山田弘明 訳）

9）　同第2部27項．

10）　同第3部17–19項．某宛書簡1644年（AT. V, 550 ;『全書簡集』VI, 193）．

663

ストックホルム・アカデミーの企画
1650年2月1日

［AT. XI, 663–665］

大使殿[1]の病気の真っ最中に，女王はそれがデカルトの迷惑になることとは夢にも思わず，数日間，午後にまた宮殿に戻って来るようデカルトを強いた．それは，学者たちの学会ないし協会の計画について女王と交渉するためであった．女王はそれをアカデミーの形で設置したいと考え，自らがその最高責任者で後援者となるつもりだった．女王は，デカルトを，この制度について人に耳を傾けさせる最良の顧問役と見なした．そして，彼にその計画を立てさせ，その規定を作らせた．2月1日，デカルトは作成した報告書を女王に提出した．その日は彼が女王に謁見した最後の日となった．以下は，フランス語で書きとめたこのアカデミーの規定ないし規約を含む条項である．

Ⅰ．この協会に受け入れられる者はだれも，説明のためにも質問のためにも自分の順番を有すること．すべての人は，混乱を避けるために，かれらの間でつねに同じ順序を維持すること．

Ⅱ．しかし，そこでかれらの地位を有することができるのは，この王国出身の臣下のみであること．なぜなら，この協会が創設されるのは，ひとりかれらのためのみだからである．

Ⅲ．女王陛下が，なんらかの外国人の列席をそこで許したいときは，それは聴講者である場合か，あるいは，せいぜい他のすべての人たちの後で自分の意見を述べる場合に限られること．しかも，それがはっきりと要請

1）　スウェーデン大使シャニュ．このとき肺炎に罹っていた．

されたときに限られる.

664 Ⅳ. それぞれの集会で最初に発言する者は，吟味すべき問題をあらかじめ提示した者と同じ人であること．そして，その人は，自分が主張しようと企てていることが真であることを証明するのに役立ちうると思われるすべての論拠を説明すること.

Ⅴ. つぎに，別の人たちが，それぞれの地位に応じて，同じ問題を解決するよう努めること．そして，かれらは自説を証明するために，自分が有するあらゆる論拠をそこに付け加えること．しかし，先の人が話を完全に終えた後でなければだれも話をはじめないよう気をつけること.

Ⅵ. 協会で話されることについて，人はけっして軽蔑を表すことなく，穏やかさと敬意をもって互いに話に耳を傾けること.

Ⅶ. 人が研究をする目的は，けっして反論し合うことにあるのではなく，ただ真理を探究することのみにあること.

Ⅷ. しかしながら，会話が低調すぎるため，以前から考えていたことしかみな語らないようであれば，最初に意見を出した者は，全員が話を終わったあとで，異論を提出した人たちの論拠に対して自分の意見を弁護するために，適当であると思われるところを述べることが許されること．そしてまた，異論の提出者も，3つか4つの反論の限度を越えずに，多くの礼儀と慎みをもってなされさえするならば，その地位に応じて答弁することが許されること．同じ仕方で，二番目の人が，そしてそれに続くすべての人が，それぞれ地位に応じて，学会の時間が許すかぎり，かれらのあとで話されたことに対して，自分たちの意見を謙虚に弁護することが許されること.

665 Ⅸ. 女王陛下が集会を終えようと思うとき，女王は問題を完全に解決した列席者たちに恩恵を与えること．そして，真理に一番近づいた人たちの論拠をたたえ，真理を隠れもなく見させるのに必要であろうことを，そこで変更し，付け加えること.

Ⅹ. 最後に，その日，二番目に話した者が，次の集会で吟味すべき新しい問題を提起すること．そして彼は，その問題がなんの曖昧さも不明確さもなく，すべての人に明晰に理解されんがために，その意味を簡潔に説明すること.

デカルト氏はこの報告書を提出するさい，アカデミーの会員にあまりに重荷になる義務を負わせず，むしろほどよい自由を，そして精神の熱意を掻きたて，あるいは維持できる自由を行きわたらせるのがよいことを女王に理解させた．彼は規定の企画を，最も単純だと思われた仕方で作成した．それは，これを使用したり実際に試すうちになんらかの欠陥が見つかるのに応じて，変更や付加をすることができるためである．あるいはまた，もっと多くの果実をそこから引き出せるなにか学会の他の制度を提起したいとする人たちを妨げないためである．女王が驚いたのは，第二条と第三条が，外国人を正規の会員から除外していることだけであった．女王は，それはデカルト氏の謙遜を示すものではないかと思った．女王は彼をその院長にすえるつもりであったのに，彼はみずからに対してこのアカデミーの門を閉じているからである．デカルト氏の意図は外国人を妨げることではなく，かれらに聴講者として列席する自由を排除していなかった．むしろ彼は，これは他国のアカデミーに外国人が混じることが，すでに生じていた混乱を防止する手段であると考え，また，意見を表明する機会が与えられ，投票の権利が与えられるのは，その国の出身者たちのみであるので，その人たちにいかなる疑念も与えない手段であると考えた[2].

（山田弘明 訳）

2) 10の規約がデカルトの書いたものであり，前後の文章はバイエの説明文である.

解　説

I

『ベークマンの日記』

中澤　聡

1. はじめに

ここに訳出した『ベークマンの日記』は,「はじめに」および「序」で述べられているように, ベークマンの『日記』の中からデカルトに関連する記述を集めたものによって構成されている. ラフレーシュの学院を卒業した後, 士官としてオランダを訪れたデカルトが同地で出会ったのが, オランダ人の数学者イサーク・ベークマン（Isaac Beeckman, 1588–1637）であった.

ベークマンは1588年12月10日オランダのゼーラント州ミデルブルフ（Middelburg）で生まれた. 1610年にライデン大学の神学部を卒業した後, 職人である父の仕事を手伝うかたわら勉学を継続し, 1618年9月にフランスのカーン（Caen）で医学の学位を得る. 若きデカルトと出会うのは仕事のためブレダに滞在していた同年末のことであった.

ブレダの街頭に張り出された数学の問題をきっかけにデカルトとベークマンとが出会うエピソードはつとに知られているが, この印象的なエピソードはリプシュトルプおよびバイエによる伝承に基づくものである. この点に関してここに訳出した『日記』は, 二人の出会いの事実に関するベークマンの側からの記録であり, また数学や自然学に関する二人の共同研究の実際を生き生きと垣間見せてくれる大変貴重な史料である.

1604年, 学生であったベークマンは恩師に勧められ, 後に『日記』として知られることになる備忘録の執筆を始めた. この作業はその後1635年11月まで約30年間にわたって継続されることになる. ベークマンの死後,『日記』はその内容の一部が出版された後忘れ去られたが, その写本が, 何人かの手を経た後, 1878年以降オランダのゼーラント州立図書館に所蔵されていた．ベークマンの『日記』が広く知られるようになったのは，オランダの科学史家コルネリス・デ・ワールト（Cornelis de Waard）の業績に負うところが大きい．彼によって1905年6月に再発見された『日記』はその一部がAT版X巻に収録された．また1939年からは『日記』全体の刊行が始まり，1953年に第四巻が出版され完結した[1)]．

本文はAT版に準じて三部に分かれる．第I部は1618年から1619年にかけてベークマン自身が執筆したものからの抜粋である．第II部は，やはりベークマンとの最初の出会いの後，1618年11月から12月にかけてデカルトが作成した備忘録であるが，1628年にデカルトの再訪を受けた際，一時的にそれを委ねられたベークマンが写字生を使って『日記』の中に筆写させたものである．第III部は二人が再会した1628年から1629年の文書と推定されている．

内容的には第I部が最も雑多であり，幾何学や代数学から音楽，落体問題などに関する文書が雑然と並んでいる．これに対し第II部では落体問題と静水圧の問題（いわゆる流体静力学のパラドックス）について論じられ，第III部では代数学での次元の問題や光学，音楽の問題に多くの紙幅が割かれている．『日記』からの抜粋という性格上全体としての統一感はないが，いずれもデカルトの科学思想や近代初頭の物理学史に関する多くの研究書でしばしば引用される歴史的には重要な史料である．

これらの文書の内容についてはすでに邦語でも多くの文献で論じられており，この訳稿を作成するにあたってはそれらを参考にした．内容の解釈等についての詳しい議論は末尾の文献リストを参照されたい．以下では読者の便宜を考え，本章の内容に関わる主題のうち主要な二つについて，テキストの読解に資する範囲内で解説してみたい．

1）オリジナルの写本は1940年にゼーラント州立図書館が火災に見舞われた際，水によってひどく損傷し，全体の10%は判読不能となってしまった．Cohen［1984］, p. 274 n. 5．本書34頁の図版1を参照．

2. 音楽理論

「序」で述べられたように，『日記』にはデカルトに『音楽提要』を執筆させることとなったベークマンとの音楽談義の内容が収められている．音楽について論じている『日記』の断章を理解するには，デカルトとベークマンの時代の音楽理論上の問題について多少の予備知識が必要である[2)]．

ルネサンスの音楽家たちが盛んに論じた主題の一つにオクターヴの分割，すなわちどのような楽音から音階を構成すべきかという問題があった．よく知られているように古代ギリシア人は楽器の弦もしくは管の長さの比が1：2のオクターヴと2：3の完全五度を出発点とし，オクターヴから五度を「引いて」3：4の完全四度を構成し，四度と五度の差である8：9を全音とした．(伝統的な音楽理論の言葉遣いでは，対数による計算と同様に，音程比の乗除を加減として表現する．) これがいわゆるピュタゴラス音階である．ピュタゴラス音階を用いる古代の音楽においてはオクターヴと完全五度という二つの音程が中心的な位置を占めており，これらにユニゾンと完全四度を加えたものが協和音であると考えられた．これらの協和音の比を構成する1から4までの自然数は特別な力を有するとされたテトラクテュス（四つ組）であり，また逆にこれらの数の比として表現できるということが協和音の生じる理由ともされたのである[3)]．

ところが中世の西欧で多声音楽が盛んになると，13世紀頃から長三度が好んで用いられるようになった．ピュタゴラス音階では全音二つから成る長三度は64：81となり，不協和音と考えられていたが，中世の音楽家たちは純正三度4：5を協和音程として採用するようになる．ところがこの比はピュタゴラス派のテトラクテュスの枠組みでは説明できない．こうして，どのような音程が協和音とみなされるべきか，そしてオクターヴ，完全五度，長三度の純正さを同時に保つためにはどのような音階を採用すべきかという問

2) 以下の記述は主として Cohen［1984］に負う．

3) 名須川［2002］, p. 126.

題が生まれることとなった.

デカルトとベークマンの時代に一世を風靡していたのはイタリアの音楽家ザルリーノ（Gioseffo Zarlino, 1517–1590）の理論である．ザルリーノは6が最初の完全数（1×2×3＝1＋2＋3）であることから，1から6までの自然数（いわゆる *senario*）を用いて作られる比は協和音程になると主張した．（短六度5：8は例外になるが，ザルリーノは，8は4の2倍であるので，「可能態として」*senario* に含まれるという苦しい言い訳をしている．）これに基づき彼が推奨したのは今日いわゆる純正律として知られているものであり，C–cのオクターヴとC–Gの完全五度，C–Eの長三度を純正に保つことを主眼としている．そのために8：9と9：10という大小二種類の全音が導入されたが，これにより全音二つと完全四度との差である全音階的半音は，ピュタゴラス音階の不協和な3：4÷64：81＝243：256ではなく，3：4 ÷ 4：5＝15：16となった[4].

これに対し，デカルトが『音楽提要』のなかで提唱するのが，弦の二等分割による音程の生成であり，その概要は本章第I部IX節および第III部VI節にも見られる．それによれば，弦 AB を C で二等分し，AB に対して高音の弦を AC とすると，両者の音程はオクターヴとなる．つづいて AB と AC の差を表す CB を D で二等分し，AB と AC の間に第三の長さの弦 AD をとる．ここでデカルトは，低音の弦を分割して生じる新たな弦と分割されなかった高音の弦との間の音程を「本来的な」協和音とするルールを提唱する．これに従うと，本来的な協和音は $AC : AD$ であり，五度となる．一方 $AD : AB$ である四度は「付帯的に」協和音ということになる．同様に，AD と AC の差である CD を E で二等分すると，本来的な協和音として $AC : AE$ の長三度と，付帯的な協和音として $AE : AD$ の短三度が得られる．こうしてデカルトは，二等分割によって音階生成の原理を示すと同時に，「本来的」協和音を「付帯的」なものから区別することで，四度に対する五度の優越性

4）同様のものはプトレマイオスが『ハルモニア論』のなかで提示していたさまざまな音律の中にすでにみられる．アリストクセノス／プトレマイオス『古代音楽論集』山本建郎訳，京都大学学術出版会，2008年，pp. 169–170を参照.

という当時の音楽理論上の問題に一つの回答を与えることができた[5].

デカルトによる以上の論証の出発点は，ザルリーノと同様に「音と音との関係は弦と弦との関係に等しい」という公理であった[6]．一方ベークマンは音の物理的説明を構想する．まず彼は弦の振動数が弦の長さに反比例することの証明を与え，さらに振動する弦は空気を細かな塊に切り裂き，この塊が耳に届いて音の知覚が生じると主張する．異なる周期で振動する弦はそれに対応する周期で空気のパルスを送り出し，パルスの周期の違いが音の高低を生む．そして二つの音のパルスが一致する回数が多いほど聴覚は快感を感じ，これらの音は協和音として知覚されると説明された.

哲学的な観点から二等分割を選好していたベークマンは当初デカルトのオクターヴ分割法を受け容れていたようである[7]．しかし二等分割を続けていっても純正律で用いられる大半音（全音階的半音）15 : 16 は得られないことに気づき，後にデカルトの分割法から離れることになる[8].

ところで，純正律の音階上でも，D–F の三度（9/10 × 15/16 = 27/32）や D–A の五度（9/10 × 15/16 × 8/9 × 9/10 = 27/40）のように，不協和になる音程は存在する．このような不協和音を回避する方法として，D を可動音とするやり方が知られていた．D を本来の高さからシントニック・コンマ（80/81）の分だけ下げることで，純正な短三度（27/32 × 80/81 = 5/6）および完全五度（27/40 × 80/81 = 2/3）が得られる．しかし可動音の導入を歌唱の本性に反するものとして嫌っていたベークマンは，可動音を導入せずに旋律の純正さを維持できる方法として，「旋法の諸法」（modi modorum）を導入する．ルネサンスの音楽理論家グラレアヌス（Henricus Lorus Glareanus, 1488–1563）は全音と半音の配置のパターンに基づいて 12 の旋法を分類していたが，ベークマンは用いられる全音と半音の種類に従ってそれぞれの旋法をさらに 18 通りに分類した[9]．したがって 12 × 18 = 216 通りの「旋法の

5）本書「序」参照.

6）Buzon [1987], p. 14.

7）本章第 I 部 X 節参照.

8）本章第 III 部 XIII 節参照.

9）それぞれの旋法について，オクターヴは完全四度と完全五度から構成される．ベーク

諸法」が得られることになる．ベークマンによれば，作曲家は自分の曲で用いられる旋律に応じて適切な「旋法の法」を選択することで，不協和な音程を回避できるはずであった．

3. 落体問題

最初の出会いからほどなくして，ベークマンはデカルトに次のような問題を提示した．

> 落体が二時間にどれだけの距離を通過するかわかれば，それが単一の時間にどれだけの距離を通過するかを，私の原理，すなわち「空虚の中では，いったん動かされたものは，つねに動かされている」ことに則って，そして地球と落下する石との間に空虚があると仮定することで，知ることができるだろうか[10)]

この問いに対するデカルト自身の覚書は本書に収録された『思索私記』の中に見ることができる[11)]．一方ベークマンはデカルトに示された解答を自らの『日記』に記録した．こちらが本章第 I 部第 XI，XI bis 節の内容である．また第 II 部第 II 節はデカルトが同時期に執筆した断章であるが，上述のように 1628 年にデカルトの再訪を受けた際，ベークマンが『日記』に筆写させたものである．

ベークマンとデカルトによる落体法則の共同研究を科学史家の A. コイレは「正真正銘の誤謬の喜劇」と評した．彼によれば，自由落下運動の経過時

マンにならって大全音を 8/9，小全音を 9/10，大半音を 27/25，小半音を 15/16 とすると，四度には大全音と小全音および小半音から構成されるものと，二つの小全音と一つの大半音から構成されるものの二つが，五度には二つの大全音と一つの小全音および小半音から構成されるものと，一つの大全音と二つの小全音および大半音から構成されるものの二つがある．さらにそれぞれの四度と五度のなかで大全音と小全音の順列を考えると，全部で 18 通りとなる．Cohen [1984], p. 281 n. 114 を参照．

10） 本書 p. 45.

11） 本書 p. 86–87.

間と通過距離との定量的な関係を数学的に導出することをベークマンから求められたデカルトは，問題を解くにあたって加速運動を表す三角形の縦軸を経過時間ではなく通過距離とおき，結果として，『思索私記』の中に見られるように，速度が通過距離に比例するという誤った仮定に基づく解答を与えてしまった．ところがベークマンは，デカルトの解答を速度が経過時間に比例するという仮定に基づくものと解釈し，本章第I部第XI，XI bis節に見られるように，通過距離は経過時間の二乗に比例するという正しい結果を得た．その上両者とも，お互いの理解の食い違いに気づかなかったというのである．コイレはデカルトの誤謬を彼の極端な幾何学化，つまり，自然学を幾何学化するにあたって無意識のうちに時間を空間に置き換えてしまったことに帰した[12]．

コイレの研究はその後の科学思想史に多大な影響を及ぼし，ベークマンとデカルトの落体法則研究についても上述のようなコイレの解釈が繰り返し語られることとなった．しかし第II部第II節はこの枠組みのなかでいささか収まりが悪い．この断章は上述のように『思索私記』の中のものと同時期に執筆されたものと考えられており，内容的にも後者を敷衍したものになっている．ところがこのなかで，デカルトははっきり「時間の第一，第二，第三の最小量」と述べていて，図の三角形が，縦軸で表される時間の最小量ごとに増大する力ないし運動をあらわすように読めるからである[13]．

コイレはこのテキストが「最高度の数学的洗練と，手の施しようのない自然学的混乱を示している」とした上で，「デカルトは牽引力を考えたとき，必然的に時間のなかでの変化や発生を考えた．しかし積分の結果を空間の言葉に翻訳しようとしたとき，巧妙な表示法と極端な幾何学化の誘惑に負けて誤謬に陥った」のだと述べている[14]．この断章に関するかぎり縦軸が経過時

12） Alexandre Koyré, *Études galiléennes*（Paris, Hermann, 1939）〔邦訳コイレ［1988］, pp. 94–120〕．

13） Damerow *et al*.［1992］, pp. 8–31．ただし，Damerow *et al*. はコイレがこの一節を見落としているとしているが，以下の引用に見えるように，この指摘は必ずしも正確ではない．

14） コイレ［1988］, pp. 102, 104.

間ではなく通過距離を表すと断定するのはいささか難しいように思われるとしても，落体法則に関連したデカルトのテキスト全体に見られる曖昧さ，あるいは表現の揺れは，この時点におけるデカルトの思惟の枠組みが，速度の増加が比例するのは時間か距離か，という問題の重要性に対してきわめて無頓着であったことを示唆している[15]．その意味でベークマンとデカルトの共同研究は，コイレがそもそも意図したように，ガリレオが正しい落体法則にたどり着くまでの紆余曲折を理解する上での対照例として，依然として一つの興味深いエピソードを提供していると言えるだろう．

4．流体静力学のパラドックス

オランダの数学者シモン・ステヴィン（1548–1620）は1586年に出版した著作『流体静力学の原理』（*De Beghinselen des waterwichts*）のなかで，容器内の静水が平衡状態にあるという前提からアルキメデスの原理を導き，さらに，静水圧の大きさは容器内の水の全重量によらず，深さのみに比例するという命題を導いた．この命題はロバート・ボイル以降「流体静力学のパラドックス」と呼ばれるようになるが，これが本章第II部I節の主題である．ここでのデカルトの議論は仮想変位（速度）という概念の歴史に照らして解説するのが適当と思われる．

力学で仮想変位の原理と呼ばれる命題をあまり厳密でない言葉づかいで表現すれば次のようになる．「複数の力の作用を受けている系に微小な変位が生じた際に，それらの力が行う仕事が相殺されるならば，その系は平衡にある」．最も単純な例として，不等な長さの腕を持つ天秤を考えよう．梃子の原理により，それぞれの腕に長さと反比例する重量をかけると天秤はつり合う．このとき天秤が水平な状態からわずかに回転したとすると，両端が描く弧は回転が微小であれば鉛直方向の変位と見なせる．弧長はそれぞれの腕の

15）デカルトによる落体問題の分析を，運動学的アプローチと動力学的アプローチという二つの観点から整理して整合的に理解する試みとして，武田［2009］の2章と3章も参照のこと．

長さに比例するので，両端の重量が行う正負の仕事は相殺されることになる．ここで仮想された回転により生じた変位は仮想変位と呼ばれ，仮想変位により力が行う仕事を仮想仕事と呼ぶ．仮想変位の原理は仮想仕事の原理とも呼ばれ，梃子のみならず，滑車を始めより複雑な束縛条件の下でつり合う力の系一般について成り立つ命題である．注意すべきは，与えられた系の束縛条件のもとで生じる仮想変位はすべて同一の時間において生じると考えられるので，仮想変位の大きさが仮想された運動の速度を表すとしばしば解釈されたことである．このため歴史的にこの原理は仮想速度の原理とも呼ばれてきた[16]．

しばしばこの原理の起源とされるのは擬アリストテレス『機械学の諸問題』である．同書の第三章には「小さな力が梃子によって大きい重さを動かすのはなぜであろうか……中心からより大きい〔半径の〕ものがより速く動くので，……支点から大きく離れていればいるほど，常により容易に動く．……したがって同じ力で，支点からより多く離れているものがより多い運動をするのである」との一節があり，重量と〔仮想〕速度の反比例関係に着目している[17]．同書で論じられたさまざまな機械のうち，特に輪軸，梃子，滑車，楔，螺子を五つの力能（デュナミス）（単純機械）と呼んだのはアレクサンドリアのヘロンであり，これらはその後の機械学（静力学）で扱われる標準的な問題となる．

16世紀にギリシア機械学が復興すると五つの単純機械の問題は広く注目を集めるところとなった．この流れの中に登場するのがガリレオの『機械学』である．ガリレオはルネサンスの人文主義者がギリシアの静力学を翻訳する際用いたモメントという概念を受け継ぎ，「運動の速度は運動体がもっているモメントを増大させる」のであり，平衡にある物体は「遅さのために失われようとしているものを，その重さで回復する」あるいは「力で得をした分だけ，速度で損をする」と表現した[18]．ガリレオに従えば，つり合いを

16） 仮想速度という呼称はラグランジュの『解析力学』に由来する．

17） アリストテレス全集第十巻『小品集』副島民雄・福島保夫訳，岩波書店，1969年，pp. 168–169.

18） 「レ・メカニケ」豊田利幸訳（世界の名著21『ガリレオ』所収，中央公論社，1973

決定するモメントは重さと速度に比例する．

これに対しデカルトは，単純機械のつり合いを論じるに当って「距離についての考察を，時間ないし速度の考察と混同」することは「有害であるだけにいっそう認めがたい誤り」であると述べ，「100 リーブルの錘(おもり)を 2 ピエの高さに持ち上げることができるのと同じ力は，200 リーブルのものを 1 ピエの高さに持ち上げることができる」という原理を採用した[19]．

この原理を流体静力学のパラドックスの説明に用いたのはパスカルである．彼は小量の水が底面に自重より大きな力を及ぼすという逆理の真の原因が「経路が力に反比例して増大する」ことにあり，これは「梃子(てこ)とか轆轤(ろくろ)とか無限螺旋と言ったような機械のうちに見いだされる……不変の関係」であるとする．たとえば，大小のピストンを管でつないだ水力機械はピストンの面積比に従って力を増大させるが，ピストンの仮想変位の大きさはつねに面積に反比例する．すなわち「百リーヴルの水に一プースの経路を進ませるのは，一リーヴルの水に百プースの経路を進ませるのと，同じこと」なのである[20]．

さて本章第 II 部 I 節では，物体の量と速さが重さに寄与するとした上で，以下の四つの命題が述べられる．⑴同量の水を容れた容器 A と B は全体では同じ重さである．⑵容器 B 内の水は同高の容器 D 内の水より少ないが，底面にかかる重さは同一である．⑶内部にピストン E が挿入された容器 C はより多くの水を容れた容器 D と全体として同じ重さである．⑷容器 C は全体として容器 B より重い．このうち⑴は自明とされ，残りの命題が論証される．ここでのデカルトの議論は，後に彼が批判することになる仮想速度の概念を彷彿とさせるものである．

⑵はまさに上述の流体静力学のパラドックスである．ここでは，もし容器の底面が開通したとすれば，f にある水は m, n, o にある三倍の量の水が一つの場所を占めるのと同じ時間に三つの場所を占めるので，後者より三倍

年），pp. 230, 242.

19）メルセンヌ宛書簡 1638 年 9 月 12 日（AT. II, 352-362；『全書簡集』III, 62–69）；ホイヘンス宛書簡 1637 年 10 月 5 日（AT. I, 431-448；『全書簡集』II, 23–33）.

20）「流体の平衡について」第二章（『科学論文集』松浪信三郎訳，岩波書店，1953 年，pp. 58–65；『パスカル全集』第一巻，人文書院，1959 年，pp. 452–457）.

速く動くとされ，したがって両者が底面に及ぼす力は等しいとされる[21]．

一方，(3)はやはり流体静力学のパラドックスだが，図によればピストンEは容器Cとつながっていないので，容器全体が落下した場合も q および r にある水は容器の底面が開通した場合と同様に動く．したがって容器Cが全体としてかける重さは内部の水が底面にかける圧力の総和に等しく，容器Dが全体としてかける重さに等しい[22]．

これに対し(4)の場合，容器B全体が下降するので水面と底面とで速度に変化はなく，かける重さは結局水の総量に比例する[23]．

以上のデカルトの議論は，きわめて晦渋な言葉遣いながら，流体静力学のパラドックスの歴史において，ステヴィンからパスカルにいたる過渡的な状態を示すものと評価することができると思われる[24]．

参考文献

［1］石井忠厚『哲学者の誕生――デカルト初期思想の研究』東海大学出版会，1992年．

21）本書 p. 53．容器Bの底面積を S，上端開口部の水面の面積を σ とし，開通後，底面にあった水が δt の微小時間に δh 下降したとすると，開口部水面の仮想変位は $\delta h' = S/\sigma\, \delta h$ となり，仮想速度の比は面積比に反比例する．ここでデカルトは水面の一つの点（水原子）に底面の三つの点を対応させることで，実質的に面積比 $S : \sigma = 3 : 1$ という仮定を置いている．

22）ここでもデカルトは底面と水面の面積比を3：2と仮定している．この問題は，ピストンEは自身が排除している水の重さに等しい浮力を受けており，容器Cは全体として内部の水の重さとピストンEからの反作用の和に等しい重さをかけると考えても良い．

23）あるいは，容器Bの内部の水が底面にかける圧力の総和は容器Cのそれに等しいが，内部の水は容器Bの肩のところで水深に比例する上向きの圧力をかけるので，その分を差し引いたものが全体として容器Bがかける重さとなる．本書 p. 56 の，船の中から棒で船を押すというたとえはおそらくこのことを指していると思われる．

24）小林道夫［1995］, p. 316 では「このようなデカルトの考えは，いうまでもなく，底での圧力は，流体の垂直の高さにのみ依存するという洞察を持たない稚拙なものである」と述べられているが，ここでは流体静力学のパラドックスが，物質の量と仮想速度によって定義された力のつり合いから「論証されるべきこと」である点に注意すべきであるように思われる．

［2］A. コイレ『ガリレオ研究』菅谷暁訳，法政大学出版局，1988 年.
［3］小林道夫『デカルト哲学の体系——自然学・形而上学・道徳論』勁草書房，1995 年.
［4］小林道夫『デカルトの自然哲学』岩波書店，1996 年.
［5］近藤洋逸『デカルトの自然像』（近藤洋逸数学史著作集第 4 巻）日本評論社，1994 年.
［6］佐々木力『デカルトの数学思想』東京大学出版会，2003 年.
［7］武田裕紀『デカルトの運動論——数学・自然学・形而上学』昭和堂，2009 年.
［8］P. ディア『知識と経験の革命——科学革命の現場で何が起こったか』みすず書房，2012 年 .
［9］『音楽提要』平松希伊子訳，『デカルト著作集増補版』第四巻収録，白水社，1993 年.
［10］名須川学『デカルトにおける「比例」思想の研究』哲学書房，2002 年.
［11］本間栄男「イサーク・ベークマンと“自然学的・数学的哲学”」『科学史研究』第 33 巻，1994 年，pp. 76–84.
［12］本間栄男「ベークマンとデカルトとの共同研究における落体問題」『科学史研究』第 35 巻，1996 年，pp. 131–139.
［13］本間栄男「音楽理論における自然学的数学——ベークマンとデカルトとの共同研究（II）」『科学史研究』第 39 巻，2000 年，pp. 202–210.
［14］本間栄男「ステーフィンとデカルトを繋ぐベークマン——流体静力学のパラドクスの起源」『科学史研究』第 43 巻，2004 年，pp. 31–34.
［15］山田弘明『デカルトと西洋近世の哲学者たち』知泉書館，2016 年.
［16］Buzon, Frédéric de, « Science de la nature et théorie musicale chez Isaac Beeckman (1588–1637) » *Rev. Hist. Sci.*, 38 (1985): 97–120.
［17］Buzon, Frédéric de, « Présentation » de *Abrégé de musique*, Paris, PUF, 1987.
［18］Cohen, H. F., *Quantifying Music: The Science of Music at the First Stage of the Scientific Revolution, 1580–1650*, Dordrecht, D. Reidel, 1984.
［19］Damerow, Peter et al., *Exploring the Limits of Preclassical Mechanics,* New York; Tokyo, Springer-Verlag, 1992.

II

『思索私記』

青年デカルトの数学論

山田弘明／池田真治

1. はじめに

『思索私記』*Cogitationes privatæ* という書物をデカルトが書いたわけではない．それは若い時代（1619 年頃）に書かれた短い断章を集めたものである．その資料的な源泉は『ストックホルム遺稿目録』(AT. X, 7–8)，バイエの伝記『デカルト殿の生涯』(vol. I, pp. 50–51, II, 403)，そしてライプニッツの写本，の三つである．『遺稿目録』の C には，1619 年 1 月の日付が入った羊皮紙の手帳に書かれていたものとして，*Parnassus*（数学的著作の断章），*Olympica*（超感覚的なもの），*Democritica*（デモクリトス関連），*Experimenta*（体験に関するもの），*Præambula*（序文），の五つのタイトルが順に挙げられている．その原本は失われているが，それらの断章を手にしたバイエは，*Olympica, Experimenta* などの名の下で原文をいくつか引用している．他方，ライプニッツはパリ滞在中にクレルスリエの許で原本を筆写してハノーファーに持ち帰った．18 世紀になって，その手稿をフーシェ・ド・カレイユが発見し，『思索私記』と名づけて出版した（FdeC, 2–57）．羅仏対訳となっており，これがいまわれわれが見ているものである．

ただ，ライプニッツの写本もいまは失われており，それが本来どういうものであったかはよく分かっていない．各断章の間の脈絡は必ずしもなく，またどの断章がどのタイトルの下に属すのか，テキストからは見えて来ない．たとえば *Democritica* は名が知られるのみで，その内実はまったく知られていない．テキストは，あたかもソクラテス以前の哲学者の断章集のごとく，さまざまな短い断章が無秩序に並んでいるだけのように見える．

近年，グイエなどの考証によって，どの断章がどれに属するかが明らかにされてきた（Gouhier [1979]）．カローとオリヴォによる最近の研究は，旧来の枠を越えて断章の配列の全面的な見直しを試みている（Carraud et Olivo [2013]）．たとえば，AT 版の最初の四つの断章は自伝的であるとして *Experimenta* に準ずる扱いをし（pp. 54–55），第五・第六断章を内容の面から『良識の研究』に属させている（p. 134）．また *Cartesius* のテキストも適所に挿入している．この試みは，*Parnassus* の本文を欠くなど，なお実証的な詰めを要すると思われる点もあるが，きわめて大胆なテキストの再構成であり，AT 版の書き換えを迫る刺激となりうることは確かであろう．他方，最新のガリマール版『デカルト全集』第 I 巻では，*Parnassus* を取り出して，独立した信頼できるテキストとしている．他の部分（*Præambula, Experimenta, Olympica, Parnassus* の一部）はフーシェ・ド・カレイユによるテキストとして別建てにしている．この経緯についてはその編者であるド・ビュゾン氏自身による本書「序」を参照していただきたい．ただ本書はそれらを詳細に検討する余裕がなく，新研究の成果は脚注で踏まえているが，基本的に AT 版，B 版の配列に従っている．

『思索私記』の内容は多様である．自伝があり，情念，精神，感覚，想像力があり，力学，幾何学，代数学などがある．前半の断章のなかには，哲学者よりも詩人を評価したり，理性よりも感覚で捉えられた形象を重視するなど，『省察』のデカルトとは少しく異なる発想がある．だが，これらは必ずしもデカルトとは無縁のものではない．むしろ若いデカルトの胸のうちを垣間見させる貴重なものである．そこに「デカルト哲学の予感」（所雄章 [2008], p. 24）を読みとろうとする向きがあるのも，故なきことではなかろう．後半は数学・自然学に関する断章（*Parnassus*）が多くを占め，本書の『ベークマンの日記』とも重なっている．『思索私記』について，これまでの研究や訳書はその前半のみを対象とし，後半についてはあまり触れることがなかったが，本書によってはじめてその全容が明らかになるであろう．

2. テキストの構成と内容

以下では，『思索私記』の後半部（AT. X, 219–248；本書 pp. 86–109）において展開される青年期デカルトの数学論に的を絞って解説する．『思索私記』は雑多なテーマに関するデカルトの覚え書きのようなものである．その内には，落体問題についてや，音と弦の振動数の比との関係に関するもの，流体静力学に関するものなど，ベークマンとの議論と明らかに関連するノートも含まれている一方，グノモンの問題など，ベークマンから独立して考察された主題も見受けられる．また，書かれている内容の順序も一貫しておらず，バラバラの主題に関する断片的な考察ノートの様相を呈している．ライプニッツが原本の順序を無視して写した可能性があるにせよ，あくまで未完成のノートにとどまるものであったことが窺える．

それでは後半部全体の構成を見てみよう．まず物理数学的な考察が示された断片から始まる（AT. X, 219–228）．ここでは，落体問題，複利についての算術，投擲体の運動など自然学的問いの幾何学的表現が見られる．これらに続いて，音と弦の振動数の比の関係，水と氷の体積，楽器の弦の分割，流体静力学についての覚え書きがある．この後には，さらに雑多なテーマに関するノートが続く（229–232）．グノモンの問題，および算術と幾何学についての小さなメモがある．これに，記憶術に関する覚え書きが続く．そこでは，ランベルト・シェンケルの記憶術が批判され，デカルト独自の記憶術として「順序」の思想が説かれる．この後には，魚釣りについての謎めいたメモや，月の満ち欠けと連動する車輪についての記述がある．そして，磁石の力で動く彫像や，アルキュタスの鳩についてなど，自動機械に関するメモがある．

このように，一見とりとめのなさそうな断片的考察が続く中で，一際まとまっていてそれなりに分量もあるのは，三次方程式とそれらを解くためのコンパスの使用法について書かれた部分である（232–241）．そこでは，三次方程式を解くためのコンパスが３つ提示され，さらに，任意の部分に角を分割するためのコンパスについて書かれている．角の分割について実際に考察されている問題は，一般的なものではなく，角の三等分の問題だけであるが，デカルトはここで，角を三等分する新しいコンパスを提案している．

これら新しいコンパスに関するノートの後に，算術および数学的器械についての覚え書きがある（241–242）．そこでは，デカルトがドイツ滞在時に何らかの仕方で見知ったであろう，ペーター・ロートやベンヤミン・ブラマーといった当時のドイツの数学者たちが取り上げられている．

続いて，反射光学についてのメモがある（242–243）．そこでは，通過する物体の密度に応じて光線がどのように進むのかや，反射・屈折の方向を問題にしている．テキスト上，デカルトが光学に関する問題を初めて扱ったとされる箇所であるが，屈折に関するデカルトの法則については，まだ何も触れられてはいない．

そして，最後の部分に，再び数学的ノートがある（244–248）．そこでは「四項をもつ完全方程式のための一般的規則」として三次方程式一般の解法が提示され，その応用として直角四面体の側面積や底面積，そして体積に関する幾何学的計算が，代数的表現を伴って行われている．

このように，『思索私記』には，青年デカルトがドイツ滞在期に行ったであろう学的活動とりわけ物理・数学的考察が反映されている．デカルトは軍隊勤務の傍ら 1619–22 年にドイツに滞在した．その際，ウルムにおいてヨハン・ファウルハーバー（Johann Faulhaber, 1580–1635）と交流を持ち，その影響を強く受けた可能性がある（Manders [2005]）．デカルトの伝記を著したバイエやリプシュトルプらは，デカルトがファウルハーバーと個人的に面会したと報告しており，これまでそのようにみなされてきた[1]．

しかし，こうした通説に対し，ファウルハーバーの専門家であるイヴォ・シュナイダー[2]は懐疑的である（Schneider [2008]）．そこで以下，Schneider [2008] を参考にしつつ，デカルトがドイツで学びえた数学者たちについて概説しよう．

1） Daniel Lipstorp, *Specimina Philosophiae Cartesianae*, Leiden, 1653, p. 78f.

2） Ivo Schneider, *Johannes Faulhaber 1580–1635: Rechenmeister in einer Welt des Umbruchs*, Basel, Birkhäuser, 1993.

ファウルハーバーは，ニュルンベルクの数学者ペーター・ロート（Peter Roth, ?–1617）と共に，当時ドイツで最もよく知られた算術家（Rechenmeister）である．こうしたドイツの数学者グループには，時計職人のヨスト・ビュルギ（Jost Bürgi, 1552–1632）や天文学者のヨハネス・ケプラー（1571–1630）らも数えられる．『思索私記』などで青年デカルトが扱った問題には三次方程式の解に関わる問題が多くあり，そこではコス式の代数で使用される記号が用いられている（コス式の記法については次節参照）．これは，AT版では，おそらくデカルトがラ・フレーシュ学院で学んだ，クラヴィウスの『代数学』[3]からとられたものであるとされたが，ドイツの数学者たちのあいだでもコス式の記法が使われていたので，デカルトがドイツでコス記法を再学習した可能性もある（AT. X, 238–241）．

本文中にも言及があるペーター・ロートは，デカルトの代数や代数方程式の説明に大きな影響を与えたとされる．実際，ロートの『哲学的算術』（1608）には，コス式の記法を用いた代数計算が数多く提示されている[4]．したがって，立方や平方および線分に対応する未知数を表記するためにデカルトが用いたコス式の記法 ce，ȝ，2e ——現代的表記では，それぞれ x^3, x^2, x に対応する——は，デカルトがラ・フレーシュ学院においてクラヴィウスの著作から学んだか，ドイツ滞在記に彼らの著作などから改めて学んだものかのいずれかであろう．

『哲学的算術』では，カルダーノに従い，13 個の三次方程式が分類されている．ロートはその分類の後で，「n 次方程式は高々 n 個の根を持つ」という代数学の基本定理を述べる．しかし，デカルトが『思索私記』で行ったような，新しいコンパスを用いた角の三等分の構成は，ロートには未知のものであった．

また，ロートは『哲学的算術』第二部で，ファウルハーバーの最初の著作 *Lustgarten*（1604）に含まれているすべての問題を解いている．シュナイダ

3） *Algebra Christophori Clavii Bambergensis e Societate Iesu*, Romae, B. Zanetti, 1608.

4） Peter Roth, *Arithmetica philosophica, oder schöne newe wolgegründte überauss künstliche Rechnung der Coss oder Algebrae...*, Nürnberg, 1608.

ーは，このことは，デカルトがロートの『哲学的算術』を読むだけで，ファウルハーバーの最初の著作についての知識を得ることができたことを意味すると分析する．

デカルトは『思索私記』で，自らが影響を受けたドイツの数学者として二人しか言及していない．その一人がペーター・ロートであり，もう一人がベンヤミン・ブラマー（Benjamin Bramer, 1588–1652）である．デカルトはロートの著作『哲学的算術』について，ブラマーを通じて知ったような書き方をしているようにも見える（AT. X, 242；本書 p. 104）．ブラマーは幾何学図形を複製したり拡大・縮小できる数学的器械や，投影図法を可能にする数学的器械を発明しているので，デカルトが「新しいコンパス」を考案する上で大きな影響を受けた可能性が考えられる[5]．

17 世紀初頭におけるドイツの数学者の代表と言えばヨハネス・ケプラーだが，デカルトがケプラーに実際会ったという蓋然性は低い．ただ，デカルトがケプラーの『雪の結晶』（*Strena seu de Nive sexangula*, 1611）や『屈折光学』（*Dioptrice*, 1611）などいくつかの著作を読んだ形跡があり（AT. I, 127, 593；AT. II, 85–86），『宇宙の調和』も読んだ可能性は否定できない（本論集の『立体の諸要素のための練習帳』及びその解説を参照せよ）．

しかし，シュナイダーは，『思索私記』でデカルトが言及した問題の動機は，ケプラーの『宇宙の調和』の読書に由来するものではおそらくなく，ビュルギによって提起された類似の問題および彼によるプトレマイオスの定理の解法にあるとする（Schneider［2008］, 60）．さらに，ビュルギによって 1617 年に定式化された問題は，彼の義兄弟であるベンヤミン・ブラマーによって 1618 年に解かれた[6]．

5） Benjamin Bramer, *Trigonometrica planorum mechanica oder Unterricht und Beschreibung eines neuen und sehr bequemen geometrischen Instrumentes zu allerhand Abmessung*（『三角法の平面力学，あるいはあらゆる種類の測量のための新しくて非常に便利な幾何学的器械の説明』）, 1617.

6） *Etliche Geometrische Quaestiones, so mehrertheyls bißhero nicht vblich gewesen: Sovirt vnt beschrieben Von Benjamin Bramero Philomathematico vnd Bawmeystern zur Marpurg*, Gedruckt zur Marpurg/ durch Paulum Egenolff. Anno 1618.

ブラマーの『幾何学的問題』(*Geometrische Quaestiones*, 1618) は，デカルトがケプラー，ビュルギ，ブラマーから集積しえたアイデアを含んでいるという．とりわけ問題12はデカルトにとって特別の関心が払われたものと思われる．少なくともデカルトは非常に似た問題を『思索私記』で解いているからである．

シュナイダーはさらに，デカルトが道具製作者としてのブラマーの著作から何らかの関心をえたというのは疑わしいとする．なぜなら，ブラマーのこの分野での著作は，デカルトが当時扱っていたであろう角の分割や三次方程式の解についてほとんど何も提供しないからである (Schneider [2008], 65)．むしろブラマーはガリレオの軍事的・幾何学的コンパスに関心があったのであり，ブラマーの道具は，彼の義兄弟で道具製作者だったビュルギの発明に負うものである．ビュルギは，ネイピア以前に対数表を計算したり，比例コンパス (circinus proportionis) という数学的道具を製作したが，シュナイダーは，たとえデカルトの関心を引かなかったとしても，その数学者としての達成は，デカルトの『思索私記』よりも高度なものである，と評価する (Schneider [2008], 67)．しかし，シュナイダーの分析を裏返せば，少なくとも角を三等分するコンパスの発明は，デカルトに独自なものであることになる．

3. コス式の記法から現代的な指数表記へ

次に，コス式の記法を問題にしたい．デカルトの『思索私記』におけるコス式記法の使用は，しばしば注釈者たちによって，クラヴィウスの『代数学』(*Algebra*, 1608) に由来するものと考えられてきた．そのテキストが，デカルトが学んだラ・フレーシュ学院において主要な参考書だったからである．『代数学』はスティフェル (Michael Stifel) の *Arithmetica Integra* (1543) にインスパイアされたもので，コスの伝統の下で書かれている (cf. Manders [2006], 185)．

デカルト青年期の著作である『立体の諸要素のための練習帳』(以下『立体論』) でも，一貫して未知項の表現にはコス記号が用いられている．作成時期の観点からは，デカルトがドイツに旅した際，ペーター・ロートの著作や，ファウルハーバーなど当時のドイツの数学者たちから大きな影響を受けた可能性が指摘される（Manders［2006］, Schneider［2008］）.

『立体論』でもコス式の記法が用いられているが，現代的な代数的思考様式も同時に見られる．というのも，以下の引用に見るように，後の『幾何学』において達成される，異種間の計算を認めないアリストテレス主義的な数学の伝統から離脱し，異なる次元間の計算を可能にすることを，デカルトはすでに達成しているからである．

> ……，こうしたわれわれの数学における数列に注意すると，𝔯，𝔷，𝔠𝔢 などは，図形すなわち線・平方・立方に結びつけられているわけではなく，それらによって異なる測量の種類が一般的に描かれているのである．
>
> （AT. X, 271；本書 p. 122）

𝔯，𝔷，𝔠𝔢 は，未知の項に対するコス記法である．それぞれ，𝔯 は Radix あるいは Cosa と読み，後者はイタリア語で事物を意味し，𝔷 は Zensus と読み平方を意味し，𝔠𝔢 は Cubus と読み立方を意味する．写本ではライプニッツ流のコス記法で書かれており，現代的には，それぞれ n，n^2，n^3 に対応する．この引用の意味をもう少しわかりやすく咀嚼するならば，n，n^2，n^3 が式に現れるからといって，それら各々がただちに線，平面，立体に結びつけられていると考えてはならず，式全体によって立体図形が表されていると見るべきである，とデカルトは注意しているのである（佐々木［2003］, 174）.

しかしデカルトがコス記法を用いたのは青年期の一時期であり，1637 年の『幾何学』においてコス記法は放棄されている．しかも，デカルトは『幾何学』よりもっと前の著作である『規則論』において，冪に対する指数表記をすでに持っていた（Reg. XVI, AT. X, 456f.；Reg. XVIII, AT. X, 463f.）.
『規則論』の作成時期には諸説あるが，J.-P. ヴェベルの研究[7]以降，多くの

7） Jean-Paul Weber, *La constitution du texte des Regulae*, Paris, Société d'édition d'enseignement supérieur, 1964.

注釈者たちが認めるように『規則論』第2部の作成が1628年であるとすると，『思索私記』や『立体論』が書かれたのはそれ以前である，というのがもっともらしい．たとえばセルファティは，『思索私記』の後の1621年から『規則論』の前の1628年のあいだに，デカルトが，おそらくイタリアから帰ってきたパリで，第二の数学的教育を受けたのだろうと想定する（Serfati [2005], 237）．青年デカルトが関心を示していたのは三次以上の方程式の問題であり，この点で数学史上重要な *Ars Magna*（1545）を書いたカルダーノの名前にデカルトは言及している．ただ，デカルトはボンベリなどの名は挙げておらず，後にライプニッツが指摘するように，青年デカルトがその後のイタリア代数学についても十分フォローしていたかどうかは疑わしい．

他方で，ヴィエトの影響については興味深いことが分かっている．1619年3月26日のベークマン宛書簡およびその時期に書かれていた『思索私記』に，ヴィエトの「記号代数学」の直接的な影響を認めることはできない．『立体論』も同様である．ただし，佐々木によると，デカルトがファン・ローメンを介して，遅くとも1632年にはヴィエトの研究に触れていた可能性が高い（佐々木 [2003], 292）．マンダースの分析によれば，デカルトがドイツ滞在時（1619–21年）に参照していたのは主にロートの『哲学的算術』（1608）であり，それはヴィエトの研究から独立しているだけでなく，さらにそれを凌駕するものであった．デカルトはロートの本についてファウルハーバーと共に研究した可能性が高く，ファウルハーバーの *Miracula Arithmetica*（1622）にその影響が見られる（Manders, 2006, 198–200）．

ヴィエトは既知量と未知量を分けたが，デカルトはその区別をすでに『規則論』で採用している．

> それゆえ，困難の解決に当って，一まとまりのことと見なすべき事柄はすべて，ただ一つの記号によって表示することにする．この記号は任意に作ってよい．けれども，分り易いように，文字 a, b, c 等を既知量を表すに用い，A, B, C 等を未知量を表すに用いよう．そしてしばしばそれらの量の数（multitudines）を示すためには，1, 2, 3, 4 等の数字を文字の前につけ，またそれらの量が含むと考うべき関係の数（numerus relatio-

num）を示すためには，数字を文字の後へつけよう．そこで，たとえば $2a^3$ と書けば，これは，a なる文字によって示されかつ三つの関係を含むところの量の，二倍に等しい．このような手段により，多くの語を短かく要約することができるのみならず，また特に，困難の諸項を甚だ純粋にあらわに明示して，その結果，その困難の中には，有用なものは一つも捨てられないが，過剰なもの——しかも精神が多くを同時に総括すべき場合にその把握力を無益に労せしめるようなもの——は決して見出されないようにするのである．（Reg. 16, AT. X, 455）

こうしてデカルトは，累乗を「関係の数」として，すなわち連続的な比として理解する．「これらの比を，通常の代数において，人々は〔幾何学的な仕方で〕多くの次元と図形とによって表そうとして，第一を根 radix，第二を平方 quadratum，第三を立方 cubus，第四を二重平方 biquadratum などと呼ぶ．実を言うと，私自身もかかる名称に悩まされ続けていた」(AT. X, 456)．なぜなら，立方と二重平方も，連比によって，線と面として想像しうるからである．

ここでなされているのは，冪を，文字によってのみ表すコス記法から，文字と数字の併用によって表すシステムへの変革である．これにより，コス記法では表現できなかった，未知項の代入が説明できる．たとえば，x^2 の x に y を代入すると y^2 となるが，コスではそれぞれの冪に対して同一の記号しかないためこれが表現できない．他方でデカルトの記法では，同一量の異なる累乗（a^2 と a^3）や，異なる量の同一の累乗（a^2 と b^2）をダイレクトに表現できる．

まとめると，次元の種類によって分けるコス記法には，表現力に限界があった．それに対し，デカルトのシステムは連比に基づき，指数表現を導入して冪を容易に表現するのみならず，未知量に対する一般的関係も体系内で表現できるようにしたのである．

『規則論』での指数表記の改革にもかかわらず，デカルトは『幾何学』では，a^2 ではなく $a.a$ とヴィエト流の表記を使用している．『幾何学』のラテン語版を編集したオランダのファン・スホーテンは，デカルトの思想をデカルト以上に理解し，$a.a$ ではなく a^2 と印刷した（Serfati［2005］, 241）．こうして『幾何学』は，その内容の豊かさはもとより，その現代的な記法の形式により，現代でもかなりの程度ダイレクトに読みうる数学書となったのである（それでも解説なしでは難解なのだが）．

ライプニッツは代数学の起源や発展および本性について考察した論考のなかで，デカルトが幾何学に代数を適用したことを評価する一方，記号法の起源をデカルトではなくヴィエトに帰す[8]．しかし，デカルトはヴィエトが用いない指数の記法や等号の記法（∞）を導入しており[9]，その点を『規則論』を筆写したライプニッツは正当に評価すべきであったろう．

『規則論』に関してはいま一つ付言せねばならない．2011年にリチャード・サージャントソンにより，『規則論』の新しい写本がケンブリッジ大学の書庫から発見された．ただし，このケンブリッジ版は，最初の16規則しか含まない．筆写者は，解読不能な文字を空白のまま残している．短い規則に関してはほとんど同一なものもあるが，第I規則は最初の頁を欠き，第IV規則は後半部を欠くなど，重要な違いがある．第VI, VIII, XII, XIII規則も部分的に欠損している．反対に，第XIV規則はほとんど変わらず豊富な内容である．ケンブリッジ版は，デカルトの遺稿集として1701年に出版されたテキストと比べて，全体が40%一致するにすぎず，最初の草稿をコピーしたものと推測される（Descartes［2016］, 299）．

なお，普遍数学が含まれる規則IV後半部は，方法について論じた前半部より後で付け加えられたのか，いかにしてこのテキストはケンブリッジにたどり着いたのかなどさまざまな疑問が生じよう．本節にとって重要なこととしては，『規則論』のいずれの版にせよ，コス記法が使われているという指摘はないことである．

8）「代数学の起源，発展および本性，さらに代数学に関して発見されたその他若干の特質について」*De Ortu, Progressu et Natura Algebrae, Nonullisque Aliorum et Propriis Circa Eam Inventis*（1685/86）．

9）現代の等号記号「＝」はロバート・レコードが1557年に *The Whetstone of Witte* で導入したもの．デカルトは『思索私記』では，等しさを意味する略記として，‘æqu.’ や ‘æq.’ を用いている．そして『幾何学』では「∞」を用いる．

こうした表記法の変革の過程から，デカルトは『思索私記』や『立体論』と，『規則論』や『幾何学』との間に，ヴィエトの著作を読んでいたことがもっともらしい（Serfati［2005］, 224）．しかし，デカルト自身はオランダに向けて出発した後にしか，すなわち1628年より後にしか，ヴィエトの著作を知らなかったと一貫して主張している．デカルトは1638年5月のメルセンヌ宛書簡で，私はヴィエトが終わったところから始めたのであり，それまでヴィエトを読んでいなかったと述べている（AT. II, 82）．いずれにせよ，ヴィエトが*A*の平方を*Aq*ないし*A quad.*のように，quadratum（平方）の省略文字として冪を表現したのに対し，デカルトは冪を数字によって，すなわち指数によって表し，しかもその指数を高い位置に，上付きに置く．この点で，指数に関する近代的記法が本当の意味で誕生したのは，デカルトにおいてである．

4．デカルトの新しいコンパス

1619年半ば，デカルトはオランダのブレダから南ドイツに旅をするが，当時のノートや書簡は，彼がすでに三次方程式に関心を持っていたことを示している（ベークマン宛書簡1619年3月26日，AT. X, 154–160；『全書簡集』I, 6–10）．

> 私がこの地〔ブレダ〕に帰ってきて6日になりますが，今までになく熱心に私のムーサと付き合っています．その結果，私のコンパスのおかげでこの短い期間に，まったく新しい際だった四つの証明を見出しました．
>
> （AT. X, 154；『全書簡集』I, 6）．

四つの証明のうち，一つは角の任意等分割に関するものであり，残り三つが三次方程式に関するものである．デカルトがベークマン宛の書簡で述べている「三種の三次方程式」は，角の任意等分割と同様に，デカルトが考案した新しいコンパスに関係する．そのデカルトのコンパスについては，ここに訳された『思索私記』に詳しい記述を見ることができる[10].

注目すべきことに,『幾何学』に登場したメソラボス・コンパスは，すでにこの『思索私記』に登場している（AT. X, 234；本書 p. 98)．その筆写をしたライプニッツは，欄外注に，これが「デカルトの『幾何学』において問題となっている比例的な二つの中項を見出すためのメソラボス・コンパスのことである」と明確に述べている.

1619年3月26日付のベークマン宛書簡にも新しいコンパスへの言及があり,『思索私記』の作成が同時期であることを示唆する．引用しよう.

> すなわち，ある問題は直線あるいは円だけを用いることによって解くことができますが，他の問題は〔円以外の〕他の曲線を用いなければ解くことができません．しかし，この曲線は，一つの運動から生じるので，円を描く通常のコンパスに劣らず正確で幾何学的と思われる，新しいコンパスによって描くことができます．そして最後に，他の問題は，その間に従属関係のない互いに異なった運動によって描かれた曲線によってのみ解くことができますが，それはまさに想像的な線に過ぎません．よく知られた円積線がそうしたものです． （AT. X, 157；『全書簡集』I, 7–8)

デカルトはここで，幾何学的曲線に関する重大な基準変更を主張している．すなわち，デカルトは,「直線あるいは円」つまり「定規とコンパス」に基づく作図のみが幾何学で許容可能な図形だとする古代ギリシアの基準を拡大し，自らが考案した「新しいコンパス」によって描かれる図形もまた，一つの運動から生じるのであるから「幾何学的」だとするのである．他方で，円積線など異なる複数の運動によって描かれた曲線は「想像的」な線にすぎないとして区別している．ここに，後の1637年の『幾何学』第2巻で提示される，幾何学的曲線と機械的曲線の前段階的な定義が見られよう.

ケプラーが伝統主義者として幾何学を直線と円による幾何学的構成に制限

10）「新たなコンパス」についてはSerfati〔1993〕およびBos〔2001〕, 237–245に詳しい解説がある.

したのに対して，デカルトは伝統にとらわれず，厳密性に関する自らの規準に基づいて幾何学的構成の概念を拡張するのである[11]．なお，ケプラーは未知項の冪に関してローマ数字によって指数を表現するために，（おそらくヨスト・ビュルギに従って）コス式の記法から離れており，後のデカルトによる変数の冪の記号化にインスピレーションを与えたかもしれない（Schneider [2008], 58）．

1619年4月23日付のベークマン宛書簡にも「新しいコンパス」への言及がある．

> 先の手紙で私が発見した他のことがらについては，実際それらを新しいコンパスを用いて発見したのであり，その点には間違いありません．しかし，それを断片的にお話することはいたしません．なぜなら，このことに関して私はいつか一冊の書物全体を準備することでしょう[12]から．
>
> （AT. X, 164 ;『全書簡集』I, 13）

後の『幾何学』へとつながることになった新しいコンパスによるまとまった書物について，デカルトはこの頃からすでに準備していたのである．

5. 角の三等分問題に挑むデカルト

われわれは最後に，デカルトが『思索私記』で初めて提案した，角を任意等分する新しいコンパスに注目してみたい．デカルトが実際に提示しているのは，角を三等分するコンパスである．

「任意に与えられた角を三等分せよ」という角の三等分の問題は，「与えら

11）デカルトにおける幾何学的厳密性の概念の詳細についてはBos［2001］を参照．

12）この頃，デカルトは算術と幾何学を統一する「新しい学」を計画していた．そしてベークマンに対して最新の数学的考察をまとめた『代数学』を書いて送ることを約束した．そして実際に，青年デカルトの数学を集成したものであろう『代数学』という書物をベークマンに送ったとされる．『代数学』はもはや現存していないが，『ベークマンの日記』からその内容の一部を推察することができる（本書 pp. 60–64 参照）．

れた正立方体のちょうど2倍の体積を有する正立方体を作れ」というデロス問題，および「与えられた円と同じ面積を有する正方形を作れ」という円積問題と並ぶ，初等幾何学の三大作図問題の一つである（結局，どの問題も根本的には円積問題に還元される）．

角の三等分は古代ギリシア時代以来の有名な作図問題であるが，その解決がなされたのはようやく19世紀になってからである．しかもその解答は，「定規とコンパスを有限回用いる作図法によっては，任意の角の三等分線を引くことは不可能である」という否定的なものであった．他の2問題も同様に否定的解決がなされている．

角の三等分は，三次の代数方程式で表すことができる．すなわち，角の三等分問題は「角の三等分方程式を解け」という問題に帰される．それは，

$$x^3 - 3x - a = 0$$

という方程式である．角が与えられたものなので，aは所与の長さである．このxについて求めることができれば，角の三等分ができたことになる．しかし，定規とコンパスを有限回用いたのでは，任意のaについて，この三次方程式を解くことはできない．

たとえば，60°という角は，三等分不可能であることが証明できる．つまり，与えられた角が60°のとき，角の三等分方程式は解を持たない．与えられた角が60°のとき，$a = 1$である．したがって，角の三等分方程式は，

$$x^3 - 3x - 1 = 0$$

となる．証明は，この方程式が有理数の根$\frac{u}{v}$を持つと仮定した背理法による（矢野［2006］）．

数学史を紐解くと，角の三等分が証明できたと主張する「角の三等分屋」が多くいたそうである．では，デカルトもまた「角の三等分屋」の一人にすぎないのだろうか．しかし，角の三等分が証明できないのは，あくまで通常の定規とコンパスを用いた場合であり，特別な数学的器械などを用いた場合はその限りではない．実に，デカルトが構成したコンパスは，伝統的な「定規とコンパスによる作図」からは外れる特別な数学的器械であり，これを用

いれば角の三等分は確かにできるものなのである.

デカルトが新しいコンパスを用いてどのように角の三等分を行おうとしたのかについては, M. セルファティおよびH. J. M. ボスが詳しく分析している.

セルファティは『思索私記』における角の三等分を次のように明快に説明している（Serfati [1993], 210）.

> 6つの点は節点であり, それらの上に2つの菱形が構成される. いま与えられた角の端に合うようにコンパスの外側にある二本の脚を開くとき, 内部にある二本の脚は求められている角に位置するようになり, それは与えられた角の三等分に相当する.

他方でボスは, デカルトの証明が, 器具について説明する部分と, 器具による作図をしている部分に分かれていることを見ている（Bos [2001], 237-245；本書 p. 103, 注 96 参照）. デカルトが数学的器具を用いた作図証明を行っているのは, 器具が求められる図形を作図するのに十全であれば, その器具によって作図された図形がもつ性質も一般性をもつ, という含意があろう. 実際, この器具が作製できたならば, そこから直ちに角の三等分が作図できることは明白である. 与えられた角に沿ってこの器械を当てはめれば, 自動的に角の三等分が得られるように器具が構成されていたのだから, 証明はそこから直ちに帰結するというわけである.

デカルトは, この器具の構成によって「角を任意等分するコンパス」が得られたとするが, それは, 角を三等分するコンパスが得られれば, そこから角を任意等分するコンパスが導かれることは容易に想像できるからである.

6. 新しいコンパスの意義

では, デカルトの新しいコンパスの意義はどこにあるのだろうか.『思索私記』でデカルトが行っていることの意義は, 代数としては特に新しい技術を示したわけではないが, 代わりに新しい数学的器械を考案したことによって，幾何学的曲線と機械的曲線を厳密に区別していることである．新しいコンパスについて，デカルトが1619年3月26日付のベークマン宛書簡で述べたように，デカルトが曲線を許容する基準は，単一の連続運動によって生成されているかどうかである．そこで描かれるデカルトによる三種の曲線の分類は，古代ギリシア的な幾何学的・機械的曲線のカテゴリーとはもはや明確に異なる．後にデカルトは『幾何学』第二巻の冒頭で，古代の曲線の分類があいまいだとして批判することになるが，そこでも，曲線が単一の運動によって作図されているかどうかが，デカルトにとって重要な基準である．異なる別々の運動によって生じる超越曲線は，幾何学的に許容可能な曲線から除外されるからである．こうして，数学的器械がもたらす一つの連続運動によって生成される曲線が，そしてそれらのみが，デカルトにとって幾何学的に許容可能な曲線となる．このように，青年期デカルトの著作に，デカルトの代数的思考の萌芽と，後の『幾何学』へとつながる重要な基礎を見ることができるのである．

＊訳の分担に関して，山田はAT. X, 213–221を，池田は同X, 222–248を担当した．本解説については山田が1を，池田が2～6を書いた．

参考文献

［1］ Descartes, René. *Œuvres de Descartes*, publiées par Ch. Adam & P. Tannery, Paris, Vrin, 1986（1996）.［AT］

［2］ Foucher de Careil, Louis-Alexandre. “Pensées de Descartes : annotées par Leibniz”, dans *Œuvres inédites de Descartes, précédées d'une introduction sur la Méthode*, Paris, vol. 1, 1859.［FdeC］（『思索私記』の羅仏対訳）

［3］ Descartes, René. *Œuvres complètes I, Premiers écrits Règles pour la direction de l'esprit*, sous la direction de J.-M. Beyssade et D. Kambouchner, Paris, Éditions Gallimard, 2016.

［4］ Descartes, René. *Regulae ad directionem ingenii / Cogitationes privatae*, Übersetzt und herausgegeben von Christian Wohlers, Philosophische Bibliothek, Hamburg, Felix Meiner Verlag, 2011.（『思索私記』の羅独対訳）

［5］ ルネ・デカルト『精神指導の規則』改訳版，野田又夫訳，岩波文庫，1974年．

[6] ルネ・デカルト『幾何学』原亨吉訳，ちくま学芸文庫，2013 年.

[7]『デカルト全書簡集　第一巻（1619–1637)』山田弘明他訳，知泉書館，2012 年.

[8] Baillet, Adrien. *La vie de Monsieur Descartes*, Paris, 1691.

[9] Bos, H. J. M. *Redefining Geometrical Exactness: Descartes' Transformation of the Early Modern Concept of Construction*, New York, Berlin, Heidelberg, Springer, 2001.

[10] Carraud, V. et Olivo, G. éd, *René Descartes: Étude du bon sens, La recherche de la vérité et autres écrits de jeunesse (1616–1631)*, Paris, Presses Universitaires de France, 2013.

[11] Gouhier, Henri. *Les Première pensées de Descartes: Contribution à l'histoire de l'Anti-Renaissance*, Seconde édition, Paris, Vrin, 1979.

[12] Manders, K. "Algebra in Roth, Faulhaber, and Descartes", *Historia Mathematica*, 33 (2006), 184–209.

[13] Rabouin, David. "What Descartes knew of mathematics in 1628", *Historia Mathematica*, 37 (2010), 428–459.

[14] Schneider, Ivo. "Trends in German mathematics at the time of Descartes' stay in southern Germany", in *Mathématiciens français du XVIIe siècle : Descartes, Fermat, Pascal*, Sous la direction de Michel Serfati & Dominique Descotes, Clermont-Ferrand, Presses Universitaires Blaise Pascal, 2008.

[15] Serfati, Michel. "Les compas cartésiens", *Archives de Philosophie*, 56 (1993), 197–230.

[16] Serfati, Michel. *La révolution symbolique: La constitution de l'écriture symbolique mathématique*, Paris, Editions PETRA, 2005.（とりわけ，次を参照：Ch. X. Le système symbolique de Descartes, pp. 235–248)

[17] 佐々木力『デカルトの数学思想』，東京大学出版会，2003 年.

[18] 所雄章『知られざるデカルト——デカルト研究拾遺』知泉書館，2008 年.

[19] 矢野健太郎『角の三等分』ちくま学芸文庫，2006 年.

III

『立体の諸要素のための練習帳』

池田真治

1. テキストについて

ここに訳出したのは，青年期デカルトの遺稿とされる，『立体の諸要素のための練習帳』（*Progymnasmata de solidorum elementis*）である．本邦初訳である．翻訳の定本としたのは，現段階で最も信頼のできる決定版であり，現在もハノーファーのライプニッツ文書室に保管されている［1］ライプニッツ写本の写真コピー（本書110頁の図版2を参照）とトランスクリプションに加え，翻訳と訳注・解説も充実している，［2］ピエール・コスタベル版（C）である．

これと共に，［3］AT版（AT. X, 265–276 ; AT. XI, 690），［4］ベルジョイオーゾ編訳版（B, 1224–1239），［5］Federico［1982］も合わせて参照した．フランスでは［6］～［9］に見るようにすでにいくつかの翻訳があるが，中でも，ヴァルスフェルによる最新の仏訳［9］を参考にした．

以下では簡便のため，テキストの呼称として『立体論』という略称も合わせて用いる．

『立体論』の執筆時期は，後節で論点としてより詳しく論じるが，1619～1630年頃である．デカルト直筆の草稿原本は現存しない．後に1676年にライプニッツが原稿の写しを作成し，その冒頭に ‘Progymnasmata de Solidorum Elementis excerpta ex Manuscripto Cartesii’ と書いた［1］．それに従えば，本テキストの題名は『デカルトの草稿から抜粋した立体の諸要素のための練習帳』とでも訳されるべきものである．Progymnasmata（*προγυμνάσματα*）は古代ギリシアやローマにおいて，学校の講義では主要に学ばない，修辞の予備的な練習ないし演習として導入されたものである．この用語の使用は，エウクレイデス『原論』の編集者でもあったアレキサンドリアのテオンによる修辞学の初等的演習書として有名である．近世ではティコ・ブラーエの遺作*Astronomiae instauratae progymnasmata*（1602）やトマス・コルネリウスの*Progymnasmata physica*（1663）などに見ることができ，ラテン語としても定着していたことを確認できる．

繰り返すが，本テキストはデカルト直筆の原稿ではなく，その標題に示されているように，ライプニッツによる写しも元原稿の抜粋にすぎない，ということをわれわれは十分留意する必要がある．また，この著作は出版されなかっただけでなく，デカルトがこの著作について他の箇所で言及していないことも，合わせて含みおく必要がある．

次に，最新のテキストが成立するまでのいきさつを見ていきたい．

デカルトの元原稿は，著者デカルト自身の手元にずっとあった．1650年，デカルトはクリスティナ女王の招きでスウェーデンにいたが，寒い気候と早朝の勤めの影響がたたったためか，風邪をこじらせ肺炎となり，ストックホルムで客死する．デカルトの遺稿はフランスに移送する際，途中の事故でパリのセーヌ川に沈んでしまったのだが，運良く川から見つけ出された．その後，デカルトの遺稿はクロード・クレルスリエによって管理された．

1676年，パリに滞在していたライプニッツは，クレルスリエ邸にてデカルトの生原稿を読む機会を得た．しかし，その原稿は，保管者であったクレルスリエの死後，どういうわけか紛失されてしまった．幸いにも，その際ライプニッツが写したトランスクリプションが唯一残されたが，19世紀中葉になるまでハノーファーのライプニッツ文書室に埋もれており，長いあいだ日の目を見ることはなかった．ライプニッツ写本［1］は，現在もライプニッツ文書室に保管されており，訳者が2015年にハノーファーを訪れた際，現物を確認し，スキャンも行った．

デカルトの死後，ストックホルムで発見された遺稿は，八つ折り版で見開き16葉あったと言われる．これが，1676年にライプニッツがクレルスリエ邸で見たものと同じ手稿であることは疑いない．

しかし，そうだすると，ライプニッツはデカルトの手稿全部をその通りに写したわけではないことになる．というのも，ライプニッツの写しは見開き一葉と片側だけの合計見開き一葉半分しかなく，ストックホルムで発見された手稿の分量と明らかに一致しないからだ．おそらくクレルスリエは，ライプニッツにすべての写しをとることを許可しなかったか，写すのに十分な時間を与えなかったのだろう．あるいはライプニッツ本人に時間的余裕がないなどの理由があったのかもしれない．いずれにせよ，われわれは筆写者であるライプニッツの影響も考慮に入れなければならない．

ライプニッツ写本は，19 世紀中頃，フーシェ・ド・カレイユによってハノーファーで発見された．そしてその写本は，このソルボンヌの教授によって 1860 年に出版された『デカルト未完著作集』第二巻に収録された（FdeC 版［6］）．しかし，この難解な未完成原稿の転写は，彼にとってはいささか難しすぎたらしく，数学的理解や背景を伴わずにトランスクリプトされたもので，そこにはいろいろな誤りが散見される．とりわけ根，平方，立方を表すコス記号を判読できず，数字の 4，3，4 と誤って復元してしまっていた．

1860 年，プルーエ（E. Prouhet）が *Revue de l'Instruction publique* という雑誌において最初の翻訳を手がけた［7］．彼はテキストの句読点を復元・修正し，さらにこのテキストを解釈してデカルトの定理を証明している．同年，同じ雑誌のなかで，マレ（C. Mallet）もまたフーシェ・ド・カレイユが出版した第二巻の書評をし，テキストの修正を指摘している．

プルーエはその訳解において，デカルトの『立体の諸要素について』がもつ意義を次のように語っている．

> 『立体の諸要素について』はフーシェ・ド・カレイユ氏によって出版された数学の小品のなかでも主要な作品である．この小品は，そのきわめて美しく，きわめて一般的な定理によって，科学史だけでなく，科学そのものにとっても関心をもたらすものであり，今後，多面体の定理およびそれについてのオイラーの定理の頂点に位置することになろう．それらの定理は今日まで根本的なものと見なされてきたが，もはやデカルトの定理の単なる系にすぎないものとなろう．　　　　(Prouhet［1860］, 484)

プルーエはさらに，この小品がライプニッツの位置記号法に先立つ，「位置の幾何学」に関する最初の取り扱いであるとみなしている．これはデカルトの『立体論』がトポロジーの先駆的業績であるという主張であり，これも注意を要する発言である．

テキストについて，プルーエは，FdeC 版で不可解な数字で表されたものが，それぞれ根，平方，立方を表すコス記号であると気づき，それらを n, n^2, n^3 という現代的表記に直して翻訳している．また彼は，「コス記号は 16 世紀の終わりにとりわけイタリアの代数学者たちに用いられたが，このことはデカルトがヴィエトの代数文字を知らなかったことを示す」と述べている（AT. X, 259）．

当時のヨーロッパは，文字代数から記号代数への移行期にあった．コス記号のように省略記号を用いたり，頭文字を用いる文字代数は依然として残っていた．たとえば，𝔵 は事物を意味する cosa ないし Coss，あるいは根を意味する radix の省略形である．これに対し，ヴィエトは 1591 年の『解析術序説』（*In artem analyticam isagoge*）において，未知の量に対して文字を用いることを導入し，冪の量に対しても，たとえば A の立方を AAA と表記した．デカルトが古い記法を放棄して，記法の改革を公に示すのは，後の『幾何学』においてである（Federico［1982］, 31）．ただし，$2a^3$ のような現代的な指数表記の導入は，すでに『規則論』において見られる[1]．

1890 年，パリの諸学アカデミーは新しい版を出版することを受け容れたが，ジョンキエール（Ernest de Jonquière）はハノーファーに出向くことまではせず，FdeC 版から推測してテキストを再構成した．ジョンキエールの訳解は有益なものであるが，FdeC 版に基づいているがゆえに徹底的なものとは言えず，またプルーエらの翻訳仕事［7］も知らなかったようだ．

新たなテキストの再構成は 1894 年に実現し，1908 年にシャルル・アダンとポール・タヌリによってデカルト全集第 X 巻に収録された（AT 版）．この AT 版ではじめて，ハノーファーの手稿を慎重に研究したものが出版された．しかし，第 X 巻の再版でも誤りが残っており，注で訂正するだけでは

1）コス式の記法についてのより詳しい解説は，『思索私記』解説第 3 節（本書 pp. 261–266）を参照．

済まないものがあった．

コス記号について，AT 版は，クラヴィウスが 1608 年に出版した『代数学』（*Algebra*）と同じものが使われていることを指摘している（AT. X, 262 ; cf. AT. X, 154）．クラヴィウスの『代数学』第 II 章では，コス記号を用いた代数計算が初歩から丁寧に説明されており，コス式代数の恰好の入門書という趣がある．当時，クラヴィウスのテキストは有名であり，イエズス会派の学校で用いられていたので，デカルトが教育を受けたラフレーシュ学院において，クラヴィウスを参照したことはほぼ疑いない．しかし，デカルトがドイツ滞在で知己を得たとされるファウルハーバーも同様のコス記法を用いており，代数を本格的に勉強したのはこの時期であるという指摘もあるので，より綿密な検討が必要であろう．たとえばプルーエは，「デカルトがその研究のアイデアをファウルハーバーから得たことは明白である」と指摘している（Prouhet［1860］, 487）．

ライプニッツの写本をもとにした新たな研究動向が始まったのは 1980 年代になってからである．Federico［1982］および Costabel［1987］という研究書が出版されたのである．フェデリーコ（P. J. Federico）による英訳解は，多面体に関する数学や歴史を踏まえた，綿密な研究書である．残念ながら，フェデリーコはヨーロッパでの翻訳プログラムを知ることなく，自らの本が出版された年に亡くなっている．

こうして，写本に忠実な新しい版の必要から，写本の写真を付した新版をコスタベルが作成することになった．コスタベルは，表題を『立体の諸要素のための練習帳』（*Exercises pour les éléments des solides*）とし，さらに副題として「エウクレイデスの補完の試み」（Essai en complément d'Euclide）を加えている．このようにしたのは，エウクレイデス『原論』の最終巻である第 XIII 巻の最後の命題が，まさにプラトン的立体が 5 つに限られるという定理であり，デカルトはその代数的証明を与え，多面体の代数的性質に関するさらなる考察を展開しているからである．コスタベルは自らの版が，フェデリーコの期待したものに到達していると考えている．なお，コスタベルの注を加えた AT 版第 X 巻の改訂新版は，1986 年に刊行されている．

2009 年には，ベルジョイオーゾによって，羅伊対訳版が，デカルト全集の遺稿集の巻，*Opere postume 1650–2009* に収録された（B 版）．ただし B 版も誤植が多く，決定版とまではみなせそうもない．

訳者が本翻訳を進めていた 2016 年，ジャン－マリー・ベイサードとドゥニ・カンブシュネル監修のガリマール版『デカルト全集第 I 巻』（*Œuvres complètes, I: Premiers écrits - Règles pour la direction de l'esprit*）が出版された．そこでは，数学者のアンドレ・ヴァルスフェルが，『立体の諸要素のための練習帳』の翻訳と注釈を担当している［9］．

現在，日本語で読める文献としては，佐々木［2003］が第三章第三節で『立体の諸要素について』（pp. 156–175）という題目で，本テキストの位置付けと内容について，おそらく唯一の研究を提示している．アクゼル［2006］は，ライプニッツがデカルトの遺稿に込められた暗号をどう読み解いて筆写したのか，という点に着目し，『立体論』についても終わりの数章で大きく扱っている．物語としての側面を強調するあまり，誇張や推測が目立つが，面白く読めるだろう．また，リッチェソン［2014］の第 9 章およびクロムウェル［2014］の第 5 章が，オイラーの公式との関連でデカルトの定理を大きく取り上げている．本解説が扱いきれなかった点も多いので，合わせて参照されたい．

2. テキストの構成と概要

テキストは三部構成である．第 I 部では多面体の一般的性質および多面体と頂点・面・角の個数との関係が扱われる．第 II 部では多面体の数の研究がなされる．ヨハネス・ファウルハーバーやペーター・ロートらの影響が示唆されるが，ここでデカルトは，『哲学的算術』の著者ロートらが取り組まなかった，多面体数の計算を行っている．デカルトがウルムでファウルハーバーと面会した可能性がしばしば指摘されるが，すでにファウルハーバーは『図形数』という著作を出版していた[2]．シュナイダーによれば，デカルトが

2） *Numerus figuratus sive Arithmetica analytica arte mirabili inaudita nova constans*, Frankfurt, 1614.

ファウルハーバーと面会したことは疑わしいが，少なくともファウルハーバーによる図形数の，五つの正立体に関する多面体数への拡張は，デカルトの『立体論』の内容と一致する（Schneider［2008］）．なお，ライプニッツもファウルハーバーの著作を読んでおり，欄外に書き込みを残している[3]．第III部は第II部で得られた結果に関する公式表となっている．ここでもやはりコス記号が用いられており，デカルトがそのテキストから学んだであろうクラヴィウスか，あるいはファウルハーバーなどの当時のドイツの数学者たちの影響が窺える．デカルトはここで，プラトン的立体5個と，11あるアルキメデス的立体のうち9個について，多面体数に関する公式を与えている[4]．

ここでは以下，第I部に焦点を当てて解説する．

第I部では，多面体の一般的性質，および多面体と立体角（すなわち頂点）・面・平面角（面が含んでいる角）の個数との関係が扱われる．

デカルトは冒頭で，平面角の概念を立体に拡張し，立体角の概念を定義する．エウクレイデスは，『原論』第11巻で，立体角を，同一平面にない3つ以上の平面が1点を共有するとき，これらの平面によって囲まれた部分として定義する．デカルトは正確には立体直角の概念しか定義を残していないが，デカルトの立体角の理解はエウクレイデスのそれと共通のものであろう．

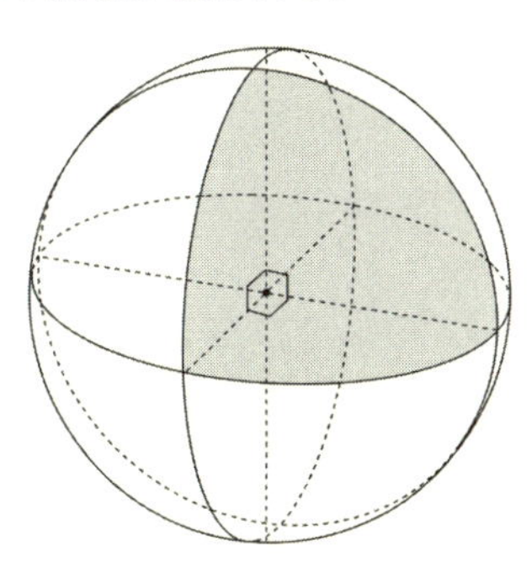

図1　立体直角

ただ，エウクレイデスは立体角の大きさをどのようにして測るのかを与えていない．平面角はその角を中心点とする単位円に対してその平面角が切り

3）　Leibn. Marg. 88（Gottfried Wilhelm Leibniz Bibliothek, Hannover）．

4）　アルキメデス的立体は，すでにパッポスやケプラーによって13個あることが発見されていた．しかしデカルトはここで，アルキメデス的立体を11しか数えていない．『思索私記』冒頭（AT. X, 214）にあるように，若きデカルトが，他人の著書全体を読んで満足するより，自ら問題を解き，自ら発見することに喜びを感じていた傾向を考慮すると，デカルトが自ら発見しえたアルキメデス的立体が11個ということであろう．

取る円弧の長さで測られるが，デカルトは，そのことを立体的に拡張し，立体角はその頂点を中心とする単位球面に対してその立体角が切り取る表面積で測られるとするのである（**図1**参照）.

現代では，平面角の単位はラジアン，立体角の単位はステラジアンと呼ばれる（詳しくは，本書 pp. 111–112，注1参照）．たとえば，3つの互いに直交する平面から構成される立体角を考えると，この立体角に対応する球面は，全体の $\frac{1}{8}$ を占める．球面の半径 $r=1$ とすると，面積は 4π となるので，求めたい立体角の大きさは $\frac{\pi}{2}$ ステラジアンである．デカルトはこれを「立体直角」と呼ぶと同時に，定義から面積さえ $\frac{\pi}{2}$ ステラジアンに等しければ十分なので，立体角を構成する平面角が3つとも直角であるというケースに限らないことを指摘している.

次にデカルトは，立体外角についても正確な定義を与えていないが，平面多角形における外角の考えを拡張し，立体外角について成り立つ性質や定理を述べている．平面多角形の外角は，頂点を形成する一方の辺を延長した直線を考え，その直線と他方の辺とで形成される角で測られる．それに対し，立体外角というのは，当該の立体の頂点（すなわち立体角）を形成している面（すなわち多角形）を，平坦な展開図として広げたときに形成される不足角のことである（**図2**参照）.

立体角（頂点）8個
外角の和　90°×8＝720°

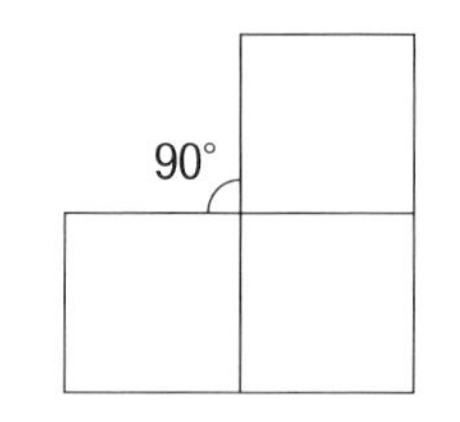

図2　正立方体の立体外角

プロクロスは，「n 角形の内角の総和が $2(n-2)$ 直角となる」ことを示し，さらに「任意の多角形の外角の総和が4直角（すなわち360度）になる」という平面幾何学に関する命題を証明した．デカルトは，その立体幾何学版である，

「多面体の外角の総和が8直角（すなわち720度）になる」

という命題（デカルトの定理）を証明なしに導いている．デカルトの『立体論』のなかで最も重要な結果が，この多面体の不足角についての定理であると評価する者もいる（クロムウェル［2014］, 191）.

ここでプロクロスやデカルトが直角を単位とするのは，エウクレイデスが直角を基本的な角とみなし，平面角の大きさを直角を単位に測るからである．たとえば，三角形の内角の和は2直角，正5角形の内角は $\frac{6}{5}$ 直角，というようにである．

実際，立方体であれば，それぞれの頂点で形成される立体外角（不足角）は90度であり，頂点は8個あるので，立体外角の総和は720度である（**図2**参照）．また，正20面体であれば，立体外角は36度であり，頂点は20個あるので，同じく立体外角の総和は720度である．

このことを一般化し，デカルトは次の定理を得る．

$$4S - \Sigma = 8 \cdots\cdots (\bigstar)$$

ただしここで，S は多面体がもつ立体角の数（＝頂点の数），Σ は直角を単位として測られる平面角の総和である．

このようにしてデカルトは，それぞれの立体がもつ立体角の個数がもたらす必然的な関係や性質を分析することで，立体がもつ代数的性質を明らかにしていく．とりわけ重要なのは，立体角の数と面の数とのあいだに見られる相互関係の分析であった．その最も大きな帰結が，先に見たデカルトの定理（★）である．こうしてデカルトは，「面と立体角のあいだには，最大の相互関係がある」と結論する．

Σ は平面角の総和，S は立体角（ないし頂点）の数，A は平面角の数，F は面の数であるとすると，第一部におけるデカルトの研究成果は，

$$\Sigma = 4S - 8 \cdots\cdots (1)$$
$$2A - 4F = \Sigma \cdots\cdots (2)$$

に集約される．

すなわち，⑴「直角を単位とした場合の平面角の総和は，立体角の数の4倍から8を引いたものに等しい」．また⑵「平面角の総和は，平面角の数の2倍から面の数の4倍を引いたものである」．

さらにデカルトは，

$$A = 2R \cdots\cdots (3)$$

つまり「平面角の数は，辺の数の 2 倍に等しい」を得ている[5)].

われわれは，(1) ～ (3) から，オイラーの公式

$$F + S = R + 2$$

を容易に得ることができる.

第 I 部においてデカルトは，5 つの正立体しか存在しないことの代数学的な証明もまた与えている．エウクレイデスはその『原論』においてプラトン的立体が 5 つしか存在しないことの幾何学的証明を与えたが，最初に代数学的にその証明を与えたのはデカルトと言ってもよいかもしれない.

ただしその証明は，かなり省略する仕方で与えられている．以下ではその代数的証明の再構成を行いたい.

まずクロムウェルによる証明の再構成によれば，デカルトによる「正多面体は高々 5 個しか存在しえない」という命題は，先に見たデカルトの定理 $\Sigma = 4S - 8 \cdots\cdots (1)$ と，多面体を構成する面がもつ平面角に関するいくつかの式から導くことができる（クロムウェル [2014], 192).

デカルトは立体角の数を α，面の数を $\mathfrak{X}$ としているが，ここでは簡便のため，$\alpha := S$，$\mathfrak{X} := F$ と書こう．そして，各立体角が q 個の面で取り囲まれており，各面すなわち多角形が p 個の辺をもつとしよう.

このとき，先に見たプロクロスの定理より，任意の面の内角の和は $2(p-2)$ であるから，それぞれの平面角の大きさは，直角を単位として，

$$\frac{2(p-2)}{p}$$

である．それぞれの立体角は q 個の平面角で構成されているので，立体を構成する平面角の個数は全体で qS である.

---

5) デカルトには辺の概念がないことがしばしば指摘されるが（リッチェソン [2014], 109)，それは誤りであって，デカルトは辺を立体の主要な構成要素と見ていたわけではなかっただけである.

したがって，平面角の総和は，単純に掛けて

$$qS \times \frac{2(p-2)}{p} \cdots\cdots (4)$$

である．これにより，平面角の総和$\Sigma = (1) = (4)$であるから，

$$4S - 8 = qS\,\frac{2(p-2)}{p}\ .$$

これをSで解き整理すると，

$$S = \frac{4p}{4-(p-2)(q-2)}\ .$$

ここで分母に注目すると，p, qが2より大きい整数でなければならないことがわかる（$p, q = 2$を除く）．

するとこれを満たす組（p, q）は5個しかなく，(3, 3) は四面体，(3, 4) は八面体，(3, 5) は二十面体，(4, 3) は立方体，(5, 3) は十二面体となる．

次にデカルト自身による証明を補ってみたい[6]．デカルトは完全な証明を与えていないが，正多面体がF個の面とS個の立体角（すなわち頂点）を持っていれば，

$$\frac{2S-4}{F} \quad と \quad \frac{2F-4}{S}$$

がともに整数でなければならないことを得ている．これは次のように再構成される．

デカルトの定理 (1) より，多面体のあらゆる平面角の和Σは，$(2S-4)$という因数で定義される2直角の倍数であることが分かっている．多面体が正則ならばそのすべての面は等しく，同じ2直角の倍数であるはずであり，同じ和Σが面の数の倍数であるはずである．したがって，$2S-4$はFの倍数である……(5)．

sを各平面の頂点（ないし辺）の数とすると，$(s-2)\cdot F = 2S-4$である．よって，$s \cdot F - 2S = 2F - 4$．正多面体はすべて等しい立体角をもつので，$s \cdot F$（すべての平面がもつ頂点の総数）はSの倍数でなければならない．

---

6) デカルトの代数学的証明の再構成については，Costabel［1987］, p. 23 を参照．

それゆえ，（$2F-4$）もSの倍数である……(6).

いま，$p=\dfrac{2S-4}{F}$，$q=\dfrac{2F-4}{S}$とすると，(5)(6)よりp, qは自然数である.

次に，これらから

$$2S-4=pF,\ 2F-4=qS$$

が得られる．これらを整理すると，

$$S=\frac{4(p+2)}{4-pq},\ F=\frac{4(q+2)}{4-pq}\ .$$

ここで分母に注目すると，$4-pq>0$を満たしうる自然数の組（p, q）は，(1, 1), (1, 2), (2, 1), (1, 3), (3, 1) しかないことがわかる．したがって，それぞれの組に対して，$S=4, 6, 8, 12, 20$であり，同様に$F=4, 8, 6, 20, 12$である．このことは，正立体が5つしか存在しないことを示している.

3. 論　点

テキストに関する論点は数多くあろうが，ここでは次の三つの問題に絞りたい．すなわち，原稿の執筆年代に関する問題と，デカルトの定理とオイラーの公式とのあいだの優先権問題，そしてデカルトの『立体論』のライプニッツへの影響である.

3.1　執筆年代

デカルト研究者による執筆年代の推測を並べると，次のようになる.

Adam: 1619–1621 / Milhaud: 1619–1620 冬 / Federico: c. 1630 / Costabel 1620–1621 冬

ライプニッツが1676年にデカルトの元原稿を筆写したことは確かであるが，デカルト自身が執筆した年代は明確ではない．シャルル・アダンの推定によれば，原稿が起草されたのは1619〜1621年である．佐々木力もこの推定に従う．ガストン・ミヨーは，ウジェーヌ・プルーエが指摘した第II部における図形数に関する考察に基づけつつ，1619年末〜1620年初頭の冬と，より期間を限定している．デカルトがその冬に南ドイツのウルムに滞在し，ドイツの数学者たちの影響を受けて，数学について大いに考察したからである．

これらに対し，フェデリーコは1630年頃と，他とは一線を画す推定を与えている．彼は，ミヨーの推定がこのテキストの書かれ得た最も早い時期を与えるのみであるとする．さらに彼は，AT版が1619～1621年としているが，その理由が与えられておらず，ミヨーの路線に乗っかっているだけだと指摘する．そして，デカルトがコス式の古い記法を放棄して記法の改革を行うのは，後の『幾何学』においてであるから，『立体論』の作成は1637年以前だとする．他方で，デカルトが現代的な記法を学んだのは，オランダの友人ベークマンを介してであるとされることから，デカルトがオランダに滞在した1618年頃か，あるいは後の1629年以降ということになる．前者だと早すぎるし，まだコス記法を用いているので矛盾する．よって後者というわけである．ベークマンは1628年にもデカルトと代数について議論し，そこではまだコス記法を用いていた．さらに，第I部の内容面からも，立体角については，スネル（スネリウス，Willebrord Snell［1627］）やジラール（Albert Girard［1629］）の著作の反映を待たずしては考えられないとして，1629年以降だとする．これに従えば，第I部は他の2部よりも後に作成されたことになる．以上から，フェデリーコは『立体論』の作成が1630年頃だと推定する（Federico［1982］, 31f.）．

問題になっているジラールの著作とは，1629年に出版された論文集『代数学における新発見』に含まれる，「新しく発見された，球面三角形および球面多角形の表面の測量について」という論文である[7]．このジラールの論文には，確かにデカルトの『立体論』に含まれる概念がいくつか出てくる．たとえば，立体直角について，ジラールは次のように述べている．「III. 新しい仮説．最初の仮説に従えば，立体直角（立方体の8角のうちの一つ）は

7） Albert Girard, “De la Mesure de la Superficie des Triangles & Polygones Sphericques, Nouvellement Inventée”, in *Invention nouvelle en l'algèbre*, Amsterdam, Guillaume Iansson Blaeuw, 1629.

90度である．したがって，ある点の周りの立体的場所は720度すなわち8立体直角である……」[8]．ここで後半の文は，ある点における8つの立体直角で，全球面が覆われることを指しており，デカルトの言明と一致する．この論文のなかで，ジラールは，球面多角形の面積が，その内角の総和から同じ辺数の平面多角形の内角の総和を引いたものに等しいことを示している．これは球面過剰公式と呼ばれ，球面n角形の内角の総和をΣとすると，球面多角形の面積は$\Sigma-(n-2)\pi$で表される．

「多面体の外角の総和が8直角になる」というデカルトの定理について，デカルトは証明を与えていなかったが，これは1630年までに知られていた結果から容易に導かれる．というのも，「多面体の立体補角の総和は8直角である」ということがすでに知られており，先のジラールの球面過剰公式から「立体角の不足角は，この立体角の補角と等しい」ことが導かれるからである（クロムウェル[2014], 190f.）．

これに対しコスタベルは，『立体論』の第I部が，後に来る他の2部よりも後に作成されたとするフェデリーコの推測の理由を確認するものの，これは受け入れがたいと批判する．コスタベルに従えば，デカルトが新しい知見を得て，以前に作成した原稿を改訂するべく1629年に再び筆を取ったという推測も，およそ確からしくない．ジラールの影響について，コスタベルは，1629年の論文が球面多角形の面積を測る一般的公式を立てたという理由からは，デカルトの『立体論』がその後に来るということを結論できないとする．さらに，スネリウスの遺稿著作集が出版されるのと同年の1627年にジラールは示唆的な論文を出しており，それらも合わせて考えねばならず，事情は複雑である[9]．

いずれにせよ，私見では，デカルトは1628年頃書かれた『規則論』において，代数表記法の改革を行っており，そこでは現代的な指数表現を導入してコス式の記法を放棄している．この事実もまたフェデリーコの仮説と齟齬

8） *Ibid*.

9） ジラールの影響に関するコスタベルの考えは，Costabel [1987], pp. 47–49に詳しく展開されている．

をきたしうる.

フェデリーコに対し，コスタベルは，デカルトが原稿を作成したのは，ファウルハーバーとその弟子たちと会ったのと近い時期に限定されるとする．仮に後で手を加えたとしたら，第 III 部において挙げられている多面体のうちには，パッポスやケプラーが示したアルキメデス的立体が数えられていなければならないが，そうはなっていない．1626 年以降のデカルトがそれを知らないはずがないからである．また，1623 年より後でもありえない．なぜならデカルトがメルセンヌ宛書簡で，幾何学から遠ざかってすでに 15 年になる，と述べているからである（AT. II, 95）．1638 年に書かれた手紙から逆算すると，1623 年ということになるが，デカルトは 1637 年に自身の『幾何学』を出版しているのだから，1623 年よりもさらに前ということになる．もっとも，デカルトは 1628 年頃にその全体を与えたとされる『規則論』で，普遍数学（*Mathesis univeversalis*）に関する考察をしており，この意味では数学を決してやめてはいない．しかしコスタベルは，1623 年春に数学的仕事から距離を置くような，ある重大な出来事があったのだろうと推測する．ここから，『立体論』が 1623 年より後，ということもおそらくないと言う[10]．コスタベルはさらに，バイエのデカルト伝から，軍隊に再び加わる前の 1620 年から 1621 年の冬にかけて，デカルトが数学に関する省察を行

10） コスタベルは，クラヴィウスおよびカンダル（François de Foix-Candale）の影響も示唆している．

カンダルは，エウクレイデス『原論』のラテン語訳を，エウクレイデスその人ではなくアレクサンドリアのヒュプシクレスが書いたとされる正多面体が扱われている第 XIV 巻および第 XV 巻を加えて 1566 年に出版した人物である．エウクレイデス『原論』は従来，全 13 巻とされてきた．1578 年の第二版には，自らが書いた XVI, XVII, XVIII 巻も加えており，1602 年の第三版では半正多面体も扱われている．

イエズス会のクラヴィウスもまた 1589 年に，自らのエウクレイデス『原論』に，カンダルの名を挙げた上で補巻として XVI 巻を含め，立体論を扱っている．またクラヴィウスは 1604 年には，幾何学に計算を導入した『実践幾何学』*Geometria practica* を出版している（Costabel [1987], 87f.）．

コスタベルは，デカルトがドイツに滞在していた時期にカバラや薔薇十字会の影響を受けたことも挙げている．デカルトはそれらの数秘術的な要素よりも，数や図形の操作の側面に大きな影響を受けたのであろう．

ったことを指摘する.

以上から，コスタベルは結論ないし仮説として，原稿の作成時期が1620–21年の冬だとする（Costabel［1987］, 104–109）.

以下は私見である．デカルトが手元に原稿を持ちつつも，しばらく手を加えた可能性も考慮すると，決定的な執筆時期を与えることはできそうもない．しかし，新しい現代的な記法に書き換えるということもしていない．デカルトは1630年4月15日付のメルセンヌ宛書簡で，「私は数学に対してあまりにも嫌気がさしており，今はそれほど重視しておりませんので，もはや自分ではあえて〔数学の問題を〕解こうとは思いません」と述べている（『全書簡集』I, 130；AT. I, 139）．その後もデカルトは数学を断続的に研究したが，この記述からは，青年デカルトが数学に集中していた時期は遅くとも1630年までと見ることができるように思われる．先に指摘した，『規則論』における指数表記の導入によるコス記法の放棄も合わせると，1628年頃までには書かれた可能性がある．しかし，1628年時点で，ベークマンとのやりとりでいまだコス記法が用いられていたとすると，記法についてはいまだ過渡期であったことが推測される．以上から，少なくとも1619〜1630年頃までには原稿は書かれていたと見る.

3.2　オイラーの公式に関する優先権問題

次に，デカルトが第I部で達成した多面体の代数的性質に関する定理と，有名なオイラーの多面体に関する公式との関係について，そしてしばしば取り上げられる先取権論争について，若干の考察を試みたい.

オイラーは1758年，$F+S=R+2$[11]という式に至る．これは多面体が持つ数量的性質を一般化したものであり，オイラーの多面体公式と言われる．すでに1750年には，数学者クリスティアン・ゴールドバッハへの手紙で，この関係を発見したことを，驚きとともに伝えている．（ちなみに，ゴール

11） オイラーの原典では，$S+H=A+2$とある．ただし，S＝立体角の数，H＝面の数，A＝辺の数 (cf. Euler, Leonhard. ［(1752/3), 1758］*Elementa doctrinae solidorum*, in *Leonhardi Euleri Opera omnia*, Series 1, Vol. 26, Birkhäuser, 1953, p. 79［E. 230］).

ドバッハは若い時にライプニッツと交流があり，ライプニッツの数学的弟子のような存在である．）

古代ではプラトンやエウクレイデス，そして初期近代ではケプラーをはじめ，多面体を夢中に研究していた者でも，この関係を見逃していた．オイラー以前で，この多面体公式が示している関係に最も接近したのは，デカルトである．しかし，そのデカルトも，あと数手というところで，明示的にこの関係を示すまでには至らなかった．

この点に関して，デカルト研究者や数学史家のあいだでは，(a) デカルトにもオイラーの公式の発見を認めて，デカルト＝オイラーの定理と言うべきか，(b)あるいはやはり最初に明示的にこの関係を示したオイラーにこそ優先権があるとして，いままで通りオイラーの定理と呼ぶべきか，意見が分かれている．

(a)の立場が根拠とするのは，確かにデカルトは直接$F-R+S=2$を明示したわけではないが，デカルトの出した2つの関係式から，容易にそれを導くことができることである．このことは，すでにエルネスト・ド・ジョンキエールが1890年に指摘しており，彼はデカルトがオイラーの公式を知っていたことは否定しきれない，とする．また，プルーエやコスタベルは，ジョンキエールに従い，オイラーの公式はデカルトに先取権があるとする．ジョンキエールやプルーエ，そしてコスタベルらによれば，むしろ，デカルトの定理こそが，多面体の諸定理やオイラーの公式に先立つ偉大な数学的業績であり，オイラーの公式はその系にすぎない．現在，「デカルト＝オイラーの定理」と呼ぶのは一般的ではないが，実際，デカルトの優先権に考慮して，「デカルト＝オイラーの多面体公式」とするオンライン辞典もあるくらいである．

他方で(b)の立場が根拠とするのは，デカルトがオイラーの定理を明示化していない以上，デカルトがオイラーの定理に至るための本質的洞察を読み解くことができないことである．たとえばラカトシュは，デカルトがオイラーの定理に至るための本質的洞察を欠いていたとする．また佐々木は，ラカトシュに従い，コスタベルの推察は，結局はデカルトの原本を欠く以上，根拠がない主張だとする．最近出版された，J.-M. ベイサードとD. カンブシュネル監修の『デカルト全集第一巻』の解説においても，『立体の諸要素について』の新訳を担当したヴァルスフェルは，デカルトが導いた式からオイラーの公式を直ちに導けるとはいえ，デカルトによって明示化されたわけではないので，オイラーの公式の先駆者をデカルトとみなすことはできないとする［9］.

ヴァルスフェルはまた，その名が定理につけられる名誉は，最初にその証明を認識した著者にとっておかれるべきだとするアンリ・ルベーグの基準をあげ，オイラーに優先権があるとする[12]. なお，オイラーの定理は，1893年にポアンカレによって，より一般的なかたちで証明されたわけだが，ルベーグの基準に従えば，依然としてオイラーが優先権を保つことになる.

さらに，デカルトの『立体論』が出版されたものではない点や，多くの命題が証明を与えられておらず未完成な作品である点も，デカルトをオイラーの定理の確かな先駆者とみなす上で，重要な否定的要因となっていよう.

『立体論』は，デカルトが出版を意図していたが未完成ゆえに，手元に置いていた草稿にすぎないのである．デカルトは『立体論』について，他の著作でも言及しておらず，ただひたすら秘めていた.

まとめると，オイラーの定理は，デカルトの定理から自明に帰結するとはいえ，デカルトはオイラーの定理を明示化したわけではなく，科学的発見の順序はあくまでも公表されたものにかぎって検討されるべきである点を優先権問題の重要な要素とするならば，発見の栄誉はやはりオイラーにある，ということになろう.

個人的には，これ以上優先権論争に関わるのは生産的ではないし，現役の数学者の感覚や後世の歴史家の判断に委ねたい気持ちである．ただ，デカルトの定理はオイラーの定理を証明するための補題であり，逆に，オイラーの定理はデカルトの定理から容易に帰結する系である，ということが理解されれば，数学的にはそれで十分なように思われる．このことが広く知られさえ

12） H. Lebesgue［1924］, “Remarques sur les deux premières démonstrations du théorème d'Euler relatif aux polyèdres”, *Bulletin de la S. M. F.*, tome 52 (1924), pp. 315–336.

すれば，デカルトの名誉を高めこそすれ傷つけることはないだろうし，より一般的な定理を見出しより厳密な証明を与えたオイラーの名誉を損なうこともないだろう．

3.3　ライプニッツとデカルトの『立体論』

最後の論点として，ライプニッツへの影響を取り上げたい．デカルトの『立体論』を写したライプニッツは，どのようにそれについて言及しているのか．また，『立体論』は彼の思想にいかなる影響を与えたのだろうか．

しかし，われわれの期待に反し，残念ながらいまのところ，ライプニッツがデカルトの『立体論』に直接言及したテキストは，この写し以外では見つけられていない．また，ライプニッツの数学的研究への影響も，現段階で明確な証拠を見出せていない．

ただ，ライプニッツは，バイエのデカルト伝の準備に貢献している．バイエのデカルト伝には，ライプニッツの助力に対し，バイエからの謝辞がある[13]．実際ライプニッツは，1689年にローマに滞在した際，バイエのデカルト伝の準備を手伝っていたアドリアン・オズー（Adrien Auzout, 1622–1691）と夕食の約束をし，デカルトの生涯と学説についての議論に加わった（A III, 4, N. 219）．オズーは元々はパリの王立諸学協会の会員であったが，1668年以降，在野の研究者としてローマに滞在していた．オズーはデカルトと直接の面識を持っていたので，クロード・ニケーズ（Claude Nicaise, 1623–1701）からバイエのデカルト伝のために寄稿するよう要請された．折良くライプニッツがローマを訪れていたので，クレルスリエ宅でデカルトの生原稿を見たライプニッツの仕事を取り付けたのである．

ライプニッツはそのときの議論を記録したものを改訂した覚書を残している[14]．ライプニッツはそれをオズーへの手紙に添付したと述べているので，その覚書がニケーズ神父を介してバイエにも伝えられた，ローマでの議論の

13）　Adrien Baillet［1691］, *La vie de Monsieur Descartes*, I, xxvi.

14）　“Notata quaedam G. G. L. circa vitam et doctrinam Cartesii”,［1689年春～秋（?）］（A VI, 4, 2057–2065）.

内容だったのであろう（A III, 4, N. 220).

覚書には，初期デカルトについても言及がある．「リプシュトルプが語るところでは，デカルトはドイツで注目すべき数学者であり，とりわけ数論の分野において持続的に貢献しているファウルハーバーと共にあり，この驚きに青年は捉えられた」（A VI, 4, 2058）．まさに，『思索私記』や『立体論』が起草された時期のことだ．ただし，これはリプシュトルプの伝記に基づいた記述であり，デカルトがファウルハーバーと面会したかどうかの確証にはならない．

また同じ時期に，ライプニッツは，デカルト主義について，ゲルハルト・マイヤーと手紙のやり取りをしている（A II, 2, 409–410 etc.)．この時期，ライプニッツはパリで写したデカルトのノートを想い出し，再考したに違いない．しかし，ライプニッツによるデカルトの生涯と学説に関する覚書にも，バイエの伝記にも，『立体論』の数学的内容の反映を見ることはできない．

ライプニッツはほかでも，いたるところでデカルトに関して言及している．1679 年の，デカルトとデカルト主義について私見を述べた書簡において，デカルトは有能な幾何学者であるが，ヴィエトの仕事を読んだはずであるのに反映していないとか，ディオファントス問題や逆接線法は彼の幾何学では扱えない問題であることを認めるべきである，などの批判をしている[15)]．確かにヴィエトの仕事の反映が初期数学論には見られないのであり，またヴィエトを学んだであろう後も，デカルトはヴィエトの影響を否定したり，言及を避けている面がある．他方で，デカルトの『立体論』に見られるような，多面体がもつ代数的性質についての解析幾何学的考察について，ライプニッツが何らかの評価を与えているような箇所は，その書簡でも見ることができない．

直接的な言及はないにしても，デカルトの『立体論』は，ライプニッツの位置解析（Analysis Situs）との関わりや影響関係が示唆されうる．プルーエやコスタベルは，デカルトが『立体論』で示した幾何学的図形がもつ代数的性質を取り出して，「代数的」手法による立体の公式や定理を確立したと

15）LEIBNIZ AN –（?）［1679］（A II, 1, N. 219, p. 780).

ころに，ライプニッツの幾何学的記号法に先立つトポロジー上の業績を見る．

しかし，ライプニッツの位置解析が相似や合同の関係という質的側面に注目したのに対して，デカルトの『立体論』は立体がもつ性質の量的側面にのみ注目している点で大きく異なる．デカルトがここで成し遂げていることは，オイラーに先立つ組み合わせ論的なトポロジーの先駆ともみなされうる成果ではあるが，トポロジーや位置解析のような図形がもつ質的側面の探究の路線の先駆とみなすことはできないと考える．

ライプニッツが『立体論』などのデカルトの秘密のテキストについて何も語らなかった理由は定かではない．また，デカルトが未完のまま放置した多面体に関する諸性質の発展的研究を行わなかった理由も不明である．そこから伺われるのは，デカルトが『立体論』で扱った主題が，ライプニッツにおいては中心的関心ではなく，また中心的課題ともならなかったということである．デカルトもまた，数学から形而上学へと次第に関心を移していった．後にライプニッツはデカルトの数学研究ノートを筆写したことを想い出したかもしれないが，あれだけデカルトに対抗意識をもち，思考を記録にとどめることにマメだったライプニッツが，文書で再考するところにすら至らなかったのである．デカルトの方法を超える普遍数学や微分法を売り出していたライプニッツにとって，『立体論』への言及は，むしろ，デカルトやデカルト主義者たちの名声を高めることになる，という政治的策略も働いたかもしれない．

このように，さまざまな憶測はできるが，『立体論』のライプニッツへの明確な影響は見出せないのが現状である．

4.『立体論』の意義

最後に，『立体論』の意義について考察しよう．

この原稿が注目されるべき理由は，(1) 第一に，立体がもつ代数的性質について，デカルトによる独創的な発見が提示されているからである．後にオイラーは（凸）多面体に関する公式，$V-E+F=2$，すなわち「頂点の数－辺の数＋面の数＝2」を見出すことになるが，デカルトはこの定理に後一歩のところまで迫る重要な定理を発見したのである．(2) 第二に，『立体論』は，コス記法を用いた多面体についての代数的研究として，デカルトの代数的思考様式の展開を知る上でも，きわめて貴重な資料である．「厳密さの欠如，トポロジーの観点の不在など，このテキストを沈黙に帰した理由は，今日の人々の目に差し迫っている」とコスタベルは指摘しているが，もしこのテキストが後の位置解析の展開においてある役割を演じたならば，確かに重大な関心が払われるべきであろう．むろん，デカルトがここで達成したことをオイラーの定理の先駆ないし位置解析やトポロジー的発想の先駆とみることができるかどうかは，注意を要する論点である（論点参照）．われわれは最後に，(3) 後世の評価も合わせて検討する．

(1) まず，第一の点について，もう少し詳しく検討したい．多面体に関する公式の確立に至るまでの歴史を見た場合，その数学的意義は際立っている．正多面体がプラトン的立体とも言われるように，多面体の問題はプラトン以来の伝統的問題である．すでに正多面体が5種類あることは，プラトンが『ティマイオス』で述べており，そこでプラトンは宇宙を構成する元素に正多面体を割り当てている[16]．また，プラトンは『ティマイオス』ですでに正立体を組み立てる手順も示している[17]．

エウクレイデス『原論』の最後の第XIII巻が，まさに正多面体論である．『原論』の最後を飾る命題が，正多面体が5種類に限られるという定理であるが，エウクレイデスの手法は，作図に基づく幾何学的証明である．それに対してデカルトは，その代数学的証明を史上はじめて与えた．

ケプラーもまた，『宇宙の神秘』および『宇宙の調和』において，多面体に関する数学的考察を展開した[18]．そこには，ピュタゴラス主義あるいはプラトン主義的な神秘主義数学の側面もあり，宇宙を正多面体の入れ子として

16）プラトン『ティマイオス　クリティアス』（『プラトン全集 12』）種山恭子訳，岩波書店，2005年．

17）T. L. ヒース『復刻版ギリシア数学史』平田寛・菊池俊彦・大沼正則訳，共立出版，1998年，pp. 86–88, 142–143.

18）ヨハネス・ケプラー『宇宙の神秘』大槻真一郎・岸本良彦訳，工作舎，1982年；同『宇宙の調和』岸本良彦訳，工作舎，2009年．

描いた図はあまりに有名である．とりわけ『宇宙の調和』第2巻は，神秘主義的な側面は脇に置いて，幾何学的な側面だけをとっても，正立体のほかに半正多面体（アルキメデス的立体）や他の多くの調和的な多面体を発見し詳細に分析しており，多面体に関するもっとも深い探究を示したものとして高く評価されよう．しかし，多面体数を計算し，正立体，半正立体に関する公式を系統的に示したのは，デカルトの『立体論』が最初である（佐々木[2003]，171）．

⑵ 次に，第二の点について補足する．オイラーの公式にあと数手で迫る定理を発見したことだけでも意義は十分であろうが，代数的思考様式の展開を考える上でも，このテキストは重要な位置付けを持つ．デカルトが『立体論』で行っている代数的手法による立体の公式や定理の確立は，しばしばデカルトの業績として取り上げられる解析幾何学の高次方程式における代数の使用とは，着眼点が明らかに異なっている．デカルトは，みずからの代数的精神に基づき，若い頃に学んだコス式記号などを巧みに利用しつつ，立体の計量的側面に焦点を当て，それらの代数的公式を導きだすことに成功した．プラトン的立体が5つしか存在しないことの代数的証明も，デカルトが最初である．

また，プラトンやケプラーと比較すると，デカルトの『立体論』にはいかなる神秘的な前提も，余計な哲学的憶測も介在していない．それは，神秘主義的数学からの解放を示す，純粋な数学的論考である．プラトンの『ティマイオス』や，ケプラーの『宇宙の神秘』『宇宙の調和』と異なり，正多面体に対して元素との関係を示唆するようなことはない．彼らにとっては，正多面体を宇宙の構成要素とみなして，宇宙の数学的構造を説明することが目的であった．あるいは，数学的比例が世界の構造に何らかの仕方で埋め込まれているとする想定があった．それに対し，デカルトの『立体論』には，数秘術的な色彩や，何か形而上学や自然学ないし宇宙論と結びつけて論じているところはない．それは，幾何学的立体の性質そのものを研究の目的とする，純粋な数学的研究である．

⑶ 最後に，後世の研究者による『立体論』の評価である．たとえば佐々木は，『立体論』を「デカルトの青年期の最も深淵な数学的傑作」と評価す

る（佐々木［2003］, 171）．未出版の不完全なテキストとはいえ，ライプニッツが筆写したものだけでも重大な意義があることを確認したのであるから，訳者もこの結論に異存はない．デカルトが『立体論』を世に問う形にするまで考察を追求しなかったのが残念である一方で，またそれが秘められた謎として大きな魅力を放っている．

またクロムウェルは，次のように評している．「デカルトは多面体を一般論から研究した最初の人であった．それより以前は，人々は特定の多面体の例に興味を示したり，いくつかの多面体の間に共通した性質を研究し，すべての多面体の集合を全体として調べるというアイデアはどの研究者にも思い浮かばなかったようである」（クロムウェル［2014］, 186）．デカルトは代数学の手法を，単に個別的な問題の解法としてではなく，幾何学的図形の一般的な性質や構造の探究に用いた．もし公表されていれば，近代の抽象数学への道をさらに加速させたかもしれない．

『立体論』では，オイラーの公式の明示的な導出には至っていないが，デカルトはその解析幾何学の手法を駆使して，多面体という幾何学的図形について一般的に成り立つ代数学的性質を発見した．後の『幾何学』とはまた異なる観点から，デカルトの代数的思考の展開をこの著作のうちに見ることができよう．

公表されなかったデカルトの研究はその後，長い間，忘却されることになる．多面体の研究に関して実質的な影響を与えたのは，デカルトの死から100年後，多面体に関する有名な公式を発見した，レオンハルト・オイラーである．この発見はしばしばトポロジーの起源ともみなされるが，オイラー自身がトポロジーという新しい幾何学の分野を創出したわけではない．その後の数学者たちによる，オイラーの公式に潜む本質に関する探究が，トポロジーという分野を登場させたのである．

謝　辞

ハノーファーにあるライプニッツ図書館のジークムント・プローブスト博士（Dr. Sigmund Probst）には，ライプニッツのマニュスクリプトの閲覧のほか，資料のコピーを頂くなど，さまざまな便宜をはかっていただいた．最後に記して感謝したい．

参考文献

[1] LH IV, 1, 4b, fol. 1 r-v, fol. 15 r.（Leibniz Archiv – Gottfried Wilhelm Leibniz Bibliothek, Hannover における，ライプニッツ手稿の整理記号）

[2] Descartes, René. *Exercices pour les éléments des solides, Essai en complément d'Euclide*, Progymnasmata de solidorum elementis, Édition critique avec introduction, traduction, notes et commentaires par Pierre Costabel, Paris, Presses Universitaires de France, 1987.［C］

[3] Descartes, René. *Œuvres de Descartes*, Tome X, publiées par Charles Adam & Paul Tannery, Paris, Vrin, 1996, pp. 257–277.（1986 年に出された改訂新版の縮刷版）［AT］

[4] Descartes, René. *Progymnasmata de Solidorum Elementis excerpta ex Manuscripto Cartesii*, Giulia Belgioioso 編訳, *Opere postume 1650–2009*, Mirano, Bompiani, pp. 1224–1239.［B］

[5] Federico, P. J. *Descartes on Polyhedra. A study of the* De solidorum elementis, New York-Heidelberg-Berlin, Springer Verlag, 1982.

[6] *De solidorum elementis. Excerpta ex manuscripto Cartesii*, dans les *Œuvres inédites de Descartes*, Deuxième partie, précedés d'une introduction sur la méthode par M. le Cte Foucher de Careil, Paris, Auguste Durand, 1860, pp. 217–226.［FdeC］

[7] Prouhet, E. "Notice sur la partie mathématique des *Œuvres inédites de Descartes*, deuxième partie, publiées par M. le Comte Foucher de Careil", *Revue de l'Instruction publique*, 1er novembre 1860, p. 484–487.（最初の仏訳）

[8] Jonquières, Ernest de. *Ecrit posthume de Descartes* De Solidorum elementis. *Texte latin (original et revu) suivi d'une traduction française avec notes*, Paris, Institut de France, 1890.

[9] Descartes, René. *Exercices pour les éléments des solides, traduction nouvelle*, présentation et notes par André Warusfel, dans les *Œuvres complètes, I. Premiers écrits – Règles pour la direction de l'esprit*, Édition publiée sous la direction de Jean-Marie Beyssade & Denis Kambouchner, Paris, Gallimard, 2016, p. 215–231 ; pp. 597–614.

[10] ルネ・デカルト『幾何学』原亨吉訳，ちくま学芸文庫，2013 年.

[11] 佐々木力『デカルトの数学思想』東京大学出版会，2003 年.（とりわけ，第

三章第 3 節『立体の諸要素について』)

[12] Costabel, Pierre. *Démarches originales de Descartes savant*, Paris, Vrin, 1982.

[13] Gouhier, Henri. *Les Première pensées de Descartes: Contribution à l'histoire de l'Anti-Renaissance*, Seconde édition, Paris, Vrin, 1979.

[14] Manders, K. "Algebra in Roth, Faulhaber, and Descartes", *Historia Mathematica*, 33 (2006), 184–209.

[15] Rabouin, David. "What Descartes knew of mathematics in 1628", *Historia Mathematica*, 37 (2010), 428–459.

[16] Jullien, Vincent. *Descartes*, La Géométrie *de 1637*, coll. "Philosophies", Paris, Presses Universitaires de France, 1996.

[17] Leibniz, Gottfried Wilhelm. *Sämtliche Schriften und Briefe*, Ed. von Deutsche Akademie der Wissenschaften, Darmstadt und Berlin, Akademie Verlag, 1923– . (A を略号とし，系列，巻号，頁数ないし作品番号で示す.)

[18] Milhaud, Gaston. *Descartes savant*, Paris, Librairie Félix Alcan, 1921.

[19] アミール・D. アクゼル『デカルトの暗号手稿』水谷淳訳，早川書房，2006 年.

[20] P. R. クロムウェル『多面体　新装版』下川航也・平沢美可三・松本三郎・丸本嘉彦・村上斉訳，数学書房，2014 年.

[21]『ユークリッド原論　追補版』中村幸四郎・寺阪英孝・伊東俊太郎・池田美恵訳，共立出版，2011 年.

[22] デビッド・S. リッチェソン『世界で二番目に美しい数式　上　多面体公式の発見』根上生也訳，岩波書店，2014 年.

IV

『二項数の立方根の考案』

武田裕紀

『二項数の立方根の考案』*Invention de la racine cubique des nombres binômes*（以下『考案』と略記）は，トゥールーズ市立図書館が1969年ごろにイタリアから入手した写本群に含まれた，一断片のタイトルである．この断片はすぐさまコスタベルによって校訂・注解され[1)]，すでに知られているデカルトのテキストと多くの点で内容が符合することが明らかになった．コスタベルの詳細な分析によると，この文書は，1639年から1640年にかけて展開した二項数の立方根に関するスタンピウンとワーセナールによる論争（$\sqrt[3]{a+\sqrt{b}}$ を $x+\sqrt{y}$ に直す方法）の最終的な局面を示しており，そのため，この論争を通じて生み出されたさまざまな文書から構成されるというハイブリッドな性格をもっている．本解説では，このテキストのやや錯綜した素性を明らかにしていきたい．

1. スタンピウン＝ワーセナール論争

ロッテルダムの数学者スタンピウン（Jan Jansz Stampioen, 1610–1653）は，オラニエ家のウィレム公子（後のウィレム二世）の家庭教師を務めた，当時，著名な数学者のひとりである．デカルトとの接点のみ簡潔に記しておくと，1633年末に三角形の辺に関する問題[2)]を，デカルトを含む何人かの数学者に

1) Pierre Costabel, “Descartes et la racine cubique des nombres binômes” in *Revue d'Histoire des Sciences et leurs Applications*, t. XXII, 1969, pp. 97–116. この論文はPierre Costabel, *Démarches originales de Descartes Savant*, Vrin, 1982, pp. 121–140に収録されており，参照の頁数はこれに拠る．

2) 問題は不明であるが，デカルトの解答から「角Aが直角である三角形ＡＢＣを作図し，

送付，デカルトはこれを解くための方程式を立てたが，その方程式の解については，「一般的かつ十分な規則を知ることができるとしても，しかしながら，もし主に問題になるのはその根が何らかの二項数かほかの無理数によって表されるかどうかを吟味することであるならば，かならず冗長になる」[3]として導かなかった．このデカルトの解答をスタンピウンは不十分と見なしたことで，両者の間に感情的なしこりが残る．のちにデカルトは，「この男が以前から機会あるごとに私のことを悪く言っていたのは知っていました」[4]と述懐している．

1639年の『代数あるいは新・方法』*Algebra ofte Nieuwe Stel-Regel* は，366頁の大著で，デカルトの『幾何学』と似通った体裁をとり，同じマイレから出版された．しかも，1633年にデカルトが「冗長」として回避した箇所のひとつである二項数の立方根を解く方法を提示した．これを挑発と受け取ったデカルトは，ワーセナール（Jacob Van Waessenaer，生没年不明）というユトレヒトの若者に，誤りを指摘する冊子『代数あるいは新・方法に対する講評』*Aemmerckingen op den Nieuwen Stel-Regel*（以下『講評』と略記）を公表させた．ワーセナールについては測量士ということ以外には詳細は不明であり，著名な数学者とは言いがたい．明らかに，『講評』の執筆には，かねてよりスタンピウンに対してよい心証を抱いていなかったデカルトが協力していた．デカルトはホイヘンス（Constantin Huygens, 1596–1687，科学者ホイヘンスの父）に対して次のように述べている．「『新しい方法』など，彼の側から送って寄越すのでないならば，わざわざ読みなどしなかったでしょう．ところが，それをこうして受け取った．そして，執筆意図は世間を欺くこと以外の何ものでもないことがはっきりと見て取れた．私の沈黙はそれを是認する効用を果たしてしまうかもしれない．それで私は良心から，真理を世に知らせる義務が自分にはあると考えたわけです」[5]．

正方形DEFGがそれに内接するとき，三角形の最小辺ACが正方形の辺の二倍になるようにせよ」と想定される（AT. I, 275）．

3）　スタンピウン宛書簡1633年末（AT. I, 276；『全書簡集』I，240）．

4）　ホイヘンス宛書簡1640年1月3日（AT. II, 740；『全書簡集』IV，9）．

5）　同上．

このように論争は，当初からワーセナールの名を借りたデカルトの代理戦争であった．スタンピウンはこれに対抗して，1639年10月末にワーセナールの指摘が不当である旨を告げる『召喚状』*Dagh-vaerd-brief*を印刷した[6]．この動きに抗戦すべくワーセナールは，公証人を動かして，事の当否を第三者の判定に委ねる旨を申し出る陳述書[7]を，1639年11月14日にライデン大学の法学者で学長であるデデル（Nicolaus Dedel, 生没年不明）の前で読み上げた．陳述書の内容は，⑴スタンピウンの『代数あるいは新・方法』が正しいか，あるいはワーセナールの反駁が正しいか決着をつけ，⑵そのための審判としてライデン大学の数学教授であるゴリウス（Jacob Golius, 1596–1667）とスホーテン（Frans Van Schooten, 1581–1645）の二氏を認め，⑶その判定は，件の文書に加えて今後六か月以内に公表される文書によってなされること，以上の三点についてスタンピウンの同意を求めるものであった．さらにワーセナールは，公証人を通じて，いわば勝負の供託金としてデデルに600フロリンを預けた[8]．

一週間後の11月23日にスタンピウンは，ワーセナールだけでなく彼の背後にいたデカルトも論争者として名指しした文書（デカルトは「果たし状」と呼んでいる）[9]で，次の三点を明らかにした．第一に『代数あるいは新・方法』の25–27頁に記された一般的規則が誤りであるか否かが係争点であること，第二に審判としてはゴリウスとベルリコム（Andries Van Berlicom, 1587–1656, ロッテルダム市助役）を認めること，第三に1640年1月1日までに判定を下すこと，それまで自身も600フロリンをデデルに供託すること，である．なお，この文書は正式には11月23日の日付となっているものの，11月19日付ファン・スルクからホイヘンス宛で「たったい

6) メルセンヌ宛書簡1640年1月29日（AT. III, 5–7 ;『全書簡集』IV, 14–16）で，デカルトはそれまでの論争の経緯を報告している．

7) AM. III, 275–276に原文（フラマン語）のフランス語訳がある．『全書簡集』III, 321–322にフランス語訳からの邦訳がある．

8) 以上の経緯は，ホイヘンス宛書簡1639年11月17日（AT. II, 687–691 ;『全書簡集』III, 272–275）で報告されている．

9) AM. III, 277–278に原文（フラマン語）のフランス語訳がある．『全書簡集』III, 323–324にフランス語訳からの邦訳がある．

ま届いた」[10]とされているので，実際にはもう少し早い時期に執筆されたのであろう．

他方で，11月17日から23日の間にホイヘンスは両者の主張を取りまとめた「仲裁書（判定の論点と方法を明確にしたもの）」を準備していた．デカルトも，23日のスタンピウンによる文書を反映させてより論点を明確にするためこれに朱入れし，他方で同時に，友人のファン・スルク（Anthonis Studler van Zurke, 1607–1666）にも「仲裁書」への協力を求めている[11]．

スタンピウンの側も12月に自ら仲裁案を作成しファン・スルクに送付した．ファン・スルクはこれをデカルトに転送，デカルトは加筆・修正を施しスタンピウンに送り返した．この文書によって両者の係争点が明確になる．それは，『代数あるいは新・方法』の25，26，27頁に記された規則は，「著者がそれを利用できるとする用途——**すなわち，その規則によって，単項のあるいは二項の根をもつあらゆる二項数から立方根を導くという用途**——には適していないこと．したがって，この規則はその名にまったくふさわしくないこと．これに対して，私ヤン・スタンピウンは，次のように主張する．すなわち，上記規則は正しく，本規則の目的として私が想定した上述の目的に適合していること」[12]である．このうち，太字の箇所がデカルトの加筆である．つまりデカルトの批判の眼目は，スタンピウンの方法が，二項数の立方根を導くための「規則」としては一般性に欠けているという点にある．じっさい，スタンピウンの方法は，

$$(A+\sqrt{B})^3 = A^3 + 3AB + \sqrt{B}\ (B + 3A^2) = a + \sqrt{b}$$

という恒等式から，

$$a - A^3 = 3AB$$

10） ファン・スルクからホイヘンス宛書簡1639年11月19日（AT. II, 710 ;『全書簡集』III, 299）．

11） ファン・スルク宛書簡1639年11月26日（AT. II, 712–714 ;『全書簡集』III, 289–290）．

12） AM. III. 279–280 ;『全書簡集』III, 327.

を用いて，$a - A^3$ が「3 であまりなく割り切れるように」[13]もっとも大きい A を決定することから始めるものであり，このような A が存在する場合しか扱えない．

こうした経緯を経て，12 月の半ばに以下の四つの条件で当否を決することに同意した．

(1) 争点となっているのは，二項数の立方根を導くために『代数あるいは新・方法』の 25–27 頁に記された一般的規則が適当であるかということ．

(2) 審判として，ゴリウスとスホーテンの二氏に加えて，スタンピウンの要望によりベルリコムを，ワーセナールの要望によりユトレヒト大学の数学・法学教授である B. スホーテン（Bernard Schotanus, Schooten, 1598–?）を追加する．

(3)『講評』に対する反論をスタンピウンは一か月以内に提出でき，ワーセナールはそれに対する再反論をその 14 日後以内に提出できる．

(4) 期限後一か月以内に審判は判定を下し，敗者は供託した 600 フロリンを没収される．そしてこの供託金はライデンの貧者のために分配される[14]．

そののちデカルトは，1640 年 1 月 29 日に事の次第をメルセンヌに報告する一方，2 月 1 日にはワーセナールに宛てて，数学的な内容に踏み込んだフランス語とオランダ語による書簡を送っている．前者の書簡は本論争のきわめて簡潔なデカルト側からの要約となっており，また後者は『考案』の要となる数学的な内容を含んでいる．

こうした紆余曲折を経て最終的にワーセナールの側に軍配が挙がるのは 1640 年 5 月 24 日にまでずれ込み，同日にデカルトの元にもこの判定が届けられた[15]．この文書は，ワーセナールによる *Den On-wissen Wiskonstenaer I.-I. Stampioenius ontdeckt*（…）およびスタンピウンによる *Verclaringe over hetgevoelen*（…）（いずれも 1640 年刊）において公にされた．しかしそののちも，スタンピウンがパリの数学者に直接文書で訴えかけるのではないかと

13） 以下で述べることだが，スタンピウンの規則は『考案』の冒頭部分に示されている．

14） AM. III. 279–281 ;『全書簡集』III, 327–329.

15） レギウス宛書簡 1640 年 5 月 24 日（AT. III, 69–70 ;『全書簡集』IV, 69）.

警戒したデカルトは，1640年8月6日にメルセンヌに対して，スタンピウンとワーセナールの規則の双方を記し，ワーセナールに理があることを説明した文書を送付した．この文書は散逸しているが，同日の書簡の証言から，本稿の主題である『考案』の主要部分を含んでいると考えられる．さらに，9月30日にはメルセンヌ宛のなかで，この規則を拡張して五重根，七重根について示し，「それ以降の無限に続いていく根に適用するのは容易」[16]であると述べている．以上が本論争の概要である．

2.『考案』の構成とメイボム写本

2-1.『考案』の構成

冒頭でも述べたように，本テキストは上記の論争の関連文書をまとめた手稿であり，論証はやや一貫性を欠いている．ただし，内容上大きく分けて三つの部分から構成されていることが確認できる．以下では内容に即して全体をA, B, Cに区分して，段落ごとに由来となるテキストを照合する（行数はAT版に振られた『考案』に対するものである）．

区分A（ll. 1–28, AT. V, 612–613）

ワーセナールの*Den On-Wissen Wiskonstenaer I. I. Stampioenius ontdeckt*, Leyden, 1640, pp. 35–36（AT. III, p. 149に収録）の仏訳．

区分B（ll. 29–121, AT. V, 613–615）

「準備」（ll. 32–53）

第一段落：メイボム写本（オランダ語）のフランス語．また内容上は，1640年2月1日付デカルトからワーセナール宛（AT. III, 27–28）とも対応する．

第二段落：メイボム写本のフランス語．また『数学摘要』（*Excerpta Mathematica*）の第V断片（AT. X, 302–304）に同じ数値例$\sqrt[3]{10+\sqrt{98}}$があ

16） メルセンヌ宛書簡1640年9月30日（AT. III, 190；『全書簡集』IV, 165）．

る.

「**規則**」(ll. 54–121)

第一段落：1640年2月1日付デカルトからワーセナール宛（AT. III, 27–28）と内容的に対応.

第二段落：1640年9月30日付デカルトからメルセンヌ宛に数値 $\sqrt[3]{20-\sqrt{392}}$ のみあり．メイボム写本のフランス語.

第三段落：メイボム写本に, $\sqrt[3]{10+\sqrt{108}}$ を計算した痕跡がある.

区分C（AT. III, 188–190）

第四, 五段落：1640年9月30日付デカルトからメルセンヌ宛（AT. III, 108）のコピー.

まずコスタベルによってすでに同定されている箇所（すなわちメイボム写本以外のすべて）から見ていこう[17]．区分Aは，論争の判定後にワーセナールの執筆した文書 *Den On-Wissen Wiskonstenaer I. I. Stampioenius ontdeckt* (…) に記された，論敵たるスタンピウンの規則を提示した箇所である．また区分Cは，1640年9月30日付デカルトからメルセンヌ宛書簡から，デカルトの旧友の一人であるディディエ・ドゥノ（Didier Dounot, 1574–1640）のために執筆した関連箇所だけを抜粋したものである.

残りの区分B，すなわち「準備」および「規則」の第1～3段落が『考案』の核心部分である．その主導的なアイデアは，1640年2月1日デカルトからワーセナール宛書簡（以下，ワーセナール宛書簡と略す）に由来する．ただし数値例はそこでは示されておらず，またテキストの文言自体が同一であるわけではない．$\sqrt[3]{10+\sqrt{98}}$ の数値例は，成立年代不明の文書『数学摘要』(*Excerpta Mathematica*）の第V断片（AT. X, 302–304)（本書 pp. 192–193に収録）に見られる．また $\sqrt[3]{20-\sqrt{392}}$ の数値例は，結果のみ1640年9月30日メルセンヌ宛書簡に記されている.

17) Pierre Costabel, *op. cit.*, pp. 126–132.

2-2　メイボム写本（ハーグ写本）

次にメイボム写本に移ろう．これは，1984年6月にビュゾン氏がハーグで発見した，デンマーク人の音楽学者，文献学者，数学者であるメイボム（Marcus Meibom, 1630–1710）による写本 Recueil à calcul du Monsr. Carthesius ecrit par Monsr. M. Meibom, seren. Reg Daniae Consiliis（Ms 73 J 17）[18]に含まれた一文書のことである．この写本は，『デカルト氏の『幾何学』のための計算論集』（*Recueil du calcul, qui sert à la Géométrie du Sieur Des-Cartes*, 1638，以下『計算論集』と略記）をメインのテキストとするもので，詳細については，本書 pp. 325–327 のハーグ写本についての解説をご覧いただきたい．なお，ここでは47頁ある写本全体を「ハーグ写本」と呼び，この「ハーグ写本」のうち『考案』を含む部分のみを指して「メイボム写本」と呼ぶこととする．

さてハーグ写本は4つのテキスト①『デカルト氏の『幾何学』のための計算論集』（仏語）②「ペルティエの本から取られたこの新しい計算についての多くの例題と問題とが続く」（仏語と羅語）③「クラヴィウスの代数学の分数の要約」（仏語）④「二項数の立方根についての一般規則」（蘭語）を24葉47頁に収めている．そのうちの27頁は，『デカルト氏の『幾何学』のための計算論集』が占めていて，これはデカルトの『幾何学』の理解のためにオランダ人のハーストレヒト（Godefroot Haestrecht, 1592–1656）が執筆したテキストとして知られている．ハーストレヒトは1638年3月以降にこのテキストを仕上げ[19]，デカルトはこれを7月13日にメルセンヌに送付[20]した．その後，ハーストレヒトは10月以降に増補版を計画し[21]，実際に第五の問題を追加した版が，1640年3月1日にメルセンヌからホッブズに送付されている[22]．ハーグ写本ではこの第五の問題が収められていないことから判

18）P. Costabel, «Découverte d'un nouveau manuscrit de l'«Introduction à *la Géométrie*»», in *Archives de philosophie*, 47, Bulletin cartesien, p. 74, 1984.

19）ミドルジュ宛書簡 1638年3月1日（AT. II, 22–23；『全書簡集』II, 148）.

20）メルセンヌ宛書簡 1638年7月13日（AT. II, 246；『全書簡集』II, 334）.

21）メルセンヌ宛書簡 1638年10月11日（AT. II, 392–393；『全書簡集』III, 95）.

22）AT. IV, 212 参照.

断すると，原本の作者は，1640 年 3 月より前の段階で『計算論集』を筆写し，その後これに関連する代数の問題（②と③），さらに④「二項数の立方根についての一般規則」を続けて筆写したはずである．この二項数の立方根に関するテキストが『計算論集』を含むひとまとまりの写本に収録されたのは，『計算論集』における主要な主題のひとつである二項数の平方の拡張と考えられたためであろう．そして，オランダ語で書かれた④のテキストのフランス語ヴァージョンが，『考案』の一部に該当するわけである．

なお 1630 年生まれであるメイボムが，この論争を目の当たりにしていたわけではない．つまり，メイボム写本の原本は，おそらくハーストレヒト本人かその周辺の人物によって作成され，メイボムがこれを筆写したのは，ずっと後年のはずである．

3. テキストの数学的内容

カルダーノ＝タルターリアの公式を用いて三次方程式を解こうとすると，しばしば解の中に二項数の立方根が登場する．これを開いて別の二項数 $x+\sqrt{y}$ で表すという問題が当時関心を集めていた．スタンピウンは 1639 年に出版した著作『代数あるいは新・方法』のなかで「二項数の立方根を開く一般的な方法（Een generale ende seer lichte Regel om den Teerling-wortel te trecken uyt twee-naemighe ghetallen）」を発表した．『考案』区分 A では，そのスタンピウンの方法が提示される．

$$a+\sqrt{b}=(x+\sqrt{y})^3=x^3+3x^2\sqrt{y}+3xy+y\sqrt{y}=x^3+3xy+\sqrt{y}(3x^2+y)$$

という恒等式を置くと，

$a=x^3+3xy$，$\sqrt{b}=\sqrt{y}(3x^2+y)$ となり，

まず，$a-x^3$ が 3 で割り切れるような最大の x をもとめる．

続いて $a-x^3$ を $3x$ で除し，商である y の平方根を開く．

最後に $\sqrt{b}$ を $\sqrt{y}$ で除したものが $y+3x^2$ に等しければ，$x+\sqrt{y}$ は $a+\sqrt{b}$ の立方根である．

たとえば $26+\sqrt{675}$ の場合，$a=26$ なので $x^3=8$ と $3xy=18$ となり，$x=2$,

$y=3$ となる．したがって立方根は $2+\sqrt{3}$ となる．以上が区分 A の内容である．

しかしこのやり方では，たとえば $a+\sqrt{b}$ が $56+\sqrt{1805}$ の場合，$x=2$ で $y=8$ となるが，$\sqrt{\frac{1805}{8}}$ は有理数にならないので解けない．ところが $3\frac{1}{2}+\sqrt{\frac{5}{4}}$ はこの数の立方根である．このような分数を含む式は規則の条件から除外されてしまう[23]．

これに対しデカルトは，

$$a+\sqrt{b}=(x+\sqrt{y})^3=x^3+3x^2\sqrt{y}+3xy+y\sqrt{y}$$

が成り立つための必要条件は，a^2-b が立方数（ないし分子と分母が立方数の有理数）になることであることを示す．

区分 B の「準備」で省略された部分を，ワーセナール宛書簡の内容で補足しつつ簡潔に述べると，$a+\sqrt{b}=(x+\sqrt{y})^3$ ならば，$a-\sqrt{b}=(x-\sqrt{y})^3$ となり，$a^2-b=(x^2-y)^3$．x および y は有理数であったので，a^2-b は立方数（ないし分子と分母が立方数の有理数）でなければならない．a^2-b が立方数にならない場合，$a+\sqrt{b}$ を乗じて新たな二項数 $\mathrm{A}+\sqrt{\mathrm{B}}=(a^2-b)(a+\sqrt{b})$ を作れば，

$$\mathrm{A}^2-\mathrm{B}=(a^2-b)^3$$

となることが示せるというものである．

続く区分 B の「規則」は，前節で述べたようにワーセナール宛書簡のフランス語部分に相当する内容である．ワーセナール宛書簡では記号を用いてより詳細に記述しているので，その解法を以下で簡潔に祖述する．

$a+\sqrt{b}$ の立方根 $x+\sqrt{y}$ が存在するなら，

$$(x+\sqrt{y})^3=x^3+3xy+(3x^2+y)\sqrt{y}=a+\sqrt{b}$$

$x^3+3xy=a$ …①

23） Jacob van Waessenaer, *Aanmerckingen op den Nieuwen Stel-Regel*, Leiden, 1639, p. 8.

a^2-b の立方根を c と置くと，$a^2-b=(x^2-y)^3$ より

$y=x^2-c$ …②

が得られ，両辺に $3x$ を掛けて，x^3 を加えると

$$x^3+3xy=4x^3-3cx$$

①より

$$4x^3-3cx=a$$

両辺に 2 を掛けて，$z=2x$ とおくと，

$$z^3=3cz+2a \text{ を得る．}$$

ここでデカルトは，「この第二の方程式の根が有理数でなければ，$a+\sqrt{b}$ の立方根が二項数で表せないのは明らかであり，もしそれが有理数であれば，$3c$ と $2a$ が整数であるので，それは必ず整数でなければならない．そしてそれゆえ，z の半分である x も必ず整数であるか，ある整数の半分である」と述べる．

引き続き，$\sqrt[3]{a+\sqrt{b}}$ を n と置くと，$a+\sqrt{b}$ の立方根 $x+\sqrt{y}$ が存在するので，

$n=x+\sqrt{y}$,

②より

$\dfrac{c}{n}=\dfrac{x^2-y}{x+\sqrt{y}}=x-\sqrt{y}$

$n+\dfrac{c}{n}=2x=z$

$x=\dfrac{1}{2}n+\dfrac{c}{2n}$ となる．また z は，

i）$a^2>b$ の場合，$n+\dfrac{c}{n}$

ii）$a^2<b$ の場合，$n-\dfrac{c}{n}$

ここで，n より少し大きいが超過分が $\dfrac{1}{2}$ を越えない有理数の立方根を m とすると「$\dfrac{c}{n}$ が $\dfrac{c}{m}$ を超過する分は m が n を超過する分よりつねに少ないので，$m+\dfrac{c}{m}$ が 1 より少ないところの量だけ z より大きい有理数であること，

したがってz，すなわち$n+\frac{c}{n}$は，求められている根が二項数であるような場合には必然的に整数であるが，その整数は，分数$m+\frac{c}{m}$に含まれる最大のものである」と述べる．すなわち，ⅰ）について考えてみると，

$m>n$かつ$m-n<\frac{1}{2}$として，$\frac{c}{n}-\frac{c}{m}<m-n$…③より

$$m+\frac{c}{m}-z=m+\frac{c}{m}-(n+\frac{c}{n})=m-n-(\frac{c}{n}-\frac{c}{m})<1$$

zは必ず整数でなければならないとデカルトは述べていたので，$m+\frac{c}{m}$に含まれる最大の整数がzになる．こうしてデカルトは，与えられた二項数が二項数の立方根であるためには，zは$z^3=3cz+2a$という方程式の根である場合であり，zの半分はx，つまり求める根の項の一方であり，その平方からcを引くと，もう一方の項の平方であるものを得る，と結論づける．

$\frac{c}{n}-\frac{c}{m}<m-n$ …③の証明にあたっては，デカルトは以下のような図形を利用している．

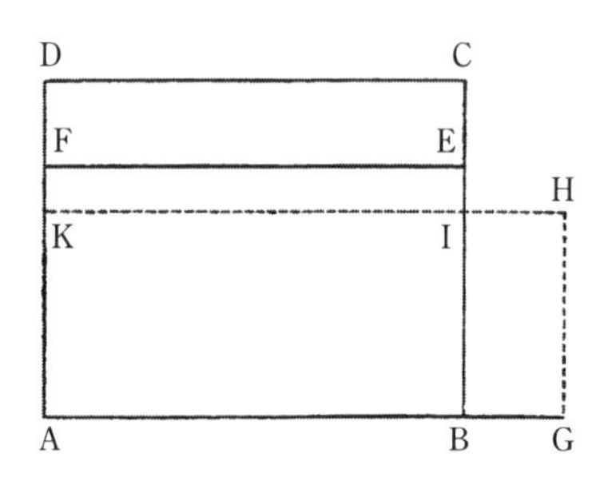

ABがnに等しいとして，その平方であるABCDがn^2．この正方形は，cがnの部分の平方の差であるから，かならずcより大きくなる．

ABEFをcとおいて，$AF=\frac{c}{n}$．

BGが$\frac{1}{2}$より小さくなり，AGHKがcに等しくなるようにAGを取ってmとすると，

IK > IBよりFK < BG，$AK=\frac{c}{m}$であるが$AF=\frac{c}{n}$より，③が成り立つ．

さて，これに沿って区分B「規則」の数値例$20+\sqrt{392}$を解いてみよう．

$a+\sqrt{b}=20+\sqrt{392}$の場合，概数は40．mは，nより少し大きいが超過分が$\frac{1}{2}$を越えない有理数の立方根なので，$m=3\frac{1}{2}$．②より，

$$c=x^2-y=\sqrt[3]{a^2-b}=\sqrt[3]{400-392}=2$$

$$m+\frac{c}{m}=3\frac{1}{2}+\frac{4}{7}=4\frac{1}{14}$$

$m + \frac{c}{m}$ に含まれる最大の整数が z なので，$z = 4$.
$z = 4$，$c = 2$，$a = 20$ は，三次方程式 $z^3 = 3cz + 2a$ を満たす.
また $z = 2x$ なので $x = 2$，$y = x^2 - c = 2$.
$\therefore \quad n = 2 + \sqrt{2}$.

4. テキストの成立過程

4-1. デカルトの証言

テキストの成立過程に関して残された問題は，メイボム写本のオリジナルは誰が書いたのか，そして『考案』とはどのような伝承関係にあるのか，ということである．このことを知るためには，『考案』の成立の背景を見ておく必要がある．まずはデカルトの証言から確定できる点を押さえておこう．

注目するべきは，1640年8月6日付デカルトからメルセンヌ宛書簡である．この書簡のなかでデカルトは，スタンピウンがパリの数学者たちに自身の正当性を訴えかけるのではないかと懸念し，自身の妥当性を証明するための文書をこの8月6日付書簡に添付したと述べている．この添付文書は散逸しているのだが，これについてデカルトは次のように言及している．「このような次第ですから，あなたに**この馬鹿げた規則**を，端から端まで一語も省かずに，また変えることもせずに，お送りするのです．例の賭けは，すべてこの法則だけをめぐるものだったわけです．**この男の論争相手の規則**もあなたにはお送りしておきます．何と申しましてもそれは，彼は自分の規則を修正するのに相手の規則を用いる必要がないのではないかということを見て取るためです．なぜなら，その考案は新しいものだからですし，また，この主題に関して多くの人々が考案しようと努めたにもかかわらず，これほど完全なものは他の書籍には決して見出されないからです」[24)].

ここで「この馬鹿げた規則」というのはスタンピウンの規則であり，別の

---

24)　メルセンヌ宛書簡1640年8月6日（AT. III, 148 ;『全書簡集』IV, 131）．強調は訳者による．

箇所でデカルトは「まったくの誤りであり，不適切なもの」[25]であると述べている．また「この男の論争相手の規則」というのはワーセナールの規則である．

このデカルトの証言は，『考案』の構成と一致する．つまり，スタンピウンの規則が区分Aにあたり，ワーセナールの規則は区分Bにあたることになり，したがって，この「文書」は『考案』の主要部分をなしていたはずである．そしてこの「文書」に，「この規則を，五重根，七重根，そしてそれ以降の無限に続いていく根に適用するのは容易」[26]であると述べた9月30日の文書（区分C）を併せたものが，われわれの見ることができる『考案』である[27]．以上の点は，その他の現存のテキスト群から，ほぼ確実と考えてよいであろう．

問題は，区分Bについて，デカルトはここでは「ワーセナールの規則」と述べているが，しかしその1か月半後の9月30日付メルセンヌ宛書簡では，「後者のもの〔ワーセナールの規則〕は，遠慮なく申し上げると，これを作ったのは私である」[28]とも述べている点である．要するに，区分Bはデカルトの真筆であろうか，それともワーセナールのもののコピー（ないしフランス語訳）であろうか．このことは，区分Bの「準備」「規則」に相当するメイボム写本は，デカルトに由来するテキストなのか，それともワーセナールに由来するテキストなのか，という問題に帰着する．以下では，この点をもう少し詰めてみよう．

4-2. 区分Bの成立事情

区分Bの成立事情を知るために重要なのは，ワーセナール宛書簡である．

25）メルセンヌ宛書簡1640年9月30日（AT. III, 187；『全書簡集』IV, 165）.

26）同上.

27）『考案』のテキストを構成したのはメルセンヌであろうが，最後に触れるように，コピストが数学に熟練していないように思えるところから，これを実際に筆写したのはミニム会の仲間ではないだろうか．そして，これが1641年のメルセンヌのイタリア旅行の際に，当地にもたらされたのであろうか.

28）メルセンヌ宛書簡1640年9月30日（AT. III, 187；『全書簡集』IV, 165）.

ここでデカルトは，区分Bの核心部分に相当する内容をオランダ語で記したのちに，「あなた〔ワーセナール〕はこれらすべて〔二項数の立方根に関する規則〕を，私〔デカルト〕が記したよりも上手に纏め，二，三の簡単な例を加えるべき」[29]と述べている．もし，この要請がワーセナールによって履行されたとするならば，区分Bはワーセナールによって遅からずしてオランダ語で執筆されたはずである．じっさいにメイボム写本はまさしく，ワーセナール宛書簡の内容を「準備」としてまとめたものと，2つの数値例から構成されているのだから，このことからメイボム写本は，ワーセナールがデカルトの指示に従ってオランダ語で書いた文書と考えるのが自然であるように思われる．

しかし区分B全体のうち，メイボム写本に対応するのは，「準備」のほぼ全体と「規則」のうちのひとつの数値例という，分量的に半分程度である．これは，ワーセナールによってオランダ語で書かれた元のテキスト（これをテキストXとしておこう）が不完全な形でメイボム写本に伝承されたためなのか，それともデカルトが1640年8月6日にメルセンヌに送るにあたってデカルト自身によって補筆されたためなのか．この点を明らかにするためには，ワーセナール宛書簡，メイボム写本，『考案』の数学的な内容を比較考量しなければならない[30]．

さて，テキストXはそもそも，ワーセナール宛書簡を「デカルトが記したよりも上手に纏め，二，三の簡単な例を加え」たものであったのだから，まずこのワーセナール宛書簡の内容を調べてみよう．書簡全体は，P）用件を伝えたオランダ語部分，Q）数学的内容の核心を伝えるフランス語部分，R）「準備」「規則」という構成で全体を素描したオランダ語部分，に分かれる．デカルトのワーセナールに対する要請は，すなわち，Qの内容をもとにしてRの「準備」「規則」を仕上げる，ということであった．したがって以下では「準備」に注目して，それに関連する三つのテキスト，α）Qのうちの

29）ワーセナール宛書簡1640年2月1日（AT. II, 28；『全書簡集』IV, 32）．

30）以下，ワーセナール宛書簡と『考案』との関連については，Costabel, *op. cit.*, 1969, pp. 128–129をとりわけ参照した．

「準備」に内容上対応する箇所の梗概，β）Rのうちの「準備」，γ）メイボム写本における「準備」(『考案』の「準備」と同一)，を順次提示する．

α）Qのうちの「準備」に内容上対応する箇所の梗概

① 与えられた二項数 $a+\sqrt{b}$ の立方根がそれ自体 $x+\sqrt{y}$ という形の二項数になるために必要条件は，a^2-b が立方であること．

② もし与えられた二項数 $a+\sqrt{b}$ に対し，差 a^2-b が立方でないならば，積 $(a^2-b)(a+\sqrt{b})$ はそれ自体新たな二項数 $A+\sqrt{B}$ になる．$A^2-B=(a^2-b)^3$，つまり条件①に対応する．

③ ゆえに，$a+\sqrt{b}$ の立方根の問題は，$a^2-b=c^3$ の関係を補助することで導かれると一般化することができる．

β）テキストR（ワーセナール宛書簡の「準備」）

部分の平方の差を取り，その（立方）根が有理数であれば，それを求める．しかしそれが無理数であれば，立方根を求めたい場合，与えられた二項数に上述の差を乗じ，超立方根を求めたい場合，その差の平方を乗じ，B 超立方根[31]を求めたい場合，その差の立方を乗じ，以下同様．

γ）『考案』における「準備」（メイボム写本と同一）

与えられた二項数の諸部分の平方を互いに差し引かなければならない．そしてその残余が立方数ではない場合は，根は単純な二項数すなわち部分の一つが絶対数となる二項数でないことが分かる．しかし，根は，その二つの部分ともが無理数となる二項数であることもなおもありえるので，その諸部分の平方の間にある差で，与えられた二項数を乗じなければならない．そして，その積から，立方根を以下のような方法によって導く．この根は，与えられた二項数が乗されるところの数の立方根によって割られると，われわれはその真根を得ることになるであろうから．

31） 超立方根（sursolide）とは，その指数が3より大きい素数の累乗のこと．B sursolide は，ラテン語表記 bis sursolidus に由来し，3より大きい二つめの素数である七乗となる．

第一に，ワーセナール宛書簡は，α）にあたる内容を詳述したうえで，β）ではこれをきわめて簡潔にまとめて，さらにそのうちのα－②を五乗，七乗に拡張できると述べる網羅的なものである．ところがテキストγ（メイボム写本）は「残余が立方数ではない場合」のみ，すなわちα－②である「与えられた二項数$a+\sqrt{b}$に対し，差a^2-bが立方でない」場合だけに触れていて，しかも引き続いて現れる数値例はその条件が満たされない場合の事例であるという，きわめて不十分な内容となっている．このようにメイボム写本の「準備」は，ワーセナール宛書簡の「準備」から内容的にむしろ後退しており，このことは，テキストXの執筆者がデカルトではなくて，計算には強かったがおそらくは理論的な数学能力はそれほど優れていないと予想される一介の測量士であったワーセナールであることを仄めかしているように思われる．

第二に，メイボム写本は，さらに$10+\sqrt{108}$，$30+\sqrt{972}$，$20+\sqrt{392}$という3つの数値例が挙げる．このうち$20+\sqrt{392}$はそのまま『考案』に筆写されているが，$10+\sqrt{108}$についてはよりエレガントな形に書き直されている．

第三に，もっとも重要であると考えられる『考案』の「規則」冒頭に示された一般的な説明を，メイボム写本は含んでいない．テキストXに不満をもったデカルトが，この箇所を加筆したとしても驚くべきことではないであろう．

以上のことから，8月6日書簡でデカルトがテキストXに書き加えた箇所とその意図が見えてくるであろう．(1) ワーセナールは，デカルトの求めに応じて，二，三の例を加えた簡潔な文書を送った（テキストX）．(2) しかしその「準備」の部分は数学的に不十分であり，デカルトを満足させるものではなかった．(3) そこでデカルトは，「規則」の冒頭に，ワーセナール宛書簡とは少し異なった簡潔な解法を自ら加筆し，それにワーセナールによる数値例を使うことで，文書全体をまとめ上げた．(4) 他方，テキストXはハーストレヒトあるいはその周辺の人物に伝えられ，そこで忠実に筆写された．ハーストレヒトと二項数の立方根問題との接点は，1639年11月26日と12月20日にデカルトがファン・スルク宛書簡のなかで，審判としてハーストレヒトの名前を挙げていることである[32)]．ワーセナールの望んだスホーテンが審判を引き受けることで実現しなかったが，何らかの形でハーストレヒトがこの論争の関連文書を受け取った可能性は十分にある．

事態が以上のようであるとすると，『考案』には部分的にワーセナールの筆が含まれていると考えられる．とはいえ，その成立過程から，実質的にデカルトの作品としてよいのではないだろうか．

ところで，1640年8月6日のデカルトからの書簡では，テキストXはフランス語に訳されていたのか，それともオランダ語のままで送られたのだろうか．コスタベルの校訂は，コピストがテキストの区分A（原本はオランダ語）で誤訳を犯していること，その他にもいくつかの転記ミスがあることを報告しており，コピストが内容に習熟していない人物であった可能性を指摘している[33)]．このことは同時に，テキストXがオランダ語のままで送られた可能性，あるいは区分B全体をワーセナールのものと見せかけるためにデカルトがオランダ語で書いた可能性を示しているかもしれないが，この点については推測の域を出ない．

32） ファン・スルク宛書簡1639年11月26日，12月20日（AT. II, 713, 717；『全書簡集』III, 282, 289）．

33） Costabel, *op. cit.*, 1969, p. 123, n. 5.

V

『デカルト氏の『幾何学』のための計算論集』

三浦伸夫

本書はデカルト『幾何学』(1637年)が出版されてすぐ,そこに提示された計算方法をより良く理解するためにと執筆された小品で,デカルトの計算手法を具体的に知るには絶好の未刊作品である.『幾何学』の該当頁自体への言及が少なからずあり,それを手元において読み進めねばならず,『幾何学』のある種の解説書あるいは練習問題集と考えられなくもない.

テキストは19世紀末までデカルト研究者の間では知られていなかった.ようやく1894年8–9月アンリ・アダンによって発見され,1896年に初めて印刷され[1],その後AT版第10巻(pp. 659–680)に所収されたが,それでもさほど注目されることはなかった.

1. デカルト『幾何学』への手引

デカルトは1638年3月1日付ミドルジュ宛の書簡で,「もし計算について特段のコツを送付するようお望みならば,それを書こうと申し出ている友人がここに一人おりまして,私もお書きするのに吝かではないのですが,しかし私は彼ほどうまくできません」[2]と述べており,そこに記述されているのがまさしくこの論文を指すと思われる.ここからデカルトは自分に代わって執筆してくれるこの「それを書こうと申し出ている友人」であるその作者を高く買っていたことがわかる.さらに1638年5月27日付メルセンヌ宛

1) Henri Adam, "Calcul de Mons. Des Cartes ou Introduction à sa *Geometrie*, 1638", *Bulletin des sciences mathématiques*, 2e série XX, pp. 221–248.

2) AT. II, 23 ;『全書簡集』II, 148.

書簡では，「私の『幾何学』の理解のためにお約束した文書を入手頂けるようにいたしましょう．それはほぼできあがっていますので．これを書いているのは，地元の貴顕紳士なのです」[3]と述べている．さらに1638年7月13日付では，「この便には，「『幾何学』への手引き」の，残る部分を同封いたしました．もうここには五つか六つの例しかありません．そのひとつは，（フェルマ）氏があれだけ問題にしたところの平面軌跡のものです．最後のものは，四つの球が与えられたとき，それらに接する五番目の球を求める，というものです．これは，あなたもご存知のパリの解析家たちに解けるとは思いません．彼らに出題してみるのもいいでしょう，もしそれが適当と思われるならば」[4]，などと記されており，これが本論文を指すことは，そこに触れられている問題内容そのものや，提示されている問題数から考えると確かである．またタイトルは同じではないが，デカルトは書簡の多くで，「幾何学への入門」「幾何学への手引」という作品にしばしば言及している．それらと本書『デカルト氏の『幾何学』のための計算論集』とは同じものを指すと考えてよいであろう．

デカルトは1638年3月31日付のメルセンヌ宛書簡で次のように述べている．「デザルグ氏が私の『幾何学』をわざわざ読んでくださるとのこと嬉しく思います．『幾何学』の理解にとって有益であると思われるものを彼あるいはあなたに送るよう，私が頼まれるどころか，逆に私の方から，これを納め下さるようあなたにお願いしたいです．これについてなにか書いてくれると約束してくれた人物は，今はもうここにはいません．彼は用事があって，そのせいで，五，六週間ほどその作業ができないのではないかと危惧しております．しかし，できるかぎり彼を急(せ)かすことにしたく思います」[5]．この記述によってこの小編はメルセンヌやデザルグもその一人の読者として想定して書かれたと考えられる．デカルトは1638年12月6日付メルセンヌ宛書簡で，『幾何学』を非常に理解しているとされるド・ボーヌに関して次のよ

3) AT. II, 147 ;『全書簡集』II, 251.
4) AT. II, 246 ;『全書簡集』II, 334.
5) AT. II, 90 ;『全書簡集』II, 195.

うに説明している.「『『幾何学』のための計算論集』が，彼には簡潔すぎると思えたのはもっともです．というのもこれに収められていることは，彼がすでに知っていることだからです．ですから，この『『幾何学』のための計算論集』は，余りよく知らない人のために書かれたのであって，注釈ではなくて単に手引なのです」[6]．さらに7月27日付の書簡では,「解析の心得のある人々も，私の幾何学に何の正当性も与えず，できるかぎり軽んじようとすることはわかっていますから．もし私が先般お送りした入門書が理解を助けうることと皆さんが思われたなら，イエズス会士の方々がご覧になっても遺憾には思われないでしょう．多くの方々にこれを理解いただければと思っておりますから」[7]と述べ，デカルトはその『幾何学』が理解されない不安にかられ，とりわけイエズス会の反応を危惧していたことが読み取れる．こうして読者はイエズス会の数学者たちをも射程に置かれたのである.

さて成立年であるが，先に述べたように，1638年3月1日付のミドルジュ宛の書簡で,「それを書こうと申し出ている友人」と述べているので，この時点ではまだ執筆されていないことがわかる．さらに5月27日のメルセンヌ宛書簡では,「それはほぼできあがっています」と述べ，同年7月13日付のメルセンヌ宛書簡で,「『幾何学』への手引き」の，残る部分を同封いたしました」とあるので，以上から判断すると1638年の3月から5月ころに執筆されたと推測できる.

2. ハーストレヒト

デカルト自身は1638年8月23日付メルセンヌ宛書簡で,「私の『幾何学』への『手引書』についてですが，この手引書は決して私の手によるものではないと断言いたします」[8]と述べるにすぎず，その作者が誰かについては一言も語ってはいない．1638年10月11日付メルセンヌ宛書簡ではさらにこ

6) AT. II, 467 ;『全書簡集』III, 144.
7) AT. II, 277 ;『全書簡集』II, 355.
8) AT. II, 330 ;『全書簡集』III, 54–55.

の人物の特徴が述べられている．「『幾何学』への手引につきましては，これを草してくださっていた方に申し上げました．この方は，この地方の貴顕紳士（vn Gentil-homme de ce pais）で，非常に由緒ある出の方です」[9]．本論文の執筆者についてデカルト研究者ミヨーは，ハーストレヒト（Godefridus van Haestrecht, 1593–1659）とし，「彼はユトレヒトから半リュー（約3km）離れたシャトー・ド・ルヌード（Château de Rhijnauwen）に住んでいる数学者で，その町のデカルトの最良の友人の一人である」と述べている[10]．ところがそこではハーストレヒトが作者であることを決定付ける証拠は何ら提示していない．しかしミヨー説を否定する特段の理由はないので，ここでは作者をハーストレヒトとしておく．B版もこのミヨー説をそのまま採用している．

さてハーストレヒトの人物像の詳細は不明．彼についての主たる情報源はバイエ『デカルト殿の生涯』[11]，そしてそれに基づく『新オランダ人名事典』の項目[12]である．それらから総合的に判断すると，彼はリエージュ出身で，少なくとも1623年3月27日にライデン大学に学生登録しており，おそらくそこでは数学教授ウァレブロルド・スネリウス（1580–1626）のもとで数学を学んだと思われる．登録したのが30才近い年齢からすると数学に接したのは遅かったようである．その後従軍し，それが終わるとハーグとユトレヒトの中間地点に位置する，彼の名前の由来であるハーストレヒトという土地に落ち着いた．ユトレヒトではレネリ，ポロ，ワーセナール，ホーヘランデなどとともにデカルトと交友関係を結んだ．その後1636年再びライデンに行き，光の反射や屈折について研究したという．

彼の作品の詳細は不明であるが，少なくともデカルト『幾何学』に注を付

9） AT. II, 392；『全書簡集』III, 95. ハーストレヒトはまた「男爵」（le Baron de Haestrecht）とも呼ばれた（AT. IV, 124）．

10） ミヨーは，ゴデフロート・ド・ハーストレヒト（1593頃–1659）つまりハースレヒト出身のゴデフロートと呼ぶ．AM. III, 324.

11） A. Baillet, *La vie de Monsieur Descartes*, II, Paris, 1691, p. 35, p. 216.

12） De Waard, “GodeFroid van Haestrecht”, *Nieuw Nederlandsch Biografisch Woordenboek,* I, Leiden, 1911, 1017（http://www.dbnl.org/tekst/molh003nieu01_01/molh003nieu01_01_1633.php）．

けたことが知られている．それをデカルトが知ることになり，デカルトは「〔『幾何学』の〕378 頁に関してハーストレヒト氏がつけた註釈は，私には十分に明瞭であるようには思えません」[13]と一言述べているが，デカルト自身はハーストレヒトを評価していたことは先述したとおりである．その註釈はスホーテン版デカルト『幾何学』（1649 年）のスホーテンによる注のなかで，「並外れた数学の開拓者でその学問の熟練者であるハーストレヒトのゴトフリードゥス殿，貴顕紳士（Vir Nobilissimus D.Gothofridus ab Haestrecht）」[14]のものとして収録されている．またハーストレヒトの自筆数学原稿がフローニンゲン大学所蔵の写本 108 に収録されているが[15]，この写本の大半はライデン大学数学教授フランス・ファン・スホーテン（1615–60）の講義録の写しなので，ハーストレヒトはスホーテンとも関係があったと考えられる[16]．

デカルトとハーストレヒトとはどのような関係にあったのか．詳細は不明であるが，2 点の書簡がヒントを与えてくれる．1638 年 2 月あるいは 3 月付「デカルトから某へ」の書簡では[17]，この某なる人物が 6 次方程式や 8 次方程式を数値的に解いたことや『幾何学』第 2 巻に通じている事が書かれている．文面からは，宛先人は軍人だが，数学とラテン語に通じていることが読み取れる．こうしてクレルスリエ版では某とされてはいるが，AT 版はハーストレヒトと推定し，この AT 版の主張は傾聴に値する．1645 年 6 月付「デカルトから某へ」の書簡では[18]，「あなたが私に送ったとお伝えくださった四つの球の問題」と言及されているが，『計算論集』の例 5 は四球問題であり，また他にこの問題が論じられている箇所はないので，AT 版が主張す

13） AT. II, 277 ;『全書簡集』III, 245–246.

14） Descartes, *Geometria*, Leiden, 1649, pp. 251–252. 人名に見える D（= Dominus）は Monsieur の丁寧語.

15） http://facsimile.ub.rug.nl/cdm/compoundobject/collection/manuscripts/id/1609/rec/9.

16） ハーストレヒトには，アントヴェルペン出身でライデン大学で学んだ神学者で歴史家のカスパル・バルラエウス（1584–1648）との文通を集めた，『カスパル・バルラエウス宛ゴデフロート・ハーストレヒト書簡集』（1629 年）という作品もある.

17） AT. I, 459–460 ;『全書簡集』II, 131–132.

18） AT. IV, 227–231 ;『全書簡集』VI, 272–276.

るように宛名人はハーストレヒトである可能性が高い[19]．以上２通の書簡からデカルトはハーストレヒトと執筆後も文通を続けていたことがわかる．

3. 内容構成

本書前半はデカルト『幾何学』にみられる代数計算を簡潔に解説したものである．デカルト自身は『幾何学』でその方法をわかりやすくは説明していないので[20]，この前半部分は例も豊富で初心者には大変有益であったと考えられる．その後「方程式」が説明され，「すでに見出されたもの」を未知数 x と置くことが明記されている．さらにそこでは未知数と同数の方程式が必要であることが述べられ，方程式が不足するなら軌跡が示されることも付け加えられている．

その後５つの例が続く．例１，２は初歩的であり，付け加えることはない．

例３は軌跡の問題で，デカルト『幾何学』に見えるパッポスの問題を思い起こせる．そして『幾何学』の解法と対比させながら論述している．フェルマも同様な問題を『ペルガのアポロニオスの平面軌跡論第２巻の復元』（1629 年）のなかで扱っている．「もし任意個数の与えられた点から１つの点に向かって直線が引かれ，それぞれのものから作られる平方〔スペキエース〕が，与えられた広さに等しければ，その点は位置において与えられた円周に接するであろう」[21]という問題である．この問題はアポロニオス『平面軌跡』第２巻命題５に由来するとされるが，そのアポロニオスの作品はすでに消失していた[22]．フェルマのロベルヴァル宛書簡（1637 年２月）にも同

19） AM 版も同一の見解．

20） 『幾何学』序文には次の言葉が見える．「これまで私はすべての人にわかりやすい表現をするように努めてきた．しかし本論文は，幾何学の書物に記されていることをすでに知っている人々にしか読まれないのではないかと思う．というのも，これらの書物はみごとに証明された多くの真理を含んでいるので，それを繰り返し述べることはよけいであると私は考えたが，しかも，それらを使うことはやめなかったからである」（デカルト『幾何学』原亨吉訳，ちくま学芸文庫，2013 年，p. 2）．

21） P. Tannery et Ch. Henry（éds.）, *Œuvres de Fermat*, I, Paris, 1891, p. 37.

22） 実際はアポロニオス以前にアリストテレスが『気象論』第３巻第５章（376a *sq.*）

様の問題が見いだせる．そこではフェルマはこの問題を「普遍的な命題」とし，「本当に最も美しい命題ですがアポロニオスは知らなかったように思えます」[23]と付け加えている．この書簡をデカルトやハーストレヒトが目にすることはなかったかもしれないが，この問題に当時の数学者たちが関心をもっていたことが想像できる．

例4はゲタルディの作品に異論を呈した問題であるが，この箇所のテキストには計算誤りなど混乱が散見される．またこの例は，AT版（ロンドン写本）とテキスト（ハーグ写本）とは記号のとり方など異なるが，解法は本質的には変わらない．

例5の「互いに接する四つの球が与えられたとき，それらを囲み四つすべてに接する第5番目の球を見いだすこと」は，きわめて複雑な計算を必要とする問題である．この問題の由来は不明であるが，当時アポロニオスの接円問題が話題になったこともあり，その拡張と考えられる．デカルトは後に，3円が互いに外接し，これらに第4の円が外接しているとき，4円の半径の間の関係を述べた平面定理，いわゆる「デカルトの円定理」の代数的解法を1643年11月にエリザベトに提示しているが[24]，例5はその立体への拡張ともとれる問題で，はるかに複雑になっている．そこでは具体的数値は用いられず，多くの記号を次々と用いて手順が一般化され，最終的には8次式の計算，しかも開平を伴うので，計算の追跡は決して容易ではない．ところでこの例5はデカルト自身も研究した問題であることは間違いない．というのもデカルトは，4球に接する1つの球の作図問題という同じ問題を，早くも1630年4月15日付の書簡で純粋幾何学を用いて解いたと述べ（解法は残されていない）ているからである．ただしハーストレヒトはデカルトからこの問題を伝えられたのかもしれないが，デカルトの純粋幾何学的解法とは異なり解析的に解いていることに注意したい．

で論じており，古代では広く知られた問題であった．

23） Tannery et Ch. Henry, *op. cit.*, II, p. 102.

24） AT. IV, 38–42；『全書簡集』VI, 71–75．数学的解釈は，道脇義正・木村規子「Descartesの円定理とSoddyの六球連鎖定理に関連して」『科学史研究』22（1983），pp. 160–164.

例5の問題がデカルト以降どのように扱われたのかは不明である．ここではこの種の問題が日本の伝統的数学である和算でもしばしば議論されたことを指摘しておこう．たとえば安島直円の『不朽算法』（1782）や『球中四不等球術』（年代不明，『算法考草』とも言う）では，「大球内に乙，丙，丁の三球およびその上に甲球を載せたものを容れる．甲，乙，丙の直径を与えて，外接球の直径を求める」問題がある[25)]．もちろん両者に直接の影響関係はないが，解法は双方とも球の中心を頂点とする三角錐の垂線を求めることから始める点では類似しており，また両者とも膨大な計算を厭わず正しく解を求めている．

1638年7月13日付のデカルトからメルセンヌ宛書簡を信じるなら，末尾に付けられた例題は5つあるいは6つということであるが，現存写本には6番目の例は見いだせない．

4. テキスト

テキストは公刊されなかったが写本は3点現存する．

(1) ロンドン写本（London, BM ms Harleian 6796, n. 21, 178–92）

「『幾何学』に役立つ計算選集」（Recuil du Calcul qui sert a la Geometrie）という題目であるが，写本目録によれば，「1640年3月1日メルセンヌが私に送ってよこしたデカルト氏の論考（トマス・ホッブズ）」と書かれているので[26)]，デカルトがメルセンヌを通じてホッブズに送ったのであろう．ディグビーは，同年3月15日付メルセンヌ宛の書簡で，デカルト氏による代数学入門が付けられた15日前の書簡について述べている[27)]．ここで言及されて

---

25) 平山諦・松岡元久編『安島直円全集』富士短期大学出版部，1966年，p. 12, p. 87. この問題は安島直円（1732–98）以降各地の算額でも見られるようになった．さらに，長谷川弘閲・山本賀前編『算法助術』（1841年）にもある．

26) *A Catalogue of the Harleian Manuscripts, in the British Museum* III, Hildesheim, 1973, p. 396.

27) AM. III, 323 ; AT. IV, 212.

いるものは「『幾何学』に役立つ計算選集」と考えられ，デカルトはホッブズとディグビー宛にメルセンヌを通じて同時期にそれを送ったと日付から考えてよいであろう．ただしこのディグビー宛のほうの「『幾何学』に役立つ計算選集」は現存しない．いずれにせよロンドンではこのテキストの作者はデカルトと理解されていたようである．ロンドン写本の最後は例題を5題含み，現存写本3点のなかでは最も長く，内容表記上も最も完全なテキストに近い作品である．テキストは，AM. III, 328–52，およびCM. VII, 453–62（ただし例5のみ）に所収．

⑵ ハノーファー写本（Hanovre, Bibliotheque Royal IV, 381）

『デカルト氏の『幾何学』のための計算論集』(Calcul de Monsieur des Cartes）が含まれる．これはハノーファーのライプニッツ文書室に所蔵されている写本で，筆写したのはライプニッツではなく，また誰でいつかも不明．ライプニッツは「デカルト氏の生涯の概要についての注記」で，「デカルト氏の『幾何学』への序論として役立つに違いないこの小論を私は見出した．それは故テヴノ氏が私に知らせてくれたものである．それは短編であるが，私はその卓越性には気づかず，バイエ氏はデカルトのものだと述べ，また彼自身がその作者だと信じさせたのです」と述べている[28]．ここハノーファーでも作者はデカルトと考えられていたようである．この写本には例題は4つしかないので不完全ということになる．これはAT. X, 659–680に収録．

⑶ ハーグ写本（Nationale Bibliotheek van Nederland, Den Haag, KB: 73 J 17）

オランダ・ハーグ王立図書館蔵のこれは「デカルト氏の『幾何学』のための計算論集」(Recueil du calcul, qui sert à la geometrie du Sieur Des-Cartes）というタイトルを持ち，デンマーク人の音楽史家であり，古典学者，古書収集家，数学者でもあるマルクス・メイボム（1630–1711）の所有する写本に含

28） Leibniz, “Remarques sur l’abrégé de la Vie de Mons. des Cartes”, C. I. Gerhardt (ed.), *Die Philosophischen Schriften*, IV, Hildesheim, 1978, p. 319.

まれている[29]．きわめて丁寧に写され読みやすい筆跡である（本書134頁の図版3を参照）．そこに我がテキストがあることが1984年フレデリック・ド•ビュゾン氏によって発見され[30]，それは47頁からなる幾つかの論考のなかの冒頭を占めている．その写本内容は，

(1) pp. 1–27 「デカルト氏の『幾何学』のための計算論集」(フランス語)
(2) pp. 27–42 「ペルティエの本から取られたこの新しい計算についての多くの例題と問題とが続く」(フランス語とラテン語)
(3) pp. 43–44 「クラヴィウス代数学の分数の要約」(フランス語)
(4) pp. 44–47 「三次の一般法則…」[31] (オランダ語).

以上のようにハーグ写本の筆記者は当時の代数学，とりわけデカルト式に多大な関心を寄せていたことがわかる．それがメイボムとすると，『計算論集』が書かれて半世紀になる17世紀においても，オランダではデカルト式代数学の影響があったことを物語る．なおハーグ写本の欄外には数カ所書き込みがあるが，それが誰の手になるものかは不明．

テキスト自体には誤りが散見する．これについてデカルトは1638年11月15日付メルセンヌ宛書簡で次のように述べている．「『「幾何学」のための計算論集』にあった記述のミスは，しかと了承しました．執筆者もそのように認めております．しかし彼はこれについては，書き写す時に幾つか変更した点があるとこの誤りを弁明しておりますから，執筆者がもっている写しは，彼があなたに送った写しとは大きく異なるのです．この写しをこのようにきちんと書かせるようにご配慮くださった方々へ感謝いたします．また，

29) メイボムの生年から考えると，筆写されたのはテキストが当初書かれてからあとであったことがわかる．メイボムの数学作品は，エウクレイデス，アポロニオスなどの作品からの引用とラテン語訳とをふんだんに利用し，古代ギリシア比例論を論じた『比例論問答』(1655) がある．これはイングランドの数学者ウォリスに批判された (1657).

30) P. Costabel, «Découverte d'un nouveau manuscrit de l'introduction à la Géométrie», *Archives de philosophie* 47 (1984), p. 74.

31) ワーセナールのオランダ語作品 (1640) からの抜粋．本書，武田裕紀『二項数の立方根の考案』解説を参照.

これを印刷するよりも，このような具合に望む人に筆写するに委ねておくほうがよいと思います」[32]．つまりすでに読者がいて，誤りが指摘されていたことがわかる．

写本間にも相違が少なからず指摘できる．主たる相違はミヨーの指摘によると，「方程式」箇所の文章の相違，例 4 の解法の相違，例 5 の存在である[33]．この相違は先に述べたように 1638 年 10 月 11 日以降加筆された可能性を示唆する．「彼も印刷を望んでおられません．もしあなたが写しを渡そうと希望されている方々のために，一ダースか二ダースほどを刷ることだけお望みならば，筆写させるよりは好都合でしょう．活字につきましては，あなたの出版所がすべてお持ちでしょうし，もし足りないものがあっても，とても安価で鋳造させることもできるでしょう．しかし，公に向けて印刷するならば，その方はかの地にて自分自身で印刷させたい，またこの場合，多くをさらに加筆したいともおっしゃっていて，このことには時間をかけたいと申し出ておられます」[34]とあり，デカルトと作者とがこの作品を巡って綿密に連絡を取り合っていたことが伺える．また作品自体は印刷されなかったが，もし印刷されるならばさらなる加筆をし改訂する予定があったことがわかる．それは少なくとも元の原稿のミスを訂正したものであったはずである．

ハノーファー写本は 1638 年にすでにライプニッツが言及しており，中でも最も古い．ハーグ写本は他の 2 つに比べ読みやすく出来上がりがよい．他方ロンドン写本は代数表記がより洗練されており，それを編集したテキスト（AM 版）から判断する限り，1640 年 3 月以前に加筆された可能性が高い．

5. ハーグ写本

ハーグ写本の「デカルト氏の『幾何学』のための計算論集」に含まれる例題 4 点は，ともにデカルトの記号を用いた計算問題であり，さらに末尾に付け

32） AT. II, 421 ;『全書簡集』III, 117.

33） AM. III, 325.

34） AT. II, 394 ;『全書簡集』III, 95.

られた短い論攷3点から，筆記者は当時のフランスとイタリアの代数学に通じ，さらに本来のテキストから離れ，記号化をさらに推し進めたことがわかる．

たとえば例1「直角三角形の一辺と他の二辺との差が与えられたとき，残りを見いだすこと」は，本来ペルティエ『代数学』（1554）に含まれていた問題を抽象化したものと考えられる．ペルティエはそこで，「直角三角形がある．その底辺が *℞ 18 p.3*〔$=\sqrt{18}+3$〕で，他の2辺の和が *℞ 162 p.9*〔$=\sqrt{162}+9$〕であるとき，2辺が分けられたときのそれぞれの値が問われる」と述べている[35]．これと同じ数値の問題はクラヴィウス『代数学』（1608）にも，「直角三角形がある．その一辺が $\sqrt{z18}+3$ で他の辺と底辺とが合わさって $\sqrt{z162}+9$ であるとき，個々の辺を求める」とみえる[36]．これら類似の問題3点を比較してみると，記号はペルティエからクラヴィウス，そしてハーストレヒト（デカルト）へと，年代が進むに連れて徐々に簡略化されていくことがよくわかる．

2番目の論考「ペルティエの本から取られたこの新しい計算についての多くの例題と問題とが続く」は，ペルティエによる初等的問題を10題あげ，代数を用いて再考したものである．そこでは代数を用いた解法が，「アルファベットによれば」「デカルトによれば」「代数によれば」「新しい計算法によれば」と名付けられているが，どれも同じような方法に思われる．最初の問題は，「9で掛けられ，出てきたものに90を加えると，和が数自身に14を掛けたものに等しくなる数を見いだせ」，という問題で，「代数によれば」という解法では，求めたい数を1①と置き，9①＋90 ∞ 14①という式（つまり $9x+90=14x$）を立てて求めている．ただし①はステヴィンの用いた一次の未知数を示す．「アルファベットによれば」では，最初から未知数を x と置き，$ax+b \infty c$ と一般式にして x を求めてから，最後に与えられた数値を代入している．また未知数を z と置く方法も示しているが，どれも同じく代数的である．その代数的方法の別の謂が「デカルトによれば」であるので，デカルトの方法は当時広く知られていたのであろう．

35） Pelletier, *L'Algèbre*, Lyon, 1554, pp. 213–214.

36） Clavius, *Algebra*, Roma, 1608, p. 363.

3番目の論考「クラヴィウス代数学の分数の要約」は，初等的分数計算問題6題である．現代的に述べると，$\frac{a^3+b^2c}{ac}=\mathrm{A}$ と置くと，

$$\left(1+\frac{3}{4}\right)\mathrm{A},\ \left(\frac{1}{3}+\frac{3}{4}\right)\mathrm{A},\ \left(1-\frac{3}{5}\right)\mathrm{A},\ \left(\frac{3}{4}-\frac{2}{3}\right)\mathrm{A},\ \frac{7}{12}\mathrm{A},\ \mathrm{A}\div\frac{2}{3}$$

を求める問題となる．

以上第2, 第3の論考と比べると，第1の『計算論集』のとりわけ例5は比較にならないほど複雑な問題であり，これら4論考が同一の筆写によって同一の写本に続けて書き写されたのは奇妙に思える．

6. 記号について

『デカルト氏の『幾何学』のための計算論集』の記号はデカルトの用いる記号と同じである．

等号に ∞ を使用したのはデカルトがはじめてで，その初出は『幾何学』(1637) である．その記号の由来をデカルトは述べていないので，なぜその記号が用いられたかははっきりしない．『数学記号の歴史』を書いたカジョーリは，占星術・天文学の牡牛座の記号 ♉ を左に90度回転したものに由来したと考えたようである．実際，牡牛座の記号の活字は当時出版社にあったからという．しかしなぜ牡牛座の記号なのかの説明はなく，むしろ aequalis（等しい）の冒頭の ae に由来するように思える[37]．∞ はその後すぐド・ボーヌ（1638年10月10日付ロベルヴァル宛書簡）やフランス・ファン・スホーテン（*De organica conicarum sectionum*, Leiden, 1646），さらにホイヘンスなどが取り入れ，デカルトの影響下17世紀オランダ数学では普通に用いられた．したがってハーストレヒトも然りである．またフランスでもオザナムなど一部の数学者が用いている．しかし18世紀ころになると＝が大勢を占めるようになる．＝はレコードが1557年に考案したものだが，実際に使用されだしたのは17世紀になってからであり，とりわけオートレッド，ハリオット，ノーウッドなど英国の作品を通じて普及していく．デカルト自身は

37) Cajori, Florian, *A History of Mathematical Notations*, I, La Sale, 1928, pp. 301–304.

1640年9月30日付メルセンヌ宛書簡で1C－6N＝40[38]と書いて＝を一度は使用しているが，その後はもとに戻って∞を使用し続けた．

『デカルト氏の『幾何学』のための計算論集』の四則では，『幾何学』と同じく＋と－のみが用いられ，÷や×は用いられていない．掛け算にはmultiplié parの冒頭の文字mあるいはMが使用された．

根号の記号は今日とよく似ている．一度だけ4乗根が現れ，そこでは√√で示されている．これはシュテフェル編集のクリストフ・ルドルフ『コス』(1525)に由来する記号で，ルドルフは他にも平方根を√，立方根を√√√と書いている[39]．

また括弧は使用されず，式全体の上に横棒が引かれ同一括りであることが示されている．

7. 例5の数学的解説

例題のなかでも例5はきわめて複雑な計算を要するので，その手順を示しておこう．

例5は次のように現代的に表せる．

> 中心が点A，B，C，Dで，それぞれ半径がa，b，c，dの互いに接する4つの球を考える．これら4つの球すべてに外接する球の中心をE，半径をxとすると，半径xをa，b，c，dを用いて表すこと．

ここで一言注意しておくなら，ロンドン写本のAM版（そしてCM版）の図版は数学的には正確ではないと言え，本文の計算に従うなら，F, GはBKの右側に来るべきである．ただしその後の議論に影響はない．その点を踏まえ新たに立体図を描くと次のようになる（以下の図版はすべて坂田基如氏作成）．

38） AT. III, 190 ;『全書簡集』IV, 166. これは$x^3-6x=40$を意味する．

39） Stifel, *Die Cos Christoffe Ludolffs*, 1553, f. 82v.

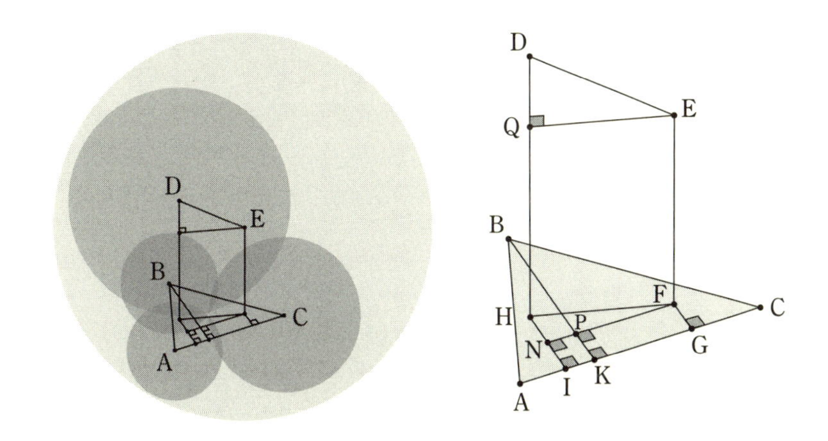

では手順を個別に見ていく．

I. 点 A，B，C を結んでできる三角形 ABC に，点 D，E から垂線 DH，EF をおろし，さらに点 H，B，F から辺 AC に垂線 HI，BK，FG をおろす．その後，線分 DH，AI，IC，HI，AK，BK を既知量 a，b，c，d を用いて表し，それぞれを DH $= g$，AI $= k$，HI $= h$，AK $= f$，BK $= e$ とおく．

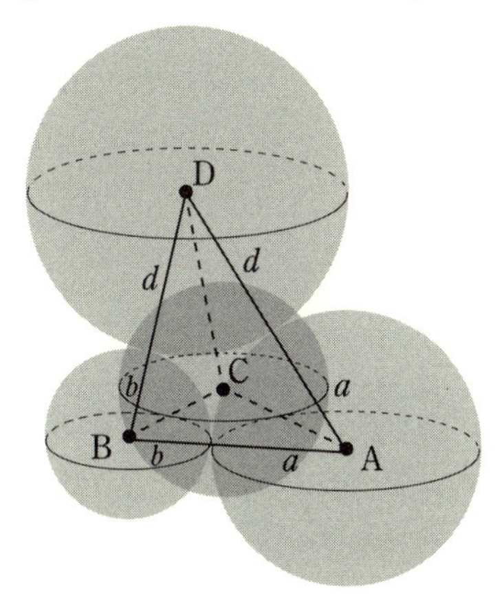

I–1. DH を求める．

ここで「エウクレイデスの方法」と言及されるものはヘロンの公式を用いた方法であろう．

まず準備として，四面体をとり，高さを h，底面を S，体積を V とすると，ヘロンの公式を拡張した「三次元のヘロンの公式」より，

$$144V^2 = a^2f^2(b^2+c^2+e^2+d^2) - a^4f^2 - a^2f^4 + b^2e^2(a^2+c^2+f^2+d^2) - b^4e^2 - b^2e^4 + c^2d^2(a^2+b^2+f^2+e^2) - c^4d^2 - c^2d^4 - a^2b^2d^2 - a^2c^2e^2 - b^2c^2f^2 - d^2e^2f^2.$$

また，$s = \frac{1}{2}(d+e+f)$ とおくと

$$S = \sqrt{s(s-d)(s-e)(s-f)}$$

なので，

$$V = \frac{1}{3}Sh.$$

以上にデカルトが与えている記号を代入すると（$a \to a+d, d \to a+b \cdots$）

$$h^2 = \frac{1}{(a+b+c)abc}\{2(a^2b^2cd + a^2bcd^2 + ab^2cd^2 + a^2bc^2d + ab^2c^2d + abc^2d^2) - (a^2b^2c^2 + a^2c^2d^2 + a^2b^2d^2 + b^2c^2d^2)\}.$$

よって

$$\mathrm{DH} = \sqrt{h}$$

となる．

I–2.　AI，IC，HI を求める

下図より AI，IC が求められる．また三角形 DAC をヘロンの公式で求め，その高さ DI を求め，直角三角形 DHI より HI を求める．

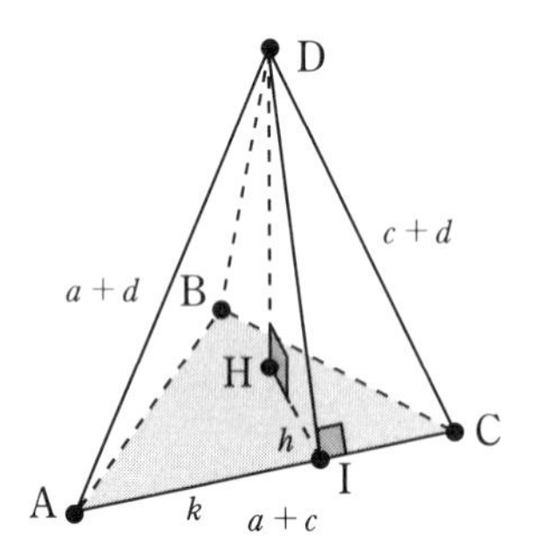

I–3.　AK，BK を求める

三角形 ABC において∠AKB＝∠BKC＝∠R なので，

$$\mathrm{AK}(=f) = \frac{a^2+ab+ac-bc}{a+c},\ \mathrm{BK}(=e) = \frac{2}{a+c}\sqrt{abc(a+b+c)}.$$

II. 次に未知量を球Eの半径x，$EF=y$，$FG=z$，$AG=s$とおく．未知量が4つなので方程式も4つ必要となる．先に求めた線分DH，AI，IC，HI，AK，BK，および幾何学的条件を用い，第1から第4の方程式を得る．ただしここではICは使用しない．

II-1. 第1の方程式

$AG^2+GF^2=AF^2$, $AF^2=AE^2-EF^2$.

ここで，$AG=s$，$GF=z$，$EF=y$，$AE=x-a$なので，

$$z^2+s^2=x^2-y^2-2ax+a^2. \quad \cdots\cdots\cdots\cdots\cdots①$$

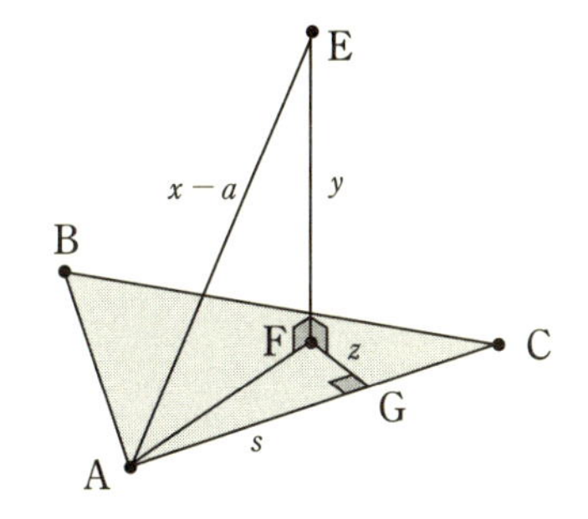

II-2. 第2の方程式

$GF^2+GC^2=FC^2$，$FC^2=EC^2-EF^2$より

$$GF^2+GC^2=EC^2-EF^2.$$

$z^2+\{(a+c)-s\}^2=(x-c)^2-y^2$.

よって

$$z^2+s^2-2as-2cs+a^2+2ac+c^2=x^2-y^2-2cx+c^2. \quad \cdots\cdots\cdots\cdots②$$

II-3. 第3の方程式

$PB^2+PF^2=FB^2$, $FB^2=EB^2-EF^2$より

$$z^2+s^2-2ez+e^2-2fs+f^2=x^2-y^2-2bx+b^2. \quad \cdots\cdots\cdots\cdots\cdots③$$

II-4. 第4の方程式

$NF^2+NH^2=HF^2$，$QE^2=DE^2-DQ^2$，$QE=HF$，$DQ=g-y$より，

$$z^2+s^2-2hz+h^2-2ks+k^2=x^2-y^2-2dx+d^2+2gy-g^2. \quad \cdots④$$

III. 第1から第4までの方程式を用いて，球Eの半径xを求める．

III–1. gyを求める

①より

$$z^2+s^2-x^2+y^2=-2ax+a^2. \qquad \cdots\cdots①'$$

②より

$$z^2+s^2-x^2+y^2=2as+2cs-a^2-2ac-2cx. \qquad \cdots\cdots②'$$

①', ②' より

$$-2ax+a^2=2as+2cs-a^2-2ac-2cx.$$

よって

$$s=\frac{a^2+ac+cx-ax}{a+c}.$$

③より

$$z^2+s^2-x^2+y^2=2ez-e^2+b^2-2bx-f^2+2fs. \qquad \cdots\cdots③'$$

①', ③' より

$$-2ax+a^2=2ez-e^2+b^2-2bx-f^2-2fs.$$

つまり

$$2ez=a^2-b^2+e^2+f^2-2ax+2bx-2fs. \qquad \cdots\cdots⑤$$

ここで$BK^2=AB^2-AK^2$より

$$e^2=(a+b)^2-f^2.$$

ここから$e^2-b^2=a^2+2ab-f^2$を⑤に代入し，

$$ez=a^2+ab-ax+bx-fs. \qquad \cdots\cdots⑥$$

ここでf, sを⑥に代入すると

$$ez=\frac{-2a^2cx-2ac^2x+2a^2bx+2bc^2x+2a^2bc+2abc^2}{(a+c)^2}.$$

これと

$$e=\frac{2}{a+c}\sqrt{abc(a+b+c)}$$

とから

$$z=\frac{-a^2cx-ac^2x+a^2bx+bc^2x+a^2bc+abc^2}{(a+c)\sqrt{abc(a+b+c)}}.$$

④より

$$z^2+s^2-x^2+y^2=2hz-h^2-k^2-g^2+d^2+2ks+2gy-2dx. \quad \cdots④'$$

①', ④' より

$$-2ax+a^2=2hz-h^2-k^2-g^2+d^2+2ks+2gy-2dx$$

$$2gy=-2ax-2hz+a^2+h^2+k^2+2dx-2ks-d^2+g^2.$$

ここで

$$h^2=\mathrm{HI}^2=\mathrm{AH}^2-\mathrm{AI}^2=\{(a+d)^2-g^2\}-k^2=-g^2-k^2+2ad+a^2+d^2$$

を代入すると

$$gy=dx-ax-ks-hz+ad+a^2.$$

ここで HI $=h$, AI $=k$, FG $=z$, AG $=s$ はすでに求めたので gy が求まる. つまり

$$gy=\frac{-2aacx-2accx+2aadx+2ccdx+2aacd+2accd}{aa+2ac+cc}+$$

$$\frac{aacx+accx-aabx-bccx-aabc-abcc}{(a+c)\sqrt{aabc+abbc+abcc}}\times$$

$$\sqrt{\frac{4aacd+4accd+4acdd}{aa+2ac+cc}+\frac{-2aabbcd-2aabccd-2aabcdd-2abbccd-2abbcdd-2abccdd+aabbcc+aabbdd+aaccdd+bbccdd}{aabc+abbc+abcc}}$$

ここで根号内を通分し，その後根号を外すと

$$\frac{a^2bc+a^2cd+abc^2+ac^2d-a^2bd-bc^2d}{(a+c)\sqrt{(a+b+c)abc}}.$$

よってこれを代入して

$$gy=\frac{-a^2bc^2x+a^2b^2dx-ab^2c^2x-a^2b^2c^2+a^2bc^2d-a^2b^2cx+a^2c^2dx+b^2c^2dx+a^2b^2cd+ab^2c^2d}{(a+b+c)\,abc}$$

III–2． 得られた式から g^2y^2 の同値関係を見出し，$x^2=Ax+B$ という式を導く

①から $y^2=a^2+x^2-s^2-z^2-2ax$. これに s, z を代入すると，

$$y^2=a^2+x^2-\left(\frac{a^2+ac+cx-ax}{a+c}\right)^2-\left\{\frac{a^2bx-a^2cx-ac^2x+bc^2x+a^2bc+abc^2}{(a+c)\sqrt{(a+b+c)abc}}\right\}^2-2ax.$$

こうして

$$y^2=\frac{2a^2bcx^2+2abc^2x^2+2ab^2cx^2-2a^2b^2cx-2a^2bc^2x-2ab^2c^2x-a^2b^2x^2-a^2c^2x^2-b^2c^2x^2-a^2b^2c^2}{a^2bc+ab^2c+abc^2}$$

$$g^2 = \frac{2a^2b^2cd + 2a^2bcd^2 + 2ab^2c^2d - a^2b^2c^2 - a^2c^2d^2 + 2a^2bc^2d + 2ab^2cd^2 + 2abc^2d^2 - a^2b^2d^2 - b^2c^2d^2}{a^2bc + ab^2c + abc^2}$$

の積と，他方で先の gy を平方して

$$g^2y^2 = \left(\frac{-a^2b^2c^2 + a^2b^2cd + a^2bc^2d + ab^2c^2d - a^2b^2cx - a^2bc^2x - ab^2c^2x + a^2b^2dx + a^2c^2dx + b^2c^2dx}{a^2bc + ab^2c + abc^2}\right)^2$$

から，両者を等値し約分して

$$\frac{(2a^2bcx^2 + 2abc^2x^2 + 2ab^2cx^2 - 2a^2b^2cx - 2a^2bc^2x - 2ab^2c^2x - a^2b^2x^2 - a^2c^2x^2 - b^2c^2x^2 - a^2b^2c^2)\ (2a^2b^2cd + 2a^2bcd^2 + 2ab^2c^2d - a^2b^2c^2 - a^2c^2d^2 + 2a^2bc^2d + 2ab^2cd^2 + 2abc^2d^2 - a^2b^2d^2 - b^2c^2d^2)}{a^2bc + ab^2c + abc^2}$$

$$= \frac{(-a^2b^2c^2 + a^2b^2cd + a^2bc^2d + ab^2c^2d - a^2b^2cx - a^2bc^2x - ab^2c^2x + a^2b^2dx + a^2c^2dx + b^2c^2dx)^2}{a^2bc + ab^2c + abc^2}$$

となる．

これは訳文中の最後の

$$\begin{matrix} +2aabcxx - 2aabbcx - aabbxx & & +2aabbcd + 2abbccd - aabbcc - aaccdd \\ +2abccxx - 2aabccx - aaccxx & \mathrm{M} & +2aabccd + 2abbcdd - aabbdd - bbccdd \\ +2abbcxx - 2abbccx - bbccxx & & +2aabcdd + 2abccdd \\ -aabbcc & & \end{matrix}$$

$$= \left\{\begin{matrix} -aabccx + aabbdx + aabbcd \\ -aabbcx + aaccdx + aabccd - aabbcc \\ -abbccx + bbccdx + abbccd \end{matrix}\right. \text{の平方}$$

の箇所の計算である．整理すると

$$x^2 = \frac{a^2b^2c^2d + a^2bc^2d^2 + a^2b^2cd^2 + ab^2c^2d^2}{a^2b^2cd + a^2bc^2d + a^2bcd^2 + ab^2c^2d + ab^2cd^2 + abc^2d^2 - a^2b^2c^2 - a^2b^2d^2 - a^2c^2d^2 - b^2c^2d^2}x$$
$$+ \frac{a^2b^2c^2d^2}{a^2b^2cd + a^2bc^2d + a^2bcd^2 + ab^2c^2d + ab^2cd^2 + abc^2d^2 - a^2b^2c^2 - a^2b^2d^2 - a^2c^2d^2 - b^2c^2d^2}$$

となる．つまり $x^2 = Ax + B$ という型になる．

III–3. x^2 の開平

『幾何学』第1巻より，$z^2 = az + bb$ のとき $z = \frac{1}{2}a + \sqrt{\frac{1}{4}aa + bb}$ であったので（「『幾何学』の規則」と呼び，例3でも言及されている），ここで a, b^2 を

$$a = \frac{a^2b^2c^2d + a^2bc^2d^2 + a^2b^2cd^2 + ab^2c^2d^2}{a^2b^2cd + a^2bc^2d + a^2bcd^2 + ab^2c^2d + ab^2cd^2 + abc^2d^2 - a^2b^2c^2 - a^2b^2d^2 - a^2c^2d^2 - b^2c^2d^2}$$

$$b^2 = \frac{a^2b^2c^2d^2}{a^2b^2cd + a^2bc^2d + a^2bcd^2 + ab^2c^2d + ab^2cd^2 + abc^2d^2 - a^2b^2c^2 - a^2b^2d^2 - a^2c^2d^2 - b^2c^2d^2}$$

として $z = \frac{1}{2}a + \sqrt{\frac{1}{4}aa + bb}$ に代入すると，4 球を囲む球の半径として上の x^2 の式から x が次のように得られる．

$$x = \frac{1}{2}\,\frac{\begin{array}{l} + a^2b^2c^2d + a^2bc^2d^2 \\ + a^2b^2cd^2 + ab^2c^2d^2 \end{array} + \sqrt{\begin{array}{r} + 6a^4b^4c^3d^3 + 6a^3b^4c^4d^3 \\ + 6a^4b^3c^4d^3 + 6a^3b^4c^3d^4 - 3a^4b^4c^4d^2 - 3a^4b^2c^4d^4 \\ + 6a^4b^3c^3d^4 + 6a^3b^3c^4d^4 - 3a^4b^4c^2d^4 - 3a^2b^4c^4d^4 \end{array}}}{a^2b^2cd + a^2bc^2d + a^2bcd^2 + ab^2c^2d + ab^2cd^2 + abc^2d^2 - a^2b^2c^2 - a^2b^2d^2 - a^2c^2d^2 - b^2c^2d^2}$$

本文にはないが，$a = b = c = d = 1$ とすると，$x = 1 + \sqrt{\frac{3}{2}}$ になり，そのときの図は次のようになる．

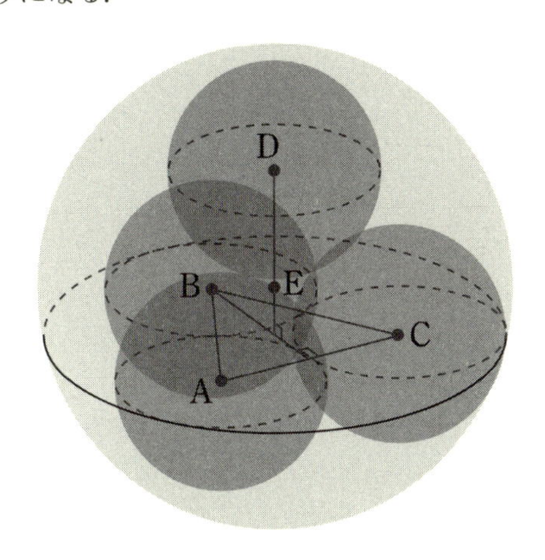

なお現代的には，この問題における半径間の関係は次のソディの公式で示されることが知られている[40]．

40） 山下純一「デカルトの手紙」『理系の数学』1998 年 10 月号，pp. 36–43. Coxeter, H. S. M, “Loxodromic Sequences of Tangent Spheres”, *Aequationes Mathematicae*, 1 (1968), pp. 112–117.

$$\left(\frac{1}{a}+\frac{1}{b}+\frac{1}{c}+\frac{1}{d}-\frac{1}{x}\right)^2=3\left(\frac{1}{a^2}+\frac{1}{b^2}+\frac{1}{c^2}+\frac{1}{d^2}+\frac{1}{x^2}\right).$$

実際この式を展開し x を求めると，本文と一致する.

さらに一般化するとゴセットの定理が得られる[41]. つまり n 次元空間において，半径が e_1，e_2，…，e_{n+1} の（$n+1$）個の球が互いに他の n 個と外接しており，それらが半径 e_{n+2} の（$n+2$）番目の球に内接しているとき，

$$\left(\frac{1}{e_1}+\frac{1}{e_2}+\ldots-\frac{1}{e_{n+2}}\right)^2=n\left(\frac{1}{{e_1}^2}+\frac{1}{{e_2}^2}+\ldots+\frac{1}{e^2{}_{n+2}}\right)$$

が成り立つ.

最後に翻訳について述べておく.

本書の翻訳で使用したのはこのハーグ写本の 1–27 頁である. B 版（フランス語テキストとそのイタリア語訳で，訳者は M. サヴィーニ，訂正は F. ド・ビュゾン，編集はベルジョイオーゾ）もこれに依拠しているが，しばしばそこには誤読や誤記が見られ，本書では脚注でそれらの一部を指示しておいた. B 版は 27 頁以降を省き，その後ロンドン写本のみに収録されている例 5（接球問題）を掲載している. ただしそのままではなく，理由は不明であるがいくらか変更を加えている. 例 5 は，AM 版と CM 版のみに所収されているが，両者には綴りなどに相違があり，B 版はどちらかというと CM 版の方に偏った読みをしている. 本翻訳では AM と CM の読みの違いは煩瑣になるので指摘はしないことにする.

AT 版からごく一部が中村幸四郎によって和訳されているが，そこでは作者をハーストレヒトではなくデカルトとしている[42]. その他の言語による翻訳はなく，その意味で本訳文が現在のところ最も詳しいものとなろう.

41） 山下純一「4 次元のヘロンの公式」『理系の数学』1999 年 1 月号，p. 56.

42） 中村幸四郎「デカルト氏の計算法」『数学史——形成の立場から』共立出版，1981 年，pp. 146–152.

VI

『数学摘要』

但馬　亨

1.『数学摘要』に眠るデカルト数学の本質

『幾何学』以外の数学研究を詳細に分析すると，適切な注目を得てこなかったマイナーワークの存在に気づく．AT 版の第 10 巻に集録されている，ラテン語で執筆された 12 種類の断片的論文がその代表的な事例といえる[1]．これら断片は，デカルトの生前には未刊行であり，『幾何学』のような体系性や一貫性に基づいた作品ではなく，題目すらデカルト本人によっては未記入のものであり，そもそも論文という名称で論じるのは不適切だといえよう．しかし，そこに書かれている数学的内容は若き日のデカルトの数学的ポテンシャル，そしてこれまであまり強調されてこなかった膨大で精密な計算能力を示すものであり，『幾何学』からでしか知りえなかった数学者・自然哲学者デカルトのイメージに変更を促すものである．

2. デカルト氏による抜き書き　EXCERPTA EX MSS. R. DES-CARTES.

これら 12 のテキストの構成と題名，AT 版における開始頁数を以下に示す．

Ⅰ.	Polygonorum inscriptio	多角形の内接	285
Ⅱ.	Horum Usus Trigonometricus	内接の三角法への利用	289
Ⅲ.	Numeri Polygoni	多角数	297

1)　AT. X, 277–324. なお，数学および自然哲学についての編集・解説はエコール・ポリテクニック出身の数学者・数学史家である P. タヌリが担当した．

Ⅳ.	De Partibus Aliquotis Numerorum	数の約数について	300
Ⅴ.	Radix Cubica Binomiorum	二項数の立方根	302
Ⅵ.	Circuli Quadratio	円の求積	304
Ⅶ.	Tangens Cycloïdis	サイクロイドの接線	305[2)]
Ⅷ.	Tangens Quadratariæ per Cycloidem	サイクロイドによる円積線の接線	307[3)]
Ⅸ.	Æquationum Asymmetriæ Remotio	方程式の非対称性の除去[4)]	308
Ⅹ.	Ovales Opticæ Quatuor	四種の光学的卵形線	310
Ⅺ.	Earum Descriptio et Tactio	卵形線の描画と接触	313
Ⅻ.	Earumdem Octo Vertices, Horumque Usus	卵形線 8 種類の頂点と利用	320

先に述べたようにこれらの断片についての名称はデカルトによるオリジナルな草稿にはもともとなかったものである．後に述べる『遺稿小論集』の編集者やそれを基にしたP. タヌリが全集編纂の過程で内容を吟味した結果，名称を付加したものであり，もともとデカルトがテキストに付与した名称ではない．このことには十分留意する必要がある．実際，テキストを読むと，関連する断片同士を順序としては近接させているが，そもそもテキスト内部に直接，論理的・数学的に関連しているとは思えないトピックが散見され，P. タヌリ自身もすべてを通底した視野に基づいてテキストを編んだとは断定できない．

さて，この断片についてのフランス語の部分的翻訳が比較的近年なされ，テキストの出自に関する正確な解題もなされている．この新しい研究成果も踏まえ，出自の問題について解題しよう．

3. テキストの出自

2009 年に出版されたこの新訳において，2 系列のテキストの出自が解説

2） フェルマの草稿をデカルトが書写したものであり，関連箇所は *Œuvres de Fermat*, vol. I, p. 159（l.4–l.6）, p. 162（l.23～）, p. 163（all）, p. 164（～l.8.）.

3） *Ibid*. p. 165, l.11–l.16.

4） 無理数を有理数に変換することを表す．

されている[5)]．一つは，オランダの音楽家であり数学者クリスチャン・ホイヘンスの父親であるコンスタンティン・ホイヘンス（Constantijn Huygens, 1596–1687）所有の手稿群Lがそれであり，現在はライデン大学付属図書館に所蔵されている．もう一つは，タヌリが全集に収録した際に参考にしたと思われる「デカルト氏による抜き書き」（Excerpta ex MSS. R. Descartes）というタイトルで，『遺稿小論集』（*Opuscula posthuma*）に収録されている断片Aである．このデカルト著作は1701年に出版されたものであり，正式には，『R. デス＝カルテスの自然学および数学上の遺稿小論集』（*R. Des-Cartes Opuscula Posthuma, Physica et Mathematica*）と称されるものである．ラテン語による6つの論文から構成されており，『世界論』や『精神指導の規則』等の重要著作の最後に位置する順序で，この断片群が収録されている．当然，生前の著作ではなく死後50年たってアムステルダムで公刊されている．以下，『遺稿小論集』の18世紀初版本[6)]の末尾に収録された断片の目次を列挙してみる．

INDEX EXCERPTORUM（断片集目次）

Ⅰ.	Polygonorum inscriptio	多角形の内接
Ⅱ.	Horum Usus Trigonometricus	内接の三角法への利用
Ⅲ.	Numeri Polygoni	多角数
Ⅳ.	Numerorum Partes Aliquotæ	数の約数
Ⅴ.	Radix Cubica Binomiorum	二項数の立方根
Ⅵ.	Circuli Quadratio	円の求積
Ⅶ.	Tangens Cycloïdis	サイクロイドの接線
Ⅷ.	Tangens Quadratariæ per Cycloidem	サイクロイドによる円積線の接線
Ⅸ.	Æquationum Asymmetriæ Remotio	方程式の非対称性の除去
Ⅹ.	Ovales Opticæ Quatuor	四種の光学的卵形線

5）*René Descartes, Œuvres Complètes,* sous la direction de J.-M. Beyssade et D. Kambouchner, III, *Discours de la Méthode*, Paris, 2009, pp. 530–531.

6）初版本は国内では関西大学図書館の服部文庫に所蔵されている．

XI. Earum Descriptio et Tactio 卵形線の描画と接触

XII. Earumdem Octo Vertices, Horumque Usus 卵形線8種類の頂点と利用

上記から明らかであるが，IVの表題部分のみがAT版の表記と異なる点であり，他の部分はすべて同じ表現である．したがって，後者の『遺稿小論集』とAT版の対応関係はほぼ完全でありP. タヌリはこの部分を編むにあたって主たる底本として『遺稿小論集』を採用していると結論される．なお，AT版で表題をタヌリが後日命名したという点は誤りであり，『遺稿小論集』の題名や構成を忠実に収録しているとして正しい．

このような経緯を経てAT版に収録された断片群だが，この一連の作品が書かれた時期・状況等については，詳細はそのほとんどが謎に包まれている．したがって現時点でできることは，やはり主著である『幾何学』に立ち返ることであろう．すなわち具体的には，断片群が『幾何学』完成のために与えた影響もしくは逆に『幾何学』から与えられた影響を，断片群の内容の吟味と『幾何学』の内容との対照から導き出し，断片群の出現のより正確な書誌情報を見いだそうというのである．このいわば間接証拠を積み上げるプロセスは，直接的で正確な書誌データを入手できない現時点においては欠かせない研究手法である．そのためつぎに『幾何学』の構成と成立に関わるプロセスの概略をまとめてみる．

4. 『幾何学』成立までの過程とその構成との対比

『幾何学』の翻訳者原亨吉によると，『幾何学』の成立過程は次の3期に分類することができる[7]．すなわち，第1段階は1619年の初めに若き日のデカルトがイサーク・ベークマン（Isaac Beeckman, 1588–1637）と交流して萌芽的問題意識を得ていた時期である．つづいて第2段階は同年暮から翌1620年の初めにかけて，ウルム近郊の「炉部屋」に籠もり，幾何学と代数学との結合の着想を得た時期である．最後の第3段階はオランダ転居後のデ

---

7) 『デカルト著作集』第1巻，110–111頁．

カルトが1631年の末頃に「パッポスの問題」を解法することで後のG. W. ライプニッツへと続く「普遍数学」(Mathesis Universalis) の構想を実際の問題解法に利用したところである.

本題に戻ろう.『幾何学』の基本的構想が出来上がっていた，この1619年初頭に，以下のような書簡をデカルトはベークマンに送っている.

> 私は連続量であれ，非連続量であれ，任意の種類の量について提出され得るすべての問題を一般的に解くことを可能にするようなあるまったく新しい学問を作り出したいと思う．それも各問題をその本性に応じて解くのだ．算術において，ある問題は有理数によって説かれ，あるものはただ根数によって解かれ，またあるものは想像こそされ解かれないのと同様に，連続量においてもある問題は直線か円周のみによって解かれ，あるものは，ただひとつの運動によって生じ，新しいコンパスによって描かれ得る他の曲線を用いなければ，解かれず，――このコンパスも円を描く普通のコンパスに劣らず正確で幾何学的であると私は考えるのだ――またあるものは有名な円積線のように，互いに関連のない別々の運動によって生じ，単に創造的であるにすぎない曲線を用いなければ解かれないということを私は証明したいと思うのである.
>
> (1619年3月26日　ベークマン宛手紙)[8)]

原が指摘するように，この第1段階のベークマン書簡においてすでに以下の四種類の新数学思想形成の各要素が出来上がっている．すなわち，(1) 類型的な場合を一般的に解くとともに可能な場合をすべて包括する数学の強い思考の根底として，(2) 解決に用いられる曲線による問題の分類，(3) ただひとつの運動によって生じる曲線と新しいコンパスなど幾何学を特徴づけるいくつかの概念が現れている．さらに (4) 別々の運動によって生じる超越曲線をも上げることができるが，これは『幾何学』においてはいったん言及され

8) AT. X, pp. 156–157.『デカルト著作集』第1巻，原訳，111頁.

た後，排除されるものである[9]．ただ，後代のライプニッツが再び強調するデカルトの先見性がこの若き日にすでに見いだせるということは，断片集はより体系的著作を書くための習作という価値付けができるのではないかと思われる．

いま，この断片群と『幾何学』の関連箇所を可能なものを付ける．そうすれば『幾何学』との照応関係がより明確になり執筆年代の想定にも有益である．一方，関連箇所のないものは，とりわけ『書簡集』など他の数学研究との関係性を明示する資料となるだろう．以下 AT 版の 12 の断片の数学的内容と『幾何学』の対応箇所との相応表を示す．

番号	数学的内容	『幾何学』の関連箇所
1	内接多角形と弦の表（正弦表）	—
2	正弦表の三角形への応用	—
3	多角形数	—
4	約数の和の一般形	—
5	3 乗根の開平と 2 項式による表示	第 1 巻「乗法・除法・平方根の抽出」
6	円の求積分の独自アルゴリズム	—
7	サイクロイド曲線の性質について	フェルマ論文の書写
8	サイクロイド曲線の性質について	フェルマ論文の書写
9	等式に含まれている無理数の消去	第 3 巻「真根を増すと偽根は減ずること」
10	卵形線の性質について	第 2 巻「光学に役立つ新しい卵形線 4 類の性質」
11	卵形線の性質，表記の方法について	第 2 巻「反射および屈折に関するこれらの卵形線の性質」
12	卵形線の性質とその応用について	第 2 巻「これらの性質」

このように『幾何学』の対応箇所と対応させることで断片のデカルト数学

9）AT. X, P. 17.

研究における位置づけをわれわれは理解することができるが，とりわけ重要なのは 10，11，12 で表される卵形線問題である．『幾何学』執筆前夜の周到な準備としてデカルトはこの問題に取り組んでいたことがわかる．つぎに，ド・ビュゾン氏の紹介にも挙げられた第 6 断片の分析とこの最後の 3 断片で表される卵形線問題の解説を簡潔に行ってみよう．

断片 6「円の求積」に含まれるアルゴリズム

デカルトの天才が古典的課題について独創的に取り組んでいることがうかがわれるのがこの断片である．そのもの自体はきわめて簡潔な記述であるが，数学的には二つの部分に分割されている．ただし理解のためには，先に後半部分に注目することがよかろうと思われるので後半から読み解いていく．

ここでは与えられた正方形の周長（$4a$）と同じ周長を持つ円の直径を求めるために，そのような円の近似として周長 $4a$ の正 2^n 角形（$n>2$）を考えているとみなすことができる．周長 $4a$ の正 2^n 角形の一辺の長さは $4a/2^n=\frac{a}{2^{n-2}}$ であるから，正 2^n 角形の内接円の直径を R_n とすると R_n は

$$\frac{1}{2}\frac{a}{2^{n-2}}=\frac{1}{2}R_n\tan\left(\frac{1}{2}\cdot\frac{2\pi}{2^n}\right)$$

$$\therefore R_n=\frac{a}{2^{n-2}\tan\frac{\pi}{2^n}}=\frac{a}{2^{n-2}}\cot\frac{\pi}{2^n}\ .$$

と余接を用いて表すことができる．一方，余接には

$$\cot 2\theta=\frac{1}{2}(\cot\theta-\tan\theta)$$

という関係があるため，

$$\begin{aligned}&(\cot\theta-2\cot 2\theta)\cot\theta\\=&\tan\theta\ \cot\theta\\=&1\end{aligned}$$

という恒等式が成り立つ．これを用いると，数列 $\{R_n\}$ にも

$$R_{n+1}(R_{n+1}-R_n)=\frac{a}{2^{n-1}}\cot\frac{\pi}{2^{n+1}}\cdot\frac{a}{2^{n-1}}\left(\cot\frac{\pi}{2^{n+1}}-2\cot\frac{\pi}{2^n}\right)$$

$$=\frac{a^2}{4^{n-1}}$$

という恒等式があることがわかる．また，これは R_{n+1} の二次方程式とみて解くことができるから漸化式ともみることができる．最後の等号は余接の恒等式で $\theta=\frac{\pi}{2^{n+1}}$ ととればよい．そしてデカルトは

$$ac=R_3 \ (8\text{角形}),$$
$$ad=R_4 \ (16\text{角形}),$$
$$ae=R_5 \ (32\text{角形}),$$
$$\cdots\cdots$$

というのである．

前半部分に立ち戻ると，$ac(=R_3)$ と $cb(=R_3-R_2)$ によって作られる長方形 cg が正方形 bf の面積 a^2 の 1/4 となるように c をとっている．これはすなわち恒等式

$$R_3(R_3-R_2)=\frac{a^2}{4}$$

を利用して R_3 を求めていることに他ならない．同様に $da=R_4$，$dc=R_4-R_3$ である．

したがって，前半部分でデカルトがこれ以上の方法はないと宣言する次々と長方形を作っていく方法は，R_n の漸化式を利用した周長 $4a$ の円の直径を求めるアルゴリズムであるということができる．なお長方形の面積をすべて足しあわせると $\frac{a^2}{4}$ となることも述べられているが，これ自体が何か注目すべき図形の面積にはなっておらず，精々 x が有限の位置に存在することを主張するのみだと思われる．

5. 卵形線問題の数学的構成と意義

卵形線（ovalis）というあまり聞きなれない幾何学的対象がある．古くはルネサンスのアルブレヒト・デューラー（Albrecht Dürer, 1471–1528）やデカルトより後世である 17 世紀後半のパリ天文台で活躍したジョヴァンニ・ドメニコ・カッシーニ（Giovanni Domenico Cassini, 1625–1712）が研究し

た曲線であるが，デカルトは先述のとおり，『幾何学』に収録する目的でこの領域の研究を精力的に行っている[10)]．デューラーやカッシーニが絵画や天文学上の関心からこの曲線を扱ったのに対して，デカルトのモチベーションとは異なるところにあった．『幾何学』第2巻に収録されているように，屈折光学研究の成果を展開し，理想的なレンズ曲面を数学的に演繹しようとしたのである．以下では，断片10から12にかけて展開される卵形線についての数学的構成について概説し，執拗に展開された研究のねらいを明らかにしていく．

断片10の第1部

同一直線上に定点C, N, B, Aをとる．点NはBCの中点，$\mathrm{NA}=a$, $\mathrm{NB}=b$とする．

媒介変数x, yにたいして，動点Eを

$$\mathrm{CE}+\mathrm{BE}=2a-2y,$$
$$\mathrm{DA}=x$$

であるようにとる．ここではDはEから直線ACに降ろした垂線の足となっている．ただし，EがAを通るように媒介変数x，yは$x=0$のとき$y=0$であるようにとる．このとき，

$$\mathrm{CE}^2-\mathrm{BE}^2=\mathrm{CD}^2-\mathrm{BD}^2=(a+b-x)^2-(a-b-x)^2$$
$$=4b(a-x)$$

となるから[11)]，

10） カッシーニの卵形線の定義はこのようなものである．平面上でq_1とq_2の2点を定点とし，bを定数とするならば，q_1，q_2を焦点とする卵形線はある条件を備えた点pの描く軌跡として定義される．ある点pとは，pからq_1までの距離とpからq_2までの距離の積がb^2となるような点である．以下で扱うデカルトの卵形線も4次曲線の一種であり，線対称をひとつだけもつという点ではカッシーニのものと幾何学的には相違ない．

11） $\mathrm{BD}=a-b-x$，$\mathrm{CD}=a+b-x$.

$$\mathrm{CE}-\mathrm{BE}=\frac{2b(a-x)}{a-y}$$

となる．ここでBE，CEは以下のようにあらわされる．

$$\mathrm{BE}=a-y-\frac{b\ (a-x)}{a-y}=\frac{y^2-2ay+a^2+bx-ab}{a-y},$$

$$\mathrm{CE}=a-y+\frac{b\ (a-x)}{a-y}=\frac{y^2-2ay+a^2-bx+ab}{a-y}$$

したがって

$$\mathrm{DE}^2=\mathrm{BE}^2-\mathrm{BD}^2=\frac{(y^2-2ay+a^2+bx-ab)^2}{(a-y)^2}-(a-b-x)^2$$

$$=\frac{y^4-4ay^3+(5a^2-b^2-x^2+2ax)y^2+(2ax^2-4a^2x+2ab^2-2a^3)y-a^2x^2+b^2x^2-2ab^2x+2a^3x}{(a-y)^2}$$

$$=\frac{(y-x)(a+b-y)(a-b-y)(2a-x-y)}{(a-y)^2}.$$

いま点Eが描くべき曲線にEで接する円の中心となるAC上の点Fを見つける．そこでNF＝c，FE＝dとおき，原点をNとするXY座標をE＝($a-x$，DE)であるようにとると，中心F，半径FEの円の方程式は

$$(\mathrm{X}-c)^2+\mathrm{Y}^2=d^2.$$

また媒介変数x, yを「何らかの方法で」消去することができ，媒介変数を消去したEの軌跡の方程式

$$f(\mathrm{X},\mathrm{Y})=0$$

が得られたとすると，円と点Eの軌跡が接することから，

$$f\left(\mathrm{X},\sqrt{d^2-(\mathrm{X}-c)^2}\right)=0$$

というXの方程式はX＝$a-x$で重解をもたなければならない．この条件からcおよびdを求めることができる．

断片10の第2部

C，B，A，R はこの順で同一直線上にある定点であり，一方 D，E，F は動点である．CB = 4，BA = 1，AR = 5 より，C，B，A，R を定め，点 A を原点にとると，

$$\mathrm{C} = (-5, 0),\ \mathrm{B} = (-1, 0),\ \mathrm{A} = (0, 0),\ \mathrm{R} = (5, 0)$$

と座標を設定する．媒介変数 $0 \leq y \leq 1$ にたいして

$$\mathrm{EB} = 1 + 5y,\ \mathrm{EC} = 5 - 3y.$$

で点 E を定める．ここで CB = 4，EB = 1 + 5y，EC = 5 − 3y より $0 \leq y \leq 1$ でつねに C，B，E は三角形を構成し，$y = 0$ で E は A と一致し，$y = 1$ で EB = 6，EC = 2 であるような直線 BC 上の点となる．また点 D は点 E から線分 CA に降ろした垂線の足である．ここで，

$$\mathrm{CD}^2 - \mathrm{DB}^2 = \mathrm{EC}^2 - \mathrm{EB}^2 = (5 - 3y)^2 - (1 + 5y)^2 = -16y^2 - 40y + 24,$$

$$\mathrm{CD} - \mathrm{DB} = \frac{\mathrm{CD}^2 - \mathrm{DB}^2}{\mathrm{CD} + \mathrm{DB}} = -4y^2 - 10y + 6$$

より

$$\mathrm{CD} = -2y^2 - 5y + 5,$$
$$\mathrm{DB} = 2y^2 + 5y - 1.$$

よって，

$$\mathrm{DA} = \mathrm{DB} + \mathrm{BA} = 2y^2 + 5y,$$
$$\mathrm{DE}^2 - eb^2 - \mathrm{DB}^2 = (1 + 5y)^2 - (2y^2 + 5y - 1)^2$$
$$= -4y^2 - 20y^3 + 4y^2 + 20y$$

となる．すなわち，

$$\mathrm{E} = \left(-5y - 2y^2, \sqrt{-4y^4 - 20y^3 + 4y^2 + 20y}\right)$$

とまとめることができる．ちなみにここで，媒介変数 y を $0 \leq y \leq 1$ の範囲で動かせば E の軌跡を描画でき，デカルトの著作中においては一度も出現しなかった卵形線の全体像が次のように表示できる．

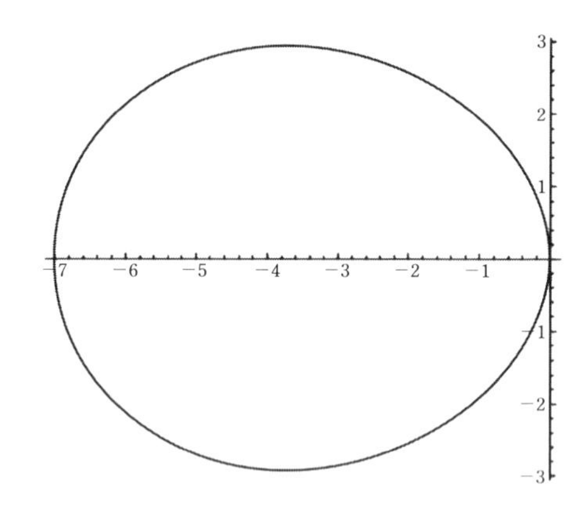

さらにここで，$E=(X, Y)$ とおいて y を消去すると

$$4X^4+116X^3+(8Y^2+316)X^2+(116Y^2-2100)X=Y^2(525-4Y^2)$$

という軌跡の方程式が得られる．この一般形もデカルトは表示しているわけではない．あくまでも CD − DB という形で論じているに過ぎないのである．

さて，さらにここから別の点 F を定義していく．すなわち，

$$FA=\frac{29y+10}{4y+5}$$

という関係を満たす点 F を定め，この点から ER, EC に降ろした垂線の足をそれぞれ G, H とするとき，

$$\triangle FCH \sim \triangle ECD,$$
$$\triangle FRG \sim \triangle ERD$$

なので，

$$\frac{FH}{FG}=\frac{-9y+15}{4y+5}\,\frac{4y+5}{49y+35}\,\frac{5+7y}{5-3y}=\frac{3}{7}$$

となる[12)]．したがって，FH/FG は y によらず一定である．R から出た光が点 E で FE と直交する直線で相対屈折率 3/7 で反射しながら屈折した光が点 C に到達していると理解できる．

12）FH : ED $=\dfrac{-9y+15}{4y+5}:(5-3y)$，FG : ED $=\dfrac{49y+35}{4y+5}:(5+7y)$ より．

さて，FE と直交する直線は卵形線 C に接する．これを示すには，以下の条件が必要である．すなわち中心 F，半径 EF の円の方程式は，

$$\left(X + \frac{29y+10}{4y+5}\right)^2 + Y^2 = EF^2$$

となるので，これを Y^2 について解いて E の軌跡の方程式に代入すると X についての方程式ができる．この方程式が $X = -5y - 2y^2$ で重解をもつことがわかればよい．

断片 10 の第 3 部

定点 C, B, A, R を同一直線上に $AC = AR = a$，$AB = b$ であるようにとる．動点 E を

$$CE = \frac{2by}{a} - y + a,$$
$$BE = b + y$$

であるようにとり，点 E から AC に垂線を降ろしてその足を D とする．このとき，

$$CD^2 - BD^2 = CE^2 - BE^2 = (\frac{2by}{a} - y + a)^2 - (b+y)^2,$$
$$CD - BD = CB = AC - AB = a - b.$$

よって，

$$CD + BD = a + b - 2y - \frac{4by^2}{a^2}.$$

したがって

$$CD = a - y - \frac{2by^2}{a^2},$$

$$BD = b - y - \frac{2by^2}{a^2}.$$

さらに

$$AD = AB - BD = \frac{2by^2}{a^2} + y,$$

$$DE^2 = BE^2 - BD^2 = (b+y)^2 - \left(b - y - \frac{2by^2}{a^2}\right)^2,$$

$$-\frac{4b^2}{a^4} - \frac{4b}{a^2}y^3 + \frac{4b^2}{a^2}y^2 + 4by$$

が成り立つ．ここで，

$$FA = \frac{4b^2y + 2ba^2 + a^2y}{4by + a^2}$$

であるような点 F を AB 上にとり，F から BE，CE に降ろした垂線の足をそれぞれ G，H とする．このとき

$$\triangle FBG \sim \triangle EBD,$$
$$\triangle FCH \sim \triangle ECD$$

なので FG : DE = BF : BE，FH : DE = CF : CE となり，FG/FH は曲面の屈折率を表すことになる．比例式を最後まで解くと，

$$\frac{FG}{FH} = \frac{BF}{BE}\frac{CE}{CF} = \frac{AB - FA}{BE}\frac{CE}{AC - FA}$$
$$= \frac{a}{2b - a}$$

と y に依存しない定数になる．

重解による方法と疑われる他の方法

断片 10 から 12 で扱われる卵系線とはデカルトによれば，円錐曲線を包含する上位曲線として考案されたもので 3 種類の焦点で定義されるものである．この曲線を研究するための意義は，デカルトにとっては屈折光学上の知識の拡充として最適なレンズの形状を決定するためである[13)]．次頁の図にあるように焦点は B，C，R だとすると，この特異な曲線の方程式を求めるには，動点 F の位置が重要なポイントになってくる．ただし，この方程式を求めるためには，原によって推測される方法によると長大な計算が必要とされるが，断片 10 に含まれている記述にはその結果しか示されておらず，デ

13) 卵形線の研究が光学問題に起源をもつこと，あるいはこの問題が幾何学曲線の法線決定問題と相関があることについては，以下の研究を参照．S. Maronne, “The ovals in the Excerpta Mathematica and the origins of Descartes’ method of normals”, *Historia Mathematica*, Vol. 37, (2010), pp. 460–484.

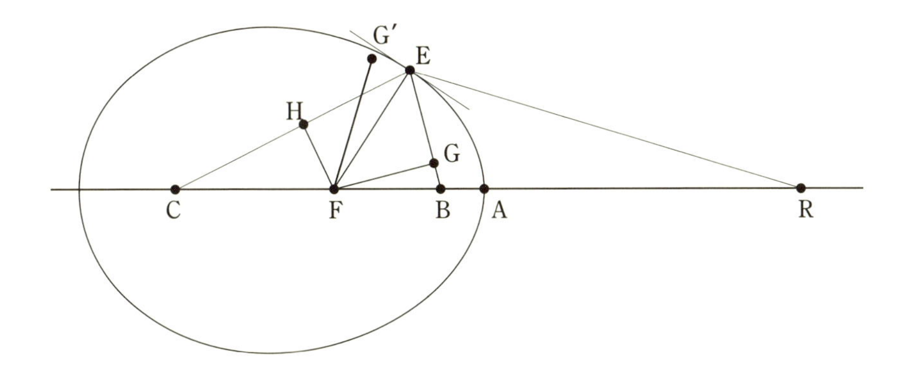

カルトが実際にとった方法をこの記述のみから導出することはできない[14]. この方法とは，卵形線に内接する円を描画し，さらにこの円の接線との交点を解析的に求める，すなわちより具体的にいえばこの2つの方程式の重解を用いる方法である．しかし，この分析には1つの難点がある．断片10において考察されている卵形線は初期条件のことなるものが4種類存在しており，最初の3種についてこの重解を用いる方法であれば順調に計算を遂行することで結果まで到達できる．しかし，最後の4種目については計算量の観点からはきわめて膨大で精密な計算を遂行しなければ達成できないので，この4種類についてはフェルマの接線法を用いるなどの別の方法の利用が推測されるのである．

6. むすびとして

デカルトの数学研究の発展過程において，マイナーワークから得られる情報はこれまで精密科学史上の議論対象にはならなかったように思われる．たしかに大著作『幾何学』の達成と比べると，今回分析の俎上に乗せた断片集はいかにも小品であり，技術的な計算過程を集めたものという誹りを免れないかもしれない．しかしながら，デカルトの直観の鋭さは，こうしたマイナ

14) Hara, K. “Comment Descartes a-t-il découvert ses ovales?”, *Historia Scientiarum* 29, 1985, pp. 51–82.

ーワークにこそよりよく反映されており，さらにいえば直観や数学的発想の豊かさ以上に技術的な計算を粘り強く丹念に繰り返していた点については数学者としての，いわば足腰の頑健さを強く感じずにはいられない．そもそも『幾何学』においても結果を散文的に配置する記述方法は，現在の数学の論理様式にどっぷり浸かっているわれわれにとっても容易に読み進められる代物ではないが，結果を粘り強く追い求める良い意味での執拗さがこれまでとは異なるデカルト数学のイメージと呼べるのかもしれない．

さて，すでに前世紀の話になるが，ソーカル事件に見られるように現代思想の一部の世界では，抽象的な現代数学が衒学的に扱われ，本来の数学概念の乱用・誤用が跋扈するように見えて久しい．デカルトは壮大な思想家としての側面だけでなく，精密な計算者としての側面を強くもっていたという数学史上の記憶を想起するとき，この乱用についての大きな戒めとなってくれるのではないだろうか．

なお，翻訳ならびに解釈には上野健爾先生，高田智広氏，三村太郎氏の多大なるご協力を仰いだ．三浦ならびに但馬の本文訳稿完成過程では特殊な数式の再現のためにLaTeXを用いたが，これは山田創介氏の尽力により完成したものであった．ここに深く感謝の念を記します．

最後に，もう一件だけ謝辞を述べたい．2013年の秋，龍谷大学大宮学舎の講師控室で邂逅した小林道夫先生に，卵形線についての研究を紹介したあと，これは有名作品ではないがデカルトの数理物理学的世界観を理解するためには重要な事例である，とまさに僥倖そのもののようなお言葉を頂いたこと，また，佐々木力先生に2016年の夏に京都大学数理解析研究所の研究会でお会いした際には，日本の数学史研究の灯を消さぬようにと一言頂いたことが，非才浅学である私には研究推進の原動力の一助となりました．ここにあらためて感謝の意を表し，小林先生には心よりご冥福をお祈り申し上げます．

Ⅶ

『屈折について』

武田裕紀

本テキスト *De Refractione* は，ライプニッツによって筆写された一群の文書を，フーシェ・ド・カレイユが1859年から1860年にかけて刊行した *Excerpta ex Cartesio* の一部である．本文は屈折率に関するデータが中心であるので，解説でも屈折に関するデカルトの歩みのみを概観する．

屈折についての最初の記述は，初期オランダ滞在期（1619–1620）の『思索私記』にまで遡る．そこには，きわめて素朴な形で「密度の濃い媒質よりも希薄な媒質の方を，光はより容易に透過する．そうして，屈折は，後者においては垂線から離れるように，前者においては垂直に近づくように，引き起こされる」[1]と記されているのみである．デカルトが光学に集中的に取り組んだのは1625年から1628年のパリ時代であり，その後オランダに渡ったのちもしばらくは，光学やレンズの話題が書簡のかなりの割合を占めている．それらのなかで，デカルトが屈折の法則（スネルの法則）を見出したことを仄めかすのは，「私は入射角と屈折角の正弦との間に比例 comparatio を設定します」[2]とラテン語で挿入している1632年6月メルセンヌ宛の書簡である．そしてこの成果が「まだ外部に漏れていない」[3]ことを喜んでいる．

1637年の『屈折光学』におけるこの法則の提示は，第二講の「球が物体CBEIの中に入り込んでいく力あるいは容易さと，球が物体ACBEから離れる力あるいは容易さとの比は，ACとHB間の距離と，HBとFI間の距離との比に等しく，つまり線CBとBEとの比である」[4]という記述である．なお

1）『思索私記』（AT. X, 242–3）.

2）メルセンヌ宛書簡1632年6月（AT. I, 255 ;『全書簡集』I, 222）.

3）同上.

4）『屈折光学』第二講（A.T. VI, 100）.

『屈折光学』はデカルトの比較的初期に成立した著作であり，1632年1月にはすでにゴリウス（Jacobus Golius, 1596–1667）宛書簡で，『屈折光学』の第一部を送ると約束している．ここで「第一部」がテキストのどの部分を指すのかは明らかではないが，「哲学の残りのものに触れることなしに，屈折という主題を説明する」5) と述べていて，光の本性についての哲学的な考察を抜きにした幾何光学が論じられていることが窺われる．これは『屈折光学』冒頭で，この著作では光の諸特性のみを論じて，「光の本性について本当のところを言おうとする必要はない」6) と述べていることに対応する．このことから，ゴリウスに送付したテキストは，おそらく今日われわれが手にする『屈折光学』と構成上は大きく変わるものではないと考えられる．さらに，屈折の法則は，『屈折光学』の大筋がすでに出来上がった段階で著作の中に組み込まれたことも分かる．

われわれが訳出した『屈折について』では，フロリモン・ド・ボーヌへの言及がある．じっさいに1639年2月20日（AT. II, 512）と1639年4月30日（AT. II, 542）のド・ボーヌ宛書簡の内容と対応しており，後者の書簡では，「屈折を正確に計測くださってありがとうございます」と礼を述べている．このことから，この文書は1639年ごろに書かれたものと推測できる．他方で，ウィテロの著作（リスナーによって編集された『光学の宝庫』に収められ，広く流布していた）から得られた数値表（誤りとされているが実際は誤転記）は，かなり初期の読書の成果を反映していると思われる．

屈折の法則をめぐっては，デカルトとスネル（Willebrord Snell, 1580–1626）とあいだの先取権争いと，デカルトによる剽窃の疑惑がある．まず先取権争いについては，スネルは生前に法則を公表することはなかったものの，屈折率の表を記した草稿を残していて，おそらくは1621年ごろに法則の発見に至っていたであろうと推測されている．それに対してデカルトについては，自身が証言している1632年6月の少し前と確定できる．そうだとすると，スネルがデカルトに先行していたことは確実ということになる．た

5) ゴリウス宛書簡1632年1月（AT. I, 255 ;『全書簡集』I, 207）．
6) 『屈折光学』第一講（AT. VI, 83）．

だし今日では，ハリオットがすでに1602年に発見していたことが分かっている．

次にデカルトがこのスネルの草稿を知っていて剽窃したのではないかという疑惑である．直接的な剽窃の疑惑は，デカルトの生前にはかけられていなかったのだが，死後になってスネルの草稿を入手したフォーシウスやクリスティアン・ホイヘンスにより提起される．疑惑の根拠として今日でも検討に値するのは，⑴スネルの件の草稿は1632年にゴリウスによって発見されるが，これはデカルトが屈折の法則をメルセンヌに報告する時期と重なり，しかも1632年に入ってからデカルトはゴリウスと光学をめぐる書簡をやり取りしていること，⑵1637年11月にフェルマが『屈折光学』を批判した際に，デカルトの論証に従えば，入射角の正弦と反射角の正弦の比という法則は導かれないことを示したこと，である[7]．

⑴については，たしかにデカルトがメルセンヌ宛書簡のなかで屈折の法則を仄めかすのが1632年6月であるから，時期的にはゴリウスによる草稿の発見ときわめて接近している．ただ，もし剽窃であるとしたならば，それはおそらくゴリウスを通してであろうが，ゴリウス自身がそのような疑いをデカルトに向けていた形跡は，1632年に交わされた二通の書簡を見るかぎりでは窺えない．

⑵については，『屈折光学』における「力」や「方向決定 détermination」といった概念規定の曖昧さのため，屈折の法則の導出にも混乱が生じていることは事実である．しかし，上で述べたように，屈折の法則は『屈折光学』の大枠が完成したのちに挿入されたこと，デカルトの力学の諸概念に未熟さが残っていることがこの混乱の原因であって，剽窃と結びつけるべきではないであろう．

このようにデカルトの剽窃を裏付ける資料はなく，さしあたって，両者は独立にこの法則に至ったと考えてよいであろうが，ただし，⑴については疑念の余地がないとは言えない．

7）　フェルマからメルセンヌ宛書簡1637年11月（AT. I, 463–474；『全書簡集』II, 40–47）．

Ⅷ

『カルテシウス』

武田裕紀

ここに訳出したテキストは，ライプニッツがパリ滞在期（1672–1676）のあいだの1675–76年に筆写したデカルト関連文書のひとつであり，現在，ハノーファー図書館に所蔵されているLeibniz-Archiv, ms. Cote IV, vol. I, 4, k B1, 19–22の前半部に由来するものである．「カルテシウス」*Cartesius*というタイトルは，デカルトの死後に作成された『ストックホルム遺稿目録』の記載にはなく，またライプニッツによる命名でもない．写本には*Excerpta ex ms. Des Cartes, ou Excerpta ex Cartesii manuscriptis*と記されているが，1729年から1748年の間ハノーファー図書館の館長を務めたグルーバー（Gruber）によってもこうしたタイトルが与えられた形跡がないことから，カローは，18世紀末以降になって，図書館員が資料を整理する便宜のために付けたものではないかと推測している．

さらにこの写本は，ライプニッツの直筆ではない．コピストがテキストを筆写したのちに，ライプニッツが誤記の訂正やメモ書きを加えたものである（本書228頁の図版4を参照）．コピストがラテン語に熟達していなかったのか，ライプニッツによって多くは訂正されているもののなお40箇所近い誤りがあるという．このような写本の不完全さも手伝ってか，『カルテシウス』はフーシェ・ド・カレイユによって刊行された*Œuvres inédites de Descartes*, 2 vols, 1859–1860には収録されなかった（ただしこの写本の後半部である『デカルト氏が書いたと思われる『哲学原理』注記』*Annotationes quas videtur D. des Cartes in sua Principia Philosophiae scripsisse*は収録されている）．『カルテシウス』が刊本のかたちで人々の目に触れるのは，1913年のAT版第11巻を待たねばならない．とはいえ編者のアダンは，デカルトの真筆との断定は避けている．

『カルテシウス』をデカルトの真筆であると積極的に認め，主要な著作群との相関を指摘し，正確な評価づけを試みたのは，ロディス-レヴィスである．G. Rodis-Lewis, *L'Œuvre de Descartes*, Paris, 1971（翻訳：小林道夫・川添信介訳『デカルトの著作と体系』紀伊國屋書店，1990 年）によると，既知の著作群との内容上の対照から，形而上学にかかわる部分は『精神指導の規則』の時期（1628 年より前）に，また自然学にかかわる部分は『方法序説』や『哲学原理』執筆の時期に書かれた，自身の思索や読書のメモと見なされるべきであるという．

このロディス-レヴィスの見立てに対して，現在のところ賛否両論がみられる．彼女を支持する方向としては，近年，V. カローと G. オリヴォが，V. Carraud et G. Olivo, *René Descartes: Étude du bon sens, La recherche de la vérité et autres écrits de jeunesse (1616–1631)*, Paris, 2013 において，他の初期断片を巻き込んだ新しい位置づけを提案している．たとえば，ある断章は『良識の研究』に，またあるものは 1619 年ごろに書かれた断章群『思索私記』に挿入されている．もっともこの作業は，オリジナルが現存していないため物証に基づいたものではなく，テキストの内容上の観点からなされたものであり，しかも『カルテシウス』のすべての断章を仕分けたわけではない．ひとつの分類方法として受け止めておくべきであろう．他方，本書の序を執筆しているビュゾンはデカルト真筆説に対して強い疑念を呈している．詳細は本書の序をご覧いただきたい．

テキストの中身については，27 の段落それぞれが独立した思索の断章，あるいはなんらかの読書ノートを思わせるものとなっていて，一貫した内容をもつものではない．形而上学，心身問題，自然学を論じたものがあり，成熟したデカルト思想の萌芽といえるものもあれば，初期思想を反映していると考えざるをえないものもある．典型的なデカルト思想の定式もあれば，デカルトが通常用いているものとはかけ離れた用語や思想も散見され，デカルトを読みなれた読者を当惑させるかもしれない．こうした点のいくつかについては，先に挙げた参考文献を参照しつつ，注釈のなかで指摘しておくことにした．ただし，これらの注釈に訳者自身が全面的に賛同しているわけではない．テキストの真贋の問題も含めて，読者諸賢に判断の材料を提供するためであることを付記しておきたい.

なお，本解説と訳文にあたっては，Vincent Carraud, «Cartesius ou les Pilleries de Mr. Descartes», *Philosophie*, no. 6, 1985, pp. 3–19 の解説および仏語訳をおおいに参考にした.

IX

『キルヒャー神父の『磁石論』摘要』

武田裕紀

本テキスト *Excerpta ex P. Kircher de Magnete* は，ライプニッツによって筆写され，フーシェ・ド・カレイユが1859年から1860年にかけて刊行した一群の文書 *Excerpta ex Cartesio* の一部である．タイトルが示すように，アタナシウス・キルヒャー（Athanasius Kircher, 1601–1680）が1641年に刊行した『マグネス』（*Magnes*）の読書ノートである．

デカルトは若いころから磁石に関心を寄せていたようである．1628年以前に執筆された『精神指導の規則』においてもしばしば磁石の事例が挙げられ，規則13には『磁石論』の著者ギルバート（William Gilbert, 1544–1603）の名前が見える．とはいえ，デカルトが本格的な磁石論に取り組むのは，『哲学原理』（1644）の第四部でそれまでまとまって論じる機会のなかった地球の内部の構造を本格的に扱うことを構想し始めてからであろう．1642年になるとホイヘンス宛の書簡でグランダミ（Jacques Grandami, 1588–1672）の『磁石論』がしばしば話題に上る．1643年1月5日にはホイヘンスに対して，キルヒャー『マグネス』の貸し出しを求めている．1643年1月7日にホイヘンスはデカルトの要望に応えてこれを送付，一週間後の1643年1月14日付ホイヘンス宛書簡のなかで，『マグネス』についての所見がみられる．デカルトは，「ほとんどすべての頁をめくったが，欄外の見出ししか読んでおらず」，それでも「内容はすべて了解し」，そのうえでキルヒャーを「学者というよりいかさま師である」[1]と評している．『マグネス』はこの書簡と同じ便でホイヘンスに返却されているので，われわれのテキストは明らかにこの時に認められたものである．こののち1643年5月24日

1）AT. III, 803 ;『全書簡集』V, 218.

付ホイヘンス宛書簡では，『哲学原理』に見られるような磁石論の概要が語られ，翌年に『哲学原理』が刊行されることになる．

『哲学原理』第四部第145項は，磁気力の諸特性を34点にわたって列挙している．以前から知られていたものに加えて，地球自体が磁性体であるというギルバートの見解が採用されている．また，ギルバート以降に発見された現象（偏角の永年変化）や，グランダミによって指摘された「地球の磁力は他の磁石と比べて弱い」というギルバートに対する反論も挙げられている．デカルトはこのリストの中にキルヒャーからの情報を加えようともくろんだのであろうが，残念ながらこの34項目の中に，『マグネス』から直接得られたと考えられる知見は，この『抜粋』を見るかぎり見当たらない．

さて，ドイツに生まれたキルヒャーは，三十年戦争さなかの1633年にマインツを逃れ，最終的にローマにたどり着き，当地でローマ学院の教師を終生務めることになった．このためイエズス会士の弟子を多く持つこととなり，いわばイエズス会の通信網の中心人物となる．ホイヘンスがデカルトに対して，「権利問題ではなく事実問題である事柄においてあなたに役立つかもしれない」[2)]と述べているのも，世界中からもたらされるイエズス会士からの情報に期待したのであろう．

『マグネス』はキルヒャーの最初の体系的な著作であった．地球は磁気的なものではあるが大きな磁石であると見ることに反対するキルヒャーは，「磁気」を通して，潮汐，海流の原因，鉱物結晶など，さまざまな地球の現象を説き明かそうとしている．デカルトのメモ書きに見られる多岐にわたる話題は，『マグネス』のもつ内容の壮大さに対応しているのである．とはいえ，森羅万象を磁気で説明しようとする方針の帰結である生気論的傾向，アリストテレスのコスモロジーを基盤にしたジオコスモス，こうしたことにデカルトが共感を抱くことができなかったことが，キルヒャーに対する辛辣な評価に現れている[3)]．

2）　ホイヘンスからデカルト宛書簡1643年1月7日（AT. III, 802；『全書簡集』V, 216）．

3）　デカルトの磁石論については，井上庄七・小林道夫編『デカルト』朝日出版社，1989年，解説第四章を参照．またキルヒャーについては，山田俊弘『ジオコスモスの変容――デカルトからライプニッツまでの地球論』勁草書房，2017年，第三章に拠っている．

X

『デカルト氏が書いたと思われる『哲学原理』注記』

山田弘明

「はじめに」でも述べたように，本文書は「デカルトが書いたと思われる」ということだけで，その根拠も示されていない．またデカルトの『遺稿目録』*Inventaire* にも，バイエの伝記にもその記述はない．したがって，これがデカルトの真筆かどうかの決定的な証拠はない．しかし他者の筆が入っている可能性は捨てきれないにせよ，真空の否定，自由意志，生得観念，無限と無際限，運動と静止など，デカルトならではの思想が多々あり，『哲学原理』本文との対応も正確である．それゆえデカルトのテキストに準ずるものと見なして差し支えないと思われる．

本テキストの仏訳はすでに Foucher de Careil によってなされているが，AT. IX-2, 361–362 に P. Costabel と M. Testard による新訳があることを書き添えておく．この文書はライプニッツの写本によるものだが（本書 228 頁の図版 4 を参照），ライプニッツの『デカルトの原理の一般的部分の吟味』*Animadversiones in partem generalem Principiorum Cartesianorum*, 1692 と重なるところはないと思われる．

XI

『ストックホルム・アカデミーの企画』

山田弘明

この出典はA. Baillet, *La vie de Monsieur Descartes*, II. 411–413によるが,『遺稿目録』にはその記載がない.

デカルトはスウェーデン女王クリスティナの招きを受けて, 1649年10月ストックホルムに渡った. 女王に進講するほかに舞踏劇『平和の訪れ』*La Naissance de la Paix* などいくつかの書きものを残しており, この「企画」もそのおりのものである. 女王は, フランス学士院Académie française（創設1635年）などを念頭にスウェーデンにもアカデミーを創ろうとして, その創設についてデカルトに意見を求めた. 彼は求めに応じ, 友人シャニュの看病や自分自身の病をおして報告書を書きあげた. それがこの「企画」である. 日付の1650年2月1日は, ちょうど彼自身が肺炎を発症した日である. そして2月11日には死ぬことになるので, これが絶筆ということになる.

内容としては, 学会での発言の順序の維持, 外国人会員の排除, 発言者の役割の明確化, 礼節をわきまえた議論, などが注目される. 逆にいえば, 当時の学会では発言のルールもなく議論が混乱したことが想像される. デカルトはラフレーシュ学院の教科「討論」やオランダでの彼自身の経験を参考として, 条項を組み立てたのかもしれない. バイエによれば, デカルトが外国人会員を除外している点にクリスティナは驚いたようだが, それは女王の寵愛を受ける余り彼が宮廷内で慎重な姿勢をとった結果とも言えるであろう.

この計画はデカルトの死後すぐに実現された（AT. V, 476). なお, 10年後にはロンドンのロイヤル・ソサエティーができ, 50年後にライプニッツはベルリンやロシアでアカデミーの創設に尽力した. 現在のスウェーデン王立科学アカデミーは, パリやロンドンのものを範として18世紀に出来たもので, この「企画」と直接の関係はなさそうである.

あとがき

本書は，2017年に刊行された『デカルト 医学論集』と対になる，数学・自然学に関する生前未刊行テキストの翻訳および解説である．本書の刊行をもって，2012年の『デカルト全書簡集』第一巻（知泉書館刊）より続いてきた一連のデカルト関連文書の翻訳は，ひと段落つくことになった．

デカルト関連文書を，個々のテキストの重要性を鑑みずにすべて翻訳するというその方針には，当初は懐疑的な視線が投げかけられていたことも事実である．哲学的な話題からかけ離れた日常生活の報告があるし，売り言葉に買い言葉のような愚にもつかない口喧嘩がある．他人のテキストを筆写したにすぎない勉強の痕跡もあるし，デカルトのテキストと断定できない身元の怪しげな断片もある．このような雑多な文書をすべて訳す意義など果たしてあるのだろうか．じつは，私もそのようなことをつぶやく者の一人であった．内外から聞こえてくるこうした雑音のなか，泰然とプロジェクトを進められた山田弘明氏には，人類の知的遺産としてのデカルト文献に対するたいへんな思い入れと決意があったのだろうと推測する．そして私も，作業を進めるうちに，そうした思いを少しは共有できるようになっていった．今では，この仕事に携わることができてよかったと断言できるし，そしてこの仕事が今後，日本でのデカルト研究の進展のみならず近代科学発祥の解明におおいに貢献できると確信している．

『デカルト 数学・自然学論集』のプロジェクトが起動し始めたのは2012年である．当時進行中であった『デカルト全書簡集』の翻訳者から，リーダーの山田氏，数学史を専門とする三浦氏，オランダ語に堪能でベークマンやステヴィンに詳しい中澤氏，および武田が参画し，さらに，ライプニッツの筆写した文書に対応するために池田氏，多岐にわたる数学関連文書を担当するために近世数学史が専門の但馬氏が加わり，広範な文書を扱うための陣容がまずは整った．さらに強力な助っ人として，ガリマールの新全集 *René Descartes: Œuvres complètes* でおおいに活躍しているストラスブール大学のフレデリック・ド・ビュゾン氏が参画することとなった．2013 年以降は年二回の編集会議がもたれ，訳者の分担，編集方針，作業の工程などを話し合い，進捗状況を報告し，訳稿を検討しつつ内容や訳語についての議論を重ねた．2015 年度からは科研費研究「デカルトの科学文献翻訳注解及び近世初期における学知の流通に関する多角的研究」の助成を受け，プロジェクトにいっそうの拍車がかかることになった．この助成によって，2016 年にはビュゾン氏を招聘し，日仏哲学会での講演のほか，翻訳のためのセミナー，日本側からも翻訳・調査の成果を発表する研究会を開催することができたのは，たいへん幸運であり，また本書にとって実り豊かなものとなった．ビュゾン氏は，われわれの質問に対して的確に返答して下さり，さらに各文書の簡潔な紹介となるような序文を執筆することを約束してくれた．本書の序がそれである．2017 年 4 月には学術振興会による出版助成に採択され，2018 年 2 月というデッドラインが設定された．その間，訳者間相互による訳文チェック，特殊な書式の数式処理，3 日にわたる編集会議を経て，なにはともあれこうして上梓に至ることができた．この種の仕事として 5 年という歳月が長いのか短いのかはよく分からないが，産み出されたものが現時点でのわれわれのベストであることは確かである．

本書は，先の『デカルト 医学論集』と比べてもさらに雑多な文書群からなっている．内容的にも，数学・自然学だけでなく，音楽や形而上学，さらにはアカデミーの企画書などが含まれている．歴史的な専門用語をふんだんに含むテキストの翻訳は，多くが文脈を欠いた断片であるうえにラテン語ということもあって骨の折れる作業であったものの，『デカルト全書簡集』で培ったノウハウが多少は手助けとなったかもしれない．むしろわれわれをいっそう困憊させたのは，翻訳作業もさることながら，成立にかかわる文書の素性そのものにあった．第一に，デカルト自身が研究の最新成果を記した文書がある．『立体論』や『思索私記』などである．第二に，デカルトが自身の研究のために他人の文書を筆写した文書がある．『『磁石論』抜粋』や，『数学摘要』の一部がそれにあたる．第三に，デカルト周辺の人物が難解なデカルトの著作の参考書として執筆し，かつデカルト自身のお墨付きが与えられている文書であり，『計算論集』がこのケースである．第四に，同時代ないし後世に筆写されデカルトに由来するとして伝えられているが，出自が曖昧な文書である．『『哲学原理』注記』や『カルテシウス』である．第五に，資料の少ないデカルト初期に関する信用のおける証言といえる『ベークマンの日記』である．

翻訳者は，まずはこうした文書の成立背景を調査し，研究者の間で意見の相違がみられる場合は，より妥当な結論を示さなければならない．また複数の有力な写本が現存する場合は，底本を選択しなければならない．これらの作業の後，一読しただけでは理解困難なテキストに注釈を施さなければならない．注の施し方は，個々の訳者に委ねられた．脚注を充実させた者もいれば，脚注は最小限にして「解説」に重要な情報を押し込んだ者もいる．「解説」についても，われわれはあえて明確な方針を策定することを避けて，各訳者の関心と力量に委ねることにした．テキストの内部にとどまり続けた者もいるし，歴史的な背景を詳述した者もいる．結果的に，もちろん自らの非力を自覚しつつも，総体としては，デカルトおよびその周辺の数理系諸学問を理解するための密度の濃い解説書となったように思う．読者諸賢にも相当の忍耐を要求する，きわめてハードな解説書であるが…….

われわれの手を離れた書物は，今度は読者によって育まれることになる．デカルトがその文化の基盤をなしているヨーロッパとくにフランスであれば，自国の偉人の著作に新しいエディションが加わったとして受け止められるであろう．しかしそのような教養を共有しない日本にあっては，事情は異なってくるはずである．私が期待したいのは，僭越な物言いで恐縮だが，本書が人文系諸分野の共同作業のひとつのあり方として受け止められることである．事の良し悪しを別にして，これまでのような学問領域の存続がもはや自明のものではなくなり，自らの存在理由を常に更新していかなければならない時勢にあることは，否応なしに認めなくてはならない．そのなかにあって，本書の訳者は伝統的なディシプリンにしたがえば，哲学が２名，科学史が３名，文学が１名である．『デカルト 医学論集』では解剖学の専門家が２名加わっていた．それぞれの分野でしっかりとした訓練を受けた研究者たちが，各自の知恵と力を持ち寄り，デカルトの断片群というきわめて限定された対象についてともに深く掘り下げていけば，現代の日本人も享受している近代科学の誕生についての普遍的な知見を得られる，このように感じてくれる読者が一人でもおられれば，これにすぎる喜びはない．そしてそれが可能であるとすれば，デカルトという科学者・哲学者の偉大さに負うものであることは，言うまでもない．

本書の刊行にあたっては，先に触れたように，基盤研究（B）「デカルトの科学文献翻訳注解及び近世初期における学知の流通に関する多角的研究」（15H03152）および日本学術振興会研究成果公開促進費（17HP5004）の助成を得ることができた．記して感謝申し上げる次第である．また，本書の構想の段階から上梓に至るまでをこまやかな心遣いと温かい包容力で見守り続け，厄介な書式の数式やわがままな校正指示を飄々と処理して下さった法政大学出版局の郷間雅俊氏には，あらためて感謝の言葉を記しておきたい．

2018 年早春

武田 裕紀

人名索引

項目語がデカルトのテキストに登場する場合は太字にした.
「はじめに」「序」「解説」や訳注にのみ登場する場合は斜体にした.

ア 行

アウソニウス　Auson　**82**
アグリッパ　Heinrich Cornelius Agrippa von Nettesheim　**48**, **75**
安島直円　*324*
アダン　Charles Adam　*104*, *106*, *107*, *164*, *276*, *284*, *317*, *358*
アダン　Henri Adam　*317*
アポロニオス（ペルガの）　Apollonius Pergaeus　*24*, *153*, *189*, *322–23*, *326*
アリストテレス　Aristoteles　*1*, *15*, *251*, *262*, *322*, *362*
アルキュタス（タラントの）　Archytas　**96**, *257*
アルキメデス　Archimedes　*50*, *92*, *116*, *250*, *279*, *287*, *295*
イエス　Jesus　*85*
ヴァルスフェル　André Warusfel　*18*, *21*, *25*, *93*, *112*, *121*, *124*, *125*, *273*, *278*, *290*,
ヴィエト　François Viète　*23*, *263–66*, *276*, *292*
ウィテロ　Vitellion　*4*, *26*, **215**, *356*
ウィレム二世　Willem II　*299*
ヴェベル　Jean-Paul Weber　*262*
ウェルギリウス　Vergilius　*87*, **233**
ウェンデリン　Godefroy Wendelin　*223*
ヴォエティウス　Gisbertus Voetius　*79*
ウォリス　John Wallis　*326*
エウクレイデス　Euclides, Euclide　*36*, **70**, **107**, *111*, *112*, *113*, *114*, *115*, *120*, **165**, *273*, *277*, *279*, *281*, *282*, *287*, *289*, *294*
エリザベト　Elisabeth　*81*, *93*, *151*, *221*, *323*
オイラー　Leonhard Euler　*21*, *113*, *118*, *119*, *275*, *278*, *282*, *284*, *288–91*, *293–96*
オートレッド　William Oughtred　*329*
オズー　Adrien Auzout　*291*
オリヴォ　Gilles Olivo　*18*, *256*, *359*

カ 行

カジョーリ　Florian Cajori　*329*
ガッサンディ　Pierre Gassendi　*223*
カッシーニ　Giovanni Domenico Cassini　*346–47*
カベウス　Nicola Cabeus　*29*
ガリレオ　Galileo Galilei　*75*, *76*, *250–51*, *261*
カルダーノ　Gerolamo Cardano　*106*, *129*, **133**, *259*, *263*, *307*
カロー　Vincent Carraud　*4*, *18*, *218*, *223*, *256*, *358–59*
カンダル　François de Foix-Candale　*287*
カンブシュネル　Denis Kambouchner　*19*, *278*, *289–90*
キャヴェンディッシュ　Charles Cavendish　*24*
ギルバート　William Gilbert　*29*, *361–62*
キルヒャー　Athanasius Kircher　*5*, *28–29*, **229**, *361–62*
グイエ　Henri Gouhier　*79*, *81*, *84*, *85*, *256*
クラヴィウス　Christopher Clavius　*1*, *107*, *259*, *261*, *277*, *279*, *287*, *396*, *326*, *328–29*
グラレアヌス　Henricus Lorus Glareanus　*247*
グランダミ　Jacques Grandami　*361–62*

サ 行

タ 行

ナ 行

ハ 行

マ 行

ヤ 行

ラ 行

ワ 行

事項索引

項目語がデカルトのテキストに登場する場合は太字にした.
「はじめに」「序」「解説」や訳注にのみ登場する場合は斜体にした.
写本を底本としたテキストの欧文綴りは現代表記に直した.

ア 行

愛　amor　*20*, 84
明らかな　evidens　115
悪徳　vitium　81
脚　lamina, pes　97, 102–03, *270*
集まり　aggregatum　113, 117, 119
意志　voluntas　*27–28*, *30*, 217–18, 233
イタリア　Italia　60
引力　vis attractiva　86
ヴェネツィア　Venetiae　77, 84
動く　mobilis, moveo　*13*, *16*, 53–54, 66–67, 89, 98–99, 101, 235
運動　motus　44, 51, 54–55, 57, 67, 77, 84, 86–89, 93–96, 217, 222–24, 226–27, 231, 234–35
　永遠――　motus perpetuus　95
嬰音　dièse　91
エウクレイデスの方法　voie d'Euclide　165, *331*
絵図　pictura　103
円　circulus　49, 66–68, 72, 74, 88–89, 93–94, 96, 103, *112*, 116, *119*, *120*, 122, 156–57, 159–61, 175, 180, 182, 193–95, 199, 201–02, 206, 208　→コンパス
円運動　motus circularis　*16*, 67, 88, 222
円錐　conus　94, *97*
　――角　angulus coni　119
　――曲線　sectio conica　*72*, 88, 97, *352*
円積線　quadrataria, quadratrix　88, 196, *267*, *340*, *341*, *343*
延長　extensio　*51*, 93, *112*, 222, 232, 234, *280*
おおぐま座　ursa　222–23
オクターヴ　octava　38, *39*, 42–43, 76, 89, *91*, *245–47*
音　sonus, vox, nota　37–38, 40, 43, 46–48, 65, 89–90, 94, *247*, *257*
帯　zona　114
重さ，重み，錘　pondus, gravitatio　*15*, 65, 89, 92, 184, *252*
重みをかける　gravito　50–51, 55, 92
オリュンポス的　Olympicus　*20*, 84
音楽　musique, musica　*10*, *12*, *24*, 76, 90–91, 230

カ 行

外角　angulus externus　112–13, 118, *280*, *286*
懐疑　dubitatio　*218*, 222, 232
外国人　Etranger　237, 239, *364*
外接円　circulus circumscriptus　*97*, *115*, *116*, 182
開平　extraction　141, 147, *148*, 150–51, *323*, *336*, *344*
角錐　pyramis　58, 86–87, 107, 113, 165–66
　等辺――　pyramis aequlatera　114
学問，学知（の）　scientia, scientiae, scientificus　*12*, *14*, *31*, 49, 53, 80–81, *82*, 83, 87, 94, 225–26
　――の種子　semina scientiae　83
　――の連鎖　catena scientiarum　81

角柱　columna　113
囲み記号　vinculum　142–45, 150, 157–58, 170
風　ventus　*19*, *20*, 83–84, 96, 229–30
傾き　inclinatio　*111*, 118–19, 199, 202
楽器　instrument　90
活動力　activa vis　*20*, 84
可能態　potentia　*224*, 233, *246*　→現実態
加法　addition　135
神　Deus　*30*, 58, 77, 85, *115*, *218*, 231–34
仮面　persona, larvatus　*19*, 79, 81
乾　sicca　*20*, 84
感覚（的な）　sensatio, sensus, sensibilis　*19*, *20*, *21*, 83–85, 220, 224–25, 233, *256*
　共通——　sensus communis　224
観客　spectator　79
還元，簡約（する）　réduction, réduire　84, 93–94, 97, 99, 100, 136, 138, *139*, 141, 143–44, 150–51, 170, 195, 197
完全数　numerus perfectus　103, *246*
完全方程式　aequatio completus　106, 258
記憶　memoria　94, 219, 226
　——術　ars memoriae　95, 219, *257*
器械　instrumentum　103–04, *258*, *260*, *269–71*,
機械学　Mechanica　*13–14*, 50, 94, *251*
幾何学
　——的重み　pondus geometricus　*126*, 127　→重み
　単純——　geometria simplex　180
『幾何学』　*La Géométrie*　*4*, *23*, 148–50, 155, 160, 173, *262*, *264–68*, *271*, *276*, *285*, *287*, *296*, *300*, *306*, *317–22*, *324–25*, *327*, *329–30*, *336*, *339*, *342–45*, *347*, *353*
幾何数列　progressio geometrica　88　→算術数列
奇跡　miraculum　80, *82*, 231
軌跡　lieu　95, 151, 155–56, 158, 160, 322, *347*, *348–51*
既知項　terme connu　149–50, 166
球　sphera, globe　*24*, 111, *112*, 114, *115*, 116, 118–19, *120*, 122, 163–66, 173, *318*, *321*, *323–24*, *330*, *334*, *337–38*, *335*
求積　quadratio　193, *340*, *341*, *344*, *345*
協会　Assemblée　31, 237–38
共可能的な　compossibilis　94
虚偽　falsitas, falsum　231–32
空間　spatium　*13–14*, *44*, 58, 86, 90, 94, 98, *112*, *249*
空気　aer　*15*, 37–38, 68, *82*, 87, *115*, 202, 204, 215–16, 223, 230, *247*
屈折　refractio　*26*, 64, 67–68, 104, 215–16, *258*, *320*, *344*, *347*
　——角　angulus refractionis　64–65, 67
グノモン　gnomon　93, 120–21, *122*, 123–25, 257
軍用投石機　tormenta bellica　104
傾角　angulus inclinationis　118, *119*
経験　experientia　81, *84*, 221, 226, 232–33
形象　figura　*28*, 217, *256*
形相　forma　*20*, 76, 84
軽蔑　mépris　*31*, 238
結晶　crystallum　226
弦　(linea) subtensa, nervus　*12*, *24*, 37, 40–43, 65–66, 76, 89, 91, 94, 96, 175, 177–79, 180–82, 220, *245–47*, *257*
原因　causa, oorzaak　*15*, 30, 36, 83, 87, 94–95, 137, 231–32
健康　valetudo　81, 226
原子　atomus　51, 231
現実態　actus　233–34　→可能態
剣術　gladiatoria　221
限定　finitio　233
減法　soustraction　135, 138
交差　intersectio　98, 101–02
五角形　pentagonum　118, 121–22, *123*, 125
琥珀　succium, electrica　225, 230
ゴルディオスの結び目　nodus Gordiis　80
コンパス　circinus　*93*, 97–98, *99*, 101–04　→円

サ 行

サイクロイド　cycloïdēs (*Gr.*)　194, 196
三角数　numerus triangularis　57, 103, *122*,

187, 188–89
三角法　trigonometria　*24*, 180
算術（的）（に）　arithmétique, arithmetica, arithmetice　*23*, 60–61, 104, 125, 135–36
——数列　progressio arithmetica　45–46, 88, 104, 126, 188
思惟，思考　intellectio, cogitatio　*19*, *28*, 217–18, 220, 222, 232, 234
四角形　quadratum　*13*, 57, 118, 121, 123–24
詩学　poetica　221
詩人　poeta　83
時間　tempus, momentum　*13*, *20*, 42–45, 56–58, 84, 86, 88, 94, 104–05
視差〔年周〕　parallaxis　222
磁石　magnes　*28–29*, 229, 257, 361–62
指数　exponens　*121*, 125, *261–62*, *264–66*, *268*, *276*, *286*, *288*
自然学-数学者　physico-mathmaticus　*11*, 38
自然の法則　lex naturae　231
持続　duratio　*20*, 84, 222, 234–35
自動機械　automaton　96
慈悲　charitas　*20*, 84
車輪　rota　95
自由　libertas　*27*, 218, 239
——意志　liberum arbitrium　*30*, 85, *218*, 232, *363*
宗教　religio　*30*, 232
重根　radix binarius（binaria）　187, *304*, *312*
順序　ordo, ordre　95, *257*
種子　semen　224, 226
乗法　multiplication　140–41, 145, 150, *151*, 190, 344
焦点　focus　67–69, *72*, 73–75, 189–90, 200, 203, 206, 215, *347*, *352*
情動　affectus　83
衝突　concursus　*16*, 105
女王　Reine　237–39　→クリスティナ
除算　divisio　106, 190
磁力　vis magnetica　96, *362*
身体　corpus　*30*, 217, 219–21, 226, 232　→物体
真理，真（の）　veritas, verus　*21*, *31*, 83, 102, 119, 231, 233, 235, 238, *300*, *322*
垂直（の）　perpendicularis　68–69, 74, 97, 104–05, 194
図形数　numerus figuratus　*121*, *122*, 125, *278–79*, *284*
数学　mathesis
——における数列　122
『数学的解析と総合』　*De resolutione et compositione mathematica*　162
数学的な　mathématique, mathematicus　54, 66, 90, 94
「数学の宝庫」　Thesaurus mathematicus　80, *84*
数列　progressio　*22*, 46, 57, 81, 88, 103, 180, 185–86, 188
数論　arithmetica　132, 232, *292*
精気　spiritus　90
静止　quies　*16*, *30*, 234–35, 363
聖書　Scriptura　*30*, *79*, 235
精神　mens, ingenium　*19*, *21*, *28*, *30*, *42*, 60, 80–81, 83, *84*, *85*, 217–19, 222, 225–26, 232–34, 239　→魂
正多面体　corpus regulare　*115*, *116*, *117*, 121, *126*　→正立体
生得観念　idea innata　*30*, 233
生の道　vitae iter　82
正立体　corpus regulare　115–16　→正多面体
生命　vita　*20*, 84
接線　tangens　69, 194–96, 205
絶対数　nombre absolu　73–74, 99–101, *102*, 129–32, 147, 158, *314*
絶対量　quantité absolue　143, 150
尖筆　stylus　98–99
像　imago　95, 105, 217–19
「創世記」　Genesis　85
想像力　imaginatio, vis imaginationis　83, 94, 219, 224
側面　facies　*21*, 106, *107*
測量　mensura　*120*, 122
素数　numerus primus　188, 190–91
存在　esse　231

タ 行

体液 humor 224
代数学 algèbre, algebra *1*, *6*, *14*, *17*, *22*, 61, *107*, 149, 159, 160, 162, *244*, *256*, *259*, *261*, *263*, *265*, *268*, *296*, *324*, *326*, *328*
代数項 terminus algebraicus 125–26
対蹠人 antipodes 75
多角形 polygon, polygonum *112*, *113*, *114*, *119*, 120, 122, *125*, 175, *271*, *280*, *282*, *339*, *341*
多角数 numerus polygonus 188, *339*, *341*
魂 anima *28*, *30*, 220–22 →精神
単位 unitas *14*, *22*, 67–68, 74, 99–102, 106, *112*, *113*, 114, *117*, 122, 133, 149, 156, 175, 177, 180–81, 188, 190, 207–08, *280–82*
地球 terra *30*, 43–46, 56–58, 75, 86, *91*, *93*, 184, 222, 235, *248*, *361–62*
知性 intellectus *19*, *27–28*, 83, 219, 221–22, 233–34
知的主体 intelligentia 85
中項 medium 71, 94, *99*, *267*
彫像 statua 96, *257*
調和 harmonia 84, *126*, *260*, *294*, *295* →ハルモニア
直角 angulus rectus 98, *113*, *117*, *280–83*
——円錐 conus rectangulus 115
——四面体 tetraedrum rectangulum 106–07, *258*
——錐 pyramis rectangula 107
直径（径） diamètre, diameter *26*, 114, 115, *126*, 157, *158*, 182, 190, 194, 222, 230, *324*, 345–46
直線運動 motus rectus *16*, 89, 96, 222
哲学者 philosophos 83
天使 angelus 85
ドイツ Germania 60, 80, *104*, *258–60*, *262–63*, *266*, *277*, *279*, *285*, *287*, *292*, *362*
投擲体 projectus 89
動物 animal *84*, 85, 221, 223–24, 226
透明体 diaphanum 217, 224–25
等辺角錐 pyramis aequlatera 114
時計 horologium 94, 104 →日時計
徳 virtus 221
凸面 superficies convexa 68, 115
ドルドレヒト Dortrechtum 60, 69

ナ 行

縄 funis 88–89, 96
二項数 binôme, nombre binôme 129–33, *299–316*, *340*, *341*
二十面体 eicosaedron *115*, 121, *283*
認識 cognitio *20*, 60, 83–85, 223, 235
熱 calor, calida *20*, 84, 224, 226
脳 cerebrum 95, 218–21

ハ 行

媒体 medium 104–05
端 extrema 114
発見 inventus, inventio 49, 75, 79, *80*, 81–82
驚くべき—— inventus mirabilis 82–83, 85
八面体 octaedron *113*, *114*, *115*, 121, *283*
速さ celeritas *13*, *15–16*, 86, 92–93, *252*
パラボラ parabola 64, 71–74, 94, 189–90
パリ Parisii 60, 65, 71
ハルモニア harmonia *28*, 220, *246*
半径 semidiameter, demi-diamètre, radius 72, 74, 96–97, 112, 115, 126, 157–61, 164, 166, 173, 175, *280*, *323*, *330*, *333–34*, *337–38*, *348*, *351*
反射 reflexio *26*, 105, 203, 212, *258*, *320*, *344*, *350*
——光線 radius reflexus 105
不規則—— reflexio irregularis 210–11
不等—— reflexio inaequalis 203, 206
比 ratio 95
火 ignis 82–83, 87, 90, *115*, 224–25, 227, 229–30
火打石 silex 83
光 lumen, lux *19–20*, 66, *82*, 83–85, 104–05, 224, *225*, 350

菱形多面体　rhomboides　116, *120*
日時計　horologium　93, *120*　→時計
表象像　phantasmata　95, 219
比例　proportio　88
――中項　medium proportionale　41, 71, 181
複利　reditus redituum　58, 88, 257
符号　nota, signe　106, 135–38, 140, 142, 144, 147, *156*, *163*, 176, 198
舞台　theatrum　79
物質　materia　90, 104, 227
物体　corpus, corp　*1*, *10*, *13*, *16*, *18*, *20*, *28*, 51, 53–56, 83–84, *86*, 90, 92, 95, 184, 208, 217–18, 222, 233–35　→身体
不等　inaequalitas, inaequalis　*24*, 93, 118, 182
腐敗　putredo　223
フランス　Gallia　35, 60, 71
ブレダ　Breda　35, 60, 76
プロニキス　pronicis　189
分割可能性　divisibilitas　233
平行多面体　rhomboides　119, *120*
平方数　binarius　99, 129–30, 143, 188
平面角　angulus planus　*111*, *112*, 113–14, 117–19, *279–83*
平面図形　figura plana　112, *120*
平面直角　angulus planus rectus　111, *112*, 113
辺　latus　97
変則的な　irrégulier　91
弁論術　dialectica　221
放物鏡　miroir parabolique　82
放物線　parabola　*72*, *74*, 94, *190*　→パラボラ
母線　linea simplex　115
本性　natura　*51*, 221–22, 224, 227

マ 行

マンドリン　mandoline　90–91
水　aqua　*26*, 50–56, 65, 89–90, 92–93, 215–16, 221, 226, 229–30
蜜蠟　cera　223, 233
未知（の）　incognitus, ignotus　63, 101, 106, 150–51
――項　terme inconnu　149–50, *261*, *264*, *268*
――量　quantité inconnue　*121*, *149*, 150–51, 155, 164, 166, *263–64*, *333*
ミデルブルフ　Middelburgum　60, 88, *91*, 92, 243
ミュタツィオ　mutatio　90, *91*
無　rien　85, 222
無限　infinito　*188*, 194, 232–35
無際限　indefinita　232, *233*, 234–35
矛盾　contradictio　231, 234
無理数　irrationalis numerus　129–31, 133, *139*, *300*, *314*, *340*
無理量　quantité sourde, quantité irrationnelle　*23*, 142–46
無理量性　asymmetria　195, 197–98

ヤ 行

役者　comoedus　79
病　morbus　81, 226, 237
闇　tenebrae　85
夢　somnium　*19*, 82, 218–19
容器　vas　*13*, *26*, 50–56, 92–93, 227, 229–30
容積　capacitas　119
様態　modus　50, 92, 222
余弦　sinus de son complément　162, *181*
余角　complementum　181, 182

ラ 行

落下する　cado, descendo　86–87, 43–45, 55–56, 58, 162
ラムスの論理学　Logica Ramea　49
卵形線　ovalis　198, 202, 209, *340–42*, *344–47*, *349*, *351–53*
立体図形　corpus solidus　111–12, 123
立体直角　angulus solidus rectus　111
立方（数）　cubus, cube　102, 111, *112*, 113, *285–86*, *279*
立方方程式　aequatio cubica　101
粒子　partes　*51*, 223–24, 226–27

リュート　testudo　12, 39, 89
量　quantitas, quantité　*23*, 46, 51, 62, 89, 107, 119, 139, 141
ルルスの術　Ars Lulli　48–49
霊　spiritus　84
霊感　enthusiasmus　*19*, 83
六面体　hexaedrum　109, 121
六角形　hexagonum　118, 123–24
ロレト　Lauretum　84
論証　demonstratio　54–55, 68–69, 107

[訳者]　（担当章順）

山田弘明（やまだ・ひろあき）

1945年生．京都大学文学研究科博士課程修了．博士（文学）．名古屋大学名誉教授．専門は哲学．著書：『デカルトと西洋近世の哲学者たち』（知泉書館），『デカルト『方法序説』』（晃洋書房），『デカルト哲学の根本問題』（知泉書館），訳書：『デカルト全書簡集』（共訳，全8巻，知泉書館，2012–16年），デカルト『省察』『方法序説』（ちくま学芸文庫）ほか．

中澤 聡（なかざわ・さとし）

1976年生．東京大学大学院総合文化研究科博士課程単位取得満期退学．東邦大学ほか非常勤講師．専門は科学技術史．訳書：『科学革命の先駆者シモン・ステヴィン——不思議にして不思議にあらず』（朝倉書店），『デカルト全書簡集』（共訳，第4巻，知泉書館），『原典ルネサンス自然学』（共訳，名古屋大学出版会）ほか．

池田真治（いけだ・しんじ）

1976年生．京都大学文学研究科博士課程研究指導認定退学．博士（文学）．富山大学准教授．専門は哲学，数理哲学史．論文：「コンパスの意義と代数的思考様式の展開——初期デカルトの数学論を中心に」（『理想』第699号），訳書：『ライプニッツ著作集 第II期』（共訳，第1巻「ベールとの往復書簡」および第3巻「パパンとの往復書簡」担当，工作舎）ほか．

武田裕紀（たけだ・ひろき）

1968年生．大阪大学文学研究科博士後期課程修了．博士（文学）．追手門学院大学教授．専門は近世思想史．著書：『デカルトの運動論』（昭和堂），『合理性の考古学』（共著，東京大学出版会），訳書：『デカルト全書簡集』第2，3，4巻（共訳，知泉書館），論文：“Le problème de la chute des graves chez Descartes”（*XVIIe siècle, 2010, t. 3*, PUF）ほか．

三浦伸夫（みうら・のぶお）

1950年生．東京大学大学院理学研究科科学史科学基礎論博士課程単位取得退学．神戸大学名誉教授．専門は科学技術史．著書：『古代エジプトの数学問題集を解いてみる』（NHK出版），『数学の歴史』（NHK出版），『フィボナッチ』（現代数学社），訳書：『ライプニッツ著作集 第I期』第2，3巻（共訳，工作舎），『中世思想原典集成』第7巻（共訳，平凡社）ほか．

但馬 亨（たじま・とおる）

1977年生．東京大学大学院総合文化研究科博士課程単位取得満期退学．四日市大学関孝和数学研究所研究員．専門は科学史・ヨーロッパ数学史．論文：「17–18世紀の代数学の基本定理について」（『京都大学数理解析研究所講究録』No. 1444），“Emergence of Modern Ballistics”（『津田塾大学数学・計算機科学研究所　第28回数学史シンポジウム報告集』所報38）ほか．

デカルト　数学・自然学論集

2018年2月26日　初版第1刷発行

著　者　ルネ・デカルト
訳　者　山田弘明・中澤 聡・池田真治
　　　　武田裕紀・三浦伸夫・但馬 亨
発行所　一般財団法人 法政大学出版局
〒102-0071 東京都千代田区富士見 2-17-1
電話 03（5214）5540　振替 00160-6-95814
組版：HUP　印刷：平文社　製本：誠製本

ISBN978-4-588-15090-6

デカルト 医学論集

山田弘明・安西なつめ・澤井直・坂井建雄・香川知晶・竹田扇 訳・解説　4800円

デカルト読本

湯川佳一郎・小林道夫 編 ……………………………………………………… 3300円

ライプニッツ読本

酒井潔・佐々木能章・長綱啓典 編 …………………………………………… 3400円

新・カント読本

牧野英二 編 ……………………………………………………………………… 3400円

続・ハイデガー読本

秋富克哉・安部浩・古荘真敬・森一郎 編 ………………………………… 3300円

リクール読本

鹿島徹・越門勝彦・川口茂雄 編 …………………………………………… 3400円

スピノザと動物たち

A. シュアミ，A. ダヴァル／大津真作 訳…………………………………… 2700円

ライプニッツのデカルト批判 上・下

Y. ベラヴァル／岡部英男・伊豆藏好美 訳 ……………………6000円 /4000円

数学の現象学 数学的直観を扱うために生まれたフッサール現象学

鈴木俊洋 著 ……………………………………………………………………… 4200円

我々みんなが科学の専門家なのか？

H. コリンズ／ 鈴木俊洋 訳……………………………………………………… 2800円

技術の道徳化 事物の道徳性を理解し設計する

P.-P. フェルベーク／鈴木俊洋 訳 ……………………………………………… 3200円

科学史・科学哲学研究

G. カンギレム／金森修 監訳 …………………………………………………… 6800円

近代測量史への旅 ゲーテ時代の自然景観図から明治日本の三角測量まで

石原あえか 著 …………………………………………………………………… 3800円

数学史のなかの女性たち

L.M. オーセン／吉村証子・牛島道子 訳 ……………………………………… 1700円

表示価格は税別です